中央高校教育教学改革基金(本科教学工程)资助

中国地质大学(武汉)卓越工程师教育培养计划系列丛书

合成化学教程

HECHENG HUAXUE JIAOCHENG

袁俊霞　田熙科　杨　祥　主编

图书在版编目(CIP)数据

合成化学教程/袁俊霞,田熙科,杨祥主编.—武汉:中国地质大学出版社,2023.6
ISBN 978-7-5625-5522-3

Ⅰ.①合…　Ⅱ.①袁…　②田…　③杨…　Ⅲ.①合成化学-教材　Ⅳ.①O6

中国国家版本馆 CIP 数据核字(2023)第 059391 号

合成化学教程　　袁俊霞　田熙科　杨　祥　**主编**

责任编辑:杨　念　　责任校对:武慧君

出版发行:中国地质大学出版社(武汉市洪山区鲁磨路 388 号)　　邮政编码:430074
电　话:(027)67883511　　传　真:(027)67883580　　E-mail:cbb@cug.edu.cn
经　销:全国新华书店　　http://cugp.cug.edu.cn

开本:787 毫米×1092 毫米 1/16　　字数:426 千字　　印张:17.5
版次:2023 年 6 月第 1 版　　印次:2023 年 6 月第 1 次印刷
印刷:武汉中远印务有限公司

ISBN 978-7-5625-5522-3　　定价:58.00 元

前　言

合成化学是一门内容广泛的综合性化学核心学科，是化学家们开发利用自然资源、补充自然资源不足、满足人类物质需求的有力工具。化学家们通过不断创造和合成新的物质，研究其结构、性能及相互关系，揭示新的规律与原理，促进了合成化学的发展，也推动了化学学科与相关学科的进步。因此，合成化学在学科发展和国民经济建设中有着巨大的作用，需要大力发展。作为合成化学发展的重要组成部分，合成化学教材及相关图书的编写是必不可少的。

目前有关合成化学的图书已有很多，但大多是单独的无机合成或有机合成，亦或是新技术、新方法的论述，综合性地涵盖无机合成和有机合成的基本原理、基本技术、合成实验、表征等内容的图书仅见潘春跃先生和于九皋先生分别编写的两本《合成化学》，相对于其他学科，显得比较单薄，为此我们也想为合成化学的发展做点贡献，编写一本合成化学教材。

我们参照潘春跃先生和于九皋先生所编写的《合成化学》的结构，加上自己的教学体会完成了本教材的编写。全书共有七章，第一章为绪论，第二章为合成化学基础理论，第三章为基本无机合成技术，第四章为典型无机合成方法，第五章为有机合成路线设计，第六章为反应的选择性和控制，第七章为有机合成反应。

本书可作为高等学校应用化学专业学生的教材，也适用于材料化学、化学工程与工艺、制药工程等专业的本科生和研究生，还可作为科研机构、企业科技人员的参考书。

本书在编写过程中参考了大量的国内外有关著作和文献资料，但因版面要求并未一一列举，在此向原作者表示歉意并祈望谅解。本书在编写和出版过程中得到了中国地质大学(武汉)教务处、材料与化学学院、中国地质大学出版社的帮助，得到"中央高校教育教学改革基金(本科教学工程)"和"中国地质大学(武汉)卓越工程师教育培养计划"的资助。车华超博士研究生参与了本书的修订工作，聂玉伦教授提出了宝贵的修改建议，在此一并表示衷心的感谢。

由于编者水平有限，书中不足之处在所难免，敬请读者批评指正。

编　者

2022年7月

目　录

第一章　绪　论

一、合成化学的定义及作用

众所周知，化学是在分子水平上研究物质的组成、结构和性能以及相互转化的一门中心学科，其中相互转化的特点是能够不断创造出新物质，这正是合成化学研究的主要内容。因此，合成化学是以从自然界分离出所需物质或人工合成新物质以满足人类需要为中心任务的一门核心学科。

奇妙的自然界为人类创造了林林总总的物质。然而，这些物质中相当多的一部分需经分离提纯才能被人类使用；尽管自然界物种众多、资源丰富，但有些物种因数量过少而难以满足人类的需求；自然界也无法创造出所有元素的每一种可能的组合，因而不能为人类提供全部可能存在的物质。为弥补这些不足，合成化学应运而生，担起了为人类开发利用自然资源、合成新物质补充自然资源不足、满足人类物质需求的重任，事实也证明合成化学在人类活动中发挥了极其重要的作用。

在农业方面，如果没有 Haber 在 1909 年发明用锇作催化剂的高压合成氨技术，世界粮食产量至少要减半，全球有一半的人可能会饿死，Haber 因而在 1918 年获诺贝尔化学奖。Bosch 在 Haber 流程的基础上，从催化剂、高压反应器结构以及原料气的工业生产方法等方面进行了一系列改进，实现了氨的工业化生产，并因此获得 1931 年诺贝尔化学奖。所以人们把 Haber－Bosch 制氨法评为 20 世纪最重大的发明之一。正是由于像 Haber、Bosch 这样的科学家在合成化学领域的不断努力，才使当代农业得到了空前的发展。

在医药领域，合成化学更是功不可没，抗生素以及口服避孕药、镇痛剂、麻醉剂、防腐剂、催眠剂等都是合成出来的。如果没有各种抗生素和大量新药物的合成技术，人类不能控制传染病，无法缓解心脑血管病，平均寿命就会大大缩短。例如，20 世纪 70 年代，我国科学家屠呦呦从植物青蒿中提取青蒿素用于疟疾的治疗，挽救了无数人的生命，她因此获得了 2015 年诺贝尔生理学或医学奖。

在无机材料领域，合成的耐高温、耐低温、耐高压、光学、电学、磁性、超导、储能与能量转换材料，以及促进石油化工发展的催化材料等，已广泛应用于国民经济的各个方面。近年来，化学家们合成了一系列质量小、强度高、耐热性好的无机纤维，如硼纤维、碳纤维等，同时还合成了氮化硅陶瓷、氮化硼陶瓷等耐高温材料。将各类陶瓷与金属、无机纤维等进一步复合，其用途将更加广泛。

合成化学带动了产业革命。19 世纪 50 年代，Perkin 合成的苯胺紫开创了以煤焦油为原料的合成染料工业，促进了合成染料的发展，之后茜素、靛蓝等染料相继被合成出来，奠定了化学染料工业的基础；20 世纪 50 年代，Ziegler 合成了四氯化钛－三乙基铝催化剂，改变了烯烃聚合的反应条件，在低压条件下得到了支链少、密度高的聚乙烯。Natta 将这一催化剂用于丙烯的聚合，得到了高聚合度、高规整度的聚丙烯。这一类催化剂的使用不仅降低了生产成本，使得产物结构可以被控制，引发了一场烯烃聚合的产业革命，同时带动了对聚合反应机理的研究。基于这些贡献，Ziegler 和 Natta 分享了 1963 年的诺贝尔化学奖。自 19 世纪以来，人类以天然矿物、植物、石油等为原料，合成了水泥、人造石墨、特种陶瓷、合成橡胶、合成树脂、合成纤维等物质，推动了无机化学和有机化学工业的发展。

合成化学是促进科学技术发展的重要力量。早期因炼丹实验需要发明的蒸馏器、熔化炉、加热锅、烧杯及过滤装置等和现代微波、超声、高温、低温技术的应用，均推动了化学技术的进步。虔诚的炼丹家和炼金家的目的虽然没有达到，但是他们辛勤的劳动并没有完全白费。为了把试验的方法和经过记录下来，他们创造了许多技术名词，写下了许多著作，甚至总结出一些化学反应的规律，为化学学科的建立积累了丰富的经验。例如，中国炼丹家葛洪从炼丹实践中得出："丹砂烧之成水银，积变又还成丹砂。"这是一种化学变化规律的总结，即"物质之间可以用人工的方法互相转变"，这也正是当今合成化学研究的主要内容。因此，可以说他们的经验和教训为合成化学这门学科的建立奠定了基础。现代合成方法的研究推动了化学理论的进步。为测试分子量，Hofmann 于 1868 年提出了蒸气密度分析方法；Woodward 在研究甾族化合物时，描述了分子结构与紫外光谱图的关系，较早地认识到物理测定比化学反应更能阐明有机化合物分子结构的特点，推动了分析测试技术的发展。纳米材料制备与合成技术的发展为纳米物理与纳米化学的发展奠定了基础，C_{60} 及复合氧化物型超导体的合成推动了超导科学的发展，生物分子的合成为生物信号的认识与调控提供了有力支持。

合成化学应用的例子不胜枚举，从以上一些实例可以看出，合成化学对工农业的发展、科学技术的进步具有重要意义。

二、合成化学的主要研究内容及方法

获得新物质是合成化学的主要目标，围绕这一目标开展的改进现有化合物合成及提取路线、开发新的合成和提取技术以及合成理论的研究，构成了合成化学的丰富内涵。

传统的分离提取技术有煎煮法、回流提取法、索氏提取法、浸渍法、水蒸气蒸馏法等，这些方法主要是基于天然产物中有效成分的物理性质差异对其进行提取的，存在着损失大、周期长、工序多、提取率低等缺点。于是新的分离提取技术成为这一领域的研究重点，微波萃取、超声波萃取、超临界流体萃取、物理技术辅助提取、分子蒸馏、双水相萃取等高效、安全、操作方便、快捷的现代提取方法得到发展。

相对于对天然产物进行提取,合成是获取新物质更有效的手段。长期以来,合成化学家利用天然资源或简单分子,通过一系列的化学反应合成具有特殊性能或复杂结构的化合物,促进合成工业的崛起,向人们提供各种不同的物质,满足社会的需求。与日俱增的社会需求又反过来促使合成化学不断发展,合成更多的新化合物,今后有关合成新物质的研究将会更加活跃。

为达到更有效合成新物质的目的,新技术、新方法的开发成为合成化学研究的重要任务和内容。如高温、高压、低温、微波、超声波等技术在合成化学领域中得到越来越多的应用;仿生合成、不对称合成等方法受到越来越多的关注;新溶剂、新型催化剂不断被开发出来。这些新技术、新方法的应用使合成更高效、更环保,能够得到性能更好的新化合物,推动了合成化学的迅猛发展。

在合成过程中难免会碰到新的问题,需要对理论进行研究,以解释实验现象和过程,得出的理论又可以反过来指导合成的进行。可以说合成化学推动了化学理论的进步,而每一次理论上的进步都会引起合成化学新的飞跃。例如,Woodward 和量子化学家 Hoffmann 在维生素 B_{12} 的合成过程中共同发现了重要的分子轨道对称守恒原理,使有机合成从"艺术"走向理性,完成了大量结构更为复杂的分子的全合成。

与其他科学研究一样,合成化学也有自己的基本方法,如图 1-1 所示。

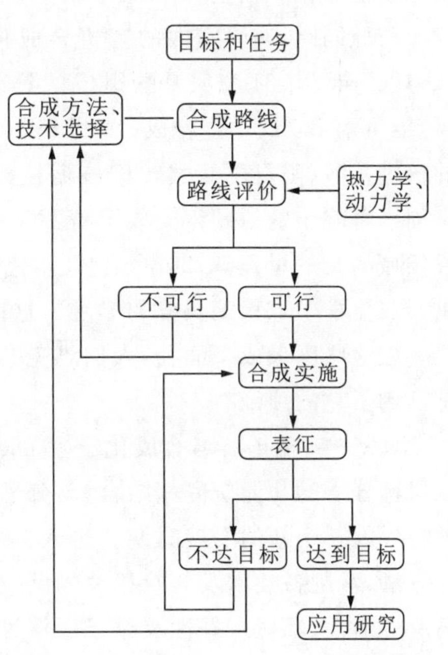

图 1-1 合成化学研究方法示意图

正如前面所述,合成化学发展到今天,更多地进入到理性阶段。所谓理性是指在合成过程中,首先要有明确的目标和任务,确定要合成什么,合成的产品需要具有什么样的功能,这需要对合成化学发展现状、社会需求有充分的了解;有了明确的目标和任务,还需要解决怎样完成目标和任务的问题,也就是要选择采用的方法和技术,包括溶剂、催化剂的选择,设计出合适的合成路线。一条优异的合成路线可以使后续的合成实验达到事半功倍的效果,减少人力物力的浪费,当然这不是容易达到的,需要具有深厚的化学功底和纯熟的设计技巧;合成路线设计好后需要进行评价,通过热力学、动力学研究在理论上检验设计的合成路线是否可行,通过原子经济研究判断合成是否高效、经济,还应考虑对环境的影响,努力做到绿色合成。如达不到要求,则需重新设计,如果可行则进入合成实验。尽管可以通过理论研究证明合成路线的可行性,但是否真正可行还得通过实验来验证,或者说要达成目标和完成任务还得靠实验。因此,实验是不可缺少的关键步骤,且需要具有扎实功底的科研人员不断重复才能完成,即便如此,得到的产物也不一定就是目标产物,还需要通过测试技术对得到的产物进行鉴定表征。如没有达到预期,需要重新实验甚至重新设计合成路线;如果符合要求即可进行应用研究以发挥合成产物的功效。

三、合成化学的发展简史与趋势

合成化学的发展历史已有千年,尽管早期的研究存在许多糟粕,但也积累了大量的化学知识和实践经验,推动了合成化学的发展。合成化学早期的发展非常缓慢,直到 20 世纪初,从以合成氨为代表的无机合成,到以染料、炸药、农药和医药为代表的有机合成的完成,才逐步迈向繁荣。

20 世纪 60 年代以后,合成化学家开始致力于控制有机合成反应的选择性,提出了合成化学中的合成策略和合成设计的问题。逆合成分析逐渐成为有机合成,尤其是复杂天然产物分子合成时被普遍采用的策略。自此,由于合成设计思想的提出,复杂天然产物分子的成功合成不仅仅是合成大师的杰作,更是科学和艺术的结晶,是想象力和逻辑推理以及实验技术的综合产物。合成设计思想在 20 世纪 70 年代得到空前发展,不仅使得一批简单的有机分子作为基本化工原料可以成千上万吨地大规模工业化生产,而且使得一些精细复杂的药物分子能够在车间里合成。

与此同时,实验室内的有机合成化学发展突飞猛进,达到了早年无法想象的地步。例如,1965 年,由 51 个氨基酸组成的具有生命活性的蛋白质——结晶牛胰岛素的合成;1973 年,维生素 B_{12} 成功全合成;20 世纪 80 年代,与天然分子化学结构相同和具有完整生物活性的核糖核酸(酵母丙氨酸转移核糖核酸)成功合成;1983 年,上海有机研究所著名合成化学家周维善院士的课题组完成了青蒿素的全合成,这是继人工合成结晶牛胰岛素后我国在合成领域的又一里程碑;20 世纪 90 年代初剧毒海洋毒素——海葵毒素的成功合成,被誉为有机合成化学中珠穆朗玛峰的攀登。这些研究成果,无一不体现出有机合成的辉煌成就。

在这些巨大成果面前,人们难免会产生一些疑问:有机合成化学还能有什么突破?是不是已到了它的顶峰?

1990 年,瑞士著名合成化学家 Dieter Seebach 很有预见地提出了合成研究工作要与合成目标分子的功能研究相结合,与分子组装和分子聚集体相结合,并充满信心地指出合成化学将迈入一个新的发展时期。进入 21 世纪,合成化学更注意发展新合成反应、新合成路线和方法、新制备技术及与此相关的反应机理的研究。在有机合成中,高选择性、高合成效率、高反应活性、环境友好性及原子经济性更受关注。无机合成研究的重点是复杂和特殊结构物质的合成,如团簇、层状化合物及其特定的多型体、各类层间的嵌插结构及多维结构的无机物;特殊聚集体的合成,如超微粒、纳米态、微乳与胶束、无机膜、非晶态、玻璃态、陶瓷、单晶、晶须、微孔晶体等。

可以毫不夸张地说,世界上大部分科学技术的发展都离不开合成化学。2011 年(国际化学年)Thomson Reuters 公司评出近十年来世界前 100 位化学家和材料学家,其中分别有 60 位化学家和 78 位材料学家是从事纳米材料合成研究的,如此大比例的科学家从事合成化学研究,使得合成化学总是处于科学技术发展的前沿。1900 年美国化学文摘社收录的化合物只有55万种，到1999年12月31日已达2340万种，到2015年7月6日其物质数据库中收录了第1亿种化学物质，没有迹象表明化学创新有放缓的趋势。未来50年，美国化学文摘社如果以现在的速度收录新物质，预计届时收录的新物质将超过6.5亿种。众多合成的新物质为人类创造了更加美好的新生活，也将包括合成化学在内的科学技术的发展推向新的高度。

像其他自然科学学科分支一样，合成化学的发展也在不断顺应社会和整个科学技术的发展趋势。目前，科学技术越来越以学科交叉、综合成大科学的方式成长、发展，其中特别明显的是以生命科学、信息科学和环境科学为代表的大科学迅速崛起。在学科交叉、融汇的大趋势中，合成化学以其精准的阐述、操作和创造分子结构的准确性和精巧性，跨入调控生命科学、推动信息科学、改善环境科学的合成化学新纪元。合成化学正通过化学键的剪裁和重组，以及超越分子层次的非共价作用和(自)组装，创造和构建一个全新的(合成)物质世界，为其他学科的创新研究和快速发展提供了不竭的知识基础与物质保障，支撑着新医药、新材料、新能源等人类生活和经济社会发展的物质需求。

未来一段时期内合成化学主要研究方向：

(1)寻求复杂和多样的目标结构，应该包含基于分子或合成子组装的合成，构筑高级结构的研究。因此合成化学既应研究传统的分子合成，也应研究高级结构，特别是高级有序结构的构筑。

(2)组合化学是基于与传统合成思路相反的思维，加上固相合成技术，并受生物学大规模平行操作(如用多孔板操作)启发而产生的。组合化学不是一种技术，而是以它为基础的化学研究的生长点。

(3)绿色化学合成研究或称原子经济性、环境友好反应的研究，在合成过程中提高反应的效率和选择性，主要包括对反应的原子经济性、步骤经济性、反应的精准性以及环境友好反应的研究。

(4)发现和寻找新合成方法(含极端条件下合成)，包括为可持续发展提供新反应、新路线等。此外，基于结构－功能关系设计合成新功能分子或功能材料；控制大分子缠绕、折叠和有序聚集研究(多层次)；基于模拟生物材料形成过程的合成方法研究等。

总之，合成化学作为一门古老而活力四射的学科，已成为化学这门中心科学的核心，至今仍在不断地萌发新的方向，创造新的机遇和挑战。相信合成化学一定能够为我们明天更美好的生活发挥其无限的创造力，作出新的、更大的贡献！

第二章 合成化学基础理论

和其他学科一样，合成化学也需要理论支撑，其中最为基础的就是热力学和动力学理论。在进行合成时，合成工作者最为关心的是合成反应能否进行，以及反应进行的方向、限度、速率和机理，应用热力学和动力学理论可以很好地解决上述问题。

第一节 合成反应热力学

一、反应方向的热力学判据

一个反应或过程能不能自发进行，可用摩尔 Gibbs 自由能变来判断，以$\Delta_r G_m$表示。

$$\Delta_r G_m = \Delta_r H_m - T\Delta_r S_m \tag{2-1}$$

式(2－1)描述了在等温、等压的封闭体系中摩尔 Gibbs 自由能变与摩尔反应焓变($\Delta_r H_m$)、摩尔反应熵变($\Delta_r S_m$)和温度(T)之间的关系。在不做非体积功的前提下，$\Delta_r G_m$ 可作为等温、等压反应进行的方向和方式的判据。

$$\Delta_r G_m = \begin{cases} <0 & \text{反应自发进行} \\ =0 & \text{平衡状态} \\ >0 & \text{反应不能自发进行} \end{cases} \tag{2-2}$$

式(2－2)说明一个反应要能自发进行，$\Delta_r G_m$ 必须为负值，即反应产物的自由能要比反应底物的自由能小，此时为放热反应，差值越大，反应越完全；如果$\Delta_r G_m$ 为正值，反应不能自发进行，如需反应发生必须额外加入能量，发生吸热反应。由式(2－1)可知，要使反应进行得彻底，就要尽可能地降低摩尔反应焓变，增加摩尔反应熵变。

若在压强为 101.325kPa(1 标准大气压，760mm 汞柱)的标准状态下，式(2－1)变为

$$\Delta_r G_m^\ominus = \Delta_r H_m^\ominus - T\Delta_r S_m^\ominus \tag{2-3}$$

$\Delta_r G_m^\ominus$ 称为标准摩尔反应 Gibbs 自由能变，用于在标准状态、等温、等压条件下反应能否自发进行的判据。在知道标准摩尔反应焓变、标准摩尔反应熵变和所处温度的情况下，应用式(2－3)可以方便地计算出标准摩尔反应 Gibbs 自由能变。

标准摩尔反应 Gibbs 自由能变，还可以通过标准摩尔生成 Gibbs 自由能变($\Delta_f G_B^\ominus$)计算：

$$\Delta_r G_m^\ominus(298\text{K}) = \sum_B \nu_B \Delta_f G_B^\ominus(298\text{K}) \quad (2-4)$$

式中：ν_B为化学计量数，应用公式时需要注意反应物的化学计量数为负。通过相关资料查出反应物和生成物的标准摩尔生成 Gibbs 自由能变，代入式(2-4)即可计算出标准摩尔反应 Gibbs 自由能变。

在式(2-3)中，假设 $\Delta_r H_m^\ominus$ 和 $\Delta_r S_m^\ominus$ 随温度变化很小，可作近似处理：

$$\Delta_r H_m^\ominus(T) \approx \Delta_r H_m^\ominus(298\text{K}) \quad (2-5)$$

$$\Delta_r S_m^\ominus(T) \approx \Delta_r S_m^\ominus(298\text{K}) \quad (2-6)$$

将式(2-5)、式(2-6)代入式(2-3)中，则可变换为：

$$\Delta_r G_m^\ominus(T) \approx \Delta_r H_m^\ominus(298\text{K}) - T\Delta_r S_m^\ominus(298\text{K}) \quad (2-7)$$

通过式(2-7)计算出任意温度下的 $\Delta_r G_m^\ominus(T)$，即可判断反应进行的方向。

在温度较低、熵变不太大时，可直接用焓变作为反应判据，这对许多有机反应特别简便实用。在一个实际反应中，反应的焓变在数值上等于生成物分子形成时释放的总能量与反应物分子键断裂时吸收的总能量之差。

$$\Delta_r H_m^\ominus(298\text{K}) = \sum_B \nu_B \Delta_f H_B^\ominus(298\text{K}) \quad (2-8)$$

从相关资料中查取反应物和生成物的标准摩尔生成焓变($\Delta_f H_B^\ominus$)，代入式(2-8)即可计算出反应的标准摩尔反应焓变，进而判断反应进行的方向。

对于有机化合物的生成焓变测试有一定困难，所以不一定都能查到所有物质的标准摩尔生成焓变，在此情况下采用标准摩尔燃烧焓变($\Delta_c H_B^\ominus$)进行计算。大多数有机化合物通过燃烧反应可测得其标准摩尔燃烧焓变，代入式(2-9)进行计算。

$$\Delta_r H_m^\ominus(298\text{K}) = -\sum_B \nu_B \Delta_c H_B^\ominus(298\text{K}) \quad (2-9)$$

如果以上两种焓值均查不到，还可以用键能按照式(2-10)计算标准摩尔反应焓变。键能数据列于表 2-1、表 2-2 中。

$$\Delta_r H_m^\ominus = -\sum_B \nu_B E_B \quad (2-10)$$

式中：E_B 为化学键键能。

表 2-1　部分单键化学键能(25℃)　单位：$\text{kJ} \cdot \text{mol}^{-1}$

化学键	键能	化学键	键能	化学键	键能
H—H	436	N—N	159	Cl—Br	218
H—C	415	N—O	201	Cl—I	209
H—N	389	N—F	272	Cl—Si	360
H—O	465	N—Cl	201	Cl—P	318
H—F	565	N—Br	243	Cl—S	272
H—Cl	431	N—I	201	Br—Br	193

续表 2-1

化学键	键能	化学键	键能	化学键	键能
H—Br	368	N—P	300	Br—I	180
H—I	297	N—S	247	Br—Si	289
H—Si	320	O—O	138	Br—P	272
H—P	318	O—F	184	Br—S	214
H—S	364	O—Cl	205	I—I	151
C—C	331	O—I	201	I—Si	214
C—N	293	O—Si	368	I—P	214
C—O	343	O—P	352	Si—Si	197
C—F	486	F—F	155	Si—P	214
C—Cl	327	F—Cl	252	Si—S	226
C—Br	276	F—Br	239	P—P	214
C—I	239	F—Si	540	P—S	230
C—Si	281	F—P	490	S—S	264
C—P	264	F—S	340	—	—
C—S	289	Cl—Cl	243	—	—

表 2-2　部分重键化学键能(25℃)　　单位:$kJ \cdot mol^{-1}$

化学键	键能	化学键	键能
C=C	620	S=S	423
C=N	615	S=C	578
N=N	419	C≡C	812
C=O	708	C≡N	879
O=O	498	N≡N	945
O=S	420	C≡O	1072

如果反应在气体状态下进行,其标准摩尔反应焓变可以采用键焓数据按照式(2-11)进行计算。常见键焓数据列于表 2-3、表 2-4 中。

$$\Delta_r H_m^\ominus = -\sum_B \nu_B H_{b,B}^\ominus \tag{2-11}$$

表 2-3　常见单键的键焓 $\Delta H_b^\ominus$　单位：kJ · mol^{-1}

化学键	键焓	化学键	键焓	化学键	键焓
H—C	420	C—I	239	F—Br	252
H—N	391	C—Si	290	F—I	281
H—O	462	N—N	160	F—Si	592
H—F	571	N—O	181	Cl—Cl	242
H—Cl	432	N—F	273	Cl—Br	223
H—Br	370	N—Cl	201	Cl—I	210
H—I	298	O—O	138	Cl—Si	403
H—Si	302	O—F	210	Br—Br	192
C—C	340	O—Cl	210	Br—I	181
C—N	290	O—Br	223	Br—Si	290
C—O	383	O—I	239	I—I	149
C—F	441	O—Si	433	I—Si	210
C—Cl	332	F—F	159	Si—Si	189
C—Br	281	F—Cl	252	—	—

表 2-4　常见重键的键焓 $\Delta H_b^\ominus$　单位：kJ · mol^{-1}

化学键	键焓	化学键	键焓
C=C	622	O=O	403
C=N	622	C≡C	815
C=O	722	C≡N	894
N=N	420	N≡N	949

熵的变化涉及体系的无序性或混乱度，受温度的影响明显。在温度较高时，熵的变化会比较大，此时 Gibbs 自由能变随温度变化明显，不宜用焓变作为反应判据。

在进行合成反应时，还有一个重要的物理量就是平衡常数。标准平衡常数 $K^\ominus$ 的定义为

$$K^\ominus = \exp - \frac{\sum_B \nu_B \mu_B^\ominus}{RT} \tag{2-12}$$

式中：R 为摩尔气体常数；$\mu_B^\ominus$ 为化学势。

标准平衡常数与标准 Gibbs 自由能变有如下的关系：

$$\Delta_r G_m^\ominus = -RT\ln K^\ominus \tag{2-13}$$

由于化学反应有气态、液态、固态或溶液反应等情况，相应的平衡常数在表达形式上不尽相同，与 $K^\ominus$ 的关系也不相同，见表 2-5。

表 2-5　平衡常数表达式

状态		平衡常数表达式	与标准平衡常数的关系
气态	以平衡分压表示	$K_p = \prod_B (py_B^{eq})^{\nu_B} = \frac{(py_G^{eq})^g (py_R^{eq})^r \cdots}{(py_D^{eq})^d (py_E^{eq})^e \cdots}$	$K^\ominus = K_p (p^\ominus)^{-\sum_B \nu_B}$
	以浓度表示	$K_c = \prod_B (c_B^{eq})^{\nu_B} = \frac{(c_G^{eq})^g (c_R^{eq})^r \cdots}{(c_D^{eq})^d (c_E^{eq})^e \cdots}$	$K^\ominus = K_c (RT/p^\ominus)^{-\sum_B \nu_B}$
	以逸度表示	$K_f = \prod_B (f_B^{eq})^{\nu_B} = \frac{(f_G^{eq})^g (f_R^{eq})^r \cdots}{(f_D^{eq})^d (f_E^{eq})^e \cdots}$	$K^\ominus = K_f (p^\ominus)^{-\sum_B \nu_B}$
液态或固态	以活度表示	$K_a = \prod_B (a_B^{eq})^{\nu_B} = \frac{(a_G^{eq})^g (a_R^{eq})^r \cdots}{(a_D^{eq})^d (f_E^{eq})^e \cdots}$	$K^\ominus = K_a$
	以摩尔浓度表示	$K_x = \prod_B (x_B^{eq})^{\nu_B} = \frac{(x_G^{eq})^g (x_R^{eq})^r \cdots}{(x_D^{eq})^d (f_E^{eq})^e \cdots}$	$K_a = K_x K_\gamma, K^\ominus = K_a$
溶液	以活度表示	$K_a = (a_A^{eq})^{\nu_A} \prod_B (a_{c,B}^{eq})^{\nu_B} = \frac{(a_A^{eq})^{\nu_A} (a_G^{eq})^g (a_R^{eq})^r \cdots}{(a_D^{eq})^d (a_E^{eq})^e \cdots}$	$K^\ominus = K_a$
	以浓度表示	$K_c = (a_A^{eq})^{\nu_A} \prod_B (c_B^{eq})^{\nu_B} = \frac{(x_A^{eq})^{\nu_A} (c_G^{eq})^g (c_R^{eq})^r \cdots}{(c_D^{eq})^d (c_E^{eq})^e \cdots}$	$K_a = K_c (c^\ominus)^{-\sum_B \nu_B} K_\gamma, K^\ominus = K_a$

由平衡常数可以计算出转化率，转化率是原料中某一物质反应后转化的份数与平衡时反应体系中各物质的组成总和之比，平衡时最大的转化率称为平衡转化率或理论转化率，用 α 表示。

二、热力学函数在合成化学中的应用

热力学判据不仅可以应用于反应自发进行方向的判断、反应类型的选择，还可以用于诸如反应温度、反应容器的选择等各个方面。

例 2-1　计算石灰石热分解能够自发进行的温度。

解：石灰石的热分解反应为

$$CaCO_3(s) \xlongequal{} CaO(s) + CO_2(g)$$

相关热力学函数值见表 2-6。

表 2-6　石灰石热分解涉及的热力学函数

热力学函数	$CaCO_3(s)$	$CaO(s)$	$CO_2(g)$
$\Delta_f H_m^\ominus(298K)(kJ \cdot mol^{-1})$	−1 206.92	−635.09	−393.50
$S_m^\ominus(298K)/(J \cdot mol^{-1} \cdot K^{-1})$	92.90	39.75	213.74

由标准摩尔生成熵计算标准摩尔反应熵变的公式为

$$\Delta_r S_m^\ominus(298K) = \sum_B \nu_B S_B^\ominus \qquad (2-14)$$

将相关热力学函数值分别代入式(2－8)、式(2－14)，可得：

$$\Delta_r H_m^\ominus(298K) = 178.33kJ \cdot mol^{-1}$$

$$\Delta_r S_m^\ominus(298K) = 160.59J \cdot mol^{-1} \cdot K^{-1}$$

将计算出的数值代入式(2－7)，可得：

$$\Delta_r G_m^\ominus = 178.33kJ \cdot mol^{-1} - T \times 160.59J \cdot mol^{-1} \cdot K^{-1}$$

为使石灰石的热分解反应自发进行，须保持 $\Delta_r G_m^\ominus < 0$，即要求：

$$178.33kJ \cdot mol^{-1} - T \times 160.59J \cdot mol^{-1} \cdot K^{-1} < 0$$

由此可以计算出：

$$T > 1100K$$

所以，当温度上升到 1100K 以上时，石灰石的热分解反应才能自发进行。

例 2－2　2－丁硫醇与三氯化砷在四氯化碳溶剂中的反应为

$$3s-BuSH + AsCl_3 = As(SBu)_3 + 3HCl$$

通过热力学计算，判断该反应能否自发进行。

解：首先假定在四氯化碳溶剂中的反应热与在气相中的反应相同，即不考虑四氯化碳对反应的影响。

由于在反应中硫和叔丁基之间 C—S 键没有发生变化，可以将反应式改写如下：

$$3S-H + 3As-Cl = 3As-S + 3H-Cl$$

由有关资料查得相关键能数据如下：

$$E_{S-H} = 364kJ \cdot mol^{-1}, E_{As-Cl} = 298kJ \cdot mol^{-1}$$

$$E_{As-S} = 197kJ \cdot mol^{-1}, E_{H-Cl} = 431kJ \cdot mol^{-1}$$

代入式(2－10)，可得：

$$\Delta_r H_m^\ominus = 3 \times (364 + 298 - 197 - 431) \approx 0$$

由于一般情况下 $\Delta_r S_m^\ominus > 0$，由式(2－3)可知，此时 $\Delta_r G_m^\ominus < 0$，因此反应能自发进行。

例 2－3　是否可以用刚玉坩埚熔化铁？

解：刚玉坩埚的主要成分是 Al_2O_3，在惰性气氛中，如果能融化铁则发生如下反应。

$$3Fe(l) + Al_2O_3(s) = 2Al(l) + 3FeO(l)$$

查阅相关资料，得到：

$$Fe(l) + \frac{1}{2}O_2 = FeO(l) \quad \Delta_f G_{m,FeO(l)}^\ominus = -25\,601 + 56.68T(J \cdot mol^{-1})$$

$$2Al(l) + \frac{3}{2}O_2 = Al_2O_3(s) \quad \Delta_f G_{m,Al_2O_3(s)}^\ominus = -1\,687.2 \times 10^3 + 326.81T(J \cdot mol^{-1})$$

将标准摩尔生成 Gibbs 自由能变数据代入式(2－4)，得到在铁的熔点时的标准摩尔反应 Gibbs 自由能变：

$$\Delta_r G_m^\ominus = 1\,316.8 \times 10^3 J \cdot mol^{-1} > 0$$

结果表明 1600℃时刚玉坩埚不能和铁反应，刚玉坩埚可用于熔化铁。

例 2-4 由键焓计算下列反应的标准摩尔反应焓变，判断反应能否自发进行。

$$\mathrm{H_2C{=}CH_2} + \mathrm{HBr} \longrightarrow \mathrm{H{-}CH_2{-}CHBr{-}H}$$

解：由表 2-3、表 2-4 查得 $\Delta H_b^\ominus(\mathrm{kJ\cdot mol^{-1}})$值为

$\Delta H^\ominus_{b\,C-H}=420(\mathrm{kJ\cdot mol^{-1}})$，$\Delta H^\ominus_{b\,C=C}=622(\mathrm{kJ\cdot mol^{-1}})$，$\Delta H^\ominus_{b\,Br-H}=370(\mathrm{kJ\cdot mol^{-1}})$，$\Delta H^\ominus_{b\,C-Br}=281(\mathrm{kJ\cdot mol^{-1}})$，$\Delta H^\ominus_{b\,C-C}=340(\mathrm{kJ\cdot mol^{-1}})$

代入式(2-11)得到：

$$\Delta_r H_m^\ominus(298\mathrm{K}) = -49\mathrm{kJ\cdot mol^{-1}}$$

反应能够自发进行。

例 2-5 已知：

$$\Delta_c H_m^\ominus[(\mathrm{CH_2COOH})_2] = -246.0\mathrm{kJ\cdot mol^{-1}}$$
$$\Delta_c H_m^\ominus(\mathrm{CH_3OH}) = -726.5\mathrm{kJ\cdot mol^{-1}}$$
$$\Delta_c H_m^\ominus[(\mathrm{CH_2COOCH_3})_2] = -1678\mathrm{kJ\cdot mol^{-1}}$$

判断下述反应在 25℃时能否自发进行：

$$\begin{matrix}\mathrm{CH_2COOH}\\ |\\ \mathrm{CH_2COOH}\end{matrix} + 2\mathrm{CH_3OH} \longrightarrow \begin{matrix}\mathrm{CH_2COOCH_3}\\ |\\ \mathrm{CH_2COOCH_3}\end{matrix} + 2\mathrm{H_2O}$$

解：将已知数据代入式(2-9)，可得：

$$\Delta_r H_m^\ominus(298\mathrm{K}) = -21\mathrm{kJ\cdot mol^{-1}}$$

反应在 25℃时能够自发进行。

例 2-6 已知反应：

$$\frac{1}{2}\mathrm{N_2} + \frac{3}{2}\mathrm{H_2} = \mathrm{NH_3}$$

在 400℃、30.4MPa 时，$K_p = 18.1\times10^{-5}\mathrm{kPa^{-1}}$，原料气中 N_2 和 H_2 的物质量之比为 1∶3，试求 N_2 的理论转化率和反应达到平衡时 NH_3 的摩尔分数。

解：设以 1mol 原料 N_2 为计算基准，平衡时 N_2、H_2、NH_3 的量分别为$(1-\alpha)$mol，$(3-3\alpha)$mol，2αmol，共有$(4-2\alpha)$mol。由表 2-5 查得气态反应以平衡分压表示的平衡常数表达式为

$$K_p = \prod_B (p y_B^{eq})^{\nu_B} = \frac{(p y_G^{eq})^g (p y_R^{eq})^r \cdots}{(p y_D^{eq})^d (p y_E^{eq})^e \cdots} \qquad (2-15)$$

为方便计算，将式中的平衡摩尔分数表示为

$$y_B^{eq} = \frac{n_B^{eq}}{\sum_B n_B^{eq}} \qquad (2-16)$$

将式(2-16)代入式(2-15)，可得：

$$K_p=\frac{(n_G^{eq})^g(n_R^{eq})^r\cdots}{(n_D^{eq})^d(n_E^{eq})^e\cdots}\left[\frac{p}{\sum_B n_B^{eq}}\right]^{\sum_B \nu_B} \tag{2-17}$$

将相关数据代入式(2-17),可得:

$$K_p=\frac{2\alpha}{(1-\alpha)^{\frac{1}{2}}(3-3\alpha)^{\frac{3}{2}}}\left[\frac{30.4\times10^3}{(4-2\alpha)}\right]^{1-\frac{1}{2}-\frac{3}{2}} \tag{2-18}$$

将 K_p 代入式(2-18)解得 $\alpha=0.651$,代入式(2-16)求得平衡时 NH_3 的摩尔分数为

$$y_{NH_3}^{eq}=\frac{2\alpha}{(4-2\alpha)}=\frac{2\times0.651}{(4-2\times0.651)}=0.482$$

N_2 的理论转化率为 65.1%,反应达到平衡时 NH_3 的摩尔分数为 0.482。

例 2-7　298K 时,正辛烷的标准燃烧焓变是 $-5\ 512.4\text{kJ}\cdot\text{mol}^{-1}$,$CO_2$ 和液态水的标准生成热分别为 $-393.51\text{kJ}\cdot\text{mol}^{-1}$ 和 $-285.83\text{kJ}\cdot\text{mol}^{-1}$,正辛烷、氢气和石墨的标准熵分别为 $466.84\text{J}\cdot\text{K}^{-1}\cdot\text{mol}^{-1}$,$103.68\text{J}\cdot\text{K}^{-1}\cdot\text{mol}^{-1}$ 和 $5.74\text{J}\cdot\text{K}^{-1}\cdot\text{mol}^{-1}$。求 506kPa 下正辛烷的平衡产率是多少?

解:(1)$C_8H_{18}(g)+\frac{25}{2}O_2(g)\rightleftharpoons 8CO_2(g)+9H_2O(l)$

$$\Delta_c H_m^\ominus(C_8H_{18},g)=\Delta_r H_{m,1}^\ominus(298K)$$

$$\Delta_r H_{m,1}^\ominus(298K)=8\Delta_f H_m^\ominus(CO_2,g)+9\Delta_f H_m^\ominus(H_2O,l)-\Delta_f H_m^\ominus(C_8H_{18},g)$$

$$\begin{aligned}\Delta_f H_m^\ominus(C_8H_{18},g)&=8\Delta_f H_m^\ominus(CO_2,g)+9\Delta_f H_m^\ominus(H_2O,l)-\Delta_r H_{m,1}^\ominus(298K)\\&=[8\times(-393.51)+9\times(-285.83)-(-5\ 512.4)]\text{kJ}\cdot\text{mol}^{-1}\\&=-208.15\text{kJ}\cdot\text{mol}^{-1}\end{aligned}$$

(2)$8C(石墨)+9H_2(g)\rightleftharpoons C_8H_{18}(g)$

$$\Delta_r G_{m,2}^\ominus=\Delta_r H_{m,2}^\ominus-T\Delta_r S_{m,2}^\ominus$$

$$\Delta_r H_{m,2}^\ominus=\Delta_f H_m^\ominus(C_8H_{18},g)=-208.15\text{kJ}\cdot\text{mol}^{-1}$$

$$\begin{aligned}\Delta_r S_{m,2}^\ominus&=S^\ominus(C_8H_{18},g)-8S^\ominus(C_石)-9S^\ominus(H_2,g)\\&=(466.84-8\times5.74-9\times130.68)\text{J}\cdot\text{K}^{-1}\cdot\text{mol}^{-1}=-755.2\text{J}\cdot\text{K}^{-1}\cdot\text{mol}^{-1}\end{aligned}$$

$$\Delta_r G_{m,2}^\ominus=[-208.15-298\times(-755.2\times10^{-3})]\text{kJ}\cdot\text{K}^{-1}\cdot\text{mol}^{-1}=16.9\text{kJ}\cdot\text{K}^{-1}\cdot\text{mol}^{-1}$$

将式(2-13)变换并将相关数据代入后得:

$$\ln K_2^\ominus=-\frac{\Delta_r G_{m,2}^\ominus}{RT}=\frac{-16.9\times10^3}{8.314\times298}=-6.71$$

由于

$$K_2^\ominus=K_x\left(\frac{p}{p^\ominus}\right)^{\sum_B \nu_B}=\frac{x_{C_8H_{18}}}{(1-x_{C_8H_{18}})^9}\left(\frac{p}{p^\ominus}\right)^{-8} \tag{2-19}$$

式中:K_x 为以摩尔浓度表示的平衡参数;p 为压力;$p^\ominus$ 为标准压力。

整理得到:

$$K_2^\ominus\left(\frac{p}{p^\ominus}\right)^8=\frac{x_{C_8H_{18}}}{(1-x_{C_8H_{18}})^9} \tag{2-20}$$

将相关数据代入式(2-20),可得:

$$426.39=\frac{x_{C_8H_{18}}}{(1-x_{C_8H_{18}})^9}$$

用尝试法解得:$x_{C_8H_{18}}=0.5300$

由此可求得平衡时正辛烷的分压为

$$p_{C_8H_{18}}=x_{C_8H_{18}}\cdot p=0.5300\times 506.6\text{kPa}=268.50\text{kPa}$$

因此正辛烷的平衡产率为

$$\frac{268.50}{506.6}\times 100\%\approx 53.00\%$$

例 2-8 稀有气体化合物 $Xe^+[PtF_6]^-$ 的合成。

这是热力学应用在合成中的一个很好的例子。稀有气体原来被称为惰性元素,是因为它们有一个共同的特点,就是非常不活泼。从发现 Ar 算起的 68 年内,该族元素一直"没有发生过化学反应"。虽然也有理论化学家预言惰性元素能够形成化合物,但并未实际合成成功。

1962 年,在加拿大工作的英国化学家 Bartlett 将氧化性比氟气还强的六氟化铂蒸气和氧反应,得到一种新的深红色固体,经 X 射线衍射分析和其他实验确认此化合物的化学式为 $O_2^+[PtF_6]^-$,其反应式为

$$O_2(g)+PtF_6(g)=\!=\!=O_2^+(PtF_6)^-(s)$$

善于思考的科学家并没有单纯地沉浸在得到一种新化合物的喜悦中,而是进一步地思索:氧气和氙的第一电离能(O_2:1 175.7kJ·mol^{-1},氙:1 171.5kJ·mol^{-1})非常接近,O_2^+ 与 Xe^+ 的半径相近,两者所形成的化合物 $O_2^+[PtF_6]^-$ 与 $Xe^+[PtF_6]^-$ 的晶格能(L)也相近,故而反应的 $\Delta_r H_m$ 也应相近。为此他考虑,PtF_6 既然可以氧化 O_2,能否氧化 Xe 呢?于是他仿照氧化氧气的做法,将六氟化铂与氙按等摩尔比在室温下混合,得到一种橙黄色固体,经过验证该物质为六氟合铂酸氙 $Xe^+[PtF_6]^-$。这是具有历史意义的第一个人工合成的含化学键的零族元素化合物,震惊了化学界。六氟合铂酸氙的合成打破了绝对惰性的说法,动摇了长期禁锢人们的思想,惰性元素化合物(氧化物、氟化物、氟氧化物等)一个接一个地面世了,"惰性元素"不再"惰",因此更名为"稀有气体"。

三、反应的偶合

假设有两个反应:

$$(1)\ A+B=\!=\!=C+D$$

$$(2)\ C+E=\!=\!=F+G$$

若反应(1)的 $\Delta_r G_m^\ominus >> 0$,不能自发进行。而反应(2)的 $\Delta_r G_m^\ominus < 0$,能够自发进行,如果我们能让反应(1)中的某个产物成为反应(2)中的一个反应物,由于反应(2)能自发进行,就能把反应(1)带动起来,这就称为反应的偶合。

例 2 - 9　用二氧化钛和氯气反应制备 $TiCl_4$。

$$TiO_2(s) + 2Cl_2(g) \xlongequal{\quad} TiCl_4(s) + O_2(g) \quad \Delta_r G_m^\ominus = 161.94 kJ \cdot mol^{-1}$$

解：该反应由于 $\Delta_r G_m^\ominus > 0$，不能自发进行。

但是上述反应中的产物氧气可以和碳反应：

$$C(s) + O_2(g) \xlongequal{\quad} CO_2(g) \quad \Delta_r G_m^\ominus = -394.38 kJ \cdot mol^{-1}$$

这一反应能自发进行。

因此，在二氧化钛和氯气的反应体系中加入碳将发生下列反应：

$$TiO_2(s) + 2Cl_2(g) + C(s) \xlongequal{\quad} TiCl_4(s) + CO_2(g)$$

反应的标准摩尔反应 Gibbs 自由能变为

$$\Delta_r G_m^\ominus(298K) = (-394.38 + 161.94) kJ \cdot mol^{-1} = -232.44 kJ \cdot mol^{-1}$$

整个反应的 $\Delta_r G_m^\ominus < 0$，可以自发进行。这是反应偶合成功的范例。该反应甚至实现了工业化生产，工业上在碳存在下二氧化钛于 1000℃左右氯化，经过分馏提纯，得到所需产物 $TiCl_4$ 正是基于这一原理。

例 2 - 10　铜与稀硫酸的反应。

解：这也是偶合反应中一个非常经典的例子，众所周知铜不溶于稀硫酸，因为该反应的 $\Delta_r G_m^\ominus > 0$。

$$Cu(s) + 2H^+(aq) \xlongequal{\quad} Cu^{2+}(aq) + H_2(g) \quad \Delta_r G_m^\ominus(298K) = 65.5 kJ \cdot mol^{-1}$$

但如果向体系中通入氧气，则因氧气和氢气能够自发反应生成水：

$$H_2(g) + \frac{1}{2}O_2(g) \xlongequal{\quad} H_2O(l) \quad \Delta_r G_m^\ominus(298K) = -237.2 kJ \cdot mol^{-1}$$

总的反应为

$$Cu(s) + H_2(g) + \frac{1}{2}O_2(g) \xlongequal{\quad} Cu^{2+}(aq) + H_2O(l)$$

$$\Delta_r G_m^\ominus(298K) = (-237.2 + 65.5) kJ \cdot mol^{-1} = -171.7 kJ \cdot mol^{-1}$$

$\Delta_r G_m^\ominus < 0$，反应能够自发进行。

其实，反应的偶合在化学反应中比比皆是，比如金在硝酸中的溶解：

$$Au(s) + 4H^+(aq) + NO_3^-(aq) \xlongequal{\quad} Au^{3+}(aq) + NO(g) + 2H_2O(l)$$

该反应是不可能自发进行的，也就是金不能溶解在硝酸中，但若在体系中加入盐酸，即形成王水，由于发生下列反应：

$$Au^{3+} + 4Cl^- \xlongequal{\quad} (AuCl_4)^-$$

使整个反应能够自发进行，也可以归结于反应的偶合。

第二节　合成反应动力学

对于一个 $\Delta_r G_m^\ominus << 0$、热力学判断能够自发进行的反应，是不是就一定可以进行呢？回

答是否定的。原因是即使一个反应能够自发进行，但如果反应进行得非常缓慢，是没有实际意义的。所以，对于一个反应除了从热力学上判断是否可自发进行外，还要考虑反应速率问题，这就是动力学研究的内容。

合成反应动力学研究反应速率和反应机理，研究结果将告诉我们一个反应有没有进行的必要。在研究反应速率的过程中需要仔细考虑影响反应速率的各种因素。

一、化学反应速率方程

动力学研究首先通过实验建立速率方程，随之确定该反应的机理(反应历程)，以便有效地控制反应。

对于某个在化学容器中进行的反应，系统的体积不变，为恒容反应，反应式如下：

$$aA+bB\longrightarrow gG+hH$$

其恒容反应速率为：

$$v=-\frac{1}{a}\frac{dc_A}{dt}=-\frac{1}{b}\frac{dc_B}{dt}=\frac{1}{g}\frac{dc_G}{dt}=\frac{1}{h}\frac{dc_H}{dt} \tag{2-21}$$

对于气相反应，也可用单个组分的分压改变量来表示反应速率，即：

$$v=-\frac{1}{a}\frac{dp_A}{dt}=-\frac{1}{b}\frac{dp_B}{dt}=\frac{1}{g}\frac{dp_G}{dt}=\frac{1}{h}\frac{dp_H}{dt} \tag{2-22}$$

对于一个具体的反应，通过实验可建立以下速率方程：

$$v=kc_A^m c_B^n \tag{2-23}$$

式中：k 为反应速率常数，与温度有关。m、n 为反应分级数，如 m 为 1，反应对 A 为一级反应；若$n=2$，则反应对 B 为二级反应；m、n 的代数和称为反应级数或反应总级数。

(一)零级反应

反应速率与反应物浓度无关的反应叫零级反应。对于式(2-21)所示单方向进行的反应，其速率方程为

$$v_A=-\frac{dc_A}{dt}=\frac{dx}{dt}=k_A \tag{2-24}$$

式中：x 为 t 时刻已消耗的 A 的浓度，$x=c_{A0}-c_A$ 。对式(2-24)进行积分，可得：

$$-\int_{c_{A0}}^{c_A}dc_A=k_A\int_0^t dt \tag{2-25}$$

积分结果为

$$c_{A0}-c_A=x=k_At \tag{2-26}$$

以反应物浓度 c_A 对时间 t 作图得到一条直线，表明反应速率与反应物浓度无关，直线斜率的负值即为 k_A 。

发生在固体表面的多相体系反应属于零级反应。例如，N_2O 在 Pt 催化剂表面的分解为

$$N_2O(g) \xrightarrow{Pt} N_2(g) + \frac{1}{2}O_2(g)$$

反应速率方程为

$$v = -\frac{dc_{(N_2O)}}{dt} \tag{2-27}$$

$$v = kc^0_{(N_2O)} = k \tag{2-28}$$

(二)一级反应

一级反应是指反应速率与反应物浓度的一次方成正比,对于式(2-21)所示的单方向反应,其速率方程为

$$v_A = -\frac{dc_A}{dt} = k_A c_A = \frac{dx}{dt} = k_A(c_{A0} - x) \tag{2-29}$$

积分整理得:

$$-\int_{c_{A0}}^{c_A} \frac{1}{c_A} dc_A = \int_0^t k_A dt \tag{2-30}$$

$$\ln c_A = -k_A t + \ln c_{A0} \tag{2-31}$$

以 $\ln c_A$ 对 t 作图得到一条直线,斜率的负值即为 k_A。

(三)二级反应

二级反应是指反应速率与反应物浓度的二次方成正比,其速率方程为

$$v_A = -\frac{dc_A}{dt} = k_A c_A^2 = \frac{dx}{dt} = k_A(c_{A0} - x)^2 \tag{2-32}$$

积分整理得:

$$-\int_{c_{A0}}^{c_A} \frac{1}{c_A^2} dc_A = \int_0^t k_A dt \tag{2-33}$$

$$\frac{1}{c_A} - \frac{1}{c_{A0}} = \frac{1}{c_{A0} - x} - \frac{1}{c_{A0}} = k_A t \tag{2-34}$$

以 $1/c_A$ 对 t 作图得到一条直线,斜率即为 k_A。

由实验建立的这种速率方程为宏观动力学方程,它可以有效指导合成反应、合成条件的确定。

下面通过一个实例来说明反应速率在合成化学中的应用。

例 2-11　蔗糖(A)转化为葡萄糖和果糖的反应为

$$C_{12}H_{22}O_{11} + H_2O \xrightarrow{H^+} C_6H_{12}O_6(\text{果糖}) + C_6H_{12}O_6(\text{葡萄糖})$$

当催化剂 HCl 的浓度为 $0.100 mol \cdot dm^{-3}$,温度为 48℃,由实验测得速率方程为 $v_A = k_A c_A$, $k_A = 0.019\ 3 min^{-1}$。今有浓度为 $0.200\ mol \cdot dm^{-3}$ 的蔗糖溶液,于上述条件下,在一有效容积为 $2dm^3$ 的反应器中进行反应,试求①反应的初速率是多少?②20min 后可得多少葡萄糖和果糖?③20min 时蔗糖的转化率是多少?

解：① $t=0$ 时，将 $c_{A0}=0.200\text{mol}\cdot\text{dm}^{-3}$ 代入速率方程，可得：

$$v_{A0}=k_A c_A=(0.0193\times0.200)\text{mol}\cdot\text{dm}^{-3}\cdot\text{min}^{-1}$$
$$=0.00386\text{mol}\cdot\text{dm}^{-3}\cdot\text{min}^{-1}$$

②将 $t=20\text{min}$ 代入 $v_A=k_A c_A$，可得：

$$\ln c_A=-0.0193\times20+\ln0.200$$
$$c_A=0.136\text{mol}\cdot\text{dm}^{-3}$$
$$c_{葡萄糖}=c_{果糖}=c_{A0}-c_A=(0.200-0.136)\text{mol}\cdot\text{dm}^{-3}=0.064\text{mol}\cdot\text{dm}^{-3}$$

反应器有效容积为 2dm^3，而 $n_i=c_i V$，可得：

$$n_{葡萄糖}=n_{果糖}=(0.064\times2)\text{mol}=0.128\text{mol}$$

③计算转化率：

$$\alpha_A=\frac{(0.200-0.136)}{0.200}=0.32$$

转化率为 32%。

这个例子至少可以给我们两点启示：①反应 20min 转化率为 32%，如果要想有更高的转化率，可以延长反应时间，设定一个预期的转化率，由速率方程可以计算出理论的反应时间，从而为设计合成方案提供指导；②知道了产量可以确定反应容器的有效容积，进而为工业化生产设备选型提供依据。由此可见，动力学研究在合成化学中具有重要的指导作用。

二、影响反应速率的因素

（一）温度对反应速率的影响

温度对反应速率的影响非常明显，但对不同的反应类型影响情况各不相同，这些影响情况如图 2-1 所示。

在图 2-1 中：(a)是绝大部分反应的速率随温度而变化的情况，一般是随着温度的升高速率增大；(b)是被称为爆炸反应中反应的速率随温度变化的情况，反应速率在低温时，随着温度的升高变化并不明显，但当温度达到一定值时，反应速率突然增大；(c)是酶催化反应中反应的速率随温度变化的情况，其特点是当温度升高至某一值时，酶被破坏，反应速率急剧下降；(d)是某些烃类的气相氧化反应中反应的速率随温度变化的情况，反应速率与温度的关系呈波浪形变化；(e)是气相三级反应中反应的速率随温度变化的情况，反应速率随温度上升而下降。

绝大多数反应的速率与温度的变化情况如图 2-1(a)所示，即随温度上升而上升，Van't Hoff 为此总结了一个经验式，称为 Van't Hoff 规则：

$$\frac{k_{T+10\text{K}}}{kT}\approx(2\sim4) \tag{2-35}$$

式(2-35)指出温度每升高 10K，反应速率增加 2～4 倍。因此从动力学观点来看，温度升高有利于反应进行。

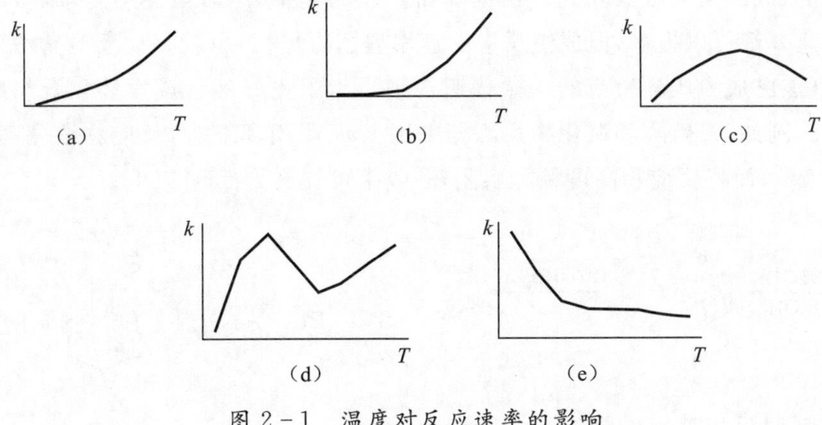

图 2-1　温度对反应速率的影响

通过 Arrhenius 公式建立的速率方程更为准确地描述了反应速率与温度的关系：

$$\frac{\mathrm{dln}k}{\mathrm{d}T}=\frac{E_a}{RT^2} \tag{2-36}$$

$$k=A\mathrm{e}^{\frac{-E_a}{RT}} \tag{2-37}$$

式中：k 为反应速率常数；A 为一个与反应物分子相互碰撞有关的常数，称为指前因子；R 为摩尔气体常数；T 为绝对温度。

E_a称为 Arrhenius 活化能，其物理意义是反应物中活化分子的平均摩尔能量与反应物分子总体的平均摩尔能量之差。将式(2-37)代入式(2-23)，可得：

$$\nu=A\mathrm{e}^{\frac{-E_a}{RT}}c_A^m c_B^n \tag{2-38}$$

这是一个广义的速率方程，包括了温度和浓度对速率的影响。

Arrhenius 活化能的大小反映了反应速率随温度变化的程度。活化能较大的反应，温度对反应速率影响较明显，升高温度能够显著地提高反应速率，活化能较小的反应则反之。

但实际上还需针对具体情况做具体的分析，有的反应温度太高，副产物也会增加，对于这样的反应不能光从提高反应速率的角度考虑而一味地提高反应温度，应综合考虑，采取适宜反应温度，既保证有较高的反应速率，同时又能使主产物收率最高；对于放热反应($\Delta_r H_m<0$)，温度的上升造成平衡的移动，使速率升高的好处大打折扣，因此选择合成温度时要综合考虑。

(二)反应物浓度对反应速率的影响

在反应级数的讨论中我们知道，除了零级反应，增加反应物浓度皆有利于提高反应速率。反应级数越高，影响越大。但需要注意当存在不同反应竞争的时候，低的反应物浓度可能反而对目标产物的合成有利。

在大环化合物的成环合成中，成环与成链多聚反应往往会同时进行，一般情况下成环反应为一级反应,成链反应级数较高。根据前面叙述的速率方程,虽然浓度增高,成环反应和成链反应的速率都可以提高,但成链反应的速率提高得更快,也就是说反应物浓度高更有利于成链反应(这已成为成环反应的一条普遍规则),为了更好地合成大环化合物应选择低的反应物浓度。例如,二硫醇和溴化物在乙醇中用 Na^+ 使闭环缩合,反应物浓度高时,环状产物收率仅 7.5%,而将反应物高度稀释后闭环,收率可提高到 55%以上。

$$\text{(SH HS 二硫醇)} \xrightarrow[\text{EtOH}]{\text{NaOEt}} \text{(2Na}^+\text{, S}^- \text{ S}^-) \xrightarrow{Br(CH_2)_3Br} \text{(环状四硫醚)} + \text{Br}\cdots\text{Br (链状产物)}$$

(三)溶剂对反应速率的影响

大多数反应是在溶剂中进行的,尽管溶剂对有些反应的速率没有影响,只是作为反应介质,如单分子反应或速控步骤为单分子的反应,它们的速率常数与反应介质几乎无关。对于许多在气相和液相中都能进行的反应,溶剂基本上只作为介质使用。但是大部分情况溶剂对反应速率有明显影响,如生成季铵盐 $Et_4N^+I^-$,使用不同的溶剂,反应速率有很大的差别(表 2-7)。

$$Et_3N + EtI \longrightarrow Et_4N^+I^-$$

表 2-7 不同溶剂中季铵盐形成的速率常数(373K)

溶剂	介电常数/($F \cdot m^{-1}$)	$k/(10^{-5} mol^{-1} \cdot dm^3 \cdot s^{-1})$	溶剂	介电常数/($F \cdot m^{-1}$)	$k/(10^{-5} mol^{-1} \cdot dm^3 \cdot s^{-1})$
n-已烷	1.9	0.5	丙酮	21.4	265.0
甲苯	2.4	25.3	硝基苯	36.1	138.0
苯	2.23	39.8	—	—	—

溶剂对反应速率的影响主要通过溶剂化作用来实现。所谓溶剂化作用,是指溶质和溶剂的相互作用,更具体地说是指溶液中溶质被附近的溶剂分子包围起来的现象,如图 2-2 所示。

从图 2-2 中可以看出,由于存在溶剂化作用,阴阳离子之间的相互作用力受到影响,当这些离子在不同的溶剂中进行化学反应时,其化学平衡、化学反应速率乃至机理都有可能发生改变,这种现象称为溶剂化效应,简称溶剂效应。溶剂效应是一个非常复杂的过程,其理论研究处于发展阶段,还很不完善。

1. Hughes-Ingold 规则

如果将一个反应分成起始态、过渡态和终止态 3 个过程,针对一个反应的起始态和过渡态的电荷变化情况,Hughes 和 Ingold 提出,从起始反应物变为过渡态的活化络合物时:①

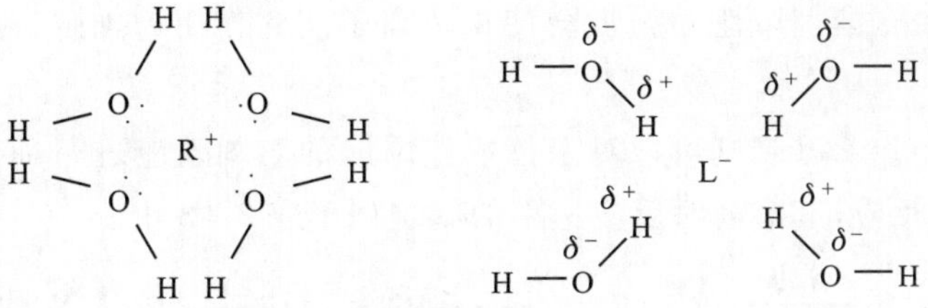

图 2-2　溶剂化作用示意图

电荷密度增加，溶剂极性增加使反应速率增大；② 电荷密度降低，溶剂极性增加使反应速率减小；③ 电荷密度变化很小或者无变化，溶剂极性的改变对反应速率影响很小。

电荷密度增加是指过渡态分子中的正负电荷中心更加分离，不同原子或基团带有更多正电荷或负电荷的状况；电荷密度降低则相反。

根据活化过渡态的特征，有机化学反应可以简单地分为偶极、等极化和自由基过渡态反应。溶剂效应对 3 种反应类型速率的影响各不相同。

1)偶极过渡态的溶剂效应

偶极过渡态的电荷分布情况明显不同于起始态，溶剂的影响使溶质电荷密度增加或减弱，从而引起溶质之间静电引力发生变化，这种现象称为静电溶剂效应，该效应的强弱与溶剂的极性有关，如图 2-3 所示。

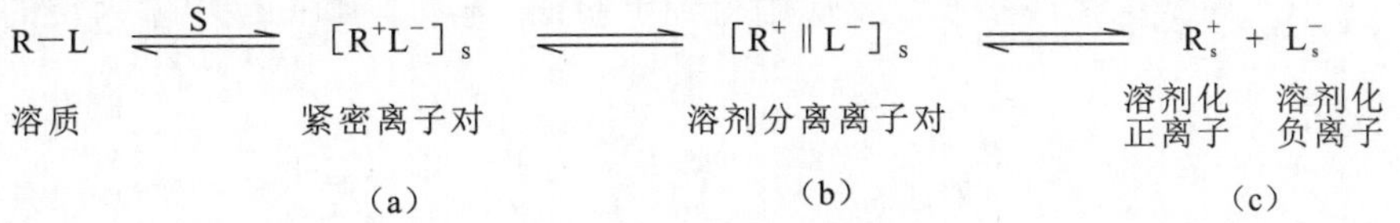

$$\underset{\text{溶质}}{R-L} \overset{S}{\rightleftharpoons} \underset{\text{紧密离子对}}{[R^+L^-]_s} \rightleftharpoons \underset{\text{溶剂分离离子对}}{[R^+ \| L^-]_s} \rightleftharpoons \underset{\text{溶剂化正离子}}{R_s^+} + \underset{\text{溶剂化负离子}}{L_s^-}$$

(a)　(b)　(c)

图 2-3　溶剂效应示意图

图 2-3 中，(a) 表示溶剂介电常数 $\varepsilon < 15\text{F/m}$ 时，形成溶剂化的紧密离子对，分子中仅发生电荷正负中心分离；(b)表示介电常数 $\varepsilon = 15 \sim 40\text{F/m}$ 时，溶剂进入 R^+ 和 L^- 之间，二者未完全分开，形成分离离子对；(c) 表示若介电常数 $\varepsilon > 40\text{F/m}$，一般认为可克服正、负离子间的静电引力，成为自由的溶剂化离子，这种离子的浓度取决于溶质和溶剂的性质。例如，在丙酮中卤化锂是弱电解质，但四烷基卤化铵却能将其离解。

根据库伦定律，两个带电粒子间的作用力 F 为

$$F = \frac{q_1 q_2}{4\pi\varepsilon r^2} \tag{2-39}$$

式中：q_1 和 q_2 为两个点电荷的电荷量；r 为两点电荷之间的距离；ε 为两点电荷所在介质的介电常数。

从式(2-39)可以看出，两点电荷之间的距离一定，介电常数愈大，亦即溶剂的极性愈大，两点电荷之间的作用力就愈小。因此，当过渡态电荷密度增加时，溶剂极性的增加会使

正负离子间的作用力减弱，从而使离子能够更加自由、容易移动而提高反应的速率。相反，过渡态电荷密度减小，溶剂极性的增加会使正负离子间的作用力加强，离子被束缚，反应速率减小。

利用 Hughes－Ingold 规则可以对亲核取代反应的溶剂效应进行简单预测。如下所表示的两种亲核取代反应，其溶剂对反应速率的影响列于表 2－8 中。

$$R-X \overset{S_N1}{\rightleftharpoons} \left[\overset{\delta^+}{R}\cdots\overset{\delta^-}{X}\right]^{\neq} \longrightarrow R^+ + :X^- \xrightarrow{:Y^-} R-Y + :X^-$$

$$:Y^- + R-X \overset{S_N2}{\rightleftharpoons} \left[\overset{\delta^-}{Y}\cdots R\cdots\overset{\delta^-}{X}\right]^{\neq} \longrightarrow R-Y + :X^-$$

表 2－8 亲核取代反应的溶剂效应

反应类型	反应物	活化配合物	活化中电荷的改变	溶剂极性增加对速率的影响
S_N1	R－X	$R^{\delta+}\cdots X^{\delta-}$	电荷密度增加	显著增大
S_N1	$R-X^+$	$R^{\delta+}\cdots X^{\delta+}$	电荷密度减小	略微降低
S_N2	Y＋R－X	$Y^{\delta+}\cdots R\cdots X^{\delta-}$	电荷密度增加	显著增大
S_N2	Y^-+R-X	$Y^{\delta-}\cdots R\cdots X^{\delta-}$	电荷密度减小	略微降低
S_N2	$Y+R-X^+$	$Y^{\delta+}\cdots R\cdots X^{\delta+}$	电荷密度减小	略微降低

表 2－8 中所列结论在许多取代反应中得到了验证，例如 2－氯－2－甲基丙烷的溶剂分解反应：

$$(CH_3)_3C-Cl \rightleftharpoons \left[(CH_3)_3\overset{\delta^+}{C}\cdots\overset{\delta^-}{Cl}\right]^{\neq} \longrightarrow (CH_3)_3C^+ + Cl^- \longrightarrow \text{产物}$$

$\mu=2.9\times10^{-30}\text{C}\cdot\text{m}$　　　$\mu=2.7\times10^{-30}\text{C}\cdot\text{m}$

由于离解时过渡态电荷密度增加，极性强溶剂分子有助于这种电荷分离并使之稳定，提高反应速率。表 2－9 是几种极性不同的溶剂对上述反应相对速率的影响，从表中数据可以看出，随着溶剂极性增加，反应速率明显增大。

表 2－9 溶剂对反应速率的影响

溶剂	介电常数/(F·m^{-1})	相对反应速率	溶剂	介电常数/(F·m^{-1})	相对反应速率
乙醇	24.55	1	甲酸	58.50	12 200
甲醇	32.70	9	水	78.39	33 500

2)等极化过渡态的溶剂效应

许多本质上既不是偶极也不是自由基的反应,活化配合物和反应物的电荷分配非常相似,溶剂效应仅引起小的速率改变。例如,异戊二烯与顺丁烯二酸酐的双烯合成就是典型的等极化反应:

反应过程中尽管反应物可能有偶极距,但活化配合物并没有比起始态具有更强的偶极,溶剂对反应速率影响比较小,在异丙醚为溶剂时其相对反应速率为1,在苯、氯苯、硝基甲烷、硝基苯、邻二氯苯中分别为3.5、5.0、6.6、11.0、13.0,可见影响并不是很大。

3)自由基过渡态反应的溶剂效应

由于生成自由基活性中间体通常没有表现出电荷密度的改变,在大多数自由基反应中没有显著的溶剂效应,反应过程中溶剂常常通过参与反应来影响自由基反应过程。

2. 特殊溶剂化效应对反应速率的影响

特殊溶剂化效应是指负离子靠氢键结合力、正离子靠电子给予体与受体之间的作用力而产生的溶剂化效应,由于氢键的形成及电子对的给予和接受而产生的作用,比因静电作用所产生的分子间作用力要大得多,因而比溶剂静电效应要强烈。

1)特殊阴离子溶剂化对反应速率的影响

具有形成氢键能力的阴离子进入质子溶剂中时,由于两者能够形成氢键而使阴离子很好的溶剂化,图2-2中的阴离子即可视为特殊阴离子溶剂化。

质子溶剂是指:①分子中有可迁移的H原子;②能够自偶电离;③能溶解盐类形成导电的溶液。自偶电离是通过溶剂的一个分子把一个质子转移到另一个分子上而进行的,从而形成一个溶剂化的质子和另一个去质子的阴离子。如:

$$H_2O + H_2O \longrightarrow H_3O^+ + HO^-$$

$$NH_3 + NH_3 \longrightarrow NH_4^+ + NH_2^-$$

$$HF + HF \longrightarrow H_2F^+ + F^-$$

质子溶剂是一些酸碱化合物,由于它们的酸碱强度不同,所以它们使溶质分子质子化和去质子化的能力也不同。

对于不同的离子,溶剂化程度大小是不同的。一些阴离子在质子溶剂中的溶剂化程度大小顺序如下:

$$F^- > Cl^- > Br^- > OH^- > CH_3O^- > N_2^- > SCN^- > I^- > CN^-$$

在质子溶剂中由于发生了特殊阴离子溶剂化,这些阴离子反应能力受到限制,作为亲核试剂时其反应活性就会减小,且溶剂化程度越大,亲核反应活性越小。所以,上述阴离子的亲核性与溶剂化程度大小正好相反，即排在前面的亲核能力小，后面的亲核能力大。

在质子溶剂中，这种溶剂化通过氢键结合而优先发生：

$$R-X+H-S \xrightleftharpoons{S_N1} (\overset{\delta^+}{R} \cdots\cdots \overset{\delta^-}{X} \cdots\cdots H-S)^{\neq} \longrightarrow R^+ + X^- \cdots\cdots H-S \xrightarrow{Y^-} R-Y+X^- \cdots\cdots H-S$$

$$Y^- + R-X+H-S \xrightleftharpoons{S_N2} (\overset{\delta^-}{Y} \cdots\cdots R \cdots\cdots \overset{\delta^-}{X} \cdots\cdots H-S)^{\neq} \longrightarrow R-Y+X^- \cdots\cdots H-S$$

在 S_N1 反应中，R—X 离解所需要的能量将由于 X⋯⋯H 的相互作用而降低，产生的阴离子 X^- 由于 H—S 使之溶剂化而稳定。因此，X^- 容易离解，从而使反应速率增加，所以说质子溶剂对 S_N1 反应通常都具有加速作用。这也是卤代烷和磺酸酯的亲核取代反应要以水、醇或羧酸作为溶剂的主要原因之一。

但在 S_N2 反应中，由于亲核试剂和离去基团同时受到阴离子的特殊溶剂化影响，减弱了亲核试剂的亲核能力，使反应速率降低，为此可将 S_N2 置于非质子溶剂中进行。非质子溶剂又叫惰性溶剂，是指分子间不发生或不明显发生质子自递过程的溶剂。在非质子溶剂中不存在阴离子的特殊溶剂化，阴离子的亲核性比在质子溶剂中有所提高。但是，若溶剂的极性小，则溶解后的离子化合物由于静电引力的作用，使阴离子反应活性的提高因正离子的强大吸引而受到阻碍。为防止这类情况出现，可以采取两种方式：①选用极性大的溶剂，②采用特殊阳离子溶剂化。

2)特殊阳离子溶剂化对反应速率的影响

通过选择适当试剂将阳离子束缚起来，使阴离子"裸露"在外，亲核性得到正常发挥。如氟化钾与卤代烃的取代反应是不活泼的，当加入 18-冠-6 时，反应能够顺利进行。

$$CH_3(CH_2)_7Br + KF \xrightarrow[\text{苯}]{18\text{-冠-}6} CH_3(CH_2)_7F$$

正是 18-冠-6 作为特殊溶剂化试剂将钾离子束缚起来，使氟离子"裸露"在外，亲核活性才得以充分释放。

$$(18\text{-冠-}6) + M^+Y^- \rightleftharpoons [M^+ \subset 18\text{-冠-}6] + Y^-$$

冠醚的空穴是亲水的，而空穴外面则是亲油的，能把不溶于有机溶剂中的无机盐溶解，并对阳离子产生较强的溶剂化作用，把离子对分开，释出"裸露"的阴离子，从而使反应加速。

开链的多醚也能使其他盐的反应活性和溶解度有类似的增加，这是由于多醚的分子中含有多个—CH_2—CH_2—O—单元，能把阳离子包围在有机配位体的空穴中。

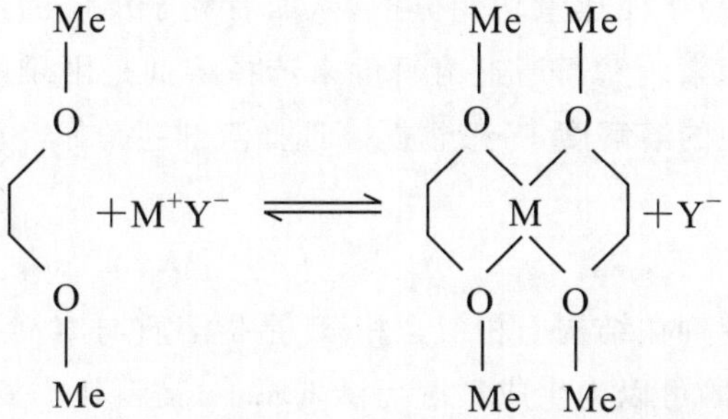

$$\text{MeO-CH}_2\text{CH}_2\text{-OMe} + M^+Y^- \rightleftharpoons [\text{(MeOCH}_2\text{CH}_2\text{OMe)}_2M]^+ + Y^-$$

含有未共用电子对的极性非质子溶剂的结构特点是负端暴露在外，位阻很小，给电子性强，易于与阳离子—偶极相互作用，使阳离子溶剂化；而偶极的正端被有关基团遮蔽在内，不能和阴离子相互作用，产生溶剂化作用，这样能使试剂分子产生活性很高的阴离子，从而加快反应速率。下面列举了一些这样的溶剂。

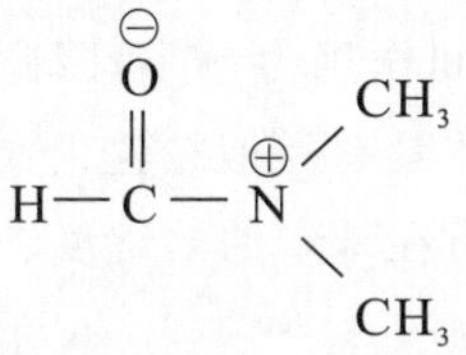

$$H-C(=O^{\ominus})-N^{\oplus}(CH_3)_2$$

二甲基甲酰胺(DMF)

(偶极矩 12.74×10^{-30}C·m)

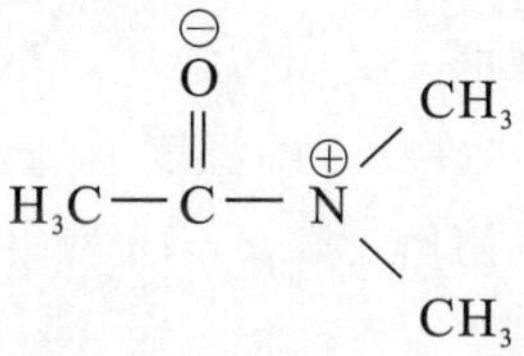

$$H_3C-C(=O^{\ominus})-N^{\oplus}(CH_3)_2$$

二甲基乙酰胺(DMAF)

(偶极矩 12.64×10^{-30}C·m)

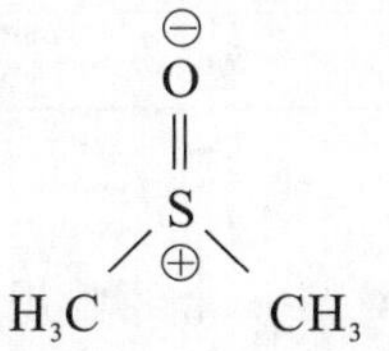

$$H_3C-S^{\oplus}(=O^{\ominus})-CH_3$$

二甲基亚砜(DMSO)

(偶极矩 13.44×10^{-30}C·m)

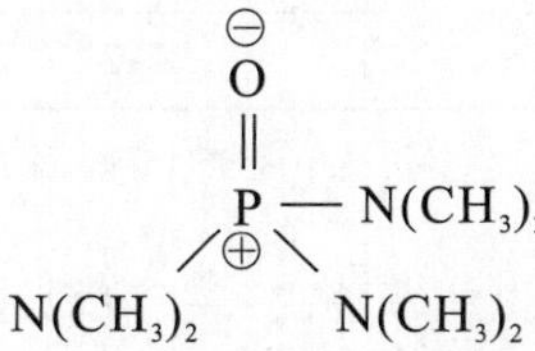

$$O^{\ominus}=P^{\oplus}[N(CH_3)_2]_3$$

六甲基磷酰三胺(HMPA)

(偶极矩 14.37×10^{-30}C·m)

特殊阳离子溶剂化对反应速率的影响效果非常明显，以阴离子为亲核试剂的脂肪族或芳香族化合物的双分子亲核取代反应，在极性非质子溶剂中进行比在质子溶剂中进行快成千上万倍。例如，碘甲烷与氰化钠的氰代反应，在极性非质子溶剂 DMF 中反应比在水中反应快 5×10^5 倍。由此可以看出，在合成反应中溶剂的选择是非常重要的。

3. 溶剂的选择

经过上面的讨论，我们已经认识到了在合成反应中选择溶剂的重要性。单从反应速率的角度可按照上述原理选择溶剂，但是对于整个合成反应来讲，仅考虑溶剂对反应速率的影响是不够的，需要综合考察诸如反应物的溶解度等因素。

1)反应物的溶解度

溶剂的作用是要溶解反应物，使之形成均相溶液，有利于反应物之间的充分接触、流动、扩散，加热和冷却过程中易于使热量均匀分散，从而有利于反应的进行。因此，溶解度是选择溶剂时首先要考虑的因素。然而通过溶解度来选择溶剂是困难的，当今的理论水平还很难预测各种物质在溶剂中的溶解度，一般情况下选择溶剂还是靠经验规律指导，“相似相溶”原理就是其中之一。

(1)“相似相溶”原理。

“相似”是指溶质与溶剂在结构上相似，“相溶”是指溶质与溶剂彼此互溶。例如，水分子间有较强的氢键，水分子既可以为生成氢键提供氢原子，又因其中氧原子上有孤对电子能接受其他分子提供的氢原子，氢键是水分子间的主要结合力。所以，凡能为生成氢键提供氢或接受氢的溶质分子，均和水“结构相似”。如 ROH、RCOOH、$R_2C{=}O$、$RCONH_2$ 等，均可通过氢键与水结合，在水中有较大的溶解度。当然上述物质中 R 基团的结构与大小对其在水中溶解度也有影响。如醇：ROH，随 R 基团的增大，分子中非极性的部分增大，这样与水（极性分子）结构差异增大，所以在水中的溶解度也逐渐下降。

对于结构相似的一类固体溶质，熔点愈低，则分子间作用力愈小，因此在液体中的溶解度也愈大，也就是说在指定的温度下，低熔点的固体将比具有类似结构的高熔点固体在相似结构的溶剂中更易溶解。表 2-10 列出了 4 种烃类溶质在苯中的溶解度。

表 2-10　固体烃类在苯中的溶解度(25℃)

溶质	熔点/℃	溶解度	溶质	熔点/℃	溶解度
蒽	218	0.008	萘	80	0.26
菲	100	0.21	联二萘	69	0.39

注：溶解度为固体在苯饱和溶液中的摩尔分数；苯的熔点为 5.4℃。

“相似相溶”原理能够解决一些溶剂选择问题，但它毕竟是一个经验规律，不能适用于所有的实际情况。因此，从理论上解决溶剂选择与溶解度之间的关系问题一直是人们追寻的目标。比如运用结构理论所得到的一般原理来估计同一种溶剂中不同溶质的相对溶解度或同种溶质在不同溶剂中的相对溶解度，其中最为成功的当属溶解度参数法，也有人称为规则溶液理论。

(2)溶解度参数法。

要讨论清楚溶解度参数法，必须了解理想溶液的定义。

假如两种溶液的混合热为零，混合物中的分子处于完全无序的状态，并遵守 Raoult 定理，则称该溶液为理想溶液，如苯和甲苯组成的溶液。

一种溶液偏离理想溶液，有一个有限的混合热，但它的熵值与理想溶液相同，这样的溶液叫规则溶液。在规则溶液中，化学作用、缔合作用、氢键和强的偶极-偶极相互作用等都可忽略不计。一个纯液体稀释形成规则溶液所吸收的热量为

$$\Delta H = V_2\varphi_1^2\left[\left(\frac{E_1}{V_1}\right)^{\frac{1}{2}} - \left(\frac{E_2}{V_2}\right)^{\frac{1}{2}}\right] = V_2\varphi_1^2(\delta_1 - \delta_2)^2 \qquad (2-40)$$

式中：V 为摩尔体积；φ 为体积分数；E 为摩尔汽化热；注脚 1 和 2 分别为溶剂和溶质；$\delta=(E/V)^{1/2}$ 为溶解度参数，定义为内聚能密度的平方根。

由式(2-40)可知，两种物质的溶解度参数值越接近，其ΔH 越小，根据式(2-1)，其溶解的ΔG 越有可能小于零，溶解就越有可能自发进行。因此，可以认为两种物质溶解度参数相近者相溶，溶解度可以用下式计算：

$$\ln S=-\frac{V_2\varphi_1^2}{RT}(\delta_1-\delta_2)^2 \tag{2-41}$$

从式(2-41)可以看出，两种物质的溶解度参数数值越接近，相互溶解度越大。

溶解度参数可以根据物质结构进行计算，当然更多的时候可以在相关表格中查阅。表 2-11 给出了部分物质的溶解度参数值。

表 2-11　溶解度参数值

溶剂	δ	溶剂	δ	溶剂	δ	溶剂	δ
水	23.4	正丙醇	11.9	二甲基碳酸酐	9.9	二甲苯	8.8
N-甲基甲酰胺	16.1	乙腈	11.9	二醇	9.9	四氯化碳	8.6
碳酸乙烯	14.7	异丙醇	11.5	二氯乙烯	9.8	苯基腈	8.4
N-甲基乙酰胺	14.6	硝基苯	10.8	1,1,2,2-四氯乙烷	9.7	环己烷	8.2
甲醇	14.5	吡啶	10.7	二氯甲烷	9.7	正辛烷	7.6
乙二醇	14.2	叔丁醇	10.6	氯苯	9.5	正庚烷	7.4
碳酸丙烯酸	13.3	醋酸苯	10.3	氯仿	9.3	乙醚	7.4
二甲基亚砜	12.8	硝酸苯	10.0	苯	9.2	正己烷	7.3
乙醇	12.7	二硫化碳	10.0	四氢呋喃	9.1	四甲基硅烷	6.2
硝基甲醇	12.7	丙酮	10.0	乙酸乙酯	9.1	全氟代庚烷	5.8
二甲基甲酰胺	12.1	异丙醇	10.0	甲苯	9.8	聚硅氧烷	5.5

一般认为，两物质的溶解度参数之差$\Delta\delta$ 小于 1.7 可以相互混溶，$\Delta\delta$ 在 1.7～2.5 之间为有条件互溶，$\Delta\delta$ 大于 2.5 则不能互溶。

饱和烃(对大多数溶剂，它们是化学惰性的)的溶解度可以通过溶解度参数来判断。环己烷($\delta=8.2$)与水($\delta=23.4$)、乙二醇($\delta=14.2$)是不互溶的，与异戊醇($\delta=10.0$)和 $8.3<\delta<1.7$ 的所有液体都可互溶。

参考溶解度参数选择溶剂虽然有理论依据并可实际应用，但它仍然是不完善的，仅适用于没有化学反应和没有溶剂化效应的混合物，事实上后一点是很难做到的，因而会出现某些与理论预测不相符合的情况。比如，水和吡啶溶解度参数值相差较大，却是无限互溶的。

2)反应产物

如果溶剂和产物发生反应，将会使产率大幅降低，显然有违合成准则。如格氏试剂的制备，若选择水作溶剂，则会发生下列反应，无法得到目标产物。

$$RMgX + H_2O \longrightarrow RH + HOMgX$$

因此，格氏试剂的制备绝对不能选用水这样含活泼氢的溶剂。一般选用无水乙醚，避免溶剂和产物的反应，同时由于乙醚蒸气压高(沸点 34.5℃)，容易挥发，可排出容器内空气，减少水蒸气与产物的接触，抑制下列副反应的发生，提高产物收率。

$$2RMgX + O_2 \longrightarrow 2ROMgX$$

$$RMgX + CO_2 \longrightarrow RCOOMgX$$

另外，选择溶剂还要考虑产物是否容易分离，要使产物和副产物或杂质在其中的溶解度不同，可以通过沉淀、结晶或重结晶等操作分离产物；当然，也应使产物与溶剂易于分离，如通过简单的倾析、过滤、蒸发等方法就能达到分离目的。例如：

$$BaCl_2 + K_2SO_4 = BaSO_4\downarrow + 2KCl$$

$$AgNO_3 + KCl = AgCl\downarrow + KNO_3$$

选择水为溶剂，采用过滤法就能将产物分离出来。

3)溶剂的性质

溶剂本身的性质也是选择溶剂时需要考虑的重要因素，这些性质主要有熔点和沸点、介电常数、黏度、比电导等。

(1)熔点和沸点。

进行化学反应时总是希望反应能在液相体系中进行。而一种溶剂在常压下熔点－沸点的温度区间，便是该溶剂在常压下的液态温度范围。因此，溶剂的熔点和沸点成为选择溶剂时要考虑的因素。水作为溶剂的优点之一，是它在常压下保持液态的温度范围为0～100℃，非常便于操作。

(2)介电常数。

溶剂的介电常数是其极性的度量，通过介电常数可以估计极性和非极性物质在其中的溶解性，甚至判断出其对反应速率的影响。因此，选择溶剂时要根据反应物及反应的类型来选择具有合适介电常数的溶剂，具体请参考与溶剂效应相关的内容。

(3)黏度。

不同液体在重力作用下的流动速度，是由它们的黏度决定的。水、液氨、乙醇、苯等溶剂黏度较小，易流动；无水硫酸及相对分子质量较大的烃类等溶剂，因黏度较大而流动较慢，导致离子和分子的迁移变慢，使反应速率降低。另外，黏度增大还会显著增加沉淀、结晶、过滤等操作的难度。因此，应尽量选择黏度较小的溶剂。

(4)比电导。

比电导的大小可以衡量一种溶剂的纯度，比电导越小，说明溶剂越纯。很显然，选择的溶剂比电导越小越好。

在合成化学反应中，溶剂的选择是一个十分重要的环节，应充分考虑上述各种因素，除此之外，还要考虑溶剂是否挥发性低、易于回收、价格低廉、安全、环保等。

(四) 催化剂对反应速率的影响

催化剂是指能够加快或减慢反应速率的一类化学试剂，是化学动力学需要考虑的重要因素，本节主要讨论可以提高反应速率的情况。

1. 基本原理

在化学反应中，反应物分子碰撞是反应发生的前提，但并不是每一次碰撞都能发生化学反应，只有分子的能量等于或超过某一定的能量 E_c(可称为临界能)时，发生的碰撞才是有效碰撞，才能发生化学反应。能量大于或等于 E_c 的分子，称为活化分子。活化分子所具有的平均能量($\overline{E}^*$)与体系中所有分子的平均能量($\overline{E}$)之差，称为活化能(E_a)：

$$E_a = (\overline{E}^*) - (\overline{E}) \tag{2-42}$$

不同的反应具有不同的活化能。反应的活化能越低，则在指定温度下活化分子数越多，反应就越快。

反应的活化能可以根据 Arrhenius 方程计算，将式(2-37)整理得到：

$$\ln k = \ln A - \frac{E_a}{RT} \tag{2-43}$$

$\ln k$ 与 $-1/T$ 为直线关系，直线斜率为 $-E_a/R$，截距为 $\ln A$，由实验测出不同温度下的 k 值，并将 $\ln k$ 对 $1/T$ 作图，即可求出 E_a 值。

当已知某温度下的 k 和 E_a，可根据式(2-43)计算另一温度下的 k，或者与另一 k 相对应的温度 T。

例 2-12　已知下列反应：

$$2N_2O_5(g) \xlongequal{\quad} 2N_2O_4(g) + O_2(g)$$

$T_1 = 298.15K, k_1 = 0.469 \times 10s^{-1}, T_2 = 318.15K, k_2 = 6.29 \times 10s^{-1}$，求：$E_a$ 及 338.15K 时的 k_3。

解：将 T_1、k_1、T_2、k_2 代入式(2-43)，可得：

$$\ln k_1 = \ln A - \frac{E_a}{RT_1} \tag{2-44}$$

$$\ln k_2 = \ln A - \frac{E_a}{RT_2} \tag{2-45}$$

由式(2-45)减(2-44)，可得：

$$\ln \frac{k_2}{k_1} = \frac{E_a}{R}\left(\frac{1}{T_1} - \frac{1}{T_2}\right) \tag{2-46}$$

整理并将数据代入，计算得到活化能：

$$E_a = \frac{RT_1T_2\ln\frac{k_2}{k_1}}{T_2 - T_1} = 102\text{kJ} \cdot \text{mol}^{-1}$$

将式(2-46)变化为

$$\ln\frac{k_3}{k_1}=\frac{E_a}{R}\left(\frac{1}{T_1}-\frac{1}{T_3}\right) \tag{2-47}$$

将相关数据代入，求得 $k_3=60.97\times10s^{-1}$。

催化剂是如何使反应速率加快的？我们用图 2-4 进行说明。

对于下式所表示的反应：

$$A+B=\!=\!=AB$$

没有催化剂的反应活化能为 E_a（曲线Ⅰ），有催化剂时反应分成两步进行，活化能分别为 E_1 和 E_2（曲线Ⅱ）。

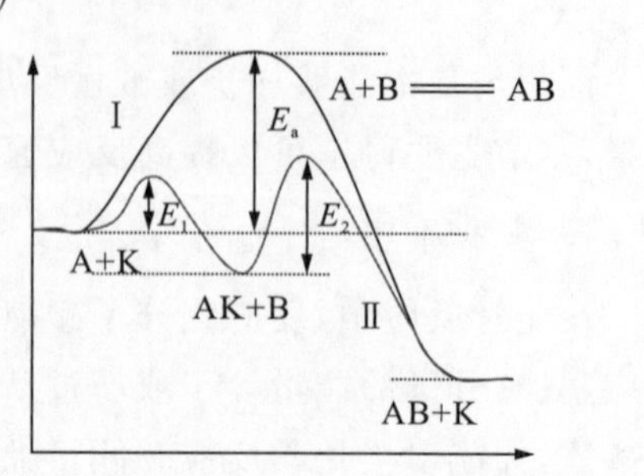

图 2-4　催化剂与活化能关系示意图

$$A+K=\!=\!=AK \qquad E_1$$

$$AK+B=\!=\!=AB+K \qquad E_2$$

由于 E_1 和 E_2 均比 E_a 小得多，所以反应通过途径Ⅱ比途径Ⅰ容易进行。

需要注意的是：①催化剂对反应速率的影响是通过改变反应历程实现的，在催化反应过程中，至少有一种反应物分子与催化剂发生某种形式的化学作用，从而改变反应途径；②催化剂只能改变反应的速率从而改变反应达到平衡的时间，不能改变平衡状态和平衡常数，它的作用纯属动力学问题；③催化剂同等程度地改变正逆反应的速率，所以正反应的催化剂也必然是逆反应的催化剂。

按 Arrhenius 方程，以反应速率常数 k 表示的反应速率主要决定于反应活化能 E_a，若催化使反应活化能降低 ΔE，则反应速率提高 $e^{\Delta E/RT}$ 倍。

2. 均相催化反应的反应速率

催化反应可以分成两种类型：均相催化和多相催化，在此我们仅讨论均相催化反应的情况，以说明催化对反应速率的影响。

1)酸碱催化反应

脱水、水合、聚合、酯的水解、醇醛缩合等反应，常需要酸碱性催化剂，比如碱催化反应是由 OH^-、RO^-、$RCOO^-$ 等阴离子起催化作用的。

$$CH_3COOC_2H_5+OH^-\longrightarrow CH_3COOH+C_2H_2O^-$$

$$CH_3CH_2O^-+H_2O\longrightarrow CH_3CH_2OH+HO^-$$

根据 Bronsted 的广义酸碱理论，能够放出质子的物质称为广义酸或质子酸，能够接受质子的物质称为广义碱。广义酸和广义碱可以是中性分子，也可以是离子。同一种物质可以是酸，也可以是碱，决定于与它作用的另一种物质。如水在酸性溶液中是碱，在碱性溶液中是酸。一般而言，在广义酸作为催化剂的化学反应中，反应物是碱；在广义碱作为催化剂的化学反应中，反应物是酸。

在广义酸催化作用中，反应物 S 先与广义酸 HA 作用，生成质子化物 SH^+，然后质子转移，得到产物 P，并产生一个新质子。

$$(1)\ S+HA \underset{k_{-1}}{\overset{k_1}{\rightleftharpoons}} SH^+ + A^-$$

$$(2)\ SH^+ + H_2O \xrightarrow{k_2} P + H_3O^+$$

反应的速率方程为

$$v=\frac{dc_P}{dt}=k_2 c_{SH^+}\ c_{H_2O}=\frac{k_1 k_2 c_S c_{HA}}{k_{-1}c_{A^-}+k_2} \tag{2-48}$$

考虑广义酸的离解平衡：

$$HA+H_2O \overset{K_{HA}}{\rightleftharpoons} H_3O^+ + A^-$$

$$K_{HA}=\frac{c_{H^+}\ c_{A^-}}{c_{HA}} \tag{2-49}$$

代入式(2-48)，可得：

$$v=\frac{k_1 k_2 c_S c_{HA} c_{H^+}}{k_{-1}k_{HA}c_{HA}+k_2 c_{H^+}} \tag{2-50}$$

由式(2-50)可以看出，催化剂的浓度可以直接影响反应的速率。这种影响存在两种极端情况。

情况一：$k_2 >> k_{-1}c_{A^-}$，即 $k_2 >> k_{-1}k_{HA}c_{HA}$，中间产物反应极快。

$$v=k_1 c_S c_{HA} \tag{2-51}$$

由反应(1)控制，速率正比于广义酸的浓度。

情况二：$k_2 << k_{-1}c_{A^-}$，中间产物反应极慢：

$$v=\frac{k_1 k_2 c_S c_{H^+}}{k_{-1}k_{HA}} \tag{2-52}$$

由反应(2)控制，速率正比于氢离子浓度。

2)络合催化反应

络合催化是指反应在催化剂活性中心的配位界内进行的催化作用，或在总反应的每一个基元步骤中，催化剂与至少一种反应物生成了某种配合物，使反应物得到活化，从而使反应容易发生。习惯上只限于使用可溶性催化剂的均相体系。

过渡金属原子的 nd 轨道与$(n+1)$s 和$(n+1)$p 的轨道能级相近，容易组成含 d、s 和 p 的杂化轨道，因而共有 9 个可以使用的价轨道，能够形成不同的络合物。例如，铼的配合物 $ReH_7[P(C_2H_5)_2(C_6H_5)]_2$ 中铼原子形成了 7 个 Re—H 共价键和 2 个 Re—P 配位键。

对于催化作用尤为重要的是，活性中心的某些 d 轨道具有与反应分子(或其他反应基团)的反键 σ 轨道或反键 π 轨道进行匹配的合适对称性，从而对反应分子中待破坏的 σ 键或重键起到有效的活化作用(图 2-5、图 2-6)。同时也由于 d 轨道的参与，使得催化反应中许多基元步骤(如邻位插入、含金属的环状中间态的形成等)构成对称性允许的、低位垒的反应途径成为可能。且过渡金属元素价态变化的能量比较小，有利于作为氧化还原的电子传递中心(图 2-7)。

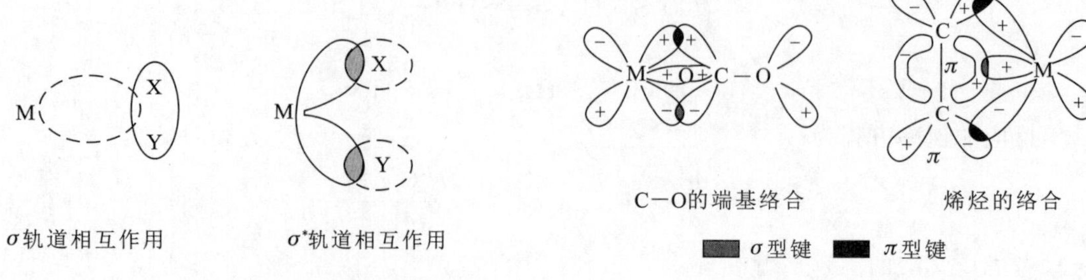

图 2-5　过渡金属轨道与 X—Y 分子的 σ 和 σ^* 轨道的相互作用

图 2-6　含过渡金属的活性中心对反应分子中重键的络合活化作用

催化剂能通过电子因素和(或)空间因素对催化反应的中间体结构和产物结构起控制作用。例如,通过定向络合、在过渡金属原子簇配合物为催化剂情况下的多核络合,不参加催化反应的配位体对于对映体选择性的诱导效应或围绕活性中心的配位体微环境的位阻效应等(图 2-8)。

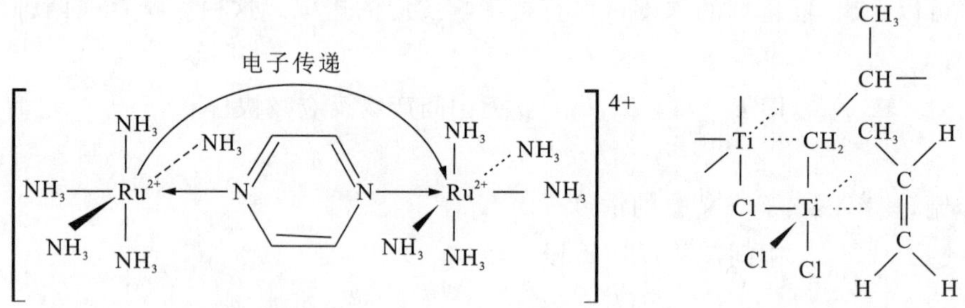

图 2-7　通过桥式配位体的电子传递效应

图 2-8　活性中心配位微环境的定向作用

络合催化在生产中已广泛应用,特别是 20 世纪 60 年代以来,人们对以过渡金属配合物或过渡金属盐做催化剂,使乙烯转化为醇、醛、酮、羧酸及其聚合物等石油化工产品的配位催化作用进行了广泛而深入的研究,取得了丰富的成果。乙烯在 $PdCl_2-CuCl_2$ 水溶液中氧化成乙醛就是其中之一,这就是著名的 Wacker 法,目前已经实现了工业化生产。

$$CH_2=CH_2+H_2O+PdCl_2 = CH_3CHO+Pd+2HCl$$

应用络合催化,直接由乙烯氧化制得乙醛,改变了乙烯经乙醇转化成乙醛的传统工艺路线,也取代了汞害严重的乙炔水合路线;另外,由于络合催化作用,造就高活性的反应体系,降低了反应的温度、压力,使反应在常温常压下进行。

除烯烃氧化外,还有许多配位催化的过程,如加氢、脱氢、聚合、羟基合成(以不饱和烃或醇为原料,与 CO 或 CO 和 H_2 反应,生成醇、醛、酮、酸等各种含氧化合物)、碳骨架的改变(包括加成、异构、环化、歧化)等反应,都已广泛应用于工业生产。

从以上的讨论可以看出,使用合适的催化剂可以极大地改变反应速率,缩短反应时间。

(五) 反应机理研究

1. 反应机理的基本概念

反应机理用来描述某一化学变化所经由的全部基元反应。

基元反应：由反应物一步生成产物的反应，没有可由宏观实验方法探测到的中间产物。

复合反应：由两个及两个以上的基元反应组合而成的反应。

反应机理：基元反应组合成复合反应时的方式和先后次序。

以一个简单例子来说明。

$$(1)\ I_2 + H_2 = 2HI$$

曾经认为反应(1)是一个基元反应，但后来研究发现碘与氢反应生成碘化氢时发生了下列中间过程：

$$(2)\ I_2 + M^0 \longrightarrow I\cdot + I\cdot + M_0$$

$$(3)\ H_2 + I\cdot + I\cdot \longrightarrow HI + HI$$

$$(4)\ I\cdot + I\cdot + M_0 \longrightarrow I_2 + M^0$$

反应(2)、(3)、(4)才是基元反应，由它们顺序组合得到的反应(1)是复合反应。

反应机理的给出需要从掌握所有的实验结果出发，通过合理的电子转移图式将底物转化为产物。在提出反应机理时要考虑以下几个方面：①产物和包括底物、试剂甚至溶剂分子上的原子有何种对映关系；②找出产物形成的反应途径，确定哪些基团或化学键发生了变化；③底物的化学结构有无原子重排；④运用基元反应原理，避免由于不合理的电子移动或出现高能量的过渡态和中间体。

例如，Robinson 增环反应：

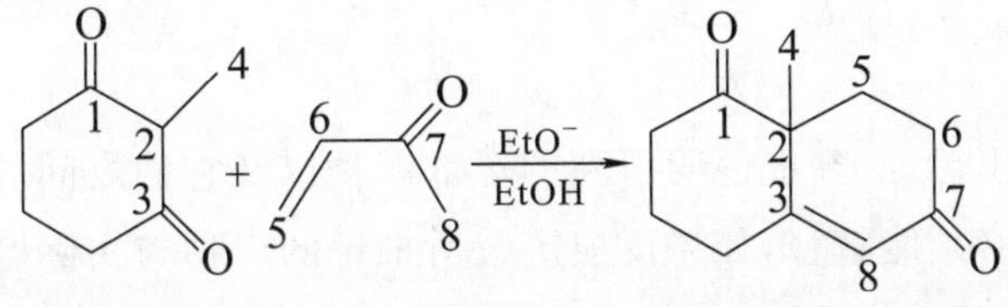

从反应物和产物的碳原子数看并无增减，故无需再增加另外的含碳原子反应物。将产物中相关碳原子编号并与反应物相对应，有助于追踪反应物上碳原子的去向和产物中碳原子的来源。从反应式可以看出 C(2)进行共轭加成形成产物中的 C(2)－C(5)键。反应的第一步是碱夺取底物中酸性最强的 C(2)－H，所形成的烯醇化合物的 C(2)进攻 C(5)，发生共轭加成形成一根新键和三羰基中间体。

三羰基中间体在碱性条件下，向着生成物方向继续进行烯醇化后再发生分子内羟醛缩合反应，经 1,4 -消除失去一分子水形成 C(3)和 C(8)双键，完成反应全过程(图 2 - 9)。

这就是根据实验事实提出的一个反应机理，其电子移动方向都是合理的，各反应都合乎化学原理。

2. 机理验证

需要指出的是，上述机理只是一种假设和推理，一个反应历程需要经过多方面的证明，

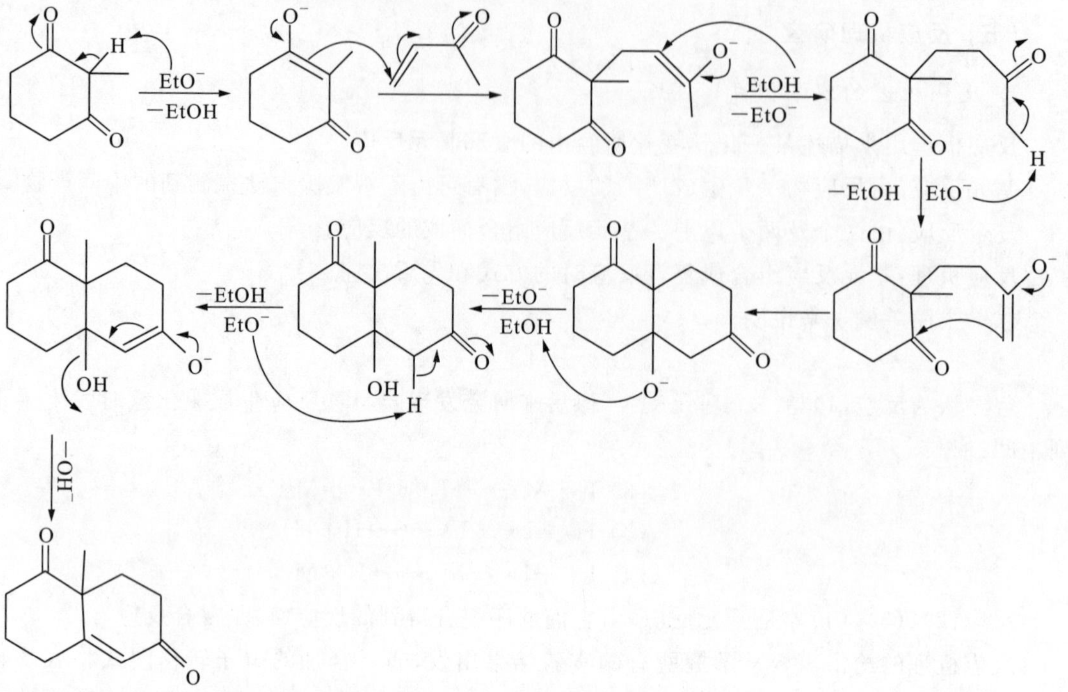

图 2-9 Robinson 增环反应机理

才能说某实验支持反应历程，或者说和某反应历程相符合。一个正确的反应历程必须和所有与此反应有关的已知事实相符合，并且这种历程有预言性。因此当一个机理提出后，常需要实验来验证。

1)产物鉴定

一个反应历程提出后，必须能说明得到的全部产物以及它们之间的相互比例，同时对副反应所形成的产品也必须能解释，如果反应历程所推论的产物与实际鉴定的相符，则说明反应历程是正确的，否则就是错误的。

例如，Sommelet 反应的历程如图 2-10 所示。

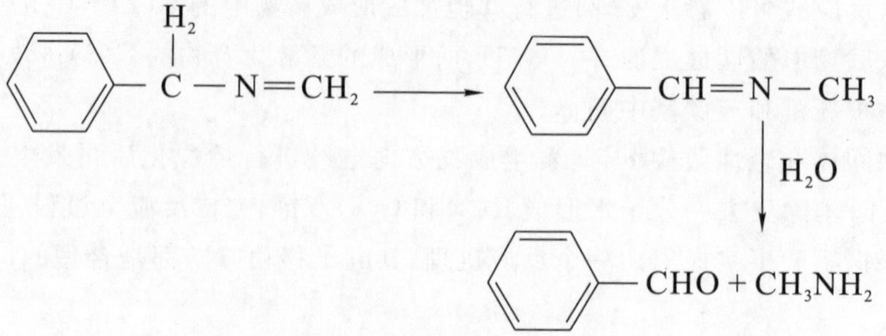

$$C_6H_5-CH_2-N=CH_2 \longrightarrow C_6H_5-CH=N-CH_3 \xrightarrow{H_2O} C_6H_5-CHO + CH_3NH_2$$

图 2-10 Sommelet 反应历程

根据图 2-10,产物中应有甲胺,但检验却并未发现甲胺,故上述反应历程是不正确的。

2)中间产物的检测

研究反应机理就是要对包括中间状态的反应过程进行完整描述。如果我们能够知道反应物的分子在转变为产物分子过程中,分子中所有原子作为时间函数的正确位置,反应机理的研究将变得非常简单,然而遗憾的是这是非常困难的,因为许多反应非常快,很难直接测定中间状态。因此,不得不通过间接的方法来研究,也就是根据实验事实和理论分析,通过间接推理来确定反应机理,目前能够采取的方法主要有以下几种。

(1)使反应停止一个短时间后从反应混合物中离析中间体,或在极温和的条件下从反应混合物中离析中间体。

(2)中间体的检出。在许多情况下生成的中间体不能离析,但可利用红外光谱仪(IR)、核磁共振波谱仪等检出中间体的存在。

(3)中间体的捕获。在某些情况下,如果所猜测的中间体能和某一化合物发生反应,则可将此反应在某化合物存在的条件下进行,借此来检出中间体。例如,可利用苯炔和二烯类化合物发生双烯合成反应来检验苯炔的存在。

酰胺经 Hofmann 重排生成胺的反应,中间体 RCONHBr 曾被离析,从其他方法得到的该化合物在相同条件下也能转化为产物,说明该反应是经过生成这一中间体的。

$$R-\overset{\overset{O}{\parallel}}{C}-NH_2 \xrightarrow{NaOBr} R-\overset{\overset{O}{\parallel}}{C}-NH\cdot Br \longrightarrow R-\overset{\overset{O}{\parallel}}{C}-N^- \ -Br \longrightarrow R-N=C=O \longrightarrow R-NH_2$$

研究乙基碳正离子 $C_2H_5^+$ 的结构究竟是开链的还是二电子三中心结构:

$$CH_3-CH_2^+ \qquad \overset{\overset{H}{\diagup\ +\ \diagdown}}{CH_2 - CH_2}$$

经过 IR 测试,在氩气氛下形成乙基碳正离子时未发现$-CH_3$ 的 C—H 振动峰,说明乙基碳正离子是三元环状结构。

但是即便检测到了中间体的存在,也不能断然下结论产物就是经由它而来的。因为它也可能是副反应的中间体,需要运用其他技术进行佐证或进行合理的推论。

(4)催化剂的研究。通过催化剂对一个反应速率的影响,可推测反应历程。如一反应加入过氧化物能加速反应(或被光化学所诱导,或被 HI 或氢醌所阻止),则可能为自由基历程。能被酸催化的反应中可能存在碳正离子,而能被碱催化的反应则可能涉及碳负离子。

(5)同位素标记。同位素标记方法可以发现许多在通常条件下很难观察到的现象,继而可以推导反应机理,D(^{2}H)、^{14}C、^{15}N、^{18}O 等是最常用的同位素。如酯类在重氧水中进行水解时,发现酯类水解生成的羧酸含有^{18}O,这就证明发生了酰氧键断裂。

$$R-\overset{\overset{O}{\diagup\!\!\diagup}}{C}-OR' + H_2O^{18} \xrightarrow{HO^-} R-\overset{\overset{O}{\diagup\!\!\diagup}}{C}-{}^{18}OH + R'OH$$

羧酸盐与 BrCN 反应生成腈,利用标记的 R^*COO^- 为原料,发现标记的碳在腈上,说明腈上的碳并非来自 BrCN,由此提出反应历程为

$$N\equiv C-Br + R-\overset{*}{C}(=O)-O^- \longrightarrow R-\overset{*}{C}(O^-)(O-C(-Br)=N) \longrightarrow R-\overset{*}{C}(=O)-N=C=O \longrightarrow R-\overset{*}{C}(O)-N-C=O \longrightarrow$$

$$R-\overset{*}{C}\equiv N$$

同位素标记实验结果简单明确，但标记实验工作很困难。

(6)立体化学证据。立体化学是一种常用的判别有机反应历程的方法，可以根据反应物和产物光学活性改变的情况来验证所提出的历程是否正确。例如，亲核取代反应：

$$A^- + R'-\overset{*}{C}(R)(R'')-Z \longrightarrow R'-\overset{*}{C}(R)(R'')-A + Z^-$$

反应完毕后对产物的光学活性进行测定，如果原来具有光学活性的化合物在反应后成为没有光学活性的物质，说明反应为 S_N1 反应，反应过程中产生了等量的左、右旋光异构体，成为外消旋体。如果产物仍具有光学活性，但是旋光方向发生变化，说明在反应过程中发生了构型的反转，为 S_N2 反应。

3)机理确定的原则

针对某一个具体的反应，可能可以提出多个与已有实验事实相符合的历程，碰到这种情况可以按照以下原则来进行选择：①提出的反应机理应明确解释所有已知的实验事实，同时又尽可能简单，易于重复和证明；②基元反应应是单分子或双分子反应，通常情况下不必考虑涉及三种及以上分子的反应；③机理中每一步反应若在能量上是允许的，化学上则是合理的，如正性部分总是要和负性部分结合；④机理应有一定的预见性。当反应条件或反应物结构改变时，应能对新反应的速率和产物变化作出正确的预测，通过实验加以考察，若不能确定也应证明其不正确性；⑤必须提供充分的、令人信服的实验结果和理论解释来论述一个能让他人接受的新机理，无数实例证明，所有看起来不同寻常的反应大多是已知的各类反应的结合。因此，提出新机理时务必小心谨慎。

(六)反应机理与合成

为说明反应机理研究对合成的意义，将以过渡金属配合物取代反应为例，探讨配合物取代反应的机理与影响反应速率的因素对选择合成路线和反应条件所具有的指导作用。

过渡金属钴的配合物$[C_O(NH_3)_5H_2O]^{3+}$是配位键数为 6 的八面体构型，它的取代反应有两种：①配体的取代反应，属于亲核取代反应(S_N)；②中心离子的取代反应，属于亲电取代反应(S_E)。

对于$[C_O(NH_3)_5H_2O]^{3+}$配合物中配位水被取代的反应：

$$[Co(NH_3)_5H_2O]^{3+} + L = [Co(NH_3)_5L]^{2+} + H_2O$$

其中，L(未标电荷)为 $HC_2O_4^-$、$C_2O_4^{2-}$、CH_3COO^-等。

反应速率方程为

$$\frac{dc_B}{dt}=c_A \tag{2-53}$$

式(2-53)说明配体水的取代反应为一级反应。表2-12列出了不同配体取代反应的速率常数。由表中数据可以看出，不同进场配体与同一金属离子配位水发生的取代反应，其速率常数为同一数量级，并且金属配合物的配位水被进场配体L取代的反应速率，与被溶剂水分子(用 H_2O^{18} 示踪)取代的速率常数基本一致。说明对给定的金属离子，取代反应的速率常数与进场配体关系不大，反应速率只与金属配合物的浓度有关。

表2-12　不同配体取代反应的速率常数

L	$H_2{}^{18}O$	$HC_2O_4^-$	$C_2O_4^{2-}$	CH_3COO^-	$C_2H_5COO^-$
$k/(10^{-4}s^{-1})$	23.50	4.90	4.00	1.46	2.14

很明显，取代反应的机理为 S_N1。

第一步　Co—H_2O 键先断裂，离解生成中间化合物：

$$[Co(NH_3)_5H_2O]^{3+} = [Co(NH_3)_5]^{3+} + H_2O(\text{慢})$$

第二步　形成新键：

$$[Co(NH_3)_5]^{3+} + L = [Co(NH_3)_5L]^{2+}(\text{快})$$

在取代反应中，反应迅速进行的配合物称活性配合物，反应速度较慢的配合物称为惰性配合物。为区别活性与惰性配合物，Taube确定了一个标准：在25℃，反应物浓度均为0.1mol/L时，取代反应在1min内进行完毕的配合物称为活性配合物，否则称为惰性配合物。

下面讨论影响上述配合物取代反应速率的主要因素。

1. 进场配体

对于Co(Ⅲ)配合物，进场配体对取代反应速率影响不大。

2. 离场配体

考察以下反应：

$$[Co(NH_3)_5L]^{2+} + H_2O = [Co(NH_3)_5H_2O]^{3+} + L$$

采用不同的离场配体L(L = F^-，$H_2PO_4^-$，Cl^-，Br^-，I^-，NO_3^-)时，取代反应的速率常数 k 由 F^- 到 NO_3^- 从 10^{-19} 增大为 10^{-4}，说明离场配体L对取代反应速率有明显影响，离场配体亲核性(碱性)愈强，C_O(Ⅲ)—L键愈强，愈难断裂，故速率常数愈小。离场配体的性质明显地影响取代反应速率，符合 S_N1 机理。

3. 中心离子半径(r)与电荷(Z)

在配体相同的情况下，改变中心离子M进行取代实验，结果表明中心离子的离子势 $\varphi=Z/r$ 愈大，对离场配体的引力愈大，取代反应速率愈慢。

4. 中心离子电子层结构的影响

Taube根据实验事实提出了中心离子d电子数与配合物活性、惰性关系的规律，如表2－13所示。

表2－13　中心离子d电子数与配合物活性、惰性的关系

活性配合物		惰性配合物	
中心离子的电子构型	类型	中心离子的电子构型	类型
d^0	CaY^{2-}	—	—
d^1	$Ti(H_2O)_6^{3+}$	—	—
d^2	$V(phen)_3^{2+}$	—	—
d^4(高自旋)	$Cr(H_2O)_6^{2+}$	d^3	$Cr(H_2O)_6^{2+}$
d^5(高自旋)	$Mn(H_2O)_6^{2+}$	d^4(低自旋)	$Cr(CN)_6^{4-}$
d^6(高自旋)	$Fe(H_2O)_6^{2+}$	d^5(低自旋)	$Mn(CN)_6^{4-}$
d^7	$Co(H_2O)_6^{2+}$	d^6(低自旋)	$Fe(CN)_6^{4-}$
d^9	$Cu(H_2O)_6^{2+}$	d^8	$Ni(H_2O)_6^{2+}$
d^{10}	$Ca(C_2O_4)_3^{3-}$	—	—

由表2－13可知，对于过渡元素的八面体配合物，中心离子的d电子构型决定了配合物的活性与惰性，电子构型为d^3、d^8构型时，都是惰性配合物；d^0、d^1、d^2、d^7、d^9、d^{10}构型的都是活性配合物；d^4、d^5、d^6构型的，若是弱场高自旋的，为活性配合物，强场低自旋的是惰性配合物。

Cu^{2+}(29)、Zn^{2+}(30)的电子构型分别为d^9、d^{10}，形成的八面体配合物为活性配合物。而Cr^{3+}为d^3构型，$[Cr(H_2O)_6]^{3+}$是惰性配合物。

以上机理分析提示我们，在进行配合物的取代反应时，为使反应更易进行，需尽量选择中心离子的离子势小，d电子构型为d^0、d^1、d^2、d^7、d^9、d^{10}，或构型为d^4、d^5、d^6的弱场高自旋，离场配体的亲核性小的配合物，反应时配合物的浓度可以稍大一些。

由此可以看出反应机理的研究能够为合成路线设计提供有益的指导，因此深入学习反应机理，探索其在合成化学中的应用，是学习合成化学必不可少的内容。

习题

1. 从热力学的角度考虑，升高温度对什么样的反应有利。
2. 举例说明何为反应偶合？
3. 在化学反应中如何选择溶剂？
4. 溶剂极性对反应速率有什么影响？

5. 什么叫溶剂化效应？什么叫特殊溶剂化效应？

6. 为什么说溶解度参数相近者相溶？

7. 温度对反应速率的影响很大，温度变化主要会影响下列哪一项？

(1)活化能；(2)反应机理；(3)物质浓度或分压；(4)速率常数。

8. 简述催化剂的作用机理。

9. 影响反应速率的因素有哪些？

10. 判断下列反应在 398.15K 时能否自发进行？

$$CO(g)+\frac{1}{2}O_2(g)=\!=\!=CO_2(g)$$

热力学函数	CO (g)	O_2(g)	CO_2(g)
$\Delta_f H_m^\ominus(298)/(kJ \cdot mol^{-1})$	−110.525	0	−393.514
$S_m^\ominus(298)/(J \cdot mol^{-1} \cdot K^{-1})$	197.907	205.029	213.693

11. 已知数据见下表：

热力学函数	Fe_2O_3(s)	CO_2(g)	C (s)	Fe (s)
$\Delta_f H_m^\ominus(298)/(kJ \cdot mol^{-1})$	−822	−393.5	0	0
$\Delta_f G_m^\ominus(298)/(kJ \cdot mol^{-1})$	−741	−394.4	0	0
$S_m^\ominus(298)/(J \cdot mol^{-1} \cdot K^{-1})$	90	214	5.7	27.2

计算说明在 298K、标准压力下，用 C 还原 Fe_2O_3 生成 Fe 和 CO_2 的反应，在热力学上是否可行？

12. 用键焓数据计算并判断下列反应在 25℃时能否自发进行？

$$CH_3-C\equiv N+H_2O \longrightarrow CH_3-\overset{\overset{\large O}{\|}}{C}-NH_2$$

13. 采用键焓数据计算并判断乙醇脱水反应在 25℃时能否自发进行？

$$CH_3CH_2OH(g)=\!=\!=C_2H_4(g)+H_2O(g)$$

14. 已知乙苯脱氢制苯乙烯的反应：

$$C_6H_5C_2H_5=\!=\!=C_6H_5C_2H_3+H_2$$

在 527℃时 K_p=4.75kPa，试计算在 10.13kPa 时乙苯的理论转化率。

15. 蔗糖(A)转化为葡萄糖和果糖的反应为

$$C_{12}H_{22}O_{11}+H_2O \xrightarrow{H^+} C_6H_{12}O_6(\text{果糖})+C_6H_{12}O_6(\text{葡萄糖})$$

当催化剂 HCl 的浓度为 0.1mol · dm^{-3}，温度为 48℃，由实验测得速率方程为 v_A =

$k_A c_A$，$k_A = 0.0193\text{min}^{-1}$。今有浓度为 $0.400\text{mol} \cdot \text{dm}^{-3}$ 的蔗糖溶液，于上述条件下，在一有效容积为 2dm^3 的反应器中进行反应，试求①反应的初速率是多少？②要使蔗糖的转化率达到 80%，需要反应多长时间？③达到②的反应时间可得到多少葡萄糖和果糖？

第三章　基本无机合成技术

第一节　高温合成

一、高温的获得

高温合成是一种重要的无机合成技术，获得高温需要不同的方法/设备，如表 3-1 所示。

表 3-1　获得高温的部分方法/设备与达到的温度

获得高温的方法/设备	温度/K
各种高温电阻炉	1273～3273
聚焦炉	4000～6000
闪光放电炉	4273 以上
等离子体电弧	20 000
高温粒子	1010～1014

除此之外，在实验室中也可通过燃烧的方法达到一定的温度。例如，煤气灯外层火焰温度可以达到 900℃，酒精喷灯火焰温度可以达到 1000℃。下面简单介绍实验室中常见的几种获得高温的方法设备。

（一）电阻炉

电阻炉是实验室和工业中最常用的加热炉，它具有设备简单，使用方便，温度可以精确地控制在很窄的范围内等优点。在外形上，电阻炉分为方形炉（马弗炉）、管式炉、竖式炉（坩埚炉）。应用不同的电阻发热材料可以达到不同的高温限度。但应该注意的是，一般使用温度应低于电阻材料最高工作温度，这样就可延长电阻材料的使用寿命。以下是几类电阻发热材料。

1. 碳素材料发热体

用石墨作为电阻发热材料，在真空下可以达到相当高的温度，但其存在致命的缺点，即在氧化或还原的气氛下，很难去除吸附在石墨上的气体，从而使真空度不易提高，并且石墨常能与周围的气体结合形成挥发性的物质，从而将被加热的物质污染，同时在使用过程中石墨本身也有损耗。石墨要比碳耐氧化，但其电阻很小，经常需要人为地将石墨管割出一些纵向的裂隙，目的是让电流通过的路径加长，从而弥补电阻小的弱点。

碳管作为电阻发热材料，可以达到2000℃的温度，但使用寿命在高温下不长。在使用过程中，炉管内应一直有还原气氛，否则在碳管上应使用衬管套（2000℃以内，可用 Al_2O_3；2000℃以上，可用熔结 BeO 或 ThO_2）。图 3-1、图 3-2 分别是以石墨、碳管为发热材料的电阻炉。

图 3-1　石墨为发热材料的真空电阻炉

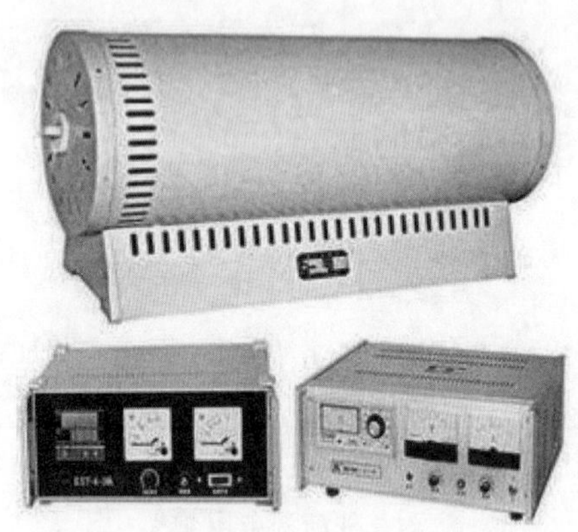

图 3-2　碳管为发热材料的碳管电阻炉

2. 碳化硅发热体

碳化硅发热体是以硅碳棒、硅碳管为电阻材料的。以硅碳棒作为发热体的电阻炉为硅碳棒炉，其工作温度可以达到1350℃，短时间使用可加热到1500℃，发热元件两端要有良好的接触点。由于碳化硅是一种非金属的导体，它在高温下的电阻要比低温时偏小一些，所以需要应用调压变压器与电流表调节升温速率，即温度升高时需立即降低电压，最好在电路中串联一个自动保险装置，从而避免电流超过容许值。图 3-3、图 3-4 分别为箱型高温炉、碳化硅电炉的结构示意图。

3. 金属发热体

金属发热材料如钼、钨、钽等，是适用于产生高温的材料，它们通常都在高真空和还原气氛的条件下进行加热。若需采用惰性气氛，必须将惰性气氛预先高度纯化。在高温下有些惰性气氛能与物料作用，如氮气能与多种物质在高温下反应形成氮化物。在合成纯化合物时，这些影响纯度的因素都应注意。

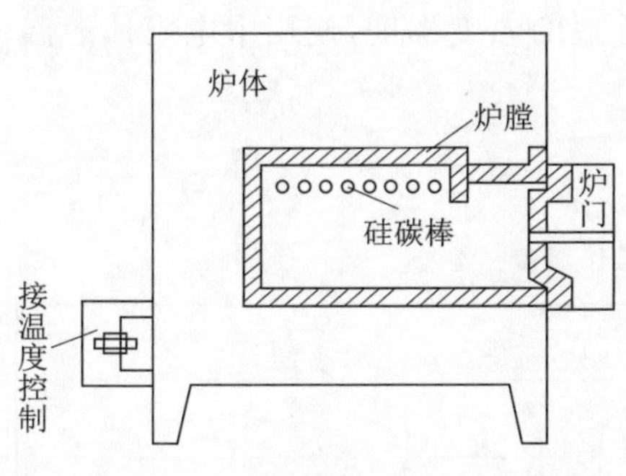

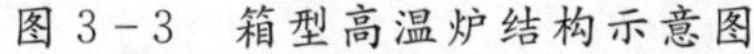
图 3-3　箱型高温炉结构示意图

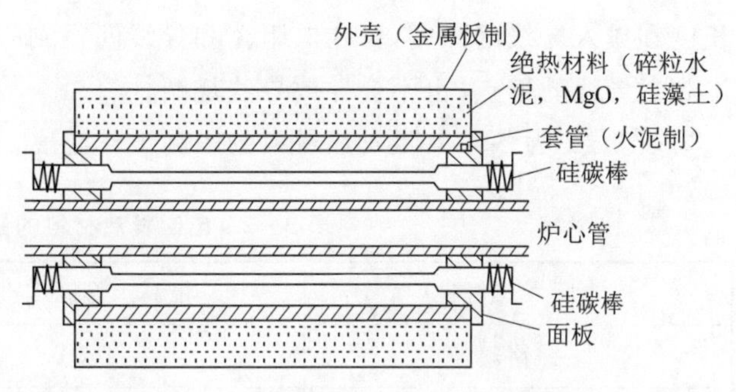

图 3-4　碳化硅电炉结构示意图

马弗炉在实验室中较为常见，其发热体为镍铬丝，其加热温度最高可达 1000℃。钨管炉必须在真空或者惰性气氛下使用，一般在 $1.3\times10^{-4}\sim1.3\times10^{-3}$ Pa 的真空压强下进行操作，当电压达到 10V，电流约为 1000A 时，其温度可达 3000℃。在惰性气氛下，采用剖缝的钨管作为加热体，钼、钽反射器辅助，其工作温度可达 3200℃，可以用于高温相平衡的研究。图 3-5、图 3-6 为马弗炉与钨管炉结构示意图。

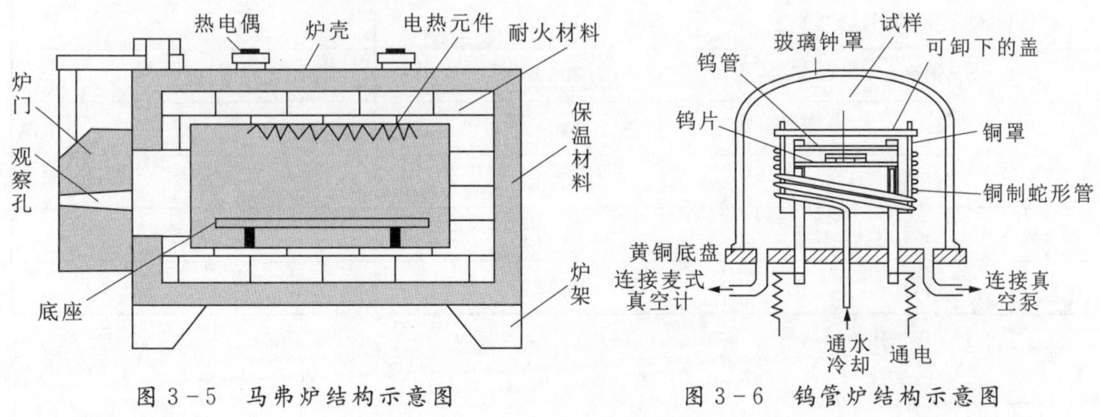

图 3-5　马弗炉结构示意图　　图 3-6　钨管炉结构示意图

4. 氧化物发热体

氧化物电阻发热体是在氧化气氛中最为理想的加热材料。高温发热体在连接点上经常因为接触不良，产生电弧致使导线被烧断，或是因为发热体超过导线的熔点而熔断。接触体可以解决这一问题，同时能得到均匀的电导率。常用接触体的组成为氧化物型，如组成为 95% ThO_2 和 5% La_2O_3（或 Y_2O_3），其工作温度可达 1950℃，此外接触体的组成也可以是 85% ZrO_2 和 15% La_2O_3（或 Y_2O_3）。

接触体的用法是：把组成为 60%Pt 和 40%Rh 的导线镶入还未完全烧结的接触体中，在持续加热升温的过程中，由于接触体收缩，接触体和导线有良好的接触。接触体的电导率比电阻体高，截面积也大，所以每单位质量的接触体发热量比电阻体低。恰当地选择接触体的长度和镶入导线的深度，可在电阻体和导线间得到一个合适的温度梯度，使用中电阻体的温度超过导线的熔点，也不会导致导线烧断。

表 3-2 为各种电阻发热材料的最高工作温度。

表 3-2 电阻发热材料的最高工作温度

电阻发热材料	最高工作温度/℃	备注
镍铬丝	1060	—
硅碳棒	1400	—
铂丝	1400	—
铂(90%)铑(10%)合金丝	1540	—
钼丝	1650	真空
硅化钼棒	1700	—
钨丝	1700	真空
ThO_2(85%)CeO_2(15%)	1850	—
ThO_2(95%)CeO_2(5%)	1950	—
钽丝	2000	真空
ZrO_2	2400	—
石墨棒	2500	真空
钨管	3000	真空
碳管	2500	—

(二)感应炉

可载交流电的螺旋形线圈是感应炉的一个重要组成部件，可以看作一个变压器的初级线圈，在线圈内被加热的导体可以看作变压器的次级线圈，二者之间没有电路连接。当线圈上通有交流电时，被加热体切割磁力线，从而产生闭合的感应电流，称为涡流。由于导体电阻小，所以涡流很大；通交流电的线圈产生的磁力线不断改变方向，因此，感应涡流也不断改变方向，新产生的涡流受到反向涡流的阻滞，从而导致电能转换为热能，使被加热物很快发热并达到高温。这个加热效应主要发生在被加热物体的表面层内，交流频率越高，磁场的穿透深度越小，被加热体受热部分的深度也越小。感应加热主要用于粉末热压烧结和真空熔炼等。图 3-7、图 3-8 分别为坩埚高频感应炉、沟型低频感应炉结构示意图。

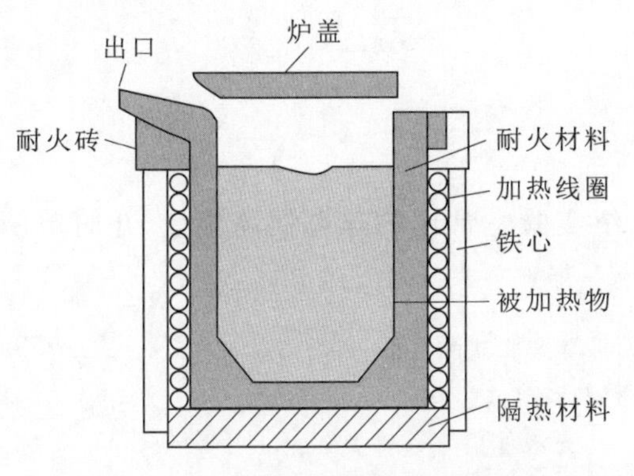

图 3-7　坩埚型高频感应炉结构示意图

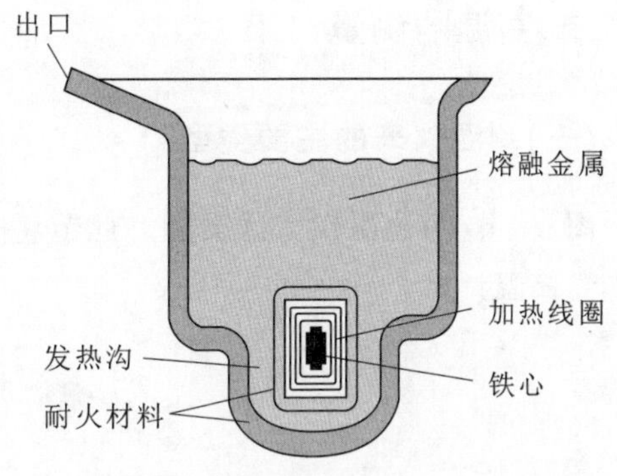

图 3-8　沟型低频感应炉结构示意图

(三)电弧炉

电弧炉常用于熔炼金属,如钛、锆等,也可用于制备高熔点化合物,如碳化物、硼化物以及低价的氧化物等。在起弧熔炼之前,为了避免空气渗入炉内,先将系统抽至真空,然后通入惰性气体(氩气、氦气或二者的混合气体)。炉内维持少许正压,但也不宜过高,以减少损失。

在熔化过程中,由于电流与电压的乘积与电弧产生的热能成正比,所以需要注意调节电极的下降速度和电流、电压等,从而使待熔的金属全部熔化,得到均匀无孔的金属锭。电极底部和金属锭的上部尽可能保持较短的距离,减少热量的损失,以免电极与金属锭之间发生短路,同时电弧也需要维持适宜的长度。图 3-9 为电弧炉基本构造图。

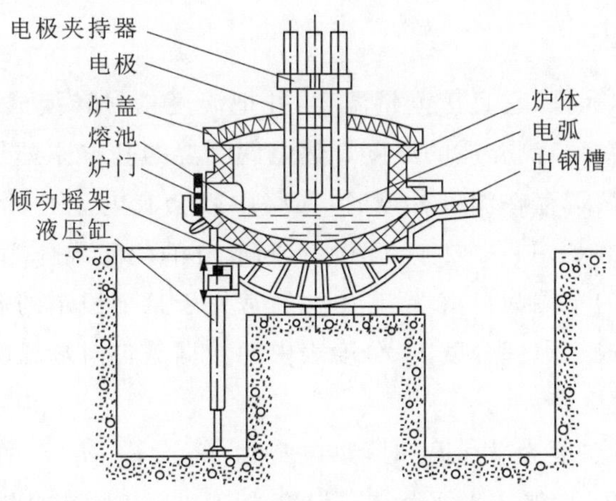

图 3-9　电弧炉基本构造图

二、高温的测量

(一)测温仪表的主要类型

图 3-10 为测温仪表的类型。此节将重点介绍实验室常用的热电偶高温计,并简单阐述光学高温计。

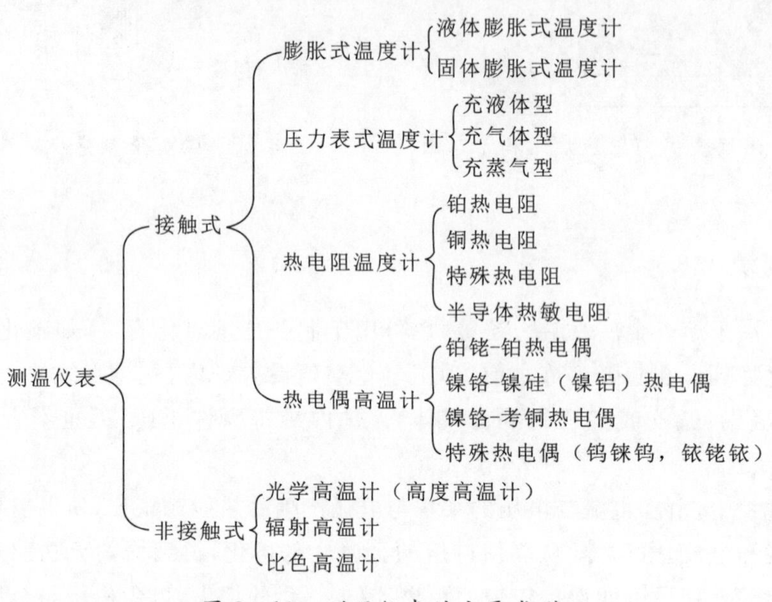

图 3-10 测温仪表的主要类型

(二)热电偶高温计

热电偶是一种感温元件,它直接测量温度,并把温度信号转换成热电动势信号,通过电气仪表(二次仪表)转换成被测介质的温度。热电偶测温的基本原理是两种不同成分材质的导体组成闭合回路,当两端存在温度梯度时,回路中就会有电流通过,此时两端之间就存在热电动势,这就是所谓的 Seebeck 效应。两种不同成分的均质导体为热电极,温度较高的一端为工作端,温度较低的一端为自由端,自由端通常处于某个恒定的温度下。根据热电动势与温度的函数关系,制成热电偶分度表;分度表内的数据是自由端温度在 0℃时得到的,不同的热电偶具有不同的分度表。

热电偶的两个结点温度为 T_1、T_2 时,热电势为 $E_{AB}(T_1、T_2)$;两个结点温度为 T_2、T_3 时,热电势为 $E_{AB}(T_2、T_3)$,那么当两个结点温度为 T_1、T_3 时,热电势为

$$E_{AB}(T_1、T_2)+E_{AB}(T_2、T_3)=E_{AB}(T_1、T_3) \tag{3-1}$$

然后才能由分度表查得工作端的真空温度。

热电偶高温计具有下列优点:

(1)体积小,重量轻,结构简单,易于装配维护,使用方便。

(2)主要作用点是由两根细线连成的很小的热接点,所以热惰性很小,有良好的热感度。

(3)能直接与被测物体相接触,不受环境介质如烟雾、尘埃、二氧化碳、水蒸气等影响,具有较高的准确度,可保证测量误差在预计的范围内。

(4)测温范围较广,一般可在室温至 2000℃左右应用,某些情况下可在室温至 3000℃左右应用。

(5)可远距离传送测量信号,并由仪表迅速显示或自动记录,便于集中管理。

由上述可知,在高温的精密测量中热电偶高温计必不可少,但是热电偶高温计在使用中,要求有一个不影响其热稳定性的环境,还须注意避免受到侵蚀、污染和电磁的干扰。一些热电偶高温计不宜在氧化气氛中工作,一些又需要避免接触还原气氛。若必须在不合适的气氛环境中进行测量,则必须用耐热材料套管将热电偶高温计密封,同时用惰性气体加以保护,如果温度变动较快,被套管密封的热电偶高温计就会出现热感滞后,灵敏度受到影响。

制作热电偶高温计的材料有纯金属、合金和非金属半导体等。纯金属有较优的均质性、稳定性和加工性,但热电势并不太大。某些特殊合金热电势较大,适于特定温度范围的测量,但均质性、稳定性通常都次于纯金属。非金属半导体材料一般比纯金属、合金的热电势大得多,但制成热电偶高温计较为困难,因而用途有限。纯金属和合金的高温热电偶一般可应用于室温至 2000℃左右的高温,某些合金的应用上限温度甚至高达 3000℃。

图 3-11 为实际应用的热电偶高温计,其组成金属的绝对温差电系数需要具有相当大的差异,以便测量产生的电压。当温度超过 1300℃时,采用灵敏度较低的铂钨-钨铼热电偶或铂铱-铂热电偶,这是由于较高灵敏度的热电偶在高温下太软,甚至融化。常用的高温热电偶材料为 Pt、Rh、Ir、W 等纯金属,以及 Rh 金属含量较高的 Pt-Rh 合金、Ir-Rh 合金和 W-Re 合金(只能用于真空或惰性气氛中)。必须指出的是,金属的温差电系数受其化学成分以及结构缺陷的影响。表 3-3 为某些常用的热电偶及其应用温度范围。

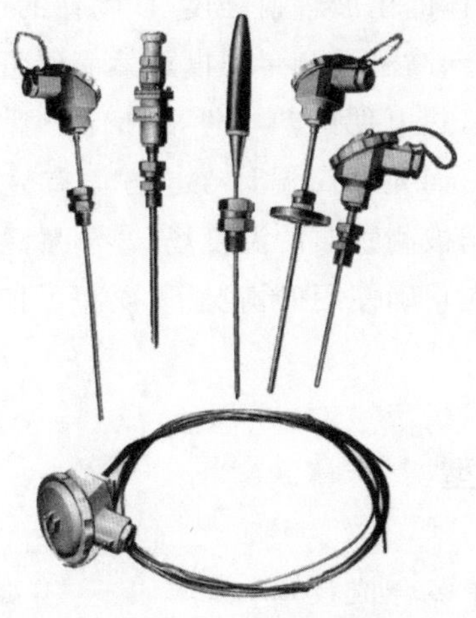

图 3-11　热电偶高温计

表 3-3 某些常用的热电偶及其应用温度范围

热电偶	最高使用温度/℃	平均灵敏度/(mV·K⁻¹)	温度范围/℃
镍铬(90Ni-10Cr)-镍铝(94Ni-2Al-3Mn-1Si)	1250	0.041	0～1250
铜-康铜	850	0.033	−200～−100
		0.057	0～850
铁-康铜(55Cu-45Ni)	400	0.022	−200～−100
		0.052	0～400
铂铑(90Pt-10Rh)-铂	1500	0.006 9	0～1000
		0.012 0	1000～1500
铂铑(87Pt-13Rh)-铂	1500	0.010 5	0～1000
		0.013 9	1000～1500
镍铬-康铜	850	0.076	0～850
钨(97W-3Re)-钨铼(75W-25Re)	2500	0.018 5	0～1500
		0.013 9	1500～2500
铱铑(60Ir-40Rh)-铱	2000	0.005	1400～2000

注:上述热电偶中前一种金属或合金为正极,后一种为负极。

通常与热电偶配用的显示仪表会标明具有自由端温度自动补偿的装置。当自由端温度在0～50℃范围内变动时,其热电势差值都可由仪表内的热敏电阻自动补偿校正,从而可在室温下进行测量,而不需要保持自由端0℃恒温,无需校正。

(三)光学高温计

光学高温计是利用受热物体的单波辐射强度(即物体的单色亮度)随温度升高而增加的原理来进行高温测量的。热电偶高温计测量温度虽然简便可靠,但也存在一些缺点。例如,热电偶必须与测量的介质接触,热电偶的热电性质和保护管的耐热程度等决定了热电偶不能长时间用于较高温度的测量,而光学高温计在这方面有显著的优势,具体如下:①不需要同被测物质接触,同时也不影响被测物质的温度场;②测量温度较高,范围较大,测量范围为700～6000℃;③精确度较高,在正确使用的情况下,误差可控制在±10℃,且使用简便、测量迅速。

三、高温合成反应的类型

在高温条件下可以进行许多合成反应,具体如下:①高温固相合成反应。在1000～1500℃下,通过固体界面间接触、反应、成核、结晶生长合成大批的复合氧化物,如含氧酸盐类与二元或多元金属陶瓷化合物(碳、硼、硅、磷、硫族等化合物)。②高温固一气合成反应。

例如金属化合物与 H_2、CO，甚至碱金属蒸气在高温下的还原反应，金属或非金属的高温氧化、氯化反应等。③高温下的化学传输反应。④高温熔炼和合金制备。⑤高温相变合成。⑥高温熔盐电解。⑦等离子体激光、聚焦等作用下的超高温合成。⑧高温单晶生长和区域熔融提纯。

此章节重点介绍高温还原反应，并适当介绍其原理的应用和相关数据。

(一)高温还原反应

1. 氢还原法

1) 基本原理

少数非挥发性金属的制备，可用氢还原其氧化物的方法，反应如下：

$$\frac{1}{y}M_xO_y(s) + H_2(g) = \frac{x}{y}M(s) + H_2O(g) \qquad K = \frac{p_{H_2O}}{p_{H_2}}$$

其中，K 为反应平衡常数

平衡时，该反应也可看作氧化物的解离平衡和水蒸气的解离平衡的结合。

$$2MO(s) \longrightarrow 2\ M(s) + O_2(g) \qquad K = \frac{p_{H_2O}}{p_{H_2}}$$

$$2H_2O(g) \longrightarrow 2\ H_2(g) + O_2(g) \qquad K_{H_2O} = \frac{p_{H_2}^2 p_{O_2}}{p_{H_2O}^2}$$

其中，p_{O_2} 为氧气的平衡分压；K_{H_2O} 为水解离平衡常数；p_{H_2}、p_{H_2O} 为氢气、水蒸气平衡分压。

当反应平衡时，氧化物解离出的氧分压应等于水蒸气所解离出的氧分压。因此，还原反应的平衡常数为

$$K = \frac{p_{H_2O}}{p_{H_2}} = \sqrt{\frac{p_{O_2}}{K_{H_2O}}} \tag{3-2}$$

式(3-2)对所有非挥发性金属的氧化物还原反应均适用，p_{O_2} 的大小取决于温度与氧化物的状态，可以通过金属氧化物的解离得到，也可以通过分步的平衡式算出。

2) 特点

(1)还原剂的利用率不能达到百分之百，反应进行过程中，体系中存在氢气与水蒸气，当反应达到平衡时，还原反应便停止，体系中必然会存在氢气、水蒸气，以及氧化物与金属。若用纯氢气还原氧化物，氢气的最高利用率 y 可以用式(3-3)计算得到：

$$y = \frac{p_{H_2O}}{p_{H_2O} + p_{H_2}} = \frac{K}{1+K} \times 100\% \tag{3-3}$$

式中：p_{H_2} 和 p_{H_2O} 分别为平衡体系中氢气和水蒸气的分压；K 为反应平衡常数。常数愈小，氢气的利用率愈低。当 $K=1$ 时，氢气的利用率不超过 50%；$K=0.01$ 时，氢气的利用率小于 1%。

(2)还原金属高价氧化物时会得到一系列含氧较少的低价金属氧化物。例如，在还原氧化铁的过程中，可以连续得到 Fe_3O_4、FeO 和 Fe，氧化物中金属的化合价降低时，氧化物的稳定性增大，越不容易被还原；再如，还原 Nb_2O_5 制备金属 Nb，在不同温度下可以得到各种价态的氧化物：

$$Nb_2O_5 + H_2 \xrightarrow{860℃} 2NbO_2 + H_2O$$

$$2NbO_2 + H_2 \xrightarrow{1250℃} Nb_2O_3 + H_2O$$

$$Nb_2O_3 + H_2 \xrightarrow{1350℃} 2NbO + H_2O$$

$$2NbO + H_2 \xrightarrow{1350℃} Nb_2O + H_2O$$

$$Nb_2O + H_2 \xrightarrow{>1350℃} 2Nb + H_2O$$

(3)还原温度决定了制得金属的物理性质与化学性质。如在低温下制得的金属具有大的表面积和强的反应能力，一些具有可燃性，可以在空气中自燃；在高温下进行反应，金属颗粒聚结变成较大的颗粒，因而表面积减小，金属颗粒的内部结构变得整齐和更稳定，继而使金属的化学活泼性显著降低；在金属熔点以下还原出来的金属通常呈海绵状，比粉末状金属更稳定；在空气中长期放置以后用氢气还原氧化物所得的粉状金属，需要略高于熔点的温度才能将其熔化，这是由于各个颗粒的表面形成了氧化膜。

3)氢还原法制钨

氢还原法制钨大致可分为 3 个阶段：

(1) $2WO_3 + H_2 = W_2O_5 + H_2O$ $\quad \Delta_r G_m^\ominus = 320\,930 - 57.3T(J \cdot mol^{-1})$

(2) $W_2O_5 + H_2 = 2WO_2 + H_2O$ $\quad \Delta_r G_m^\ominus = 37\,572.2 - 46.53T(J \cdot mol^{-1})$

(3) $WO_2 + 2H_2 = W + 2H_2O$ $\quad \Delta_r G_m^\ominus = 40\,886 - 30.13T(J \cdot mol^{-1})$

还原温度决定了所得到的产物性状和成分，WO_3 在 700℃左右可完全被还原成金属钨。不同还原温度下所得的产物性状及大致成分见表 3-4。

表 3-4 用氢气还原 WO_3 所得产品的性状与温度的关系

温度/℃	产品颜色	大致成分
400	蓝绿色	$WO_3 + W_2O_5$
500	深蓝色	$WO_3 + W_2O_5$
550	紫色	W_2O_5
575	绛褐色	$W_2O_5 + WO_2$
600	朱古力褐色	WO_2
650	暗褐色	$WO_2 + W$
700	深灰色	W
800	灰色	W
900	金属灰色	W

将标准摩尔反应 Gibbs 自由能代入式(2-13)并整理得到以下反应平衡常数与温度的关系式：

$$\lg K_1 = \frac{-14\ 202.04}{T} + 2.54 \tag{3-4}$$

$$\lg K_2 = \frac{-1\ 662.67}{T} + 2.06 \tag{3-5}$$

$$\lg K_3 = \frac{-1\ 809.32}{T} + 1.33 \tag{3-6}$$

T 为绝对温度，事实上在还原的过程中并不能得到纯的 W_2O_5，因为在 W_2O_5 中总是会溶有一些 WO_3。于是，有人将氢气还原 WO_3 的第一阶段用下面的反应来表示，以中间氧化物 W_4O_{11} 代替 W_2O_5：

$$4WO_3 + H_2 = W_4O_{11} + H_2O$$

W_4O_{11} 就是 WO_3 在 W_2O_5 中的固溶体。

无论是 W_2O_5 还是 W_4O_{11} 均在很小程度上改变了用氢气还原反应的气相总平衡组成，如表 3-5 中数据所示。

表 3-5　用氢气还原 WO_3 时水蒸气在气相中的平均含量

温度/℃	气相中水蒸气含量/%（按 W_4O_{11} 计算）	气相中水蒸气含量/%（按 W_2O_5 计算）
650	45.4	47.6
750	49.3	53.2
850	52.3	57.8
950	55.2	61.5
1050	57.2	64.2

图 3-12 是 $\lg K - 1/T$ 图。从直线的斜率可以看出，曲线 1 与曲线 2 应于温度较低的区域内相交，而曲线 2 与曲线 3 应于高温区域内相交。这说明了 WO_3 在低温下可以直接被还原为 WO_2，无中间氧化物生成的阶段。

$$WO_3 + H_2 = WO_2 + H_2O$$

从图 3-12 中还可以看出，升高温度有利于反应向还原方向移动，在 850℃下，WO_2 被还原成 W，K_3 约为 45%，这个值表明在含有高浓度水蒸气的气相中金属的还原可以发生。

$$W_2O_5 + H_2 = 2WO_2 + H_2O$$

从平衡常数与温度的关系可以看出，氢气中含水分愈少，还原开始的温度愈低。图 3-13 说明了钨的氧化物和金属钨的稳定区域与温度及气相组成的关系：在 700℃时，钨在含有 75%～100%氢气和少于 25%水蒸气的混合气体中不被氧化；在 900℃时，钨在含有 60%～100%氢气和少于 40%水蒸气的混合气体中亦不被氧化。

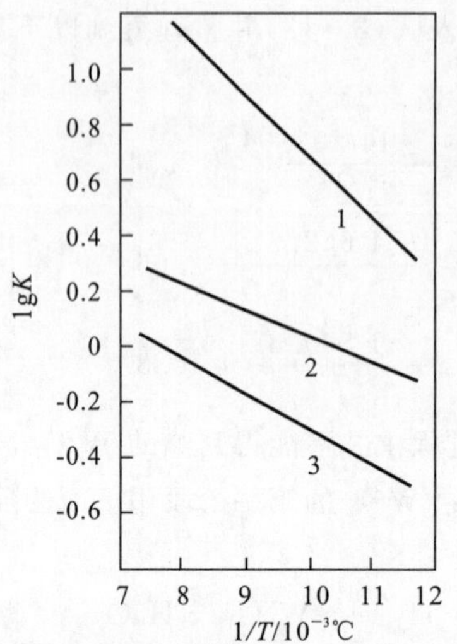

曲线1代表 $2WO_3+H_2$ ═══ $W_2O_5+H_2O$；曲线2代表 $W_2O_5+H_2$ ═══ $2WO_2+H_2O$；曲线3代表 WO_2+2H_2 ═══ $W+2H_2O$。

图 3-12 用氢气还原 WO_3 时反应的平衡常数与温度的关系

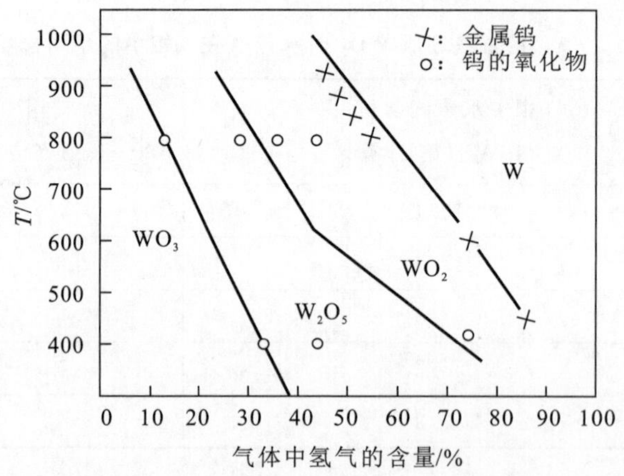

图 3-13 在 H_2+H_2O 的混合气体中钨的氧化物在各种温度下的稳定性

高于1200℃时气相中含有钨的氧化物，反应式应如下：

$$WO_2(g)+2H_2 = W+2H_2O$$

当温度>1200℃时平衡常数 K 表示为

$$K=\frac{p_{H_2O}^2}{p_{WO_2}\cdot p_{H_2}^2} \tag{3-7}$$

式中：p_{WO_2} 为 WO_2 蒸气的平衡分压。

用氢气还原 WO_3 的反应在管式炉中进行，如图 3-14 所示。

此炉加热区长为1.5～2m，通过程序使管内温度沿管均匀地上升至800～900℃，管的一端装有冷凝器。此反应需要注意的是：氢气要纯，钨粉的粒度和还原温度要合适。

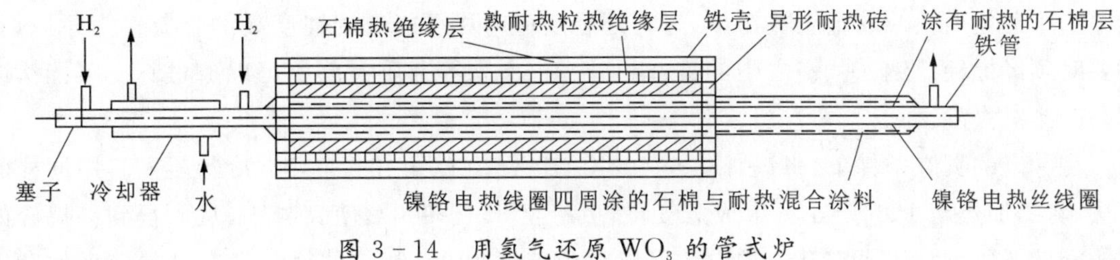

图 3-14　用氢气还原 WO_3 的管式炉

2. 金属还原法

金属还原法又叫金属热还原法，就是用一种金属还原金属化合物（氧化物、卤化物），还原的条件就是这种金属对非金属的亲和力要比被还原的金属大。用金属热还原的方法制备那些易形成碳化物的金属，有很大的实际意义。因为，含碳量极少的金属在精密合金生产中必不可少。常用作还原剂的金属主要有铝、钙、镁、钠和钾等。

用此法制得的金属有锂、铷、铯、钠、钾、铍、镁、钙、锶、钡、铝、铟、铊、稀土金属、铈、钛、锆、铪、钍、钒、铌、钽、铬、铀、锰、铁、钴、镍等。

1）还原剂的选择

有两种或两种以上的金属可以作为还原剂时，选择还原剂一般需考虑以下几点：①还原力强；②不能和生成的金属再反应生成合金；③容易处理；④易得到高纯度的金属；⑤副产物容易和生成的金属分离；⑥成本尽可能低。

被还原物质的种类（氯化物、氟化物、氧化物）不同，这些金属还原能力的强弱也有所改变。如原料为氯化物时，镁、铝比钠、钙、铯的还原能力稍差一些。在后三者的选择中，根据具体情况稍有不同。钠不易与产品生成合金，反应过程中只需稍加注意，且处理比较简单，因此应用最为普遍。通常氯化物的熔点和沸点都比较低，用熔点低的钠时，要比用铯和钙进行还原反应更顺利。

氟化物比氯化物更难还原。还原氟化物时，钙、铯的还原能力最强，钠、镁次之，铝最弱。从分离的角度考虑，因为钙、镁、铝、铯的氟化物都难溶于水或弱酸，与生成的金属难以分离，采用钠作为还原剂更为合适，其发热量少，对于实验室规模较为合适。

钠、钙、铯、镁与铝对氧化物的还原能力几近相同，因此需要考虑成本问题。采用廉价的铝作为还原剂，其优点是在高温下不易挥发，但铝可以与很多金属生成合金，因此需要采用调节反应物混合比的方法，使铝尽量不残留在生成金属中，但其残余率很难降到 0.5%以下。钙、镁不与多数金属生成合金，可单独使用，也可与钠以及氯化钙、氯化钡、氯化钠等混合使用，用于还原钛、锆、铪、钒、铌、钽、铀等的氧化物。由于钠和钙、镁可形成低熔点的合金，这有利于氧化物和还原剂充分接触。此外氯化物能促进氧化物的熔融，从而使还原反应更容易进行。用钙、镁作为还原剂时，反应多半在密闭容器中进行。铯和钙的情况差不多，硅也可作为还原剂，其还原能力在铝和钠之间，挥发性小，用于能用蒸馏法或升华法提纯的金属的还原，但容易生成合金。

2）金属还原剂的提纯

为了避免所生成的金属被污染，进行还原反应时尽可能选用纯度高的金属作为还原剂，必要时须经提纯。钠、钙、镁之中的铁、铝、硅、氮、卤素等杂质大部分可以通过真空蒸馏法或真空升华法去除。

在一定的真空条件下，将镁加热至600℃，产生蒸气，再在400℃下冷却凝固。用同样的方法，将钙加热至1000℃左右生成蒸气，然后冷至850～900℃使钙凝固，从而得到易捣碎的纯净金属还原剂。用真空升华的方法可以得到纯度为99.99%的镁。钙在升华前后的杂质含量变化如表3－6所示。

表3－6 升华前后钙中杂质的含量 单位：%

杂质	Si	Al	Fe	Mg	$CaCl_2$	Ca_3N_2	杂质含量
升华前	0.25	0.26	0.54	0.23	0.64	3.30	5.20
升华后	0.12	0.00	0.29	0.02	0.14	0.45	0.99

表3－7列出了一些金属还原剂的熔点、沸点、蒸气压，供提纯时参考。在石油醚中或干净的煤油中储存钠、钙，而镁可直接密封保存。铝很难提纯，应购买最纯的市售品。

表3－7 还原用的金属的熔点、沸点、蒸气压表

金属	熔点/℃	沸点/℃	温度和蒸气压的关系			
			1.3kPa	13.3 kPa	26.7 kPa	53.3 kPa
Na	97.9	880	500℃	1100℃	—	—
Mg	650	1156	—	1012℃	1050℃	1100℃
Ca	800	1240	980℃	1090℃	1100℃	—
Al	659	1800	1030℃	1475℃	1560℃	1675℃

3）助熔剂

在反应的过程中加入助熔剂是为了改变反应热，增大熔渣的流动性，从而易于分离最终产物。用钙、镁、铝还原氧化物时，单靠反应放出的热量不能熔融生成高熔点化合物——熔渣，像氧化钙[熔点(m.p.) 2570℃]，氧化镁(m.p. 2800℃)、氧化铝(m.p. 2050℃)等。在这种情况下，需要向反应体系中加入助熔剂，使熔体的熔点降低，并使金属易于凝集。常用的助熔剂有氧化物、氟化物与氯化物。在还原氧化物、氟化物时，一般需要使用助熔剂，氯化物的熔点低，一般不需要助熔剂。

4）反应生成物的处理

将所生成金属与熔渣的混合物取出后，根据二者的不同化学性质，用乙醇、水、酸或碱处理，从而使熔渣与金属分离。例如，用钠还原氟钛酸钾时，反应结束后，体系内最终存在氯化钠、氟化钾、氟化钠、金属钛、钾-钠合金、未反应的氟钛酸钾等，可先用乙醇溶出钠-钾合金，然后用水反复溶出氟化钠、氟化钾、氟钛酸钾等，最后剩下金属钛粉末。也可以使用重液分离法，利用相对密度大的液体将产物和副产物分离。表 3－8 列举了常用的相对密度较大的液体及其相对密度和稀释液。

表 3－8　相对密度较大的液体

液体名称	相对密度	稀释液
溴仿	2.90	挥发油
次甲基碘	3.30	挥发油
硼钨酸镉溶液	3.36	水

(二) 化学转移反应

1. 概念

在一定温度下，将一种固体或液体物质 A 与一种气体 B 作用形成一种气相产物 C，在不同温度部分该气相产物发生逆反应，重新生成 A，这个过程叫作化学转移反应。

$$iA(s,l) + kB(g) + \cdots \longrightarrow jC(g) + \cdots$$

上述反应过程与升华或者蒸馏过程相似，但在这个过程中，物质 A 在这一温度下并没有经过蒸气相，所以称为化学转移。

化学转移反应在合成新化合物、分离提纯物质、生长大而完美的单晶以及测定一些热力学数据等方面均有很好的应用。

2. 装置

在一定温度梯度下的固体物质转移反应，可用图 3－15 所示的装置来实现。它是一个理想化的流动装置，A 是固态物质，气体 B 通过与 A 进行反应（温度为 T_1），生成气态物质 C，C 和未进行反应的剩余 B 扩散到管的另一个温度（温度为 T_2）区经分解后，固体物质 A 又沉积下来。

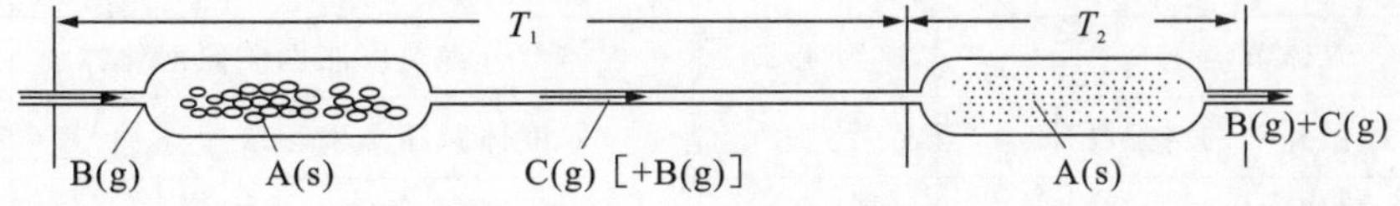

图 3－15　在温度梯度下固体物质转移的理想化流动装置

3. 应用

制备 Fe_3O_4（磁性氧化物）和其他铁酸盐的单晶。粉末状的原料 Fe_3O_4 同传输剂 HCl 作用生成较易挥发的化合物 $FeCl_3$，$FeCl_3$ 和 HCl 沿着管扩散到温度较低的区域，在这里部分蒸气发生了逆向反应，再生成原料 Fe_3O_4 与传输剂 HCl，然后 HCl 又扩散到管的热端与 Fe_3O_4 反应。

传输管为石英管，长约 25cm，传输管一端封闭，另一端接真空系统。当系统中的压强低于 10^{-1}Pa 时，将样品在 300℃条件下进行脱气，之后充入适量 HCl 气体使系统至一定压强，并把两者之间的接口拆开，用氢氧焰在 20cm 处熔断传输管，然后把传输管放在传输电炉的中心部位上，再在它的两端放上控温装置。把生长区的温度升至 1000℃，同时使装料区的温度维持在室温，逆向转移反应持续 24h，然后将生长区温度降至 750℃，而升高装料区的温度至 1000℃。让反应进行 240h，然后降低装料区的温度至 750℃（持续约 1h），当重新建立平衡时，停止加热，冷却后就可以得到完整的八面体单晶。

第二节　低温合成和真空技术

一、低温的获得、测量和控制

低温技术与当今许多尖端科研技术（如超导技术、航天技术、高能物理、生命科学等）密不可分。在超低温条件下，物质的特性会发生奇妙的变化：空气变成液态或固态；生物细胞或组织可以长期储存而不死亡；导体的电阻突然消失；液体氦的黏滞性几乎为零（超流现象），且其导热性能超过了高纯铜。

（一）低温的获得

通常用相变致冷、热电致冷、等焓与等熵绝热膨胀等技术和方法获得低温，用绝热去磁等可获得极低温，一些主要方法见表 3－9。

表 3－9　获得低温的一些主要方法

方法名称	可达温度/K	方法名称	可达温度/K
一般半导体致冷	约 150	气体部分绝热膨胀二级沙尔凡制冷机	12
三级级联半导体致冷	约 77	气体部分膨胀三级 G－M 制冷机	6.5
气体节流	约 4.2	气体部分绝热膨胀西蒙氦液化器	约 4.2
一般气体做外功的绝热膨胀	约 10	液体减压蒸发逐级冷冻	约 6.3
带氦两相膨胀机气体	约 4.2	液体减压蒸发（^{4}He）	0.7
绝热去磁	10^{-6}	液体减压蒸发（^{3}He）	0.3
二级菲利普制冷机	12	氦涡流制冷	0.6
三级菲利普制冷机	7.8	^{3}He 绝热压缩相变制冷	0.002
气体部分绝热膨胀的三级脉管制冷机	80.0	^{3}He－^{4}He 稀释致冷	0.001
气体部分绝热膨胀的六级脉管制冷机	20.0	—	—

(二)常用的低温源

1. 制冷浴

1)冰盐共熔体系

将盐和冰块尽量磨细并充分混合(通常利用冰磨将二者混合物磨细),可以达到较低的温度,表 3-10 为一些冰盐混合物可达到的不同低温。

表 3-10　冰盐浴共熔点温度

盐/冰	质量比	可以达到的共熔点温度/℃
氯化钠($NaCl$)/冰	1∶3	约-21
氯化铵(NH_4Cl)/冰	1∶4	约-15.8
硫酸铵[$(NH_4)_2SO_4$]/冰	2∶3	约-19
氯化钙($CaCl_2$)/冰	1∶1	约-40

冰盐共熔体系所能达到的低温,不仅随盐类种类变化而变化,而且也取决于盐冰的比例。

2)干冰浴

这也是实验室常用的一种低温浴。干冰的升华温度为-78.3℃,使用时常加入一些惰性溶剂,如丙酮、醇、氯仿等,可以改善它的导热性能,一些有机溶剂与干冰组成的冷浴温度如表 3-11 所示。

表 3-11　干冰与某些有机溶剂组成的冷浴温度

溶剂	冷浴温度/℃	溶剂	冷浴温度/℃
四氯化碳(CCl_4)	-23	无水乙醇(C_2H_5OH)	-72
乙腈(CH_3CN)	-42	乙醚($C_2H_5OC_2H_5$)	-77
环已烷(C_6H_{12})	-46	丙酮(C_3H_6O)	-78
氯乙烷(C_2H_5Cl)	-60	乙酸戊酯($CH_3COOC_5H_{11}$)	-78
氯仿($CHCl_3$)	-61	一氯甲烷(CH_3Cl)	-82

3)液氮

氮气液化的温度为-195.8℃,在合成反应与物化性能试验中,液氮是常用的一种低温浴介质,当液氮用于冷浴时,使用温度最低可达-205℃(减压过冷液氮浴)。有时也加入一些惰性溶剂。

4)液氨

氨气液化也是一种常用的制冷剂,其正常沸点为-33.4℃,实际使用的温度可达

−45℃。需在具有良好通风设备的房间或装置下使用。

2. 固定相变冷浴

固定相变冷浴可以保持恒定温度，如二硫化碳可达−111.6℃，这个温度是标准气压下二硫化碳的固液平衡点。常用的固定相变冷浴见表 3-12。

表 3-12 常用的固定相变冷浴物质及其达到的温度

固定相变冷浴物质	冷浴温度/℃	固定相变冷浴物质	冷浴温度/℃
冰＋水	0	甲苯	−95
四氯化碳	−22.8	二硫化碳	−111.6
液氨	−33.4	甲基环己烷	−126.3
氯苯	−45.6	正己烷	−130
氯仿	−63.5	异戊烷	−160
干冰	−78.5	液氧	−183
乙酸乙酯	−83.6	液氮	−195.8

(三)低温的测量与控制

1. 低温的测量

低温有其特殊的测量方法。它所选用的温度计与测量常温时的有所不同，并且在不同的低温区也有相对应的不同的测温温度计。这些低温温度计的测温原理是物质的物理参量与温度之间存在定量关系，通过测定这些物质的物理参量就可以转换成低温值。

常用的低温温度计有低温热电偶、电阻温度计和蒸气压温度计等。实验室中，最常用的是蒸气压温度计。

1)蒸气压温度计(−200～600℃)

液体的蒸气压随温度变化而变化，即可通过测量蒸气压得知其温度。理论上液体的蒸气压可以从 Clausius—Clapeyron 方程积分得出。

$$\frac{\mathrm{d}p}{\mathrm{d}T}=\frac{\Delta S}{\Delta V}=\frac{L}{T\Delta V} \tag{3-8}$$

式中：ΔV 为蒸发时体积的变化；ΔS 为熵变；L 为汽化热，一般可以看作常数。因为是气液平衡，液体的体积 V_l 和气体的体积 V_g 相比是可以忽略不计的。假定蒸气是理想气体，则式(3-8)可进一步简化为

$$\frac{\mathrm{d}p}{\mathrm{d}T}=\frac{L}{T(V_g-V_l)}=\frac{L}{V}=\frac{L}{T\dfrac{RT}{p}}=\frac{L}{RT^2}\cdot p \tag{3-9}$$

式中：R 为摩尔气体常数。

整理得：

$$\frac{\mathrm{d}\ln p}{\mathrm{d}T}=\frac{L}{RT^2} \tag{3-10}$$

积分可得：

$$\int \mathrm{d}\ln p=\int \frac{L}{RT^2}\mathrm{d}T \tag{3-11}$$

$$\ln p=-\frac{L}{RT}+c' \text{或写作：} p=\frac{\mathrm{L}}{2.718RT}+c \tag{3-12}$$

式(3-12)最初是经验公式，在这里已得到了理论证明。通过这个方程式所计算出的蒸气压值与实验结果很接近。

2)低温热电偶(－200～2000℃)

低温热电偶与高温热电偶有以下不同之处：

(1)丝径更细，可满足低温下漏热少的要求。

(2)焊接点要能承受低温，不脱离。

各种热电偶的测量范围如表 3-13 所示。

表 3-13　各种热电偶的测量范围

名称	测温范围/K
铜-康铜(60Cu＋40Ni)	75～300
镍铬-康铜	20～300
镍铬(9：10)-金铁[金＋0.03%或 0.07%(原子)铁]	2～300
镍铬-铜铁[铜＋0.02%或 0.5%(原子)铁]	2～300

上述热电偶中前一种金属或合金为正极，后一种为负极。

3)低温电阻温度计(－258～900℃)

制作电阻温度计时，应选用电阻比较大、性能稳定的材料，最好选用电阻与温度间具有线性关系的材料。常用的电阻温度计有铂、锗、碳和铑铁电阻温度计等。

2. 低温的控制

低温控制一般有两种途径：①利用恒温冷浴，②借用低温恒温器。

1)恒温冷浴

利用沸腾的纯液体，也可用纯物质液体和其固相的泥浴来获得恒温冷浴。向一个含有某种液体和搅拌器的杜瓦瓶罩内缓慢地加液氮，搅拌调制成稠的牛奶状，则制成了恒温冷浴。注意加液氮速度不能过快，量不能过多。干冰浴也是经常使用的恒温冷浴之一。

2)低温恒温器

能够将低温状态保持一定时间的装置叫低温恒温器。最简单的一种液体浴低温恒温器如图 3-16 所示,它可以保持-70℃以下的低温。它是通过一根铜棒来控制制冷温度的,铜棒作为热导体,利用它与冷源液氮接触的深度大小来调节温度,使其冷浴温度比所需的温度还要低 5℃左右。另外还有一个控制加热器的开关,经过冷热调节后可将温度误差控制在±0.1℃。

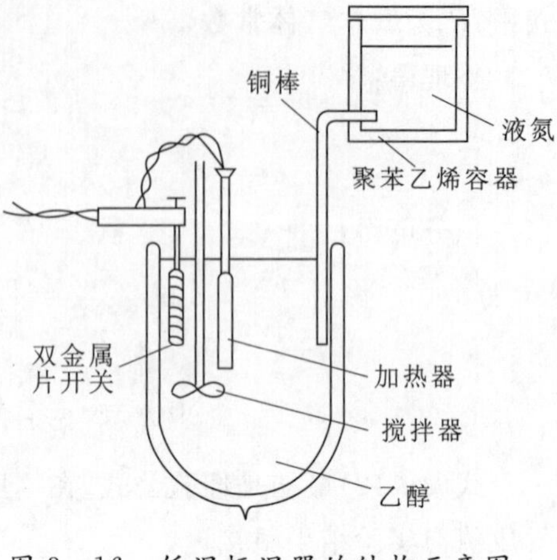

图 3-16　低温恒温器的结构示意图

二、真空的获得、测量与控制

在化学合成中,真空技术是一种重要的实验技术,对于化学合成工作者来说掌握和应用真空技术是必不可少的。本节将介绍无机合成实验室中的真空装置和真空合成技术。

(一)真空

真空是指在给定空间内低于一个标准大气压的气体状态,即所得的给定空间内分子密度低于 2.5×10^{19} 分子数/cm^3。真空度量常用压强和真空度表示。表示压强大小常用的单位是毫米汞柱或托尔(Torr),国际单位制中压强的基本单位是帕斯卡(Pascal),简称帕(Pa),$1Pa=1N/m^2$(牛顿/平方米),$1Pa=7.5\times10^{-3}$Torr。真空度是利用百分数来表示一个被抽空间所达到的真空程度。真空度与压强关系为

真空度=(大气压强-系统中实际压强)/大气压强

1 标准大气压强=101 325Pa,真空度=$(101\ 325-p)/101\ 325$

由真空度与压强关系可知,真空度高就是压强低,如果说系统压强为 1×10^{-1}Pa,则可知其真空度为 99.999 9%,非真空度为 1×10^{-1}Pa。

根据气体空间的物理特性、常用真空泵和真空规的有效使用范围及真空技术应用特点将真空划分为:粗真空,$1.33\times10^3\sim<1.013\times10^5$Pa;低真空,$1.33\times10^{-1}\sim<1.33\times10^3$Pa;高真空,$1.33\times10^{-6}\sim<1.33\times10^{-1}$Pa;超高真空,$1.33\times10^{-12}\sim<1.33\times10^{-6}$Pa;极高真空,$<1.33\times10^{-12}$Pa。

(二)真空的获得

产生真空的过程称为抽真空。用于产生真空的装置称为真空泵,如水泵、机械泵、扩散泵、冷凝泵、吸气剂离子泵和涡轮分子泵等。由于压强范围在 $10^5\sim10^{-12}$ Pa 之间均属于真空,通常真空不能仅用一种泵来获得,而是需要多种泵组合,图 3-17 是常用的获得真空的方法及其适用范围。一般实验室常用的是机械泵、扩散泵和各种冷凝泵。大气中的氦气通

过玻璃壁渗入容器的速率为 6.65×10^{-11} Pa·s^{-1}，目前，还没有通过人工的方法获得比 1.33×10^{-10} Pa 更高的真空。

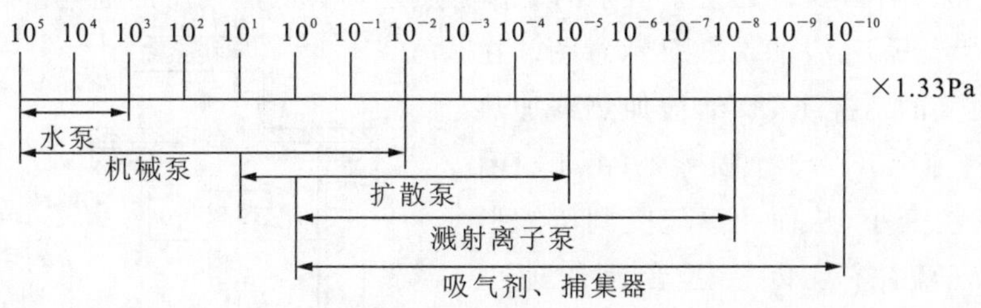

图 3-17 常用的获得真空的方法及其适用范围

通常用以下 4 种参数来表征真空泵的工作特性：①起始压强，真空泵初始工作时的压强；②临界反压强，真空泵排气口一侧所能达到的最大反压强；③极限压强（极限真空），长时间抽真空后，在系统不漏气和不放气的情况下，给定真空泵所能达到的最小压强；④抽气速率，在一定的压强和温度下，泵从容器中单位时间抽出气体的体积。

1. 旋片机械泵

机械真空泵可分 3 种：油封机械真空泵、罗茨真空泵、涡轮分子泵。实验中常用的是旋片式油封机械真空泵，简称旋片泵。

旋片泵主要由泵腔、转子、旋片、排气阀和进气口等部件构成。这些部件都浸泡在机油里。旋片泵工作的基本原理如图 3-18 所示，有两个旋片小翼 A 和 B 模嵌在转子上，被夹在小翼中间的一根弹簧压紧。小翼将转子和定子之间的空间分成 3 个部分。图 3-18(a)中，空气随着转子的转动从 1 进气口进入空间 4 中；旋片转动时，空间 4 增大，空气被吸入。如图 3-18(b)所示，当转子转到如图中位置时，1 进气口被 B 隔断，不能进气。B 将 4 中的气体经过活门 5 排出去，如图 3-18(c)、图 3-18(d)所示。通过转子不断地转动，这些过程不断地重复，从而达到抽气成真空的目的。

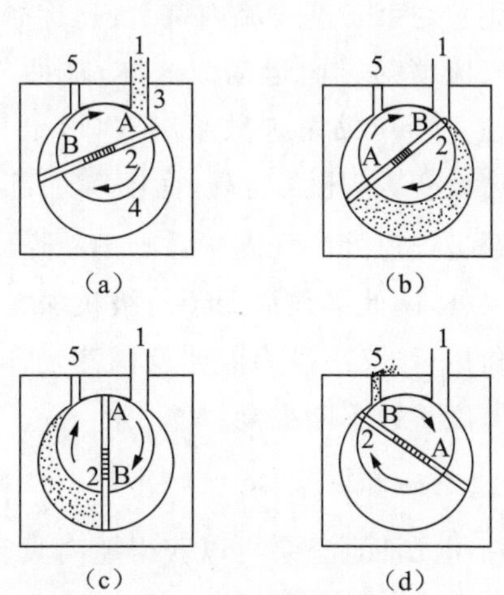

A、B.旋片小翼；1.进气口；2.旋片；3.转子；4.泵腔；5.活门。

图 3-18 旋片式机械泵的工作原理图

一般单机泵的极限真空压强约为 1Pa，而将两个单机泵串联为双级泵后，其极限真空压强可达 10^{-2}Pa。如果需要抽走水汽和其他可凝性蒸气，使用气镇式真空泵比较合适。气镇式真空泵是在普通机械泵的定子上开一个小孔，其目的是在转子转到某个合适位置时从大气中抽入部分空气，使空气和蒸气的压缩比率小于 10∶1，这样就可以避免蒸气凝结，便于排出。

2. 油扩散泵

在实验室中，油扩散泵是获得高真空的主要工具，它是利用高速喷射的蒸气将系统中的气体分子带走的一种装置。通常扩散泵的工作介质是具有低蒸气压的油类。

图 3-19 为金属三级油扩散泵示意图。在前级泵不断抽气的情况下，泵油被加热器加热蒸发，蒸气沿管道上升至 3 个喷嘴处；由于喷嘴处环形截面突然变小，从而使蒸气受到压缩形成密集的蒸气流，并且以接近音速的速度(200～300m/s)从喷嘴向下喷出。在蒸气流上部空间被抽气体的压强大于蒸气流中该气体的分压强，气体分子便迅速向蒸气流中扩散；由于蒸气相对分子质量为 450～550，比空气相对分子质量大 15～18 倍，故其动能较大，与气体分子碰撞后，本身的运动方向基本不会改变，气体分子则被约束于蒸气流内，而且速度越来越大，顺蒸气流喷射方向运动。这样，被抽气体就被蒸气流不断压缩至扩散泵出气口，出气口处的气体密度变大，压强变高，而喷嘴上部空间，即扩散泵进气口处的气体压强则不断降低。扩散泵本身不能使聚集在出气口附近的气体分子排出泵外，因此必须借助于前级机械泵将它们抽走。完成传输任务的蒸气分子受到泵壁的冷却作用后，又冷凝为液体返回蒸发器中。如此循环往复，扩散作用一直存在，故使被抽容器真空度得以不断提高。

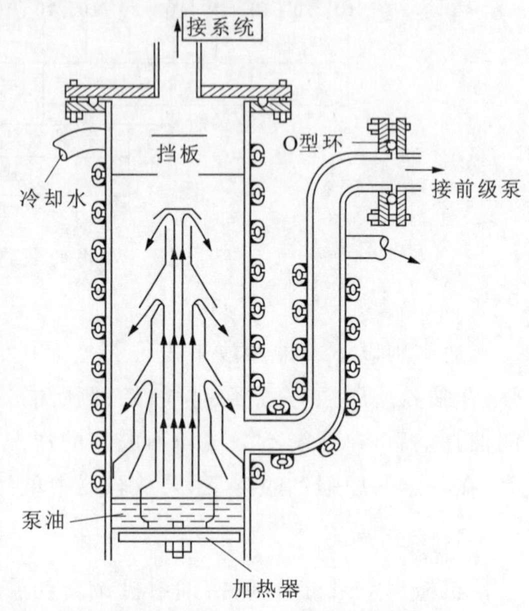

图 3-19 金属三级油扩散泵

3. 无油真空泵

使用无油真空泵可以获得超高真空。无油真空泵可按其机械运动、蒸气流和吸附作用的不同分成 3 种类型。

1)分子泵

分子泵是通过机械高速旋转(约 60 000r/min)，以高的抽速达到 10^{-6}Pa 的超高真空设备，其极限真空范围为 10^{-7}～10^{-9}Pa。它的定子和转子装有多层带斜槽的涡轮叶片，转片和定片槽的方向相反，每一个转片处于两个定片之间。分子泵在工作时通过高速旋转，给气体分子以定向动量和压缩作用，迫使气体分子通过斜槽从泵的中央流向两端，从而产生抽气作用。泵两端气体被前级泵抽走。目前发展的复合分子泵可不用前级泵而是直接将系统抽至超高真空。

2)分子筛吸附泵

分子筛吸附泵是利用分子筛物理吸附气体可逆的性质制成的。通常是由分子筛吸附泵与钛泵组成排气系统，用它作为前级泵构成无油系统。吸附泵必须在预冷后使用，通常使用液氮冷却。吸附泵中极限真空主要取决于系统中惰性气体的含量，一般可达 10^{-7} Pa。使用的分子筛类型有 3A、5A、10X、13X 等。

3)钛升华泵

钛升华泵是一种吸气剂泵，其工作原理是依靠电子轰击或是通过通电高温加热，将钛加热到足够高的温度，钛不断升华并且沉积在泵内壁上，形成一层活性大的新鲜钛膜。进入泵中的气体分子与新鲜钛膜发生化学反应形成固相化合物，可达到类似于气体被抽走的效果。泵中必须要有一个钛升华器来使钛持续升华。为了降低泵壁温度，往往还要在泵壁上附降温装置。钛升华泵具有理想的抽气速度，极限真空度可达 10^{-10} Pa。但由于其不能吸收惰性气体，因此常与低温吸附泵联用。

此外，利用无油系统产生超高真空的仪器还有溅射离子泵、弹道式钛泵等。

(三)真空的测量

1. 真空计的类型

用来测量稀薄气体空间压强的仪器和装置统称为真空计(规)。根据测量原理，真空计可分为绝对真空计和相对真空计。绝对真空计是指可通过测定有关物理参数直接计算出被测系统中气体压强的量具。它的特点是测量准确，测量值与气体的种类无关。相对真空计是通过测量与压强相关的物理量，并且与绝对真空计的测量结果相比较，从而换算出压强值的量具，其测量值与气体的种类有关。

2. 麦氏真空规

在绝对真空计中，麦氏真空规是一种应用最广泛的压缩式真空计。它既可以应用于低真空系统也可以应用于高压系统。麦氏真空规的构造如图 3-20 所示，麦氏真空规是通过旋塞 1 与真空系统相连接。玻璃球 7 上端接有封口测量毛细管 3；比较毛细管 4 与 3 平行，内径也相同，用以消除毛细作用，减少汞面度数误差。2 是可以控制汞面升降的三通旋塞。测量系统真空压强时，利用旋塞 2 调节汞面在 6 以下，使系统与球 7 相通；压强稳定后，再通过调节 2，使汞面缓慢上升至 6 位置，此时，汞面刚好将球 7 与系统隔开，球 7 内的气体体积为 V，压强为 p。汞面继续上升，汞进入到测量毛细管 3 和比较毛细管 4 中。球 7 内气体被压缩进入管 3 中，其体积 $V'=\frac{1}{4\pi d^2 h}$ (d 为管 3 内径，已准确测定)。管 3、管 4 中气体压强不同，因而产生汞面高度差为$(h-h')$，见图 3-20(b)和图 3-20(c)。根据 Boyle 定律：

$$pV=(h-h')V' \tag{3-13}$$

即：

$$p=\frac{V'}{V}(h-h') \tag{3-14}$$

由于 V'、V 已知，h、h'可测出，根据上述等式可计算出体系真空度。

如果在测量时，每次都使测量毛细管中的水银面停留在一个固定位置 h 处，见图 3-20(b)，则：

$$p=\frac{\pi d^2}{4}Vh(h-h')=c(h-h') \tag{3-15}$$

式中：c 为常数，按 p 与$(h-h')$成直线关系来刻度的方法称为直线刻度法。如果测量时，每次都使比较毛细管中汞面上升到与测量毛细管顶端一样高，见图 3-20(c)，即 $h'=0$，则：

$$p=\frac{\pi d^2}{4}Vh\cdot h=ch^2 \tag{3-16}$$

式中：c 为常数，按压强 p 与 h^2 成正比来刻度的方法称为平方刻度法。

理论上讲，只要改变球 7 的容积和毛细管 3 的直径，就可以制成具有不同压强量程的麦氏真空规。但是实际上，当 $d<0.08$mm 时，汞柱升降会出现中断，这是由于汞相对密度大造成的。球 7 又不能做得过大，否则玻璃球容易破裂。因此，麦氏真空规的测量范围一般为 $10\sim10^{-4}$ Pa。另外，麦氏真空规不能测量经压缩发生凝结气体的压强。

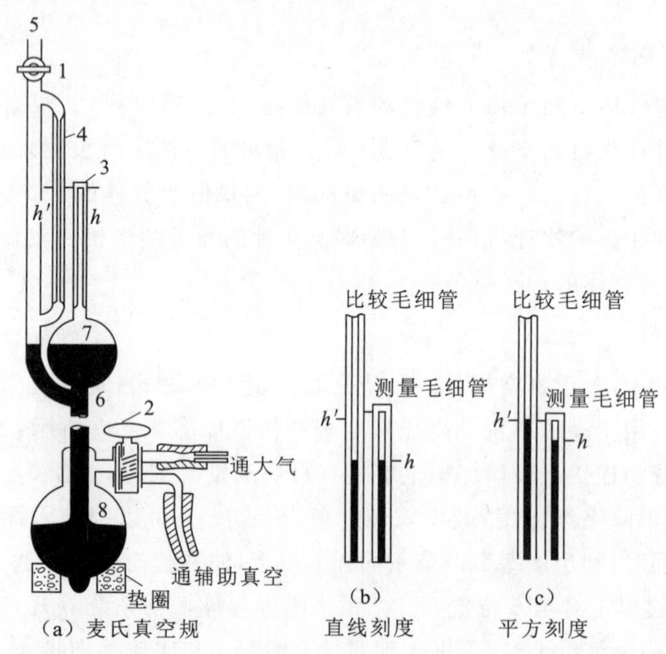

1.旋塞；2.三通旋管；3.测量毛细管；4.比较毛细管；5.导管；6.玻璃泡与支管连接处；7.玻璃泡；8.水银贮器。

图 3-20　麦氏真空规构造图

3. 热偶真空规

热偶真空规，简称热偶规，为热传导真空规中的一种，是测量低真空($100\sim10^{-2}$ Pa)的常用工具。它利用低压强下气体的热传导与压强有关的特性来间接测量系统压强。热偶规管主要由加热丝和热电偶组成。用加热丝温度来决定热电偶丝的热电势。热偶规管与真空系统相连，如果加热丝电流恒定，则热电偶电势由周围的气压决定。因为，当压强降低时，气体的导热率减小，当压强低于某一定值时，气体导热系数与压强成正比，从而可以利用热电势与压强的关系直接读出真空压强值。

4. 热阴极电离真空规

热阴极电离真空规，简称电离规，具有如图 3-21 所示的三极管结构。电离规收集极的电位相对于阴极为 -30V，栅极上具有 220V 的正电位。当阴极发射的电流和栅压稳定时，阴极发射的电子在栅极作用下，高速运动与气体分子碰撞，使气体分子电离成离子。然后正离子被负电位的收集极吸收，形成离子流。离子流与电离规管中气体分子的浓度成正比。

$$I^{+} = kpI_{e} \tag{3-17}$$

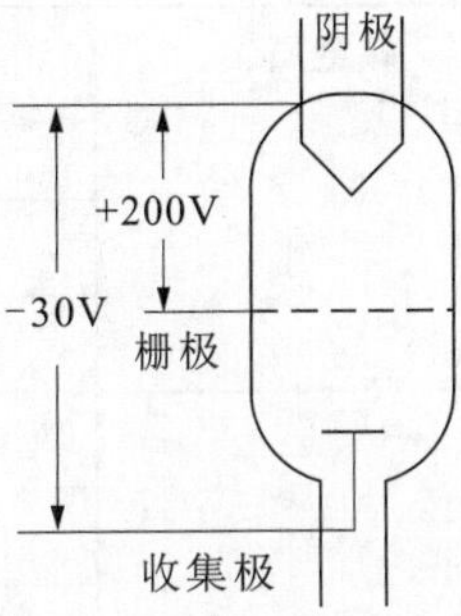

图 3-21 热阴极电离真空规管结构示意图

式中：I^{+} 为离子流强度，单位为 A；I_{e} 为规管工作时的发射电流；p 为规管内空气压强，单位为 Pa；k 为规管灵敏度，与规管几何尺寸及各电极的工作电压有关，在一定压强范围内可视为常数。因此，从离子电流大小，即可知相应的气体压强。

5. 冷阴极磁控规

在超高真空领域，冷阴极磁控规是测量压强小于 10^{-9} Pa 的真空规。它的结构包含三部分：冷阴极磁控式电离规管、磁钢（1500Gs）和晶体管测量仪器。它的测量范围为 10^{-3} ～ 10^{-12} Pa。冷阴极电离真空规管的工作原理是利用气体在强磁场和高电场下冷阴极放电的电离作用，使冷阴极电离规管具有极高的灵敏度，克服了一些热电离式超高压真空规管由于软 X 射线的影响而限制高真空度测量的弊端。

三、低温下的化学合成

（一）液氨中的合成

液氨是目前研究最多、应用最广的非水溶剂。由于氨的熔点是 -77.70℃，沸点是 -33.35℃，使得它既可以在低温合成中充当溶剂，也可作为试剂参与反应。

1. 金属氨基化合物的合成

金属氨基化的主要反应有以下两种。

1）碱金属与液氨的反应

碱金属在液氨中是亚稳态的，在一般条件下反应较慢（表 3-14），但在催化剂存在时能迅速地反应形成金属氨化物并放出 H_2。

$$M(s) + NH_3(l) = MNH_2(s) + \frac{1}{2}H_2(g)$$

这个反应的反应速率会随着温度的升高和碱金属相对原子质量的增加而加快。

表 3-14　某些碱金属在液氨中的溶解度和反应时间

碱金属	温度/℃	溶解度/[mol·(1000g NH_3)$^{-1}$]	反应时间
Li	−63.5	15.4	很长
	−33.2	15.66	
	0	16.31	
Na	−70	11.29	10d
	−33.5	10.93	
	0	10.00	
K	−50	12.3	1h
	−33.2	11.86	
	0	12.4	
Cs	−50	2.34	5min

例如，$NaNH_2$ 的制备：

$$Na+NH_3 = NaNH_2+\frac{1}{2}H_2$$

所需试剂：150mL 液氨，10g 钠块，$Fe(NO_3)_3\cdot 9H_2O$。

所需仪器：如图 3-22 所示。

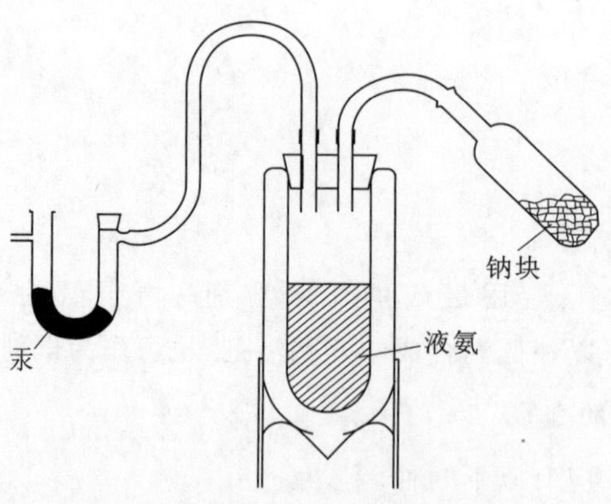

图 3-22　制备 $NaNH_2$ 的装置

钠在液氨中形成真溶液，在催化剂(如 Fe^{3+})存在下反应可以进行得比较完全。得到的产品氨基钠应隔绝空气保存，避免与氧气接触，在表面形成一种易爆的氧化物。

某些碱金属的化合物也能与液氨进行反应：

$$MH + NH_3(l) = MNH_2 + H_2(g)$$

2)碱土金属与液氨的反应

镁不溶于液氨也不与液氨反应，但是当有少量的铵离子存在时，镁能同液氨反应并形成氨基镁，其反应为

$$Mg+2NH_4^+ = Mg^{2+}+2NH_3+H_2$$
$$Mg^{2+}+4NH_3 = Mg(NH_2)_2+2NH_4^+$$

总反应为

$$Mg+2NH_3 \xrightarrow{NH_4^+} Mg(NH_2)_2+H_2$$

其他碱土金属也像碱金属一样，能溶解在液氨中，形成的溶液能缓慢地分解并形成金属氨化物。碱土金属的盐也能与液氨反应形成相应的氨化物。

2. 化合物在液氨中的反应

很多化合物在液氨中都可以氨解得到相应的化合物，例如：

$$BCl_3+6NH_3 = B(NH_2)_3+3NH_4Cl$$

$B(NH_2)_3$ 加热至 0℃以上，会分解得到亚胺化合物：

$$2B(NH_2)_3 = B_2(NH)_3+3NH_3$$

三碘化硼在－33℃的液氨中，可直接生成亚胺化合物：

$$2BI_3+9NH_3 = B_2(NH)_3+6NH_4I$$

As_4S_6 在－33℃的液氨中，可发生反应并得到亮黄色的铵盐，将这种亮黄色的铵盐加热到 0℃时，又可以得到深橘红色砷的亚胺化合物。

$$3As_4S_6+7NH_3 \xrightarrow{-33℃} \underset{\text{亮黄色}}{(NH_4)_2[As_4S_5(NH_2)_4]} \xrightarrow{0℃} \underset{\text{深橘红色}}{As_4S_5(NH)}+5NH_3$$

此外，一些配合物在液氨中也可以发生取代反应，如：

$$[Co(H_2O)_6]^{2+}+6NH_3 = [Co(NH_3)_6]^{2+}+6H_2O$$
$$(\eta^5-C_5H_5)_2TiCl+4NH_3 \xrightarrow{-36℃} (\eta^5-C_5H_5)TiCl(NH_2)\cdot 3NH_3+C_5H_6$$
$$(\eta^5-C_5H_5)TiCl(NH_2)\cdot 3NH_3 \xrightarrow{20℃} (\eta^5-C_5H_5)TiCl(NH_2)+3NH_3$$

3. 非金属与液氨的反应

非金属单质如硫、硒、碘、磷等，在液氨中都有一定的溶解度，其中硫是最易溶于液氨的，硫完全溶解于液氨后得到绿色的溶液，将其冷却到－84.6℃时，溶液颜色变成红色，将该溶液蒸发可得到 S_4N_4，其反应机理目前尚不清楚，有待进一步研究。

在－78℃时臭氧同液氨反应可以得到硝酸铵，其反应为

$$2NH_3+4O_3 = NH_4NO_3+H_2O+4O_2$$
$$2NH_3+3O_3 = NH_4NO_2+H_2O+3O_2$$

硝酸铵的产率高达 98%，亚硝酸铵的产率仅为 2%。

(二)稀有气体化合物的低温合成

氙的化合物在 1962 年首次合成后，稀有气体化合物不断涌现。它们的合成一般是在低

温下完成的。

1. 低温下的放电合成

在 1963 年，Kirschenbaum 等用放电法成功制备了 XeF_4。

XeF_4 与过量的 O_2F_2 在低温下反应时，可被氧化生成 XeF_6：

$$XeF_4 + O_2F_2 \xrightarrow{140\sim195K} XeF_6 + O_2$$

利用低温放电法合成氙的化合物的另一个例子是二氯化氙（$XeCl_2$）的合成。在低温（-80℃）下，对氙、氟、$SiCl_4$（或 CCl_4）的混合物进行高频放电，得到的产物为白色晶体，经验证为 $XeCl_2$。

2. 低温水解合成

目前，氙的氧化物还不能由单质的氙和氧气直接化合而成，氙的氧化物和氟氧合物都只能由氟化氙转化而获得。如 XeO_3、$XeOF_4$、XeO_2F_2 是由 XeF_6 转化而来的，XeO_4 和 XeO_3F_2 则是由 XeF_4 或 XeF_6 水解生成高氙酸再转化而成的。

初期制成 XeF_4 时，发现它的水解过程很复杂。经过仔细研究后，证明水解的最终产物不是 Xe(Ⅳ)化合物，而是 Xe(Ⅵ)化合物。这是因为 XeF_4 水解时发生了歧化反应，一部分 Xe(Ⅳ)被氧化成 Xe(Ⅵ)，另一部分被还原为单质氙。

$$3XeF_4 + 6H_2O \xlongequal{} XeO_3 + 2Xe + \frac{3}{2}O_2 + 12HF$$

水解后的最终产物经 X 射线衍射分析，确证是 XeO_3。

XeF_6 的水解机理简单，没有歧化反应产生：

$$XeF_6 + 3H_2O \xlongequal{} XeO_3 + 6HF$$

此外 $XeOF_4$ 水解也可生成 XeO_3：

$$XeOF_4 + 2H_2O \xlongequal{} XeO_3 + 4HF$$

从 XeF_4 和 XeF_6 的水解结果可以看出，XeF_6 水解时 Xe(Ⅵ)全部变成 XeO_3，转化率为 1；XeF_4 由于发生了歧化反应，Xe(Ⅳ)只有 1/3 转化为 XeO_3，故制备 XeO_3 以 XeF_6 水解为宜，产率更高。

3. 低温光化学合成

1966 年，Streng 将氪和氟（或 F_2O）按 1∶1 装入一个硬质玻璃容器中，在常温常压条件下，用日光照射 5 个星期后，制得了 KrF_2，但此实验不能被重复。1975 年 Slivnik 降低其反应温度至 -196℃，在 100mL 的硬质玻璃反应器内，用紫外线照射氪、氟混合液体 48h，成功获得 4.7g 的 KrF_2。可见温度对该反应的影响很显著，温度稍高则难以合成 KrF_2。

第三节　高压合成

一、高压的产生

在理想体系中，压力定义为施加的力除以其受力面积。压力除了在空间有分布之外，还存在着时间分布。时间分布是指压力变化时，整个体系要从一个热力学平衡态到另一个热力学平衡态，而达到平衡态要经过一定时间，这个时间就是弛豫时间 τ。这个弛豫过程在压力测量时，表现为卸压时的压力滞后效应。

压强（单位面积所受压力）的单位在国际单位制中为帕斯卡（Pa，$1Pa=1N \cdot m^{-2}$）、兆帕（MPa）、吉帕（GPa）、巴（bar）等（$1bar=10^5Pa$，1kbar＝100MPa，1GPa＝10kbar）。

根据压力作用时间，可以将高压分为“动态”高压和“静态”高压两类，在合成中主要使用静态高压。静态高压是指利用外界机械加载方式，通过缓慢施加负荷挤压被研究的物体或试样，当其体积缩小时在物体或试样内部产生的高压，通常不会伴随着物体的升温。

实现静态高压的常见的装置有凹模、年轮式两面顶、四面顶、六面顶、八面顶等高压反应器（图 3-23、图 3-24），其中年轮式两面顶高压装置最适合高压固态合成。传统的高压固态化学合成压力范围为 5～10GPa。现在利用大腔体、多面顶高压装置可以在最高 35GPa 压力及 2000～2300℃温度下进行常规的合成研究。凹模的高压腔压力稳定性和重复性均差，但其结构简单，操作方便，效率高，硬质合金消耗低，适合用于生产低档金刚石和金刚石微粉。通常，以产物合成为研究目的的高压装置都采用具有大腔体［容积为 $10^{-1}cm^3$，甚至数百立方厘米（cm^3）］的高压装置（如两面顶和六面顶液压机等）。

（a）凹模

（b）六面顶液压机

图 3-23　凹模和六面顶液压机

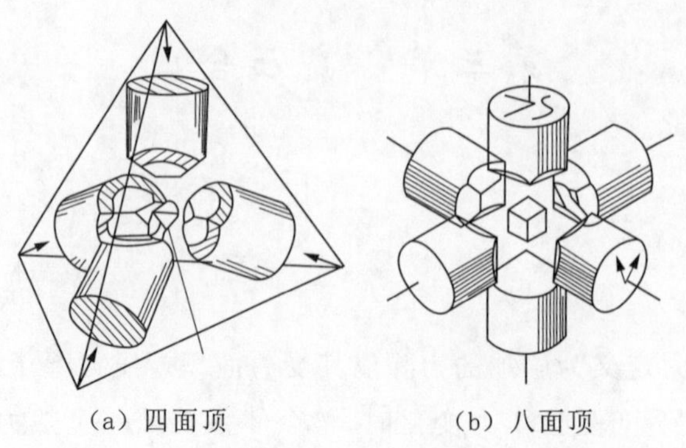

图 3-24　四面顶和八面顶高压装置示意图

另外，静态高压也可利用天然金刚石作顶锤（压砧）制成的微型金刚石对顶砧高压装置（简称 DAC）获得，如图 3-25 所示。利用微型金刚石对顶砧高压装置，配合激光直接加热方法，压力可达 100GPa 以上，温度可达$(2\sim5)\times10^3$ K 以上，合成温度和压力范围很宽。加上 DAC 可同时与同步辐射光源、X 射线衍射、Raman 散射等测试设备联用，开展高压条件下的物质相变、高压合成的原位测试，对新物质合成的研究和探索有重要的作用，值得重视。但是若以合成材料作为研究目的，微型金刚石对顶砧的腔体太小（约 10^{-3} mm^3），难以取出产物来进行材料的各种表征及作其他性能的测试。

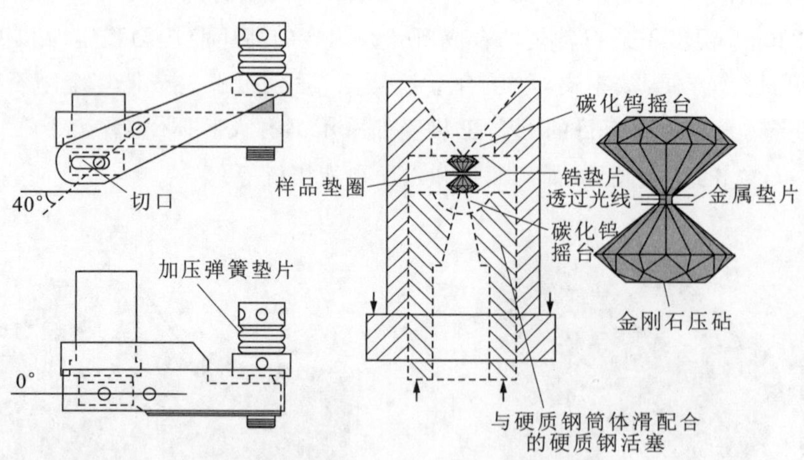

图 3-25　金刚石对顶砧高压产生装置

利用爆炸等方法产生的冲击波，在物质中引起瞬间的高压高温来合成新材料的动态高压合成法，也称为冲击波合成法或爆炸合成法。因受条件的限制，有关动态高压材料合成的研究工作开展得还不多，这里不详加叙述。

二、高压的测量

在高压研究的文献中，一般都习惯把压强称为压力，它不等于外加的负载。压力的测量方法有很多种，可分为直接测量法、热力学绝对压力测量法、相变固定点法、状态方程法、红宝石法等。其中，常用的是相变固定点法。

利用物质的相变压力作为定标点，把定标点和与之对应的外加负荷联系起来，给出压力定标曲线，进行压力测量的方法称为相变固定点法。通用的是利用纯金属 Bi(Ⅰ→Ⅱ)(2.5GPa)、Tl(Ⅰ→Ⅱ)(3.67GPa)、Cs(Ⅱ→Ⅲ)(4.2GPa)、Ba(Ⅰ→Ⅱ)(5.3GPa)、Bi(Ⅲ→Ⅳ)(7.4GPa)等相变时电阻发生跃变的压力值作为定标点。有时也使用一维有机金属络合物 $Pt(DMG)_2$(6.9GPa)和聚苯胺有机高分子 $Pan-H^+$(3.5GPa)材料的电阻-压力极小值作为定标点，效果也不错。

而对于微型金刚石对顶砧高压装置，常应用红宝石的荧光 R 线随压力红移的效应进行定标测压，也有利用 NaCl 的晶格常数随压力变化规律来定标的。

三、高压合成实例

通常，需要利用高压手段进行合成的有以下几种情况：①在常压条件下不能生长出满意的晶体；②有特殊的晶型结构要求；③晶体生长需要有高的蒸气压；④生长或合成的物质在常压下或在熔点以下会发生分解；⑤在常压条件下不能发生的化学反应；⑥要求有某些高压条件下才能出现的价态以及其他的特殊电子态；⑦要求有某些高压条件下才能出现的特殊性能等。本书所指的高压合成为 1GPa 以上的合成。

高压合成技术在无机化合物合成和无机材料制备中发挥着巨大的作用，可用该技术制得许多非高压条件下不能得到的物质。这里仅介绍几个典型的例子。

(一)立方氮化硼和金刚石的合成

1957 年，Wentorf 将类似于石墨结构的六方氮化硼作起始材料，添加金属催化剂(镁等)，在 6.2GPa 和 1650K 的高压高温条件下，合成出与金刚石有相同结构的新相物质——立方氮化硼(图 3-26)。如不用催化剂，则需 11.5GPa、2000K 的条件。

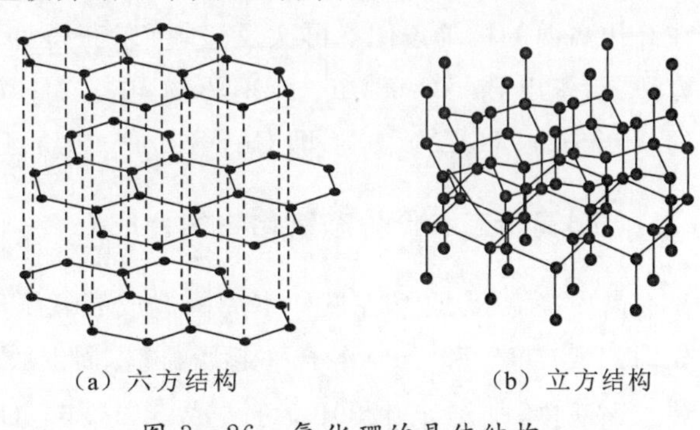

(a) 六方结构　(b) 立方结构

图 3-26　氮化硼的晶体结构

该合成方法在金刚石的合成中也得到了应用，在约 12.5GPa、3000K 的条件下，使石墨直接转变成具有立方结构的金刚石，如图 3-27 所示。如果添加金属催化剂，则在 5～6GPa 和 1300～2000K 条件下，即可以实现由石墨到金刚石的转变。

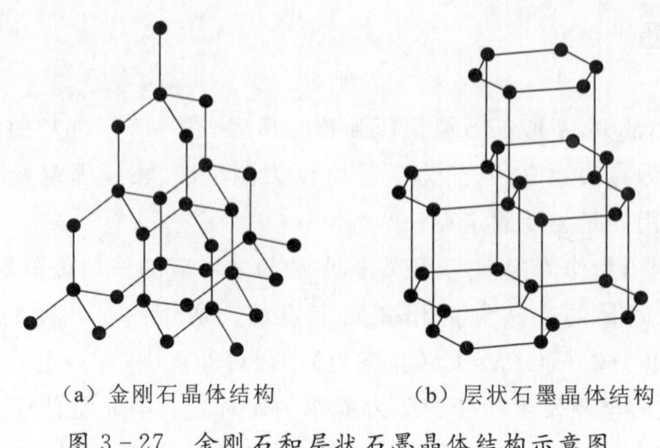

图 3-27 金刚石和层状石墨晶体结构示意图

(二)高超导转化温度(T_{conset})氧化物的合成

所需的起始材料难以在常规条件下合成时,可以先采用高压方法制备出所需要的起始原料,然后按设计方案进行二次高压合成。214 型互生层状结构的含铜氧化物变成超导体的关键在于通过 A 位元素的置换来调整 Cu—O 键长和氧配位。然而在无限层结构中可调范围有限,如 $Ca_{0.86}Sr_{0.14}CuO_2$ 的晶格参数仅为 0.386 1nm,不允许加入电子(n-型)。如能增加母体 $SrCuO_2$ 的晶格参数(从而增加 Cu-O 键长),则有希望获得超导体。利用高压高温技术,先合成晶格参数大得多的 $SrCuO_2$(a=0.392 5nm)作母体,然后掺 Nd 或 Pr,进行硝化处理,分解后获得不具有无限层结构的多相混合物,以此作起始材料,在高压(2.5GPa)高温(1300K)下反应 0.5h,可得近单相的 $Sr_{0.86}Nd_{0.14}CuO_2$ 和 $Sr_{0.85}Pr_{0.15}CuO_2$ n 型超导样品,其 T_{conset} 分别为 40K 和 39K。

用各种方法制备出所需的前驱物,利用它的介稳性或与所设计的产物的相似性等特点,在高压高温的极端条件下再次反应,可以获得许多有意义的新化合物。利用常规固态反应方法,制备出 Ba-Ca-Cu-O 前驱物,在 5.0GPa、1250K 下作用 1h,可合成出 T_{conset}=117K 的 $CuBa_2Ca_{n-1}Cu_nO_{2n+2+\delta}$ 即 Cu-12(n-1) n:P(n=3,4)的新超导体。

(三)高价态和低价态氧化物的合成

高压高温合成中,在试样室周围造成高氧压环境,则可使产物变成高价态的化合物。例如,将 La_2CuO_4 和 CuO 混合作起始材料,周围放置氧化剂 CrO_3,中间用氧化锆片隔开,整体装入铜锅中,加温至 1200K,可造成 5.0~6.0GPa 的高氧压,制备出具有高价态 Cu^{3+} 的 $LaCuO_3$ 化合物。利用高氧压高温(2.0GPa、1300K)同样可制备得到铁、锰、钴、镍的高价态化合物。高压可使物质(包括惰性气体、绝缘体化合物、半导体化合物等)趋于金属化,导致物质中的元素处于高度氧化态中。

然而,事物是复杂的。如果采用的高压组装试样被六方氮化硼所包围,在高压密封的情况下，可使试样处于还原环境中，从而可合成出低价态化合物（合成过程中无需添加还原剂）。例如，C－Eu_2O_3＋F－Tb_4O_7 组成的体系中，Tb 含有 Tb^{4+} 和 Tb^{3+}，在 2.6GPa 和 1590K 的条件下，C－Eu_2O_3 转变成 B－Eu_2O_3，而 F－Tb_4O_7 逐渐转变成 B－Tb_2O_3，中间 B－Eu_2O_3＋B－Tb_2O_3 逐渐固溶合成 B－$EuTbO_3$，反应中 Tb^{4+} 被还原成 Tb^{3+}，导致新物质的形成。对于 F－CeO_2＋F－Tb_4O_7 体系，在高压（1.0～4.0GPa）高温（900～1300K）作用下，可合成出仍为萤石结构的 F－$CeTbO_3$ 新相物质。经验证，在高压高温的还原作用下，使 Tb^{4+} 转变成 Tb^{3+}，由此产生的氧缺位，促使本来比较稳定的 Ce^{4+} 部分转变成 Ce^{3+}，从而形成由具有混合价态的 $Ce^{4,3+}$ 和 Tb^{3+} 构成的 F－$CeTbO_{3+\delta}$。

五、高压在合成中的作用及应用前景

在无机化合物的高压高温研究中，需要特别重视那些常规条件下难合成的化合物，尤其是对揭示物理和化学反应机制有重要作用的化合物以及有重要应用前景的新材料。

（一）高压在合成中的作用

通过有关复合稀土氧化物及其他化合物的高压合成研究发现，与常压高温合成比较，高压可提高反应速率和产物的生成率，降低合成温度，大大缩短合成时间、使容许因子偏小，使常压高温方法难以合成的化合物得以顺利合成，如合成 $PrTmO_3$ 等。高压能够增加物质密度、对称性、配位数，缩短键长，易获得单相物质，提高结晶度。高压高温也可以起到还原作用，形式有 3 种：①使高氧化态还原为低氧化态；②增加氧缺位；③使金属氧化物中析出金属（高压还原作用在合成中的作用机制）。

（二）高压在合成中的应用前景

NdSrCuO n 型超导体（$T_{conset}\approx 40$ K）高氧压下的成功合成可为制备其他 n 型超导体提供借鉴。利用高氧压方法，如能继续提高 T_{conset}，使之可与其他的高 T_{conset} p 型超导体匹配形成器件，将有巨大的应用前景。

B_7O 的高压合成产物具有超硬性，可以像金刚石玻璃刀一样切割玻璃。因为它是氧化物，也有较高的耐热性。如能继续研究，有望成为继金刚石和立方氮化硼之后的新一类耐高温的硼氧化合物超硬材料。

利用高压制备块状 ε－Fe_xN/BN 纳米复合磁性材料以及块状的非晶 BC_2N 超硬材料，也是值得开发研究的有应用前景的课题。

1982 年，Machida 等发现了 $SrB_2O_4:Eu^{2+}$ 在 2.0GPa、1000K 附近有一个由常压高温合成的正交相转变成高压高温立方相的相变点，后者的发光量子效率可较前者提高 80～100 倍。

第四节　分离与提纯

一、升华

可以利用物质有无升华点及升华点不同的性质对物质进行分离与提纯。升华通常分为常压升华、常温升华、真空升华以及低温升华。

常压升华是在正常压强下固体的升华过程，其装置如图 3－28 所示，其中图 3－28(a)是将待升华的物质置于蒸发皿上，上面覆盖一张滤纸，滤纸上刺些许小孔。滤纸上倒置一个大小合适的玻璃漏斗，漏斗颈部塞一些松散的玻璃毛或棉花，以减少蒸气外逸。样品开始升华，上升蒸气凝结在滤纸背面，或穿过滤纸孔，凝结在滤纸上面或漏斗壁上。升华结束后，收集凝结在滤纸正反两面和漏斗壁上的晶体。

在空气或惰性气体(常用氮气)流中进行升华的最简单的装置如图 3－28(b)所示。在三角烧瓶上装一打有两个孔的塞子，一孔插入玻管，以导入气体，另一孔装一接液管。接液管大的一端伸入圆底烧瓶颈中，烧瓶口塞一点玻璃毛或棉花。开始升华时即通入气体，把物质蒸气带走，凝结在用冷水冷却的烧瓶内壁上。

量较多的物质的升华过程可以在烧杯中进行，如图 3－28(c)所示。烧杯上放置一通冷却水的烧瓶，烧杯下用热源加热，样品升华后蒸气在烧瓶底部凝结成晶体。

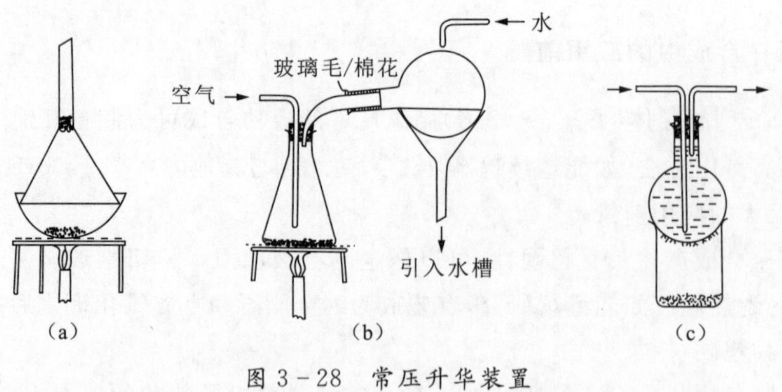

图 3－28　常压升华装置

常温升华即在正常温度下固体的升华过程。

真空升华又称减压升华，由于升华与固体蒸气压和外压的相对大小有关，降低外压可以降低升华温度，在常压下不能升华或升华很慢的物质可以采用真空升华。真空升华还可防止被升华的物质因温度过高而分解或在升华时被氧化。金属镁和钐、三氯化钛、苯甲酸、糖精等都可用此法提纯。

图 3-29 是常用的减压升华装置，可用水泵或油泵减压。在减压下，被升华的物质经加热升华后凝结在冷凝指外壁上。升华结束后应慢慢使体系接通大气，以免空气突然冲入而把冷凝指上的晶体吹落；在取出冷凝指时也要小心轻拿。

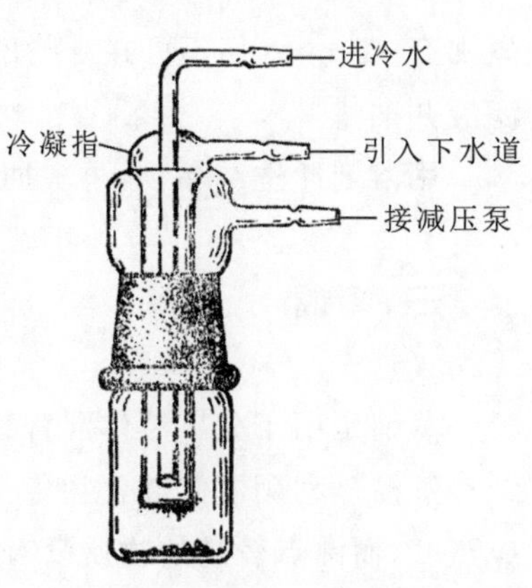

图 3-29　减压升华装置

低温升华即将温度和压力维持在待升华物质的三相点以下，使它在很低的压力（几毫米汞柱）下升华，经冷凝后在冷阱中捕集从而与杂质分离。此法操作简单，产品纯度很高，例如很难用一般方法提纯成高纯试剂的过氧化氢，用此法提纯，一次即可将钴、铬、铜、铁、锰、镍等杂质的含量从 1000ng/mL 降至 0.4～2ng/mL。

二、重结晶

利用被提纯物质及杂质在溶剂中的溶解度不同，可以使被提纯物质从过饱和溶液中析出，而让杂质全部或大部分仍留在溶液中，或者相反，从而达到分离、提纯的目的。

常用的重结晶溶剂见表 3-15。

表 3-15　常用的重结晶溶剂

溶剂	沸点/°C	冰点/°C	密度/(g·mL^{-1})	与水的混溶性①	易燃性②
水	100	0	1.0	+	O
甲醇	64.96	<0	0.791 4	+	+
95%乙醇	78.1	<0	0.804	+	++
冰乙酸	117.9	16.7	1.05	+	+
丙酮	56.2	<0	0.79	+	+++
乙醚	34.5	<0	0.71	−	++++
石油醚	30～60	<0	0.64	−	++++
氯仿	61.7	<0	1.48	−	O
乙酸乙酯	77.06	<0	0.90	−	++
苯	80.1	5	0.88	−	++++
四氯化碳	76.54	<0	1.59	−	O

注：①此栏中＋表示混溶，－表示不混溶；②此栏中 O 表示不燃，＋号的个数表示易燃程度。

制饱和溶液时，溶剂可分批加入，边加热边搅拌，至固体完全溶解后，再多加 20%（质量）左右（这样可避免热过滤时，晶体在漏斗上或漏斗颈中析出，造成损失）。切不可再多加溶剂，否则冷后析不出晶体。如需脱色，待溶液稍冷后，加入活性炭（用量为固体的 1%～5%），煮沸 5～10min(切不可在沸腾的溶液中加入活性炭，那样会有暴沸的危险)，趁热过滤，冷却滤液并抽滤。

用溶剂冲洗结晶物，再次抽滤，除去附着的母液，再经干燥，即完成分离过程。

三、蒸馏

蒸馏是用于分离液体混合物的一种操作，有简单蒸馏(蒸馏)和精馏(分馏)两种。

蒸馏是利用液体混合物各个组分沸点的不同，通过加热使沸点低的物质先发生汽化变成蒸气，而沸点较高的物质没有汽化，从而实现分离。已经汽化后的蒸气经过冷凝使之转化为单一组分的液体。实验装置如图 3－30 所示。

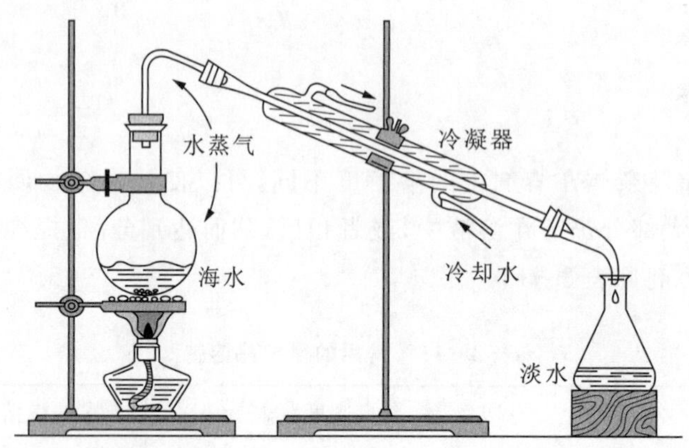

图 3－30　蒸馏实验室装置示意图

精馏是利用分馏柱将多次汽化－冷凝过程在一次操作中完成的方法。因此，分馏实际上是多次蒸馏。它更适合于分离提纯沸点相差不大的液体有机混合物。一般精馏装置由精馏塔、再沸器、冷凝器、回流罐等设备组成(图 3－31)。

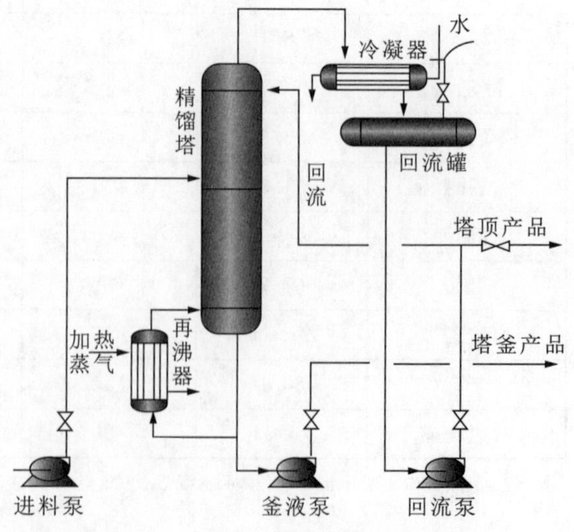

图 3－31　精馏实验室装置示意图

混合液沸腾后蒸气进入分馏柱中被部分冷凝，冷凝液在下降途中与继续上升的蒸气接触，二者进行热交换，蒸气中高沸点组分被冷凝，低沸点组分仍呈蒸气上升，而冷凝液中低沸点组分受热汽化，高沸点组分仍呈液态下降。结果是上升的蒸气中低沸点组分含量增多，下降的冷凝液中高沸点组分含量增多。如此经过多次热交换，就相当于连续多次的普通蒸馏。以致低沸点组分的蒸气不断上升，从而被蒸馏出来；高沸点组分则不断流回蒸馏瓶中，从而将它们分离。

四、低温分离

低温分离的主要方法有以下 5 种：分级冷凝、吸附分离、化学分离、分级减压蒸发、分馏，下面对其中的 3 种进行简要介绍。

(一)分级冷凝

分级冷凝是指让气体混合物通过不同低温的冷阱，依据不同气体的沸点差异，就可以将气体分别冷凝在不同温度的冷阱中，从而达到分离的目的。

通常判断冷凝效果好坏的标准是，当有一种气体蒸气压小于 1.3Pa 时，就能够定量地捕集在冷阱中，即冷凝彻底了；而蒸气压大于 133.3Pa 的气体将会穿过冷阱，不能冷凝。由于一些重要的化合物 1.3Pa 压强左右的温度一蒸气压数据是未知的，这给冷阱的选择带来了困难。但是对于要分离的两种混合物来说，可以依据其沸点或是在 0.1MPa 下的升华点来选择合适的冷阱进行分离。图 3-32 中是分离挥发性多元混合物时建议的冷阱温度。

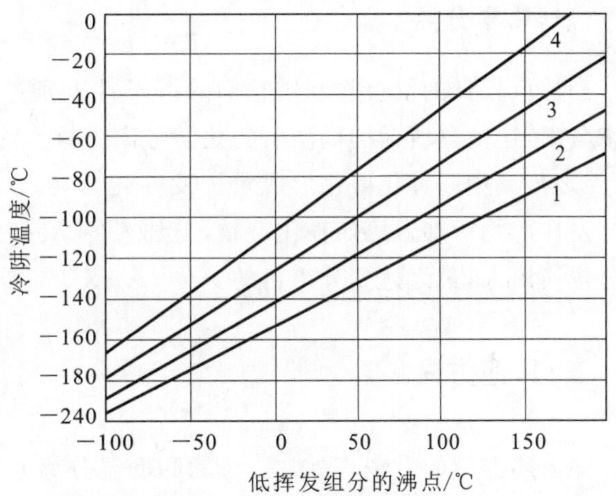

1.当 Δbp > 120℃时能很好地冷却捕集；2.当 Δbp > 90℃时能较好地冷却捕集；3.当 Δbp > 60℃时基本可冷却捕集；4.当 Δbp > 40℃时冷却，捕集效果较差。

图 3-32 分离挥发性多元混合物时建议的冷阱温度

在冷凝过程中，需要注意的是混合气体通过冷阱时速度不能太快，否则低温挥发性组分不能彻底冷凝，会被高挥发性组分蒸气带走；又由于系统中的压力相当高，高挥发性组分也可能部分地被冷凝到低挥发性组分的冷阱中。气体通过的速度也不能太慢，太慢则会使低挥发性组分的冷凝物蒸发。通常当混合气体速度为 1mmol/min 时分离效果最好。另外当混合物各组分沸点差小于 40℃时，分离效果不理想。

(二)吸附分离

吸附分离是指利用具有较强吸附能力的多孔性固体吸附剂，选择性地将一种或一类物质吸附在固体表面，从而实现流体混合物中不同组分的分离。通常物理吸附过程是放热的，所以吸附量会随温度的升高而降低。如图 3-33 所示，O_2 在 4A 型沸石上的吸附量随温度降低而增加，在 0℃时对 O_2 只有微量的吸附，而在－196℃时吸附量可达 130mL/g。但当气体吸附质分子（N_2、Ar、CO 等）的大小与吸附剂的孔径大小接近时，温度对吸附量产生的影响会导致特殊的结果出现。在－80～0℃吸附量随温度降低而增加，在－196～－80℃，吸附量却随温度降低而减少。在－80℃时出现了一个极大值，原因是 N_2、Ar、CO 等气体的分子大小与 4A 型沸石孔径接近，在低于－80℃时，它们的活化能很低，而且沸石孔径发生收缩，使气体分子在孔径中扩散困难。所以在温度降低时吸附量反而下降。因此我们可以选择一个较低温度使 O_2 与其他气体分离。

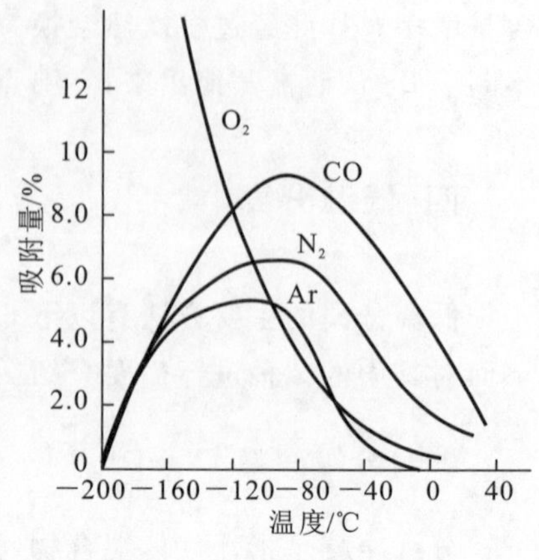

图 3－33　4A 型沸石上的吸附等压线

（三）化学分离

当沸点较低的混合物利用它们的挥发性差别进行分离不太容易时，可以通过化学反应法来分离，这就是所谓的低温下的化学分离。该方法的要点是，通过加入过量的第三种化合物，使之与其中一种化合物形成难挥发性化合物，这样就可以先把易挥发性组分除去，再向难挥发性产物中加入第四种化合物，与加入的第三种化合物形成难挥发性化合物，将原来的组分置换出来，最终达到分离目的。

五、其他方法

除上述介绍的升华、重结晶、蒸馏和低温分离方法外，还有许多其他分离和纯化的方法。

区域熔融法，即区熔法，是根据液－固平衡原理，利用熔融－固化过程以去除杂质的方法，如图 3－34 所示。区域熔融法也可把需要的杂质重新均匀分配于一个物质中，以控制该物质的成分。区域熔融在纯化金属上是最有用的方法，应用此方法一般可使某种金属的纯度达到 99.999％。

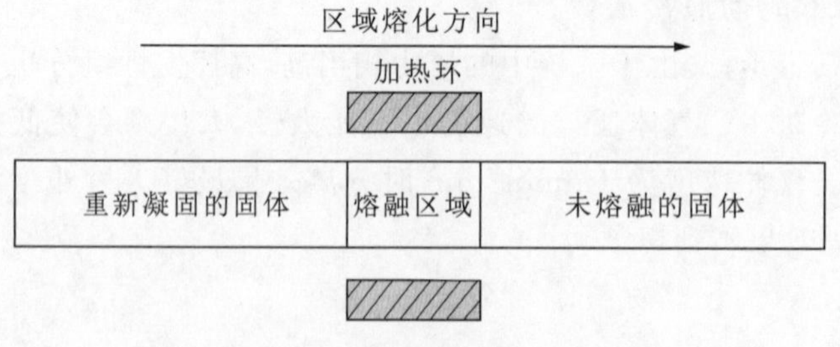

图 3－34　区域熔融法原理示意图

区域熔融法是将样品做成薄杆状，水平或垂直地悬浮封闭在一个管内，用一个能够加热的窄环套着它。环的温度保持在比这个固体的熔点高几摄氏度。窄环以极慢速度（1～3m/h）沿着杆状物移动。在样品中，实际上等于一个窄的熔融区沿着杆状物前进。区域的前面形成液体，而固体则在后面沉淀出来。较易熔于液相而难熔于固相的组分，跟随这个熔融区向前端移动。较难熔于液相的，就留在后面。操作终了时，把杆状物后端凝固的杂质，简单地切去即可。经过多次重复操作，可以使金属达到高度纯化。环套的移动操作可以循环多次，也可以同时使用几个环套，这个过程叫作区域精制。熔融区沿着杆状物前后移动，则可缩小不同部位成分的区别，使样品恢复均匀，这个过程叫作区域调平。

应用区域熔融法精制金属、半导体、化合物，以及感光药品，如卤化银等，可以得到高度纯化的产品。使用此法可使半导体物质中的有害物含量降低到 1×10^{-10}。区域熔融法所使用的设备比较简单，广泛地应用在半导体工业中，并随着半导体工业的发展而逐渐成熟。区域熔融的另外一个重要的应用就是制备超纯金属，如铜、锌、碲等。

超临界流体是处于临界温度和临界压力以上的高密度流体。它既不是气体，也不是液体，其性质介于气体和液体之间，特点是具有优异的溶剂性质。流体处于超临界状态时，其密度接近于液体密度，并且随流体压力和温度的改变发生十分明显的变化，而溶质在超临界流体中的溶解度随超临界流体密度的增大而增大。超临界萃取是在高于临界温度和临界压力的条件下，用超临界流体溶解出所需的化学成分，然后降低流体溶液的压力或升高流体溶液的温度，使溶解于超临界流体中的溶质因其密度下降，溶解度降低而析出，从而实现特定溶质的萃取。

超临界萃取可用于提取天然产物中有效成分、产品提取分离及食品原料处理等，如图 3-35 所示。可作为超临界萃取中萃取剂的物质很多，如二氧化碳(CO_2)、氧化亚氮、六氟化硫、乙烷、甲醇、氨和水等。用超临界萃取方法提取天然产物时，一般用 CO_2 作萃取剂。因为 CO_2 的临界温度(31℃)接近室温，对易挥发或具有生理活性的物质破坏较小。同时，CO_2 安全无毒，萃取分离可一次完成，无残留，适用于食品和药物的提取。CO_2 液化压力低，临界压力(7.31MPa)适中，容易达到超临界状态。

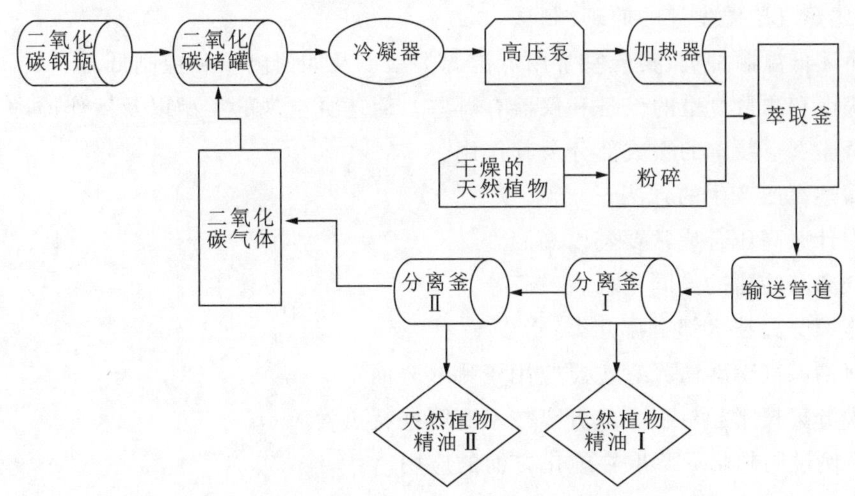

图 3-35　超临界萃取的一般工艺流程图

膜分离是利用流体中各组分对膜渗透率的差别实现组分分离的单元操作。膜可以是固态膜也可以是液态膜,处理的流体可以是液体也可以是气体,分离过程的推动力可以是压力差、浓度差和电位差等。按分离性质的不同,膜分离技术可分为微滤、超滤、反渗透、渗析和电渗析等几类。

膜分离是在20世纪初出现,20世纪60年代后迅速崛起的一门分离新技术。膜分离技术由于兼有分离、浓缩、纯化和精制的功能,又有高效、节能、环保、分子级过滤及过滤过程简单、易于控制等特征,目前已广泛应用于食品、医药、生物、环保、化工、冶金、能源、水处理、电子、仿生等领域,产生了巨大的经济效益和社会效益,已成为当今分离科学中最重要的手段之一。

习题

1. 实验室有哪些常用的高温设备和测温仪表?
2. 电阻炉的发热体有哪些?氧化物发热体的接触体由什么物质组成?
3. 试述热电偶高温计的优点、使用注意事项和限制以及光学高温计的优势和原理。
4. 用氢气还原氧化物的特点是什么?在氢还原法制钨的第三阶段中,温度高于1200℃时反应会发生什么变化?
5. 金属还原法中如何选择还原剂?还原金属如何提纯?反应生成物如何处理?
6. 简述化学转移反应的原理。
7. 从热力学角度简述制冷原理。
8. 简述液氧、液氮、液氩、液氢、液氨的储存容器的区别,并说明如何转移前述几种物质。
9. 简述蒸气压温度计的原理、制法。
10. 简述低温源种类、实验室常用低温源类型以及如何测量和控制低温。
11. 获得和测量真空的设备和仪器有哪些?简述真空规的类型以及工作原理。
12. 简述真空装置的组成部分及其作用。
13. 简述高压产生的方法。
14. 为什么高压合成常要辅以高温?
15. 分离和纯化的异同是什么?
16. 蒸馏分离技术都有哪几类?
17. 何谓区域熔融法?它主要应用于哪些方面?
18. 膜分离技术相对于一般分离技术有哪些特点?
19. 举例说明超临界萃取在纯化方面的应用。

第四章　典型无机合成方法

无机合成是无机材料制备及无机合成化学等学科领域发展的基础。随着现代科学与高新技术的快速发展，人们对无机材料不断提出新的要求，有些材料往往需要特定的反应装置和合成技术才能得到，不同合成技术得到的材料结构性能可能截然不同。本章将介绍几种典型的无机合成方法。

第一节　水热/溶剂热法

一、概述

水热/溶剂热法是指在一定温度（100～1000℃）和压强（1～100MPa）条件下利用溶液中物质发生化学反应所进行的合成。水热法往往只适用于氧化物功能材料或少数一些对水不敏感的硫属化合物的制备与处理，并不适用于涉及到一些对水敏感的化合物的制备与处理，这就促进了溶剂热法的产生和发展。

水热/溶剂热法有如下特点：①容易生成中间态、介稳态以及特殊相，因此可以合成一系列特种介稳结构和凝聚态结构新产物；②由于环境气氛易于调节，因而有利于低价态、中间价态与特殊价态的新化合物合成，并能均匀地进行掺杂；③可以在低温条件下晶化生成低熔点、高蒸气压的高温分解相；④可使反应物活性大大提高，替代固相反应及一般条件下难以进行的合成反应，并产生一系列新的合成方法；⑤调整温度、压力、溶液浓度等条件，可以生长出缺陷少、取向好的较完美的晶体，且合成产物结晶度高、粒度均匀。

二、装置和流程

高压反应釜是进行水热和溶剂热反应的基本设备，一般用特种不锈钢制成，釜内衬为化学惰性材料，如 Pt、Au 等贵金属或聚四氟乙烯等耐酸碱材料，类型可以根据实验需要加以选择或特殊设计。常见的有自紧式、外紧式、内压式反应釜等，加热方式可采用釜外或釜内加热。如果温度、压力不太高，为方便观察实验过程，可部分或全部采用玻璃或石英设备。根据不同实验的要求，也可以设计外加压方式的外压釜或能在反应过程中提取中间体研究反应过程的流动反应釜等。

国内实验室常用的简易水热反应釜如图 4－1 所示。釜体和釜盖用不锈钢制造。因反应釜体积较小，可在釜盖上设计丝扣直接与釜体相连，以达到较好的密封性能，其内衬材料通常是聚四氟乙烯，使用温度应低于聚四氟乙烯的软化温度(260℃)。釜内压力由介质加热产生，可通过介质填充度在一定范围内控制釜内压力，室温开釜。

图 4－1　简易水热反应釜

一个好的水热或溶剂热合成实验流程是在对反应机制的了解和化学经验积累的基础上建立的，实验程序决定于研究目的。一般的水热/溶剂热法实验流程如图 4－2 所示。

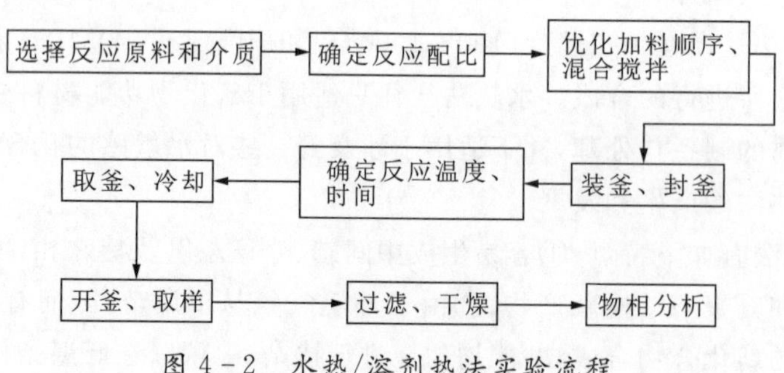

图 4－2　水热/溶剂热法实验流程

三、反应基本类型

(一)化合反应

在水热或溶剂热条件下，数种组分直接化合或经中间态发生化合反应，可合成各种多晶或单晶材料。例如：

$$Nd_2O_3 + H_3PO_4 \longrightarrow NdP_5O_{14}$$

(二)分解反应

在水热与溶剂热条件下化合物分解得到结晶的反应。例如：

$$ZrSiO_4 + NaOH \longrightarrow ZrO_2 + Na_2SiO_3$$

$$FeTiO_3 \longrightarrow FeO + TiO_2$$

(三)转晶反应

利用水热与溶剂热条件下物质热力学和动力学稳定性差异进行的反应。例如：长石→高岭石、橄榄石→蛇纹石。

(四)沉淀反应

水热与溶剂热条件下生成沉淀得到新化合物的反应。例如：

$$KF + CoCl_2K \longrightarrow CoF_3$$

$$KF + MnCl_2 \longrightarrow KMnF_3$$

(五)晶化反应

在水热与溶剂热条件下，使溶胶、凝胶等非晶态物质通过溶解和重结晶得到生长良好的单晶的反应。例如：

$$ZrO_2 \cdot H_2O \longrightarrow M-ZrO_2 + T-ZrO_2$$

注：M 为单斜晶型；T 为四方晶型。

(六)水解反应

在水热条件下，高温、高压使水的电离度增加，促使金属离子水解程度增加，导致大量初产物生成，形成过饱和溶液，随即发生均相成核过程，因此该方法可以制备单一分散度的超细粉末。

$$f[M(H_2O)_b]^{z+} \longrightarrow [M_f(H_2O)_{bf-g}(OH)_g]^{(fz-g)+} + gH^+$$

四、溶剂的性质及作用

(一)水

在高温高压水热体系中，水的性质将产生下列变化：①蒸气压变高；②密度变小；③表面张力变小；④黏度变低；⑤离子积变高。一般化学反应可区分为离子反应和自由基反应两大类。水是离子反应的主要介质，在密闭加压条件下将水加热到沸点以上时，离子反应的速率自然会增大。因此，在加压高温水热反应条件下，即使是在常温下不溶于水的矿物或其他有机物，也能发生离子反应或促进反应。水热反应加剧的主要原因是水的电离常数随水热反应温度的上升而增大。归纳起来，高温加压下水热反应主要具有以下 3 个特征：①使离子反应加速；②使水解反应加剧；③使反应物氧化还原电势发生明显变化。

高温高压水的作用可归纳如下：①参与化学反应；②促进反应和重排；③传递压力；④起低熔点物质作用；⑤提高物质溶解度。

(二)非水溶剂

非水溶剂种类繁多，性质差异大，为合成提供了更多的选择。溶剂不仅为反应提供一个场所，而且会使反应物溶解或部分溶解，生成溶剂合物，同时会影响化学反应速率、反应物活性、物种在液相中的浓度、解离程度以及聚合态分布等，从而改变反应过程。溶剂最主要的参数为溶剂极性，其定义为所有与溶剂-溶质相互作用有关的分子性质的总和，包括库仑力、范德华力、氢键和电荷迁移力等。

五、水热/溶剂热法的应用

(一)无机、有机材料的合成

在水热或溶剂热反应条件下，利用过渡金属有机配合物离子与无机过渡金属-氧化物反应，形成结构新颖的一维、二维、三维网络结构。这类材料中配位络离子通过共价键与无机层作用得到不同的孔道结构，而且具有很好的容纳“客体”分子的特性，极大地丰富了主-客体化学研究领域。例如，田熙科团队利用 $KMnO_4$ 和 HNO_3 水热合成的 $\alpha-MnO_2$ 单晶，不仅形貌较为均一(图 4-3)，还展现出优良的电化学性质。

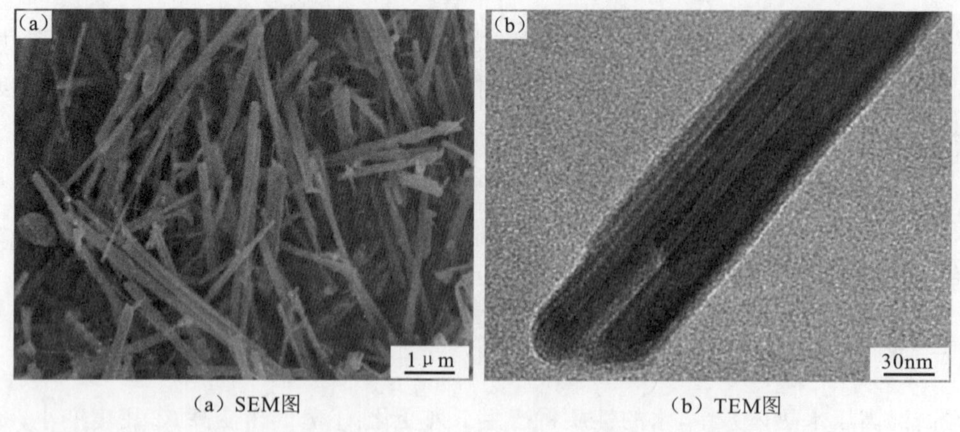

(a) SEM图　　(b) TEM图

图 4-3　$\alpha-MnO_2$ 单晶的 SEM 图和 TEM 图

水热法在铋类化合物微纳米材料的制备中也得到了很好的应用。例如，在不使用任何模板的情况下，采用一步法可以合成多级超结构的 BiOCl 实心微球和玫瑰花状的 BiOCl 空心微球，如图 4-4(a)和图 4-4(b)所示；利用表面活性剂 PVP 化学诱导水热法合成了具有高催化活性的 BiOCl 空心微球，如图 4-4(c)所示。通过形貌的改变成功将 BiOCl 带隙由 3.31eV 调节到 2.20eV，使其具有很好的光催化性能。

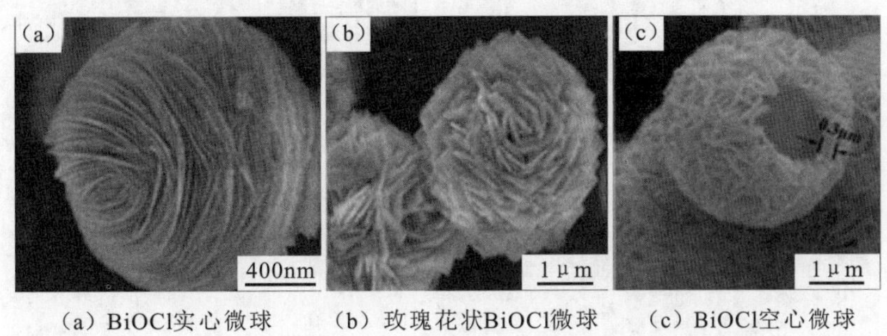

(a) BiOCl实心微球　(b) 玫瑰花状BiOCl微球　(c) BiOCl空心微球

图 4-4　不同形貌 BiOCl 多级微纳结构 SEM 图

(二)复合氧化物与复合氟化物的合成

很多具有光、电、磁功能的复合氧化物和氟化物也可以通过水热/溶剂热法合成。例如，在 220℃水热条件下合成具有发光性能的稀土氟化物材料 $KZnF_3$ ：Er，合成的氟化物中氧含量几乎为零。水热法具有以下优势：①反应操作简单，单一反应步骤就可以完成，不需研磨和焙烧步骤；②明显地降低反应温度和压力；③制备纯相陶瓷或氧化物材料；④可以很好地控制产物的配比及结构形态；⑤可以批量生产。

(三)特种结构化合物的合成

在水热与溶剂热的条件下易于生成中间态、介稳态以及特殊物相，因此可以合成与开发特种介稳结构、特种凝聚态和聚集态的产物，如超硬材料 GaN 和金刚石(800℃、150MPa)等。目前唯一人工合成的含五配位钛化合物 $Na_4Ti_2Si_8O_{22}\cdot 4H_2O$ 就是利用水热法得到的。

(四)微孔(介孔)材料的合成

微孔(介孔)材料的合成一般采用非平衡条件下的水热法，把胶态的硅铝酸盐或金属盐按一定配比放入高压反应釜中，在 100～300℃晶化，反应完全后，分离液、固相，即得需要的微孔(介孔)材料。沸石分子筛是一类典型的介稳微孔晶体材料，这类材料具有分子尺寸周期性排布的孔道结构，其孔道大小、形状、走向、维数及孔壁性质等多种因素决定了它们可能具有各种可能的功能。

介孔材料长程有序的结构、纳米级的孔道(2～50nm)、较大的比表面积与孔体积，使得它们在吸附、分离、催化、光、电、磁、传感器等领域都展现了很好的应用前景。为了满足实际生产中对介孔材料在孔径、形貌和结构上的要求，学者们采用不同的合成体系及合成方法来合成具有不同形貌、不同孔径大小和孔道结构的介孔材料。例如，田熙科团队采用 SBA-15 和 KIT-6 作为模板剂，水热合成介孔 MnO_2（图 4-5）和介孔 β-MnO_2（图 4-6）。

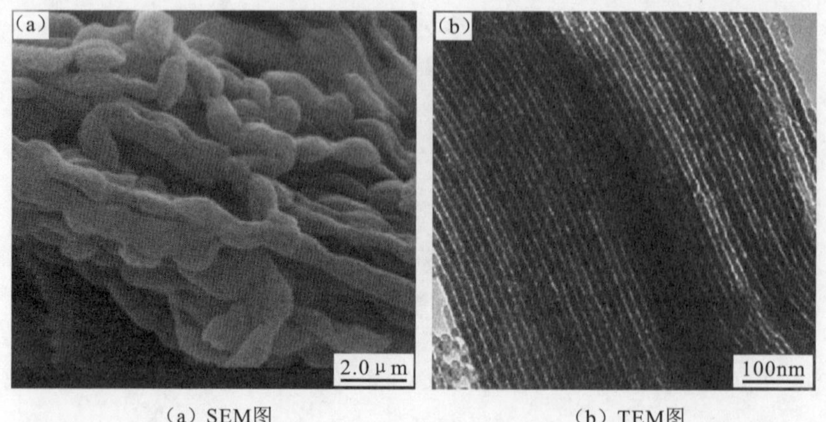

(a) SEM图　　(b) TEM图

图 4-5　介孔 MnO_2 的 SEM 图和 TEM 图

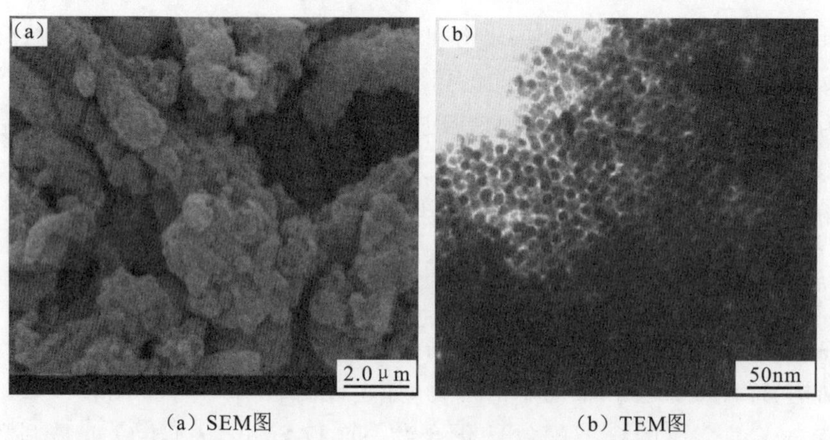

(a) SEM图　　(b) TEM图

图 4-6　介孔 β-MnO_2 的 SEM 图和 TEM 图

(五)低维化合物的合成

在醇体系中合成那些有应用价值的链状和层状的低维固体是一个研究方向，作为合成某些低维化合物的介质，如砷酸盐、锗酸盐、硒酸盐、磷酸盐、硫化物等，醇体系可能比水更合适，它们在醇中的溶解度较好，且由于它们在醇介质中氧化还原性质发生了变化，不会发生明显水解反应。人们使用有机胺作为模板剂，合成了几十种磷酸铝分子筛及包合物。非水溶剂的使用不仅扩大了水热技术的应用范围，而且由于溶剂处在近临界的状态下，能够实现通常条件下无法实现的许多反应，得以合成介稳态结构的材料。

第二节　溶胶—凝胶法

一、概述

溶胶—凝胶法就是用含高化学活性组分的化合物作前驱体，在液相中将这些原料均匀混合，并进行水解、缩合等化学反应，形成稳定的透明溶胶体系，经陈化，胶粒间缓慢聚合形成三维空间网络结构的凝胶，凝胶经过干燥、烧结固化制备出所需材料。溶胶—凝胶法起源于 19 世纪中期，发展于 20 世纪 30 年代，窗玻璃、遮阳镜、SiO_2 玻璃小片等产品不断被制备出来，使溶胶—凝胶技术得到了广泛认可和迅速发展。

溶胶是具有液体特征的胶体体系，分散的粒子是固体或者大分子，大小在 1～100nm 之间；凝胶是具有固体特征的胶体体系，被分散的物质形成连续的网状骨架，骨架空隙中充有液体或气体，凝胶中分散相的含量很低，一般在 1%～3%之间。

二、特点

(一)化学均匀性好

由于溶胶—凝胶法中所用的原料首先要被分散到溶剂中形成低黏度的溶液，在形成凝胶时，反应物之间很可能是在分子水平上均匀地混合；同时，经过溶液反应步骤，很容易均匀定量地掺入一些微量元素，实现分子水平上的均匀掺杂。

(二)反应易在低温下发生

溶胶—凝胶体系中组分的扩散在纳米范围内，与在微米范围内扩散的固相反应相比，反应更容易进行，且仅需要较低的反应温度。

(三)适用范围广

溶胶—凝胶法在制备玻璃、陶瓷、薄膜、纤维、复合材料等方面获得了重要应用，更广泛地用于制备纳米粒子。

但是，溶胶—凝胶法也不可避免地存在一些问题，例如：原料醇盐成本较高；有机溶剂对人体有一定的危害性；整个反应过程所需时间较长；产物存在大量微孔；在干燥过程中会逸出气体及有机物，并产生收缩。因此该方法还需要进一步研究完善。

三、反应基本过程

(一)溶剂化

能电离的前驱物——金属盐的金属阳离子 M^{Z+} 由于具有较高的电子电荷或电荷密度，从而吸引水分子形成溶剂单元$[M(H_2O)_n]^{Z+}$，为保持其配位数，溶剂单元$[M(H_2O)_n]^{Z+}$具有强烈释放 H^+ 的趋势。

$$[M(H_2O)_n]^{Z+} \longrightarrow [M(H_2O)_{n-1}(OH)]^{(Z-1)+} + H^+$$

(二)水解反应

非电离式分子前驱物，如醇盐 $M(OR)_n$ 与水反应：

$$M(OR)_n + xH_2O \longrightarrow M(OH)_x(OR)_{n-x} + xROH$$

(三)缩聚反应

1. 失水缩聚

$$M-OH+OH-M \longrightarrow \underset{O}{\overset{M\quad M}{\diagdown\;\diagup}} + H_2O$$

2. 失醇缩聚

$$M-OR+OH-M \longrightarrow \underset{O}{\overset{M\quad M}{\diagdown\;\diagup}} + ROH$$

四、工艺流程及其影响因素

(一)实验装置

溶胶—凝胶法所需的设备较为简单，常用的装置如图 4-7 所示。

(二)工艺流程及其影响因素

溶胶—凝胶法包括溶胶的制备、溶胶凝胶转化及凝胶的干燥和煅烧等步骤，工艺流程如图 4-8 所示。

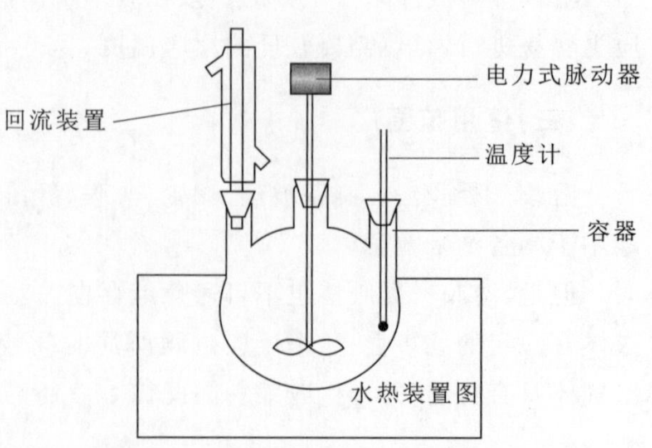

图 4-7 溶胶—凝胶合成反应装置示意图

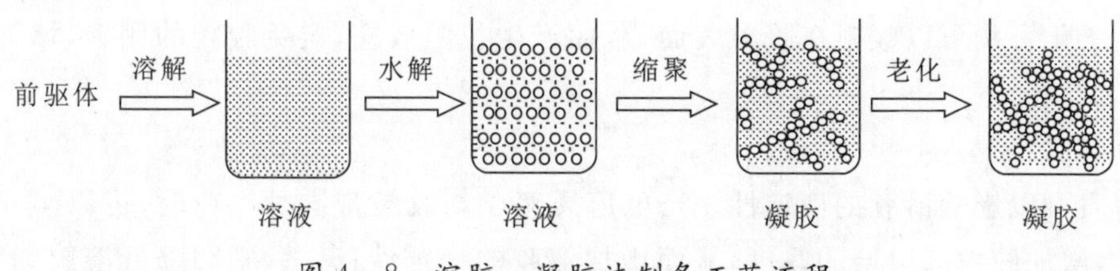

图 4-8　溶胶—凝胶法制备工艺流程

1. 溶胶的制备

溶胶制备的方法有两种：①先将部分或全部组分用沉淀剂先沉淀出来，经解凝，使原来团聚的沉淀颗粒分散为原始颗粒。由于这种原始颗粒的大小一般是溶胶体系中胶核的大小范围，因而可制得溶胶；②由同样的盐出发，通过对沉淀过程的仔细控制，使先形成的颗粒不致团聚为大颗粒而沉淀，从而直接得到胶体溶胶。

影响溶胶—凝胶制备过程的主要因素如下。

1)加水量

加水量一般用物质的量之比 $r=n(H_2O):n[M(OR)_n]$ 表示。当加水量过少（即 $0<r<1$），醇盐的水解速度慢而延长了形成溶胶的时间；当加水量较多（$r>1$），溶液黏度下降使成胶困难，形成溶胶时间也会延长；只有按化学计量比加入（即 $r=1$），才能使成胶质量好，成胶时间相对较短。

2)反应液的 pH 值

反应液的 pH 值不同，其反应机理不同，进而对水解缩聚物的结构及其形态产生影响。当 $pH<7$ 时，缩聚反应速率远大于水解反应速率，水解由 H_3O^+ 的亲电机理引起，缩聚反应在反应物完全水解前已开始，因而缩聚物的交联度低，所得的干凝胶透明，结构致密；当 $pH>7$ 时，水解反应由 OH^- 亲核取代引起，水解速度大于缩聚速度，水解比较完全，形成的凝胶主要由缩聚反应控制，形成大分子聚合物，有较高的交联度，所得的干凝胶结构疏松，半透明或不透明。

3)水解温度

水解温度也会影响成胶所需的时间及溶胶的稳定性。水解温度升高，一方面导致水解速率增加，另一方面使溶剂醇的挥发加快，相当于增加了反应物的浓度，加快了溶胶形成速率；但水解温度太高，可能导致产物发生水解—聚合反应，生成不易挥发的物质，影响凝胶性质。同时，水解温度过高还会引起水解产物的相变化，降低溶胶的稳定性。因此应在保证能生成溶胶的情况下，尽可能采用较低的水解温度。

4)络合剂

添加络合剂可以解决醇盐在醇中的溶解度小、反应活性过大、水解速度过快等问题，是控制水解反应速率的有效手段之一。

5)高分子化合物

高分子化合物可以吸附在胶粒表面,从而产生位阻效应,避免胶粒的团聚,增加溶胶的稳定性。

6)电解质

电解质可以影响溶胶的稳定性。当电解质离子与胶粒带同种电荷时,可以阻止胶粒聚合及聚结,增加胶粒双电层的厚度,从而增加溶胶的稳定性;反之,则会降低溶胶的稳定性。同时,电解质离子所带电荷的数量也会影响溶胶的稳定性,所带电荷越多,对溶胶的影响越大。

2. 溶胶—凝胶转化

实现溶胶—凝胶转化的途径有两个:化学法和物理法,一般采用物理法将溶胶陈化而形成凝胶。粒子的大小因溶解度的不同而不同。陈化过程中,粒子会发生 Ostwald 熟化,即较小颗粒消溶,较大颗粒继续生长,因而颗粒平均尺寸增大。陈化时间过短,颗粒尺寸不均匀;而时间过长,粒子长大易团聚,不易形成超细结构。由此可见,陈化时间对产物的微观结构非常重要。

3. 凝胶的干燥

缩聚后的凝胶称为湿凝胶,凝胶干燥的目的就是除去湿凝胶中所包裹的大量有机溶剂和水。由于干燥过程中,凝胶体积收缩,很容易导致凝胶的开裂,而导致开裂的应力主要来源于填充凝胶骨架孔隙中的液体的表面张力。因此,在干燥过程中应注意减少毛细管力、增强固相骨架。

4. 煅烧过程

煅烧过程是将干凝胶在选定温度下恒温处理。由于干燥后的凝胶中仍含有相当多的孔隙和少量杂质,需要进一步的热处理除去,以得到结构致密的材料。

五、应用举例

关于溶胶—凝胶法应用的例子很多,下面仅给出几个典型例子。

1. 醇盐水解制备纳米 TiO_2 微粒

该方法的工艺过程如下:在室温下将 10mL 的钛酸丁酯逐滴滴到一定化学计量的去离子水中,并加入冰醋酸调节溶液的 pH,边滴加边搅拌,钛酸丁酯经过水解、缩聚等反应形成溶胶。

$$Ti(O-C_4H_9)_4+4H_2O \longrightarrow Ti(OH)_4+4C_4H_9OH$$

将含钛离子溶胶超声 20min,并在 80℃下烘干,得到疏松的氢氧化钛凝胶;将此凝胶研磨,然后在一定温度条件下热处理 2h,得到纳米 TiO_2 微粒。

$$Ti(OH)_4+Ti(O-C_4H_9)_4 \longrightarrow 2TiO_2+4C_4H_9OH$$

$$Ti(OH)_4+Ti(OH)_4 \longrightarrow 2TiO_2+4H_2O$$

2. 无机盐水解制备纳米 SnO_2 微粒

将 20g $SnCl_2$ 溶解在 250mL 的乙醇中，搅拌 0.5h，经 1h 回流，2h 老化，室温下放置 5d，然后在 60℃的水浴锅中干燥 2d，再在 100℃条件下烘干得到纳米 SnO_2 微粒。

3. 非水溶液体系中金属氧化物的合成

在水溶液体系中，金属氧化物中的氧来源于水分子；而在非水体系中，金属氧化物中的氧则来源于含氧溶剂（醚类、醇类、酮类或醛）或有机成分的前驱物（醇盐或乙酰丙酮）。

常见的生成 M－O－M（M 代表金属离子）的缩合步骤如下：

$$\text{(1)}\quad X{-}M + R{-}O{-}M \longrightarrow M{-}O{-}M + R{-}X$$

$$\text{(2)}\quad R{-}O{-}M + R{-}O{-}M \longrightarrow M{-}O{-}M + R{-}O{-}R$$

步骤(1)代表金属卤化物和醇盐之间的缩合，反应后形成金属氧化物与卤代烃。步骤(2)代表醇盐之间的缩合，形成 M－O－M 键及醚。

在非水溶液体系中利用溶胶—凝胶法合成了一系列的金属氧化物，如 $CoFe_2O_4$、$MnFe_2O_4$、ZnO、TiO_2 纳米棒、MnO 等，其形貌见图 4－9。

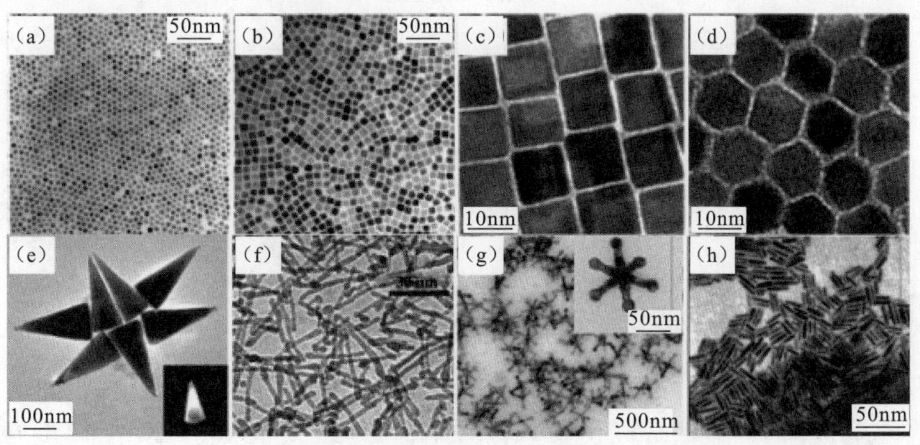

(a)、(b) 分别为球形和立方形的$CoFe_2O_4$；(c)、(d) 分别为立方形、多面体形的$MnFe_2O_4$；(e) ZnO；(f) TiO_2纳米棒；(g) MnO；(h) $W_{18}O_{49}$。

图 4－9　非水溶液体系中利用溶胶—凝胶法合成的金属氧化物的 TEM 图

田熙科团队以 P123 作为模板剂，以廉价的 $ZrOCl_2 \cdot 8H_2O$ 为无机锆源，利用溶胶—凝胶法合成了一系列锆基有序介孔复合材料：CeO_2-ZrO_2、$CeO_2-ZrO_2-SiO_2$、$CaO-ZrO_2$、$MgO-ZrO_2$。图 4－10 为相应材料的 TEM 图。

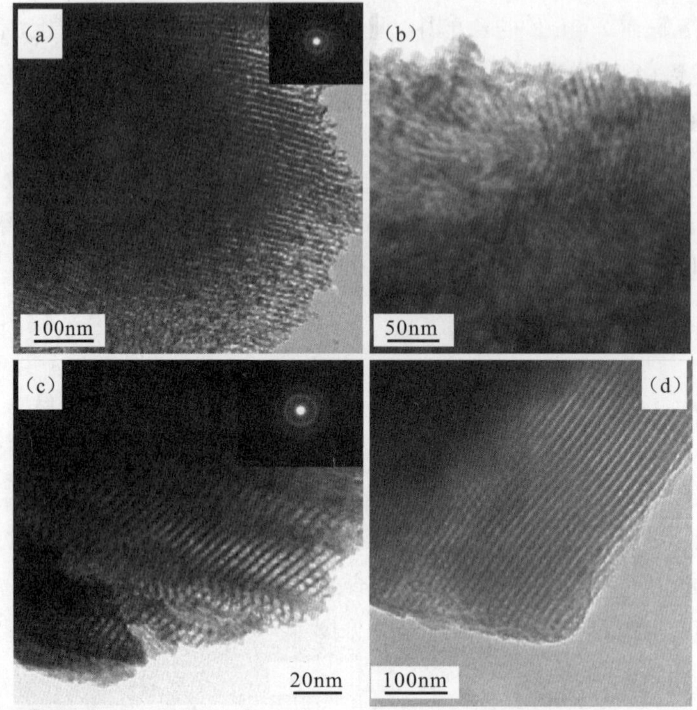

（a）介孔CeO_2-ZrO_2二元复合材料；（b）介孔$CeO_2-ZrO_2-SiO_2$三元复合材料；
（c）Ca：Zr为0.25时，500℃热处理后得到的介孔$CaO-ZrO_2$二元复合材料；
（d）Mg：Zr为1.0时500℃煅烧处理后得到的有序介孔$MgO-ZrO_2$二元复合材料。

图 4－10　锆基介孔复合材料 TEM 图

第三节　化学气相沉积法

化学气相沉积(CVD)法是利用气态或蒸气态的物质在气相或气－固界面上反应生成固态沉积物的技术，即利用含有成膜元素的一种或几种化合物或气体单质，在一定温度下，通过化学反应生成固态物质并沉积在基片上的技术。晶体生长装置示意图如图 4－11 所示。

CVD 包括的化学反应主要有两种：①通过一种或几种气体之间的反应来产生固态沉积物的反应，如超纯多晶硅的制备、纳米材料（如二氧化钛）的制备等；②通过气相中的一个组分与固态基体（又称衬底）表面之间的反应来沉积形成一层薄膜的反应，如集成电路、碳化硅器皿和金刚石膜部件的制备等。

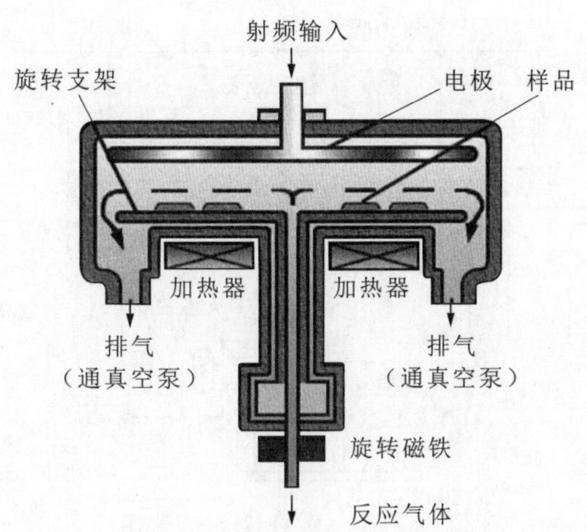

图 4－11　化学气相沉积法晶体生长装置示意图

一、合成方法

(一)CVD 技术特征

CVD 技术用于材料制备和无机合成时具有以下特征。

(1)利用 CVD 技术得到组成单一的无机化合物,并将此无机化合物用作原材料进行其他合成。

(2)若沉积物在基底材料上沉积达到一定厚度后又可以与基底分离,那么就可以得到各种特定形状的沉积物。很多碳化硅器皿和金刚石膜部件就是用这种方法得到的。

(3)沉积反应若发生在气一固界面,则沉积物将按照原有固态基底的形状包覆一层薄膜。这一特征使 CVD 技术在半导体器件制造中得到了较好的应用。

(4)CVD 技术也可以使反应物沉积得到晶体或细粉状物质,或者使沉积反应发生在气相中而不是在基底表面上,用这种方法得到的无机合成物质可以是很细的粉末,甚至是纳米尺度的微粒。

(二)CVD 反应要求

为了适应 CVD 的需要,通常对原料、产物及反应类型等有一定的要求。

(1)反应原料是气态或易于转变成蒸气的液态或固态物质。

(2)反应易于生成所需要的沉积物而其他副产物被保留在气相排出或易于分离。

(3)整个操作较易于控制。

CVD 设备示意图如图 4－12 所示。

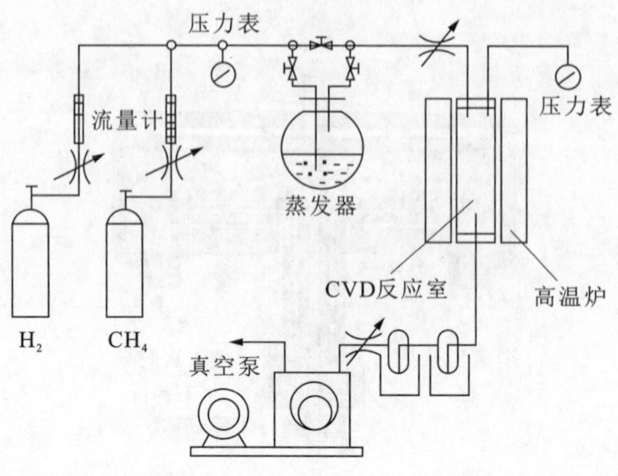

图 4-12　CVD 设备示意图

(三)CVD 的化学反应

1. 热分解反应

热分解包括简单热分解和热分解反应沉积。通常ⅢB 族、ⅤB 族和ⅥB 族的一些低周期元素的氢化物，如 CH_4、SiH_4、GeH_4、B_2H_6、PH_3、AsH_3 等都是气态化合物，而且加热后易分解出相应的元素。因此很适合用于 CVD 技术中作为原料气，其中 SiH_4 分解后可直接沉积出固态的薄膜。

$$SiH_4 \xrightarrow{600\sim800℃} Si + 2H_2$$

也有一些有机烷氧基的元素化合物，在高温时不稳定，热分解生成该元素的氧化物。金属的羰基化合物，本身是气态或者很容易转变成蒸气，经过热分解，沉积出金属薄膜并放出 CO。

$$2Al(OC_3H_7)_3 \xrightarrow{约\ 420℃} Al_2O_3 + 6C_3H_6 + 3H_2O$$

$$Ni(CO)_4 \xrightarrow{140\sim240℃} Ni + 4CO$$

2. 氧化/还原反应

一些元素的氢化物或有机烷基化合物常常是气态的或者是易于转变为气态的液体或固体，便于在 CVD 技术中使用。如果同时通入氧气，在反应器中发生氧化反应时就可沉积出该元素的氧化物薄膜。例如：

$$SiH_4 + 2O_2 \xrightarrow{325\sim475℃} SiO_2 + 2H_2O$$

许多卤化物是气态或易挥发的物质，在 CVD 技术中广泛地用作原料气。要得到相应的该元素薄膜就常常需采用氢还原的方法，三氯硅烷的氢还原反应是目前工业规模生产半导体级超纯硅的基本方法。

$$SiHCl_3 + H_2 \xrightarrow{1150 \sim 1200℃} Si + 3HCl$$

3. 化学气相输运法

该方法的基本特征是形成一种具有挥发性的不稳定的中间产物，其中至少包含最终产物中的一种元素。中间产物沿温度梯度的方向，通过气相进行化学输运。最简单的化学输运反应是将反应物和气相输运剂熔封在被抽真空的石英管中的一端。此石英管放入有50～100K温度梯度的管式炉内，反应生成气态物质充满于整个石英管内，并在另一高温端或低温端分解而沉积出晶体。在气相输运过程中，中间产物沉积位置不同所形成的晶体颗粒大小不同，如HgS的沉积，形成的小颗粒叫银朱，大颗粒叫丹砂。

$$2HgS(s) \underset{T_1}{\overset{T_2}{\rightleftharpoons}} 2Hg(g) + S_2(g)$$

有时原料物质本身不容易发生分解，则需要添加另一种物质(输运剂)来促进输运中间气态产物的生成。

$$2ZnS(s) + 2I_2(g) \underset{T_1}{\overset{T_2}{\rightleftharpoons}} 2Zn_2(g) + S_2(g) + 2I_2(g)$$

如果反应物和输运剂生成气相产物的平衡常数太大，产物过于稳定则不会在有限的温度梯度内分解，也不会将反应物输运到另一端。因此，气相输运反应的平衡常数应该小一些。如果生成反应为吸热反应，则产物将在高温端生成，在低温端分解，将反应物输运到低温端。反之亦然。这种方法可以用于新化合物的合成、单晶生长和化合物的提纯。

三、CVD法在材料合成上的应用

(一)无机涂层材料

在许多特殊环境中使用的材料往往需要有涂层保护，使材料具有耐磨、防腐、耐高温氧化和耐射线辐射等功能。用CVD法制备的Al_2O_3、TiN、TiC等薄膜具有很高的硬度和耐磨性。SiC、Si_3N_4、$MoSi_2$等硅系化合物薄膜是很重要的高温耐氧化涂层，这些涂层在表面上生成致密的SiO_2薄膜，能在1400～1600℃下耐氧化。Mo和W的CVD涂层也具有优异的高温耐腐蚀性能，可以应用于涡轮叶片、火箭发动机喷嘴等设备零件上。目前部分离子镀Al、Cu、Ti等薄膜已代替电镀制品用于航空工业的零件上。用真空镀膜制备的抗热腐蚀和合金镀层及进而发展的热障镀层已有多种系列用于生产中。

(二)微电子材料

在半导体器件和集成电路的基本制作流程中有关半导体膜的外延、p－n结扩散元的形成、介质隔离、扩散掩膜和金属膜的沉积等是工艺核心步骤。CVD法在制备这些材料层的过程中逐渐取代了如硅的高温氧化和高温扩散等旧工艺，在现代微电子技术中占主导地位。在超大规模集成电路制作中，CVD法可以用来沉积多晶硅膜、钨膜、铝膜、金属硅化物、氧化硅膜以及氮化硅膜等，这些薄膜材料可以用作栅电极、多层布线的层间绝缘膜、金属布线、电阻以及散热材料等。

(三)超导材料

CVD 法生产的 Nb_3Sn 低温超导带材料涂层致密，力学性能好，厚度较易控制，是目前制备高场强小型磁体的最优材料。制备工艺流程图如下：

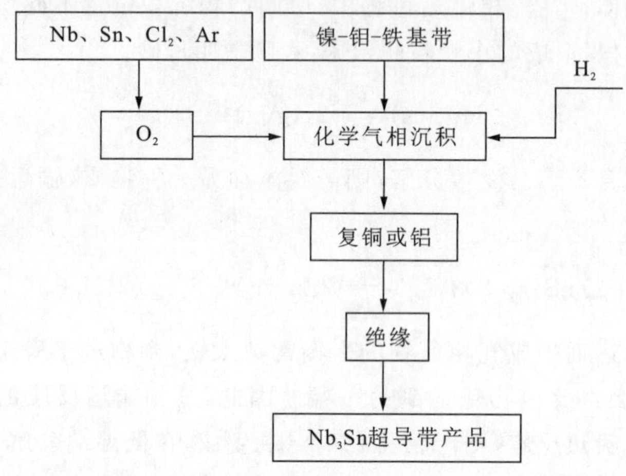

图 4－13 Nb_3Sn 超导带材料的制备工艺流程图

利用 CVD 法生产出来的其他金属间化合物超导材料还有 Nb_3Ge、V_3Ga、Nb_3Ga 等。

(四)太阳能电池材料

目前制备多晶硅薄膜电池多采用 CVD 法。现已试制成功了硅、砷化镓同质结电池以及多种异质结太阳能电池，如 SiO_2/Si、GaAs/GaAlAs、CdTe/CdS 等。

(五)生长单晶

气相外延等 CVD 技术在单晶生长中应用最多，发展最快，它不仅能大大改善某些晶体或晶体薄膜的质量和性能，而且还能用于制备许多其他方法无法制备的晶体。田熙科团队利用无模板 CVD 技术合成 ZnS 空心微球(图 4－14)，尺寸均一，是一种很好的光致发光材料。梳状纳米结构是一种很好的层级纳米结构，在纳米功能器件领域具有潜在的运用，引起了广泛的关注。该课题组使用 AAO 模板作为接收基底，采用 CVD 技术蒸发纯锌粉制备出了结构新颖的多层 ZnO 纳米梳单晶(图 4－15)。

(a)、(b)Zn∶S为1∶1;(c)、(d)Zn∶S为1∶2;(e)、(f)Zn∶S为1∶4。

图 4-14　CVD 法合成的 ZnS 空心微球 SEM 图

(a)～(f)代表 ZnO 纳米梳的生长过程。

图 4-15　CVD 法合成的 ZnO 纳米梳的生长过程 SEM 图

第四节 固相合成法

一、概述

狭义上讲，由固相反应物生成固相产物的反应称为固相化学反应，是人类最早使用的化学反应之一，几千年前的古人创立的制陶工艺便属于固相化学反应。广义上说，凡有固相参与的化学反应都可称为固相化学反应。

(一)特点

1. 潜伏期

多组分固相化学反应开始于两相的接触部分，反应产物层一旦生成，为了使反应继续进行，反应物以扩散方式通过生成物进行物质输运，而这种扩散对大多数固体是较慢的。同时，反应物只有集积到一定大小时才能成核，而成核需要一定温度(成核温度 T_n)，低于 T_n 反应不能发生。这种固体反应物的扩散及产物成核过程便构成了固相反应特有的潜伏期。这两种过程均受温度的显著影响，温度越高，扩散越快，产物成核越快，反应的潜伏期就越短；反之，潜伏期就越长。

2. 无化学平衡

反应中有气体产生时，随着气体的逸出，这些气体组分的分压较小，因而反应一旦能开始(即 $\Delta_r G_m < 0$)，便可一直维持到所有反应物全部消耗掉；若气体组分都作为反应物，只要它们有一定的分压，而且在反应开始之后仍能维持，同样的道理，反应也可进行到底；若这些气体组分有的作为反应物，有的作为产物，则只要气体反应物组分维持一定分压，气体产物组分及时逸出反应体系，同样可使反应进行到底。因此，固相化学反应一旦发生即可进行完全，不存在化学平衡。

3. 特有的拓扑化学控制

在固相化学反应中，各固体反应物的晶格是高度有序排列的，因而晶格分子的移动较困难，只有合适取向的晶面上的分子足够地靠近，才能提供合适的反应中心，使反应得以进行，这就是固相化学反应特有的拓扑化学控制原理。它赋予了固相反应以其他方法无法比拟的优越性，提供了合成新化合物的独特途径。例如，对二甲氨基苯磺酸甲酯(m. p. 95℃)的热重排反应，在室温下即可发生甲基的迁移，生成重排反应产物(内盐)。

4. 分步反应

由于固相化学反应一般不存在化学平衡，因此可以通过精确控制反应物的配比等条件，实现分步反应，得到所需的目标化合物。

5.嵌入反应

具有层状或夹层状结构的固体，如石墨、MoS_2、TiS_2 等都可以发生嵌入反应，生成嵌入化合物。这是因为层与层之间具有足以让其他原子或分子嵌入的距离，容易形成嵌入化合物。$Mn(OAc)_2$ 与草酸的反应就是首先发生嵌入反应，形成的中间态嵌入化合物进一步反应生成最终产物。

(二)分类

固相化学反应有以下两种分类方法。

1.按照反应物体系分类

固相化学反应与溶液反应一样，种类繁多，根据参加反应的物种数可将固相化学反应分为单组分固相反应和多组分固相反应。

单组分固相反应主要有：①转变反应，反应物和生成物在同一固相内，无迁移，通常转变反应是吸热的，在转变点附近比热值突然增大。传热对转变反应速率有决定性影响，如石英的多晶转变反应；②热分解反应，同转变反应类似，不同的是反应中分解产生的产物会导致相界面产生，存在产物的扩散。

多组分固相反应有如下类型：①中和反应；②氧化还原反应；③配位反应；④分解反应；⑤离子交换反应；⑥成簇反应；⑦嵌入反应；⑧催化反应；⑨取代反应；⑩加成反应；⑪异构化反应；⑫有机重排反应；⑬偶联反应；⑭缩合或聚合反应；⑮主客体包合反应。

2.按照温度分类

按照反应温度分为两类：高温固相反应和低温固相反应。

1)高温固相反应

高温固相反应是指反应温度大于600℃的固相反应。反应物在固相中扩散比在气、液相中扩散慢几个数量级，原子或离子在反应物、中间态以及产物晶相中的扩散步骤通常是其反应的控制步骤。许多化学家便认为，要在合理的时间内完成固相反应，必须在高温下进行。

2)低温固相反应

低温固相反应是指反应温度在25～600℃之间的固相反应。事实上许多固相反应在低温条件下便可发生。例如历史上 cis-[$Cr(en)_2Cl_2$]Cl、trans-[$Cr(en)_2(SCN)_2$]SCN 以及 $K_2[Pt(CN)_6]$ 的低温固－固合成反应，均属于低温下的固相反应。传统固相化学反应所得到的合成产物是热力学稳定的产物，而那些介稳中间物或动力学控制的化合物往往只能在较低温度下存在，它们在高温时被分解或重组成热力学稳定产物。为了得到介稳态固相反应产物，扩大材料的选择范围，有必要降低固相反应温度。

二、高温固相反应

(一)反应的机制和特点

1. 反应机制

高温固相反应机制主要分以下三步。

(1)高温下,反应物相界面接触。

(2)在反应物相界面上,产物成核、晶体长大并最终形成产物层,分隔反应物,反应物质点在各晶格及相界面间通过扩散继续反应。

(3)反应完毕,生成产物。

高温固相反应产物的生成主要经历晶核生成和晶体生长两个阶段,而这两个阶段都离不开质点在固相间的扩散。下面以工业中 MgO 和 Al_2O_3 高温固相合成尖晶石相的 $MgAl_2O_4$ 为例进行说明。如图 4-16 所示,在一定的高温条件下,MgO 与 Al_2O_3 在晶粒界面间产生反应生成产物——尖晶石型 $MgAl_2O_4$ 层。

$$MgO(s)+Al_2O_3(s)=\!=\!=MgAl_2O_4(s)$$

上述反应从热力学上讲是完全可以进行的,然而实际上加热至 1500℃时反应也需数天才能完成。

1)晶核生成

MgO 和 Al_2O_3 间的反应是一种非均相反应,反应的第一阶段是在反应物接触的晶粒界面上或界面邻近的反应物晶格中生成 $MgAl_2O_4$ 晶核。产物晶核的形成即新相的产生伴随着界面结构的重新排列,其中包括各非均相结构中阴、阳离子键的断裂和重新结合,如 MgO 和 Al_2O_3 晶格中 Mg^{2+} 和 Al^{3+} 离子的脱出、扩散和进入缺位。由于固体中质点间键能较强,因而其扩散需要较高温度提供推动力,这样的条件才有利于晶核的生成。

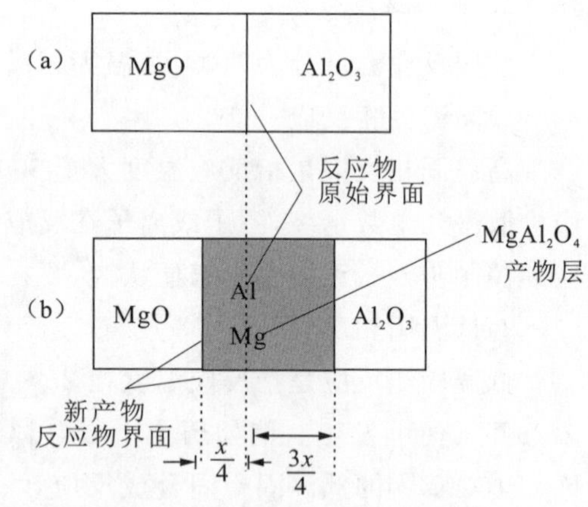

(a) 反应前;(b) $MgAl_2O_4$ 晶核生成。

图 4-16 $MgAl_2O_4$ 晶核固相合成反应机制示意图

2)晶体生长

$MgAl_2O_4$ 晶核形成后,随着反应的进行,产物进一步生长形成产物层。对反应物中的 Mg^{2+} 和 Al^{3+} 来讲,除了在本体晶格中扩散外,还需要横跨两个相界面才可以进行接触,进而在产物晶核上发生晶体生长反应。可见晶核的生长速率也主要由固体中质点的扩散速率决定,而升高温度有利于晶格中离子扩散,促进反应(图 4-17)。

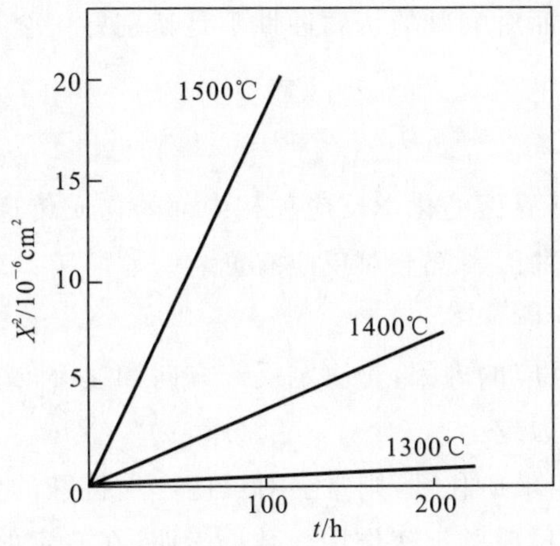

图 4-17　$MgAl_2O_4$ 在不同温度下生长速率与时间的关系

根据上述分析和实验验证，$MgAl_2O_4$ 生成反应的机制应该可由下列化学式表示：

$$(1)\ 2Al^{3+} - 3Mg^{2+} + 4MgO \longrightarrow MgAl_2O_4$$

$$(2)\ 3Mg^{2+} - 2Al^{3+} + 4Al_2O_3 \longrightarrow 3MgAl_2O_4$$

反应(1)发生于 MgO 与产物的界面，反应(2)发生于 Al_2O_3 与产物的界面，产物在两个界面的生成量比例为 1∶3，如图 4-16(b)所示。

综上所述，高温固相反应的反应速率主要受三个方面的影响：①反应物表面积及与反应物间接触面积；②产物成核速率；③晶格内及界面间离子的扩散速率，即界面的化学反应速率和相内部的物质传递速率。

2. 反应特点

高温固相反应的反应特点如下。

(1)反应物固体质点间化学键键能增大，反应速率降低；产物层厚度增加，反应速率降低。

(2)通常在高温下进行高温传质，传热过程对反应速率影响较大。

(3)生成物的组成和结构往往呈现非计量性和非均匀性。

(二)反应装置及影响因素

1. 反应装置

反应装置一般由三部分组成：电阻炉、坩埚以及气瓶。坩埚的选择与温度以及反应物和产物的化学活性有关，实验室常见的坩埚主要分为石墨坩埚、瓷坩埚、刚玉坩埚以及金属坩埚。其中石墨坩埚保持着天然石墨原有的各种理化特性，具有良好的导热性和耐高温性，耐酸碱腐蚀，热膨胀系数小，对温度快速变化具有一定抗应变性。瓷坩埚可耐 1200℃高温，适用于熔融酸性物质，不适用于熔融碱性物质以及氢氟酸，机械性能较差，但价格便宜，是实验室最常见的坩埚。刚玉坩埚由三氧化二铝烧结而成，因其熔点高达 2045℃，故耐高温性好，但氧化铝为两性化合物，因而对酸碱的抗腐蚀性不是特别好。金属坩埚主要有铂坩埚、镍坩埚、金坩埚等。

2. 影响因素

由于固相反应过程包括界面的化学反应和相内部的物质传递，因而凡是可能活化晶格，促进物质的内、外扩散作用的因素都会对反应有影响。

1)反应物化学组成的影响

化学组成是影响固相反应的内因，是决定反应方向和速率的重要条件，反应物中键的强度越大，其可移性和反应能力越小。

当反应混合物中加入少量矿化剂，则常会对反应产生特殊的作用。表 4－1 列出了少量 NaCl 对 Na_2CO_3 与 Fe_2O_3 反应的加速作用。数据表明，在一定的温度下，添加少量 NaCl 可以使得不同颗粒尺寸的 Na_2CO_3 的转化率提高 0.5～6 倍，而且 Na_2CO_3 颗粒越大效果越明显。

表 4－1　NaCl 作为矿化剂对 Na_2CO_3 转化率的影响

M_{NaCl}/MNa_2CO_3/(wt%)	不同粒径 Na_2CO_3 转化率/%		
	0.06～0.088mm	0.27～0.35mm	0.6～2mm
0	53.2	18.9	9.2
0.8	88.6	36.8	22.5
2.2	88.6	73.8	60.1

一般矿化剂的用量只有 1%～2%，其促进反应速率的方式有以下几种。

(1)与反应物形成低固熔体，改善反应物晶格结构，增强反应物反应能力。

(2)在较低温度下与反应物形成低共熔体，熔解固相，加快扩散速率。

(3)与反应物之一形成活性中间体，活化反应物。

(4)矿化剂离子对反应物离子产生极化作用，使其晶格发生畸变，从而活化反应物。

2)反应物颗粒尺寸的影响

反应物颗粒越小，比表面积越大，从而可以增大反应界面及扩散截面，使反应速率增大，并提高产率。例如，表 4－1 中 Na_2CO_3 的转化率随粒径的减少而增大。再比如 MgO 和 Al_2O_3 的动力学研究表明，平均粒径为 1 μm、45～53 μm 和 90～105 μm 反应物的反应速率常数分别为 140×10^{-3}/h、8.17×10^{-3}/h、2.08×10^{-3}/h。颗粒尺寸的影响作用也直接反映在各动力学方程中的速率常数项 K 上，因为 K 值是反比于颗粒半径 R^2 的，因而，降低颗粒尺寸能有效加快化学反应速率。

3)反应温度的影响

温度是影响固相反应速率的重要条件之一。在低温时，固体一般是不活泼的，不易发生化学反应。高温固相反应的开始温度常远低于反应物的熔点或系统的低共熔点，相当于一种反应物开始呈现明显扩散作用时的温度，称为 Tammann 温度或烧结开始温度。不同物质的 Tammann 温度与其熔点 T_m 有关，例如金属通常为 $0.3\sim0.4T_m$；盐类和硅酸盐分别为 $0.57T_m$ 和 $0.8\sim0.9T_m$。当温度达到 Tammann 温度后，随着温度的增大反应速度仍会发生改变。

一般随着温度升高，质点热运动动能增大，反应能力和扩散能力增强。对于化学反应，其速率常数如式(4-1)所示。

$$K = A\exp\left(-\frac{E_a}{RT}\right) \tag{4-1}$$

式中：A 为碰撞系数；E_a 为反应活化能。可见当 E_a 大于 0 时，随着温度升高 K 值增大；反之，则随着温度升高，K 值减小。

对于扩散过程，扩散系数如下。

$$D = D_0\exp\times\left(-\frac{u}{RT}\right) \tag{4-2}$$

$$D_0 = \alpha\nu a_0^2 \tag{4-3}$$

式中：ν 是质点在晶格位置上的本征振动频率；a_0 是质点间的平均距离；D_0 为扩散常数；u 为扩散活化能；α 为扩散系数。同样 D 随着温度升高而增大。

综上所述，温度对化学反应和扩散两个过程均有类似的影响。由于 u 值通常比 E_a 值小，因此温度对化学反应的影响作用一般大于对扩散过程的影响。

4)压力的影响

在两相间的反应中，增大压力有助于增加颗粒的接触面积，加速物质的传递速率，使反应速率增大。有液相或气相参加的固相反应过程，由于传质主要不是通过颗粒的接触，因而加大压力对传质过程影响不大，甚至起相反作用。如易升华物质氧化铅与硫酸铜反应时，压力的提高抑制了氧化铅的升华，从而降低了反应速率。

5)反应物活性的影响

(1)一般晶格能大，结构紧密的反应物质点可动性较小，活性低，不利于反应进行。例如 $\gamma-Al_2O_3$ 和 $\alpha-Al_2O_3$，前者结构比较松弛，晶格能较小，后者结构较紧密，晶格能较大，当两者与 MgO 合成尖晶石时，反应开始温度后者比前者高 220℃左右。

(2)反应物转变生成新的晶格结构时，活性很高，有利于反应进行。

(3)反应物具有多晶转变时，晶格中基元位置重排，其结合力大大削弱，使得反应物活化，促进固相反应的进行。

(三)应用举例

1. C、N、B、Si 等二元陶瓷化合物的制备

利用自蔓延高温化学反应原理(即利用反应物间高化学反应热的自加热和自传导作用)，可以合成碳化物、氮化物、硼化物和硅化物等难熔化合物，这类化合物键能高，合成过程可以释放大量的热。它的反应形式主要有以下两种。

1)直接合成法

例如：

$$Ti+2B = TiB_2$$

$$Ta+C = TaC$$

$$2B+N_2 = 2BN$$

2)镁热、铝热合成法

反应过程中，活泼金属镁、铝等先将金属或非金属从其氧化物中还原出来，之后还原出来的元素之间再相互反应。这种合成方法可以用于合成第Ⅵ和第Ⅶ族过渡金属的碳化物、硼化物、硅化物。例如：

$$Mg+Cr_2O_3+B_2O_3 \longrightarrow CrB+MgO$$

$$Al+Fe_2O_3+B_2O_3 \longrightarrow FeB+Fe_3Al+Al_2O_3$$

2. 单晶生长

1)再结晶法

再结晶法是一种在冶金中常用的固一固生长法，包括以下几种类型。

(1)烧结：如果将某种(主要是非金属)多晶棒或压实的粉料在低于其熔点的温度下，保温数小时，材料中一些晶粒逐渐长大而另一些晶粒则消失。

(2)应变退火法：材料(多为金属)在制造加工过程中引进应变，贮存着大量的应变能，退火能消除应变使晶粒长大(非应变单晶区并吞应变区)。

(3)形变生长：可用形变(如滚压或锤结)来促进晶粒长大，如绕制冷拔钨丝时，促进钨丝中单晶的生长，这些单晶能把灯丝松垂减至最小。

(4)退玻璃化法：很多玻璃在加热时，发生再结晶而使玻璃失透称为退玻璃化。这种再结晶形成的晶粒一般很小，但用籽晶从玻璃体的单组分熔体中提拉晶体也并不是不可实现的。

2)多形体相变

(1)一般多形体相转变：如同素异形元素(例如铁)或多形化合物(例如 CuCl)，具有由一种相转变为另一种相的转变温度，让这种材料棒依次经过温度梯度，便可进行晶体生长。

(2)高压多形体相转变：大多数高压下的多形体转变，相变进行很快，难以控制。例如，根据石墨一金刚石相图，低温下的转变速率非常慢，以致没有什么实际意义。为了加速转变必须升高温度(2000～2500℃)，此时为保持在金刚石相稳定区，还必须提高压力(6～7GPa)。

3. 纳米材料的制备

通过加热盐类或氢氧化物，使其分解，可以得到各种氧化物的纳米粉体材料。如 $Si(NH_2)_2$ 在 1173～1473K 之间热分解可以生成无定形 Si_3N_4。继续升温在 1473～1773K 晶化，得到平均粒径为 100nm 的高纯 Si_3N_4 纳米微粒。

三、低温固相合成反应

(一)合成新配合物

应用固相合成的方法合成新配合物的反应主要有两类：①配体与金属化合物反应；②由

已有配合物制备新的配合物。

1. 配体与金属化合物反应

配体与金属化合物反应是利用配体的低熔点的性质，在一定反应条件下使处于熔融状态的配体与金属化合物发生复相反应。该法简单，常用于制备 Co、Cu、Ni、Pd、Pt 等过渡金属与膦、胂及其衍生物形成的配合物。

例如，将三苯基膦与氯化钯共热，反应生成双三苯基膦二氯化钯黄色固体。

$$2P(C_6H_5)_3 + PdCl_2 \xrightarrow{\triangle} Pd[P(C_6H_5)_3]_2Cl_2$$

2. 由已有配合物制备新的配合物

1)配合物离解制备新配合物

将四(三乙基膦)合铂在减压条件下，加热到 50～60℃，得到的橘红色黏稠油液为三(三乙基膦)合铂。

2)生成金属—金属键制备新配合物

先将$[Co(NH_3)_5(H_2O)](ReO_4)_3 \cdot 2H_2O$ 加热到 50℃ 脱水 2h，然后升温至 115～120℃，并保持恒温 4～5h，得到$[Co(NH_3)_5(OReO_3)](ReO_4)_2$。

(二)三元多硫化合物的合成

多硫化合物具有很好的催化活性及电学性质，因而受到广泛关注。利用 AQ/Q 体系的低共熔点特点(其中 A＝碱金属，Q＝S 或 Se)，在较低温度下合成了系列低维多硫化合物。例如：将 0.023g 金属 Ti、0.107g K_2S 以及 0.093 2g S 粉置于密封的石英管中，于 375℃反应 50h，制得 $K_4Ti_3S_{14}$ 三元多硫化合物。

(三)TiN 纳米棒的合成

以三氯化钛和叠氮化钠为反应原料，在氮气保护下于 360～400℃的较低温度下反应 3d，合成了不同长径比的 TiN 纳米棒，如图 4－18 所示。

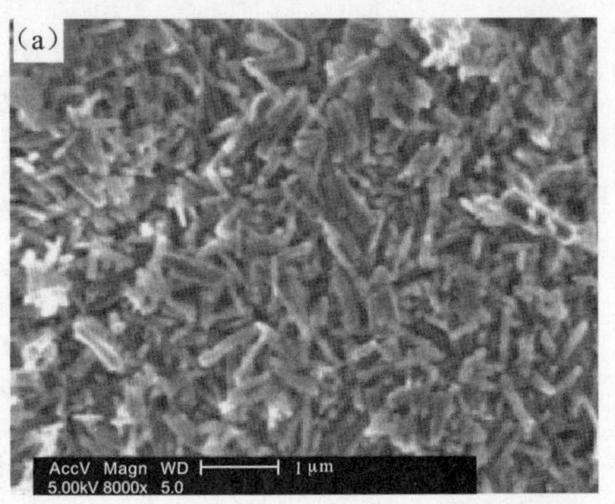

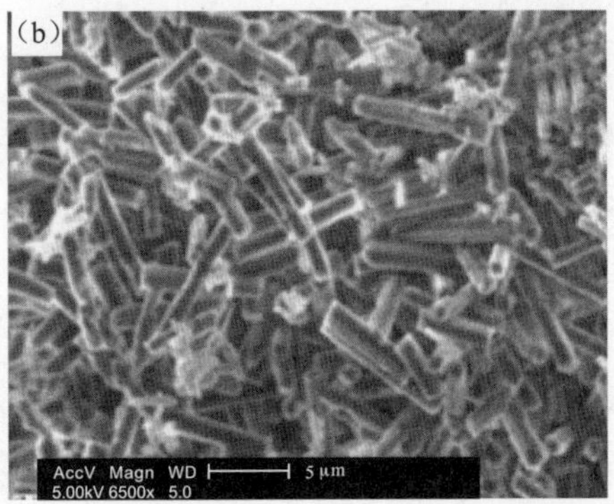

(a)360℃反应 3d 获得长径比约为 10 的纳米棒(直径约 50nm，长约 500nm)；(b)400℃反应获得长径比约为 50 的纳米棒(直径约 50nm，长 2～3μm)。

图 4－18　TiN 纳米棒 SEM 图

第五节　电化学合成法

一、概述

在溶剂或熔盐中，通过电氧化或电还原过程合成出化合物的方法叫作电化学合成法。电化学氧化制备是利用反应物在电解池阳极发生氧化反应得到高价化合物的过程。电化学还原是指在电解池阴极上离子的还原反应和电结晶生成产物的过程。主要涉及以下几个方面。

(1)电解盐的水溶液或熔盐以制备金属单质、合金。

(2)通过电化学过程制备不同价态的化合物。

(3)C、B、Si、P、S、Se 等二元或多元陶瓷化合物的合成。

(4)非金属元素间的化合物的合成。

(5)难以用其他方法合成的混合价态化合物、簇合物、嵌插型化合物、非计量氧化物等化合物的制备。

电化学合成反应的作用和地位日益重要，它与传统的化学反应过程相比有下列优点：①实现高电子转移，超过一般化学试剂的氧化还原能力，特种高氧化态和还原态的化合物可被合成出来。②反应分别在阴、阳极上进行，产物不会受到另一极反应物或产物污染。③能方便地控制电极电势和电极的材质，可选择性地进行氧化或还原，从而制备出许多特定价态的化合物，这是任何其他化学方法所不及的。

二、原理

(一)装置

电化学反应器又名电解池，工业上称为电解槽(图 4－19)，高温熔盐体系叫电解炉。一般包括五部分：电源、阴极和阳极、电解容器、电压测量仪表、电流测量仪表。

(二)阴极电还原化学合成

1. 水溶液电还原

1)水溶液中的金属电沉积

通过电解金属盐水溶液而在阴极沉积纯金属的方法称为金属电沉积，基本历程一般由以下几个单元步骤串联组成。

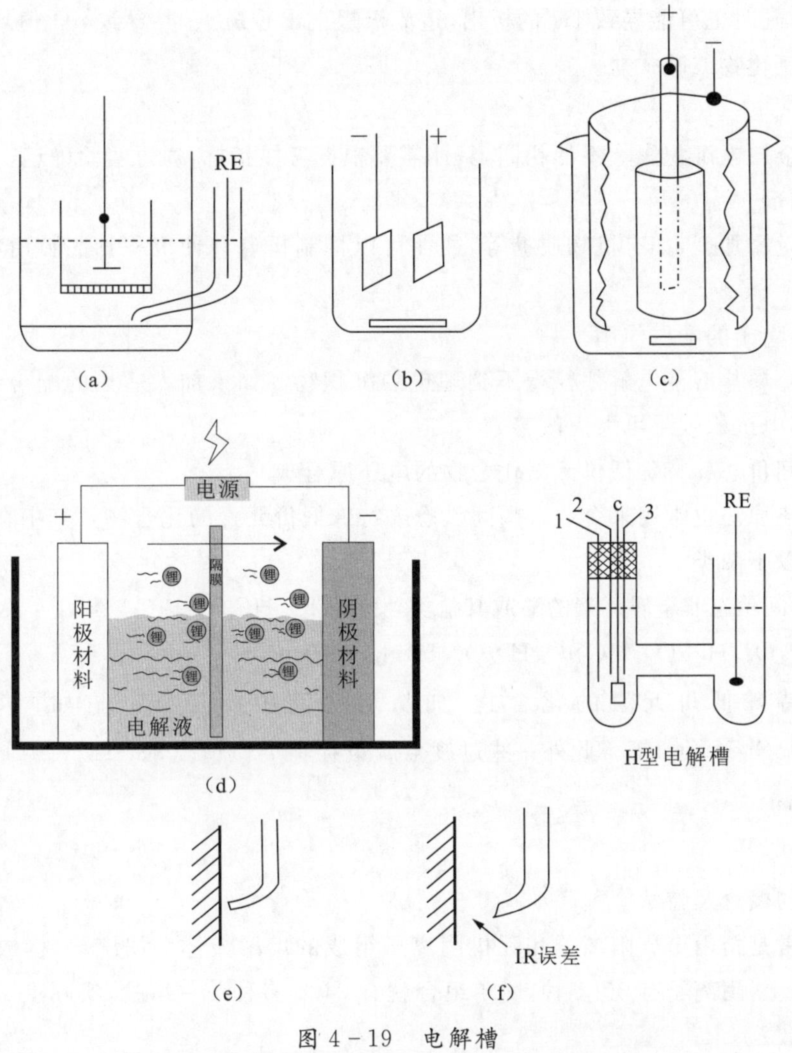

图 4-19　电解槽

液相传质(离子向电极表面迁移)⟶前置转化(表面附近反应离子发生化学转化反应)⟶电荷转移(表面金属离子得电子还原成为金属原子,吸附在电极表面)⟶电结晶(吸附态金属原子在电极表面扩散形成晶核并发生晶格生长)。

影响金属电沉积的因素有如下几种。

(1)电解液组成。

电解液必须满足以下几个要求:含有一定浓度的欲得金属的离子;电导性好;具有适于在阴极析出金属的 pH 值;能达到金属收率好的电沉积状态;尽可能少地产生有毒有害气体。一般认为硫酸盐电解液较好,氯化物电解液次之。

(2)电流密度。

当电流密度低时,有利于晶核生长而不是形成新核;当电流密度较高时,有利于新核的生成，成核速率大于生长速率，从而生成微晶。然而电流密度过大可能会导致晶体生长成树状或团粒状，同时也可能导致 H_2 的析出，造成极板上出现斑点，并导致 pH 值局部增大而沉淀出一些氢氧化物或碱式盐。

(3)温度。

温度对金属电沉积影响不尽相同，具体需要根据考核指标，通过实验确定。

(4)添加剂。

添加少量添加剂，如有机物质糖等，往往可以抑制析氢并使沉积物晶粒由粗变细，金属表面光滑。

(5)金属离子的配位作用。

简单的金属盐溶液电解往往得不到理想的沉积物。如果加入适当的配合物，形成金属配位离子，其电沉积效果可大大改善。

2)含中间价态和特殊低价元素化合物的电还原合成

电化学还原法也常用来合成含中间价态或特殊低价元素的化合物。其中在水溶液体系中常见的有以下两类。

(1)含中间价态非金属元素的酸或其盐类，如 $HClO$、$HClO_2$、BrO^-、BrO^{2-}、IO^-、$H_2S_2O_4$、H_2PO_3、$H_4P_2O_6$、H_3PO_2、$HCNO$、HNO_2、$H_2N_2O_2$ 等。

(2)含特殊低价元素的化合物，如从水溶液中制得 Mo^{2+}（如$[MoOCl_2]^{2-}$），Mo^{3+}($K_2[MoCl_5H_2O]$)等。此外一些过渡金属也存在类似情况，如 Ti^+(TiCl)、Ga^+(GaCl 的簇合物)等。

2. 熔盐电解

1)熔盐的概念及特性

熔盐通常是指由金属阳离子和无机阴离子组成的熔融液体。据统计，构成熔盐的阳离子有 80 种以上，阴离子有 30 多种，简单组合就有 2400 多种单一熔盐，实际上熔盐的品种数远远超过此数。

与常温分子溶剂比较，熔盐类具有下列特性。

(1)对用一般湿法不能溶解的矿石，难熔氧化物以及超强超硬、高温难熔物质，具有非凡的溶解能力。

(2)离子浓度高、黏度低、扩散快和导电率大，使高温化学反应过程中传质、传热、传能速率快、效率高。

(3)电极界面间的交换电流密度非常高，达 $1\sim10A/cm^2$(金属/水溶液离子电极界面间只有 $10^{-4}\sim10^{-1}A/cm^2$)，使电解过程不仅可在高温下高速进行，且能耗低；动力学迟缓过程引起的活化过电位和扩散过程引起的浓差过电位都较低；熔盐电解生产合金时往往伴随去极化现象。

(4)常用熔盐溶剂的阴、阳离子在强电场下比较稳定，使那些在水溶液中电解得不到的元素，可以用熔盐电解法来得到。

(5)不少熔盐在100～1100℃(甚至更高)温度范围内具有良好的热稳定性,且热容量大,导热性能好,耐辐射。

2)熔盐电解的特点

熔盐电解的特殊应用离不开下列特点。

(1)电化学理论在熔盐电解中依然适用。

(2)熔盐电解形成条件和状态、结构都和电解质水溶液大不相同,其理化性质应另行研究。

(3)由于熔盐中的电化学过程一般都在高温下进行,导致熔盐电解过程在热力学及动力学方面都另具特点。熔盐电解可以在远远高于水溶液电解的电流密度下进行;由于高温,产生了金属与熔盐的相互作用,导致金属的熔解;高温还对电解槽的材料和结构提出了特殊要求。

3. 非水溶剂电解

非水溶剂电解可以合成出很多颇具特点的无机化合物,例如:某些特种简单盐类、低价化合物、金属配位化合物。更值得注意的是,非水溶剂电解还可以合成出不少非金属化合物,如含B、S与VA族元素的化合物。

(四)阳极电氧化合成

通过电氧化过程可以合成一些传统方法难以合成的无机材料,主要包括以下几种物质。

1. 氧化性极强的物质

如O_3、Cl_2的电解制备:

$$6OH^- - 6e^- \xrightarrow{\text{电解}} 3H_2O + O_3\uparrow$$

$$2NaCl + 2H_2O \xrightarrow{\text{电解}} 2NaOH + Cl_2\uparrow + H_2\uparrow$$

由于产物具有很强的氧化性,具有高的反应活性且不稳定,因而往往对电解设备、材质和反应条件有特殊的要求。

2. 最高价态化合物

如高氯酸钠和高锰酸钾的合成。以氯酸钠水溶液为电解液,阳极采用PbO_2棒,阴极采用铁、石墨等,在中性条件下,可在阳极发生以下反应:

$$NaClO_3 + H_2O - 2e^- \longrightarrow NaClO_4 + 2H^+$$

该反应电流效率可达87%以上,反应物转化率达85%。

3. 特殊高价元素化合物

除了早为人所熟知的电氧化HSO_4^-以合成过二硫酸、过二硫酸盐和H_2O_2外,其他不少元素的过氧化物或过氧酸均可通过电氧化来合成。例如:H_3PO_4、HPO_4^{2-}、PO_4^{3-}的电氧化;合成PO_5^{3-}、$P_2O_3^{4-}$的钾盐、铵盐;过硼酸及其盐类的合成;$S_2O_6F_2$的合成;金属特殊高价态化合物的合成(如NiF_4、NbF_6、TaF_6、AgF_2、$CoCl_4$等)。

三、应用举例

(一)二次氧化法合成氧化铝模板

20 世纪初开始,科学家已经发现铝电极氧化会自组装生成多孔氧化铝膜,然而生成的 Al_2O_3 孔道结构多是无序,或极小范围有序。1995 年日本学者在 *Science* 上发表了一篇阐述制备高度有序多孔氧化铝模及其金属复型的文章,他们在一次阳极氧化的基础上,发展了二次阳极氧化的方法。与此同时,美国科学家应用二次氧化法成功制备了孔径为 5～200nm 的有序氧化铝模板,最大孔密度达 $10^{11}cm^{-2}$。

(二)电沉积合成纳米材料

以 Ag/AgCl 电极为参比电极,工作电极是铂电极,室温下利用循环伏安法电沉积获得纳米材料,如镍纳米管阵列(图 4－20)、铋纳米线(图 4－21)。

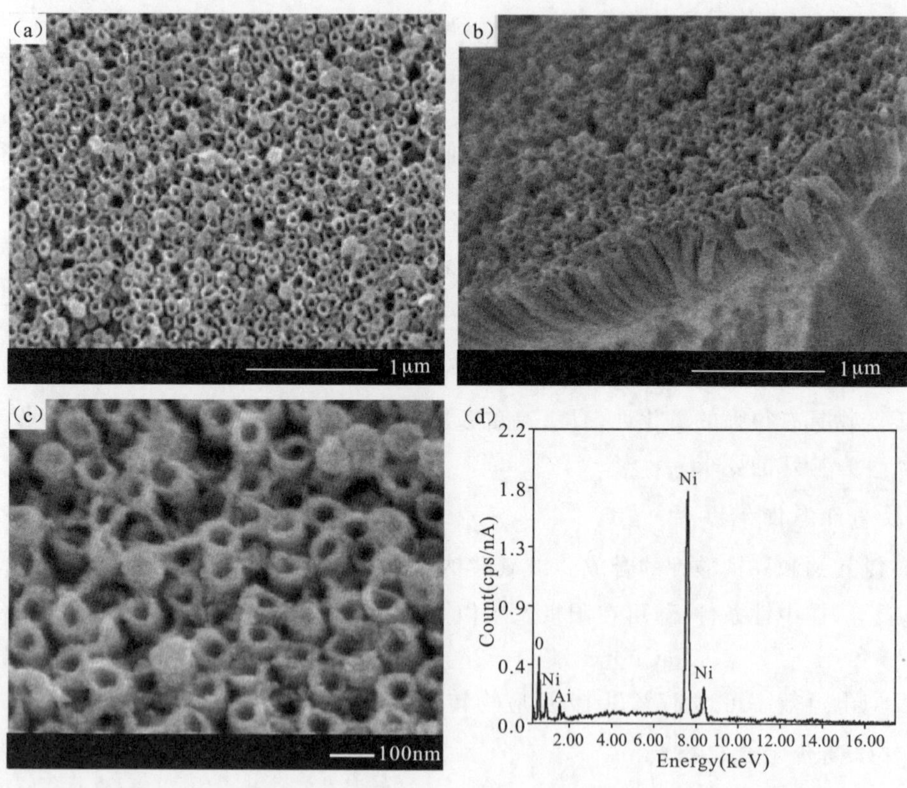

(a)、(b)去除部分 AAO 模板的镍纳米管阵列 FE—SEM 图(上视图);(c)镍纳米管阵列侧视图;(d)镍纳米管能谱分析。

图 4－20　镍纳米米管阵列微观形貌及能谱分析

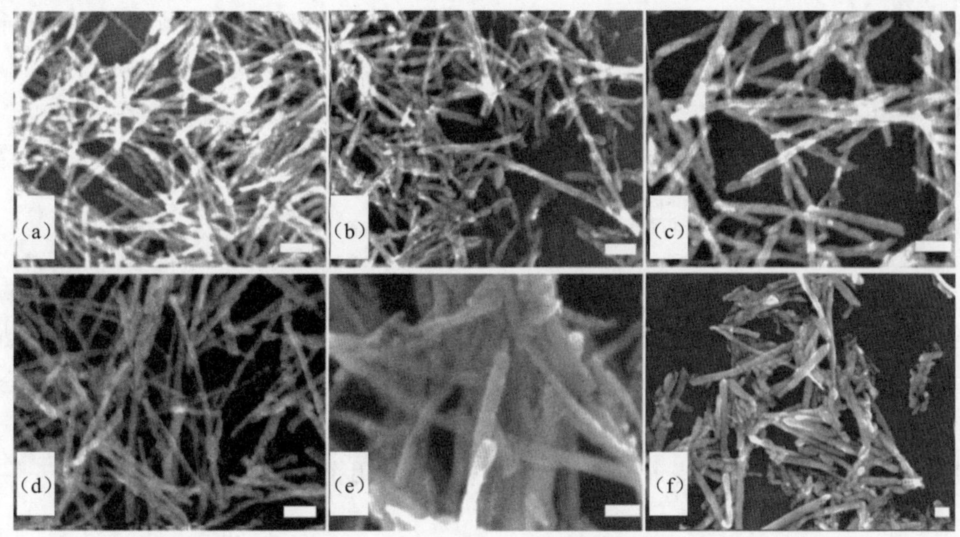

(a)～(f)分别为 25V、30V、40V、50V、60V 和 70V 模板所制纳米线，图中标尺均为 200nm。

图 4-21　不同孔径模板下 1.2V 沉积所得铋纳米线 FE-SEM 图

第六节　微波合成法

一、概述

微波通常指的是频率范围在 300MHz～300GHz 的电磁波，其相应的波长在 1m 至 1mm 之间，其在电磁波谱中的位置见图 4-22，实验用微波频率为 915MHz。

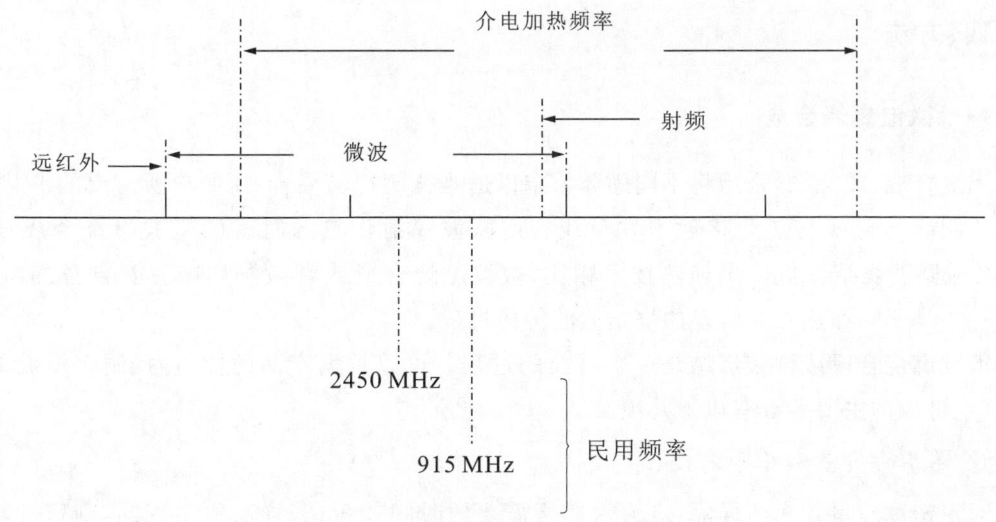

图 4-22　微波在电磁波谱中的位置

微波在化学领域中的应用取得了显著的效果。例如,精细陶瓷、沸石分子筛、离子交换超导材料、稀土发光材料、分子筛上金属盐的高度分散型催化剂、金刚石薄膜、太阳能电池、超导薄膜、导电膜、光导纤维、聚合物的合成;半导体芯片的微波等离子体注入和亚微级刻蚀;分析样品的消解与熔解,蛋白质水解等。

二、特点

与传统加热方式相比,微波加热有以下特点:①热源来自物体内部,加热均匀,加热效率高,有利于提高产品质量和产量;②各种物体吸收微波的能力有很大的差异,可对混合物料中各个组分进行选择性加热;③无滞后效应,当关闭微波源,再无微波能量传向物质。利用这一特性可进行对温度控制要求很高的反应;④能量利用率很高,物质迅速升温。

三、原理

微波作用机理分为以下两类:①物质吸收微波能够引起分子内部能级的变化,主要是转动能级变化;②是微波加热。本小节只简要介绍微波加热理论。

微波发生器在外加电源作用下产生交变电场,使极性分子产生25亿次/s以上的转动和碰撞产生热效应;又因为相邻分子之间的相互作用使分子的运动受到阻碍,产生类似于摩擦效应,这部分能量转化为分子的热能,造成分子运动的加剧。因此,被加热物质的温度在短时间内得以迅速升高。

微波加热与传统加热方式有明显差别。简而言之,微波加热是由内向外的热传导,而传统的加热方式正好相反。

四、方法

(一)微波燃烧合成

燃烧合成(或烧结)是指将不同固体粉末以适当比例均匀混合,压制成所需要的形状,然后让压制后的粉末与热源接触引发反应。用微波辐射作热源时就叫微波燃烧合成(MICOM)或微波烧结。与传统加热技术相比,微波燃烧合成或者微波烧结有着自身的特点。图4-23是不同加热方式引发的烧结波的传播过程。

微波燃烧合成或微波烧结是一个可控的过程。可以根据产品的性质,控制燃烧波的传播,其中可控的主要参数有以下几项。

1. 样品的质量和压紧密度

对于密度质量较大的样品,点火引燃所需要的时间较短;若样品质量相同,则密度较大者所需的点火时间较长。

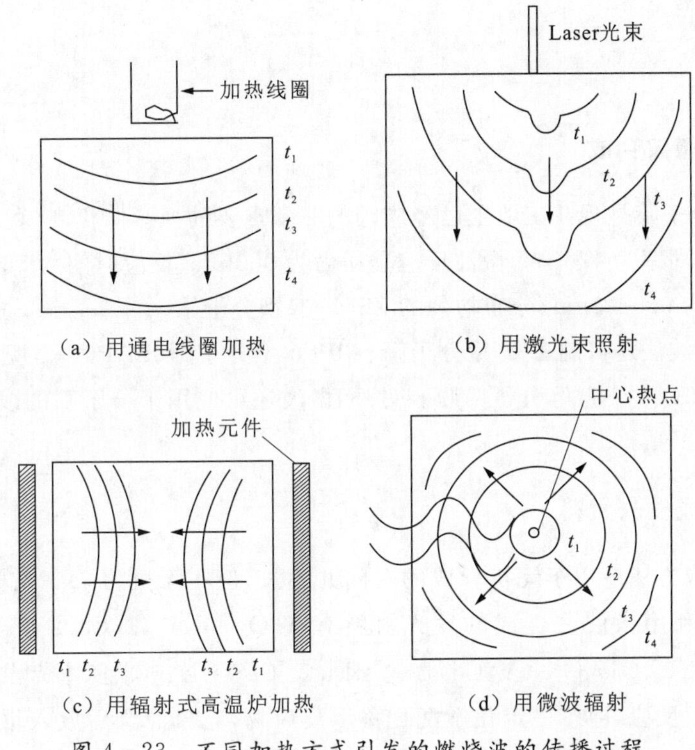

图 4-23　不同加热方式引发的燃烧波的传播过程

2. 微波功率

微波输出功率是微波合成重要的影响因素，但鉴于目前的认知尚未形成统一的选择标准，对于具体的反应需要通过研究确定适合的输出功率。

3. 反应物的颗粒大小

反应物料的颗粒尺寸越小，相应的比表面积就越大，样品的升温速率及反应进程就越快。

4. 添加剂

根据添加剂作用的不同可分为以下几类：①添加剂本身不参加反应，仅仅作为稀释相起到控制燃烧波传播速率的作用；②添加剂本身就是氧化剂或者还原剂，它加入后要参与反应，起到增加或减小反应速率、促进质量输运过程的作用；③添加剂本身是较强的微波吸收材料，在反应混合物的表面或者内部加入少许这类物质，利用它与微波的强烈耦合迅速升温成为局部点火处。

(二)微波水热合成

利用微波作为加热工具，克服了水热容器加热不均匀的缺点，缩短了反应时间，提高了合成效率。例如，纳米二氧化钛制备中，利用微波辐射作用加快了水热晶化反应过程。

五、应用

(一)沸石的微波合成

ZSM－5 型分子筛是现在工业上已经应用的非常重要的择形催化剂，利用廉价的乙醇作为模板剂，在辐射功率为 1200W，微波反应釜压力为 980kPa，反应时间为 180min 的条件下，制备出粒径大小为 0.5～3μm、分布均匀的 ZSM－5 型分子筛。

此外，利用微波法还可制备 Y 型分子筛、$AlPO_4$ 型分子筛、SAPO－5 型分子筛膜、FAU 型分子筛膜和 $AlPO_4$－5 型等分子筛膜。另外，微波还可应用于分子筛的改性处理、在分子筛上负载活性组分等。

(二)微波合成发光材料

尽管微波合成方法应用于无机合成的时间并不长，但在无机粉末发光材料制备方面取得了重要进展。利用微波法合成的发光材料有 $Y_2O_3:Eu^{3+}$、$(Ce_{0.67}Tb_{0.33})MgAl_{11}O_{19}$、$BaMgAl_{10}O_{17}:Eu^{2+}$、$CaWO_4$、$(Y,Cd)BO_3:Eu^{3+}$、$CaS:Ag^+$ 等多种荧光粉，基本制造方法是利用微波固相反应，即按一定化学配比称取反应物，充分混合后放入坩埚，置于微波炉中加热一定时间后取出冷却即可。

采用 $SrCO_3$ 和升华硫作基质原料，$K_2C_2O_4$ 和 CeO_2 分别作助熔剂和激活剂，在微波功率为 750W 下反应 15～45min 合成 $SrS:Ce^{3+}$、K^+ 荧光体，产物 Ce^{3+} 的发射主峰和边峰分别位于 479nm 和 523nm 处，显示较纯正的蓝光。由于微波合成能阻止 Ce^{3+} 的簇集，延缓 Ce^{3+} 离子对的形成，对于制备的 $SrS:Ce^{3+}$、K^+ 荧光体，Ce^{3+} 可在较大浓度范围内保持高效的发光性能。

(三)微波合成其他功能材料

近年来，微波合成陶瓷材料引起了人们的高度重视。例如，利用微波加热、固一固反应合成了 AlN、$BaTiO_3$、KVO_3、$SrTiO_3$、$CuFe_2O_4$、$YBa_2Cu_3O_{7-x}$、$La_{1.85}Sr_{0.15}CuO_4$ 等陶瓷材料。以 $La_{1.85}Sr_{0.15}CuO_4$ 为例，将 CuO、La_2O_3 和 $SrCO_3$ 按化学计量比近似配比后，通过微波加热，便可得到纯的产品。

微波合成在锂离子电池材料合成中也得到了广泛的应用，在家用微波炉中合成 $Li_{0.25}Mn_{1.975}O_4$、Li_{1+x}，$Mn_{2-x}O_{4-y}F_y$ ($x=0.05$、0.15；$y=0.05$、0.10)、$LiCO_{(1-x)}M_xO_2$ (M＝Al、Mg)等材料，具有较高的放电容量及良好的嵌/脱锂性能。

利用微波作为加热源可以合成多种半导体材料。例如，在硬脂酸的丁醇溶液中制备半导体 CdS 纳米棒；在甲醛溶液中，以 $Hg(Ac)_2$ 和 TAA(硫代乙酰胺)为原材料合成 HgS 半导体纳米粒子。

微波技术作为一门新兴的交叉性学科，理论尚缺乏系统性，存在不少亟待进一步深入研究和解决的问题。从已发表的文献信息来看，大部分微波技术还处于实验研究阶段，与之相匹配的微波设备、装置、材料的研制相对滞后，阻碍了该技术的全方位扩展。但相信随着理论研究和实验工作的不断深入，微波技术在化学合成领域将会得到更加广泛的应用和发展。

第七节　等离子体技术

等离子体技术是利用等离子体的特殊性质进行化学合成的一种新技术。由于等离子体中的粒子能量一般为几个至几十个电子伏特，足以提供化学反应所需的活化能。自19世纪等离子技术被发现以来，人们对它的认识和利用在不断深化。早期等离子体主要作为发光、导电流体或高能量密度的热源来应用。如荧光灯、霓虹灯、等离子体切割、磁流体电等。到20世纪60年代，随着对等离子体中各种粒子化学活性和化学行为认识的不断深入，形成了一门新兴的交叉学科——等离子体化学。

一、概述

等离子体是气体在外力作用下发生电离，产生电荷相反、数量相等的电子和正离子以及自由基气体。由于该物质在宏观上呈中性，故称为等离子体，它具有不同于自然界物质三态（固态、液态、气态）的第四种形态（图4－24）。

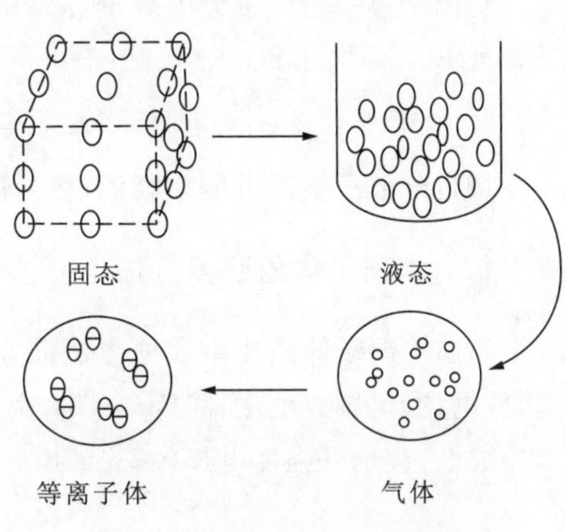

图4－24　物质四态示意图

二、特点

（一）导电性

在外加电压下，等离子体中的阴、阳粒子流动会产生电流，从而显现出良好的导电性。

（二）准电中性

等离子体中虽然存在很多的荷电粒子，但粒子所带的正、负电荷数总是相等的。

（三）与磁场的可作用性

等离子体是由带电粒子组成的导体，所以可用磁场控制其位置、形状等；与此同时，荷电粒子集体运动又可以形成电磁场。

三、分类及其获得方法

(一)分类

1. 按存在形式分类

1)天然等离子体

自然界自发产生(如闪电)及宇宙中存在(如太阳、星云)的等离子体。

2)人工等离子体

通过外加能量激发电离物质形成的等离子体。如霓虹灯中的放电等离子体,等离子炬中的电弧放电等离子体等。

2. 按电离度“α”分类

等离子体按电离度可分为完全电离等离子体($\alpha=1$);部分等离子体($0.01<\alpha<1$);弱电离等离子体($10^{-6}<\alpha<0.01$)。

3. 按粒子密度分类

等离子体按密度可分为致密等离子体(粒子密度 $n>10^{15\sim18}\,\text{cm}^{-3}$)和稀薄等离子体(粒子密度 $n<10^{12\sim14}\,\text{cm}^{-3}$)。

4. 按带电粒子温度相对高低分类

按带电粒子温度可分为高温(热)等离子体和低温(冷)等离子体。

(二)等离子体的获得方法

高温等离子体主要由3种方法获得:①高强度电弧(即电流>50A,气压>10kPa的电弧)放电;②射频放电法;③等离子体喷焰和等离子体炬等。低温等离子体的获得主要依靠低压放电,包括低强度电弧、辉光放电,介质阻挡放电,射频放电和微波诱导放电等。

四、应用

等离子体技术在合金冶炼,半导体材料、合成材料的制备,材料表面改性和超微粒子的制备方面得到广泛应用。

(一)高温等离子体在无机合成中的应用

高温等离子体的特点是电子温度和粒子温度几乎相等,处于热力学平衡状态。由于高温等离子体温度较高(可达6000~10 000K),分子一般都离解成原子、离子等。因此,它主要适用于金属及其合金冶炼,超细、超纯、耐高温材料(如氮化物、碳化物、硼化物、氧化物)及金属超微粒子的合成以及材料表面改性。

1. 在金属冶炼中的应用

高温等离子体在冶金方面充分发挥了它的优越性，其中研究的最早且比较成熟的是等离子体炼铁。瑞典的 SKF 钢厂利用等离子电弧放电技术产生 7000℃的高温来还原钛铁矿($FeO \cdot TiO_2$)，得到了高产优质的铁。日本用氢电弧等离子体技术还原铁矿石也得到了高纯铁。

利用高温等离子体冶炼金属的主要优点：①能耗低、效率高，能耗仅为传统高炉冶金的75%；②在高温下，可大大减少 SiO_2、焦油和 CO 的产生，不仅提高了产品质量，也减少了环境污染。

2. 在碳、氮化物合成中的应用

美国 Los Alamos 国家实验室设计了一种新的射频等离子体系统，如图 4-25 所示，将反应物注入氩等离子体炬中，利用如下 3 个反应，成功合成了 SiC、Si_3N_4、B_4C 等超细、超纯粉末。

$$SiH_4(g)+CH_4(g) \longrightarrow SiC(s)+4H_2(g)$$

$$3SiH_4(g)+4NH_3(g) \longrightarrow Si_3N_4(s)+12H_2(g)$$

$$2B_2H_6(g)+CH_4(g) \longrightarrow B_4C(s)+8H_2(g)$$

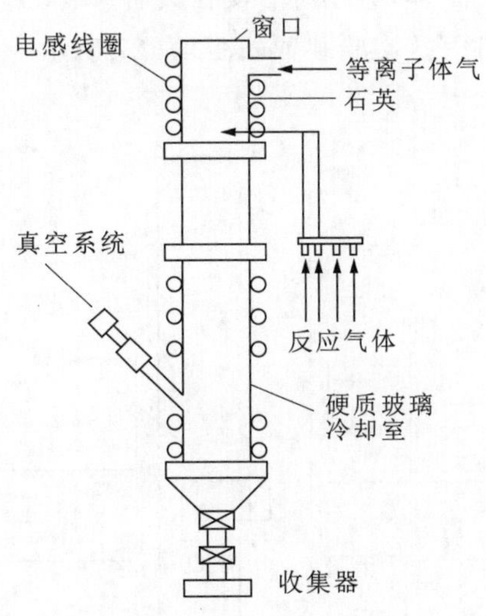

图 4-25　生产超微粉末的射频等离子体系统

(二)低温等离子体在无机合成中的应用

低温等离子体的特点是电子温度和粒子温度的分离，电子温度比较高(10^4K)而粒子的温度相对较低(10^2～10^3K)，即电子与粒子处于非平衡状态。在低温等离子体中，电子拥有足够的能量使反应物分子的化学键断裂，而粒子温度又可以保持与环境温度相近，这对化合物的合成非常有利。

1. 在碳纳米管中的应用

利用低温等离子体作为能量源，通入适量的反应气体，利用等离子体放电，使反应气体激活并实现化学气相沉积的技术称为低温等离子体化学气相沉积（PCVD）。利用此技术合成碳纳米管避免了其他高温方法合成碳纳米管时容易相互缠绕的弊端。

2. 在合成氨中的应用

利用直流辉光放电获得的低温等离子体作为能量源，以 MgO 作催化剂，可以在常温下由 N_2、H_2 直接合成 NH_3，实验装置如图 4－26 所示。反应器为 160mL 的封闭环管，反应室上部装有钨丝电极，电源为可变高压直流电源。原料气是 $H_2:N_2$ 为 3∶1，反应室的初始气压为 10^3Pa，生成的 NH_3 由液氮冷阱捕集。

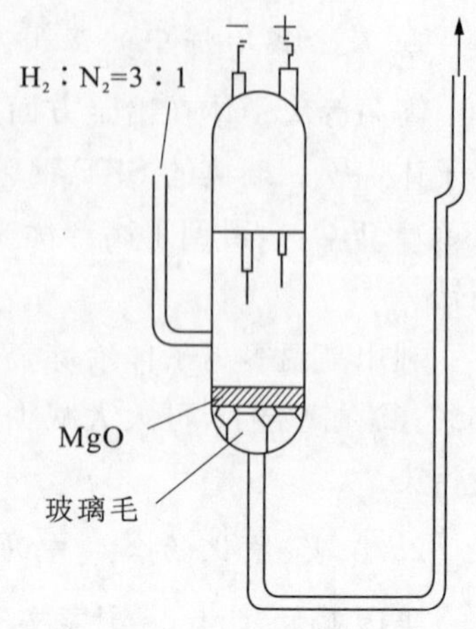

图 4－26　辉光放电等离子技术合成氨反应器

3. 在金刚石膜合成中的应用

在石英管中充以 CH_4 和 H_2（体积分别为 5％和 95％），在 13.33Pa 的低气压下，用 1kW 左右的微波功率激发产生等离子体，数小时后便在具有 900℃左右温度的基片上沉积形成了金刚石薄膜，方法简便，重复性好。实验装置如图 4－27 所示。

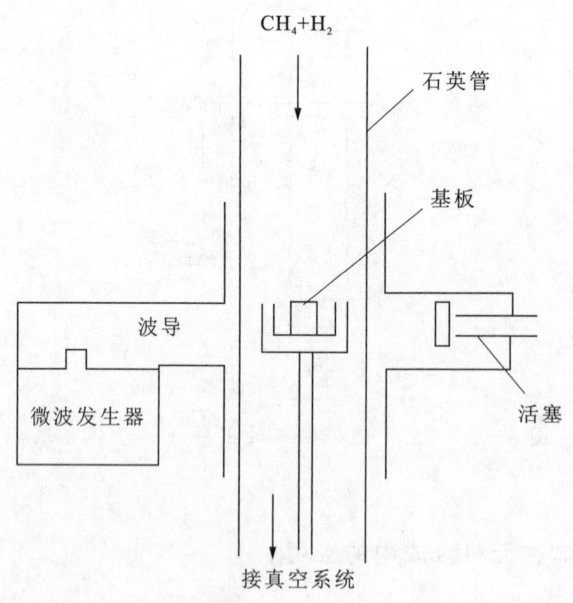

图 4－27　微波等离子体合成金刚石的装置示意图

第八节　仿生合成法

一、概述

仿生合成一般是指利用自然原理来指导材料的合成，即受到自然界生物的启示，模仿或利用生物体结构、生化功能和生化过程，进而应用到材料设计上，以便获得接近生物材料或者超过生物材料优异性能的新材料，或者是利用天然生物合成的方法获得所需的材料。随着研究的深入，仿生合成机理已被科学工作者们从越来越多的方面进行理解与考察，用作模板的物质越来越多，模板的概念也被应用于更多的领域，仿生合成在开辟合成新型材料途径方面的前景不可限量。

二、特点

仿生合成法制备功能材料具有传统物理、化学方法无可比拟的优点：①可对晶体结晶粒径、形态及结晶学定向等微观结构进行严格控制；②不需后续热处理；③合成的薄膜厚度均匀、多孔且基体不受限制，可使用塑料及其他温度敏感材料；④可在常温常压下合成，成本低。

三、原理

精密、复杂无机材料的仿生合成，实质上是模拟生物矿化，即模拟细胞分泌的对无机物的形成起模板作用的有机物，使生成的无机物具有一定的形状、尺寸、取向和结构的合成过程。生物矿化一般分为 5 个阶段。

1. 有机大分子预组织

在矿物沉积前构造一个有组织的反应环境，该环境决定了无机物成核的位置，但在实际生物矿化中有机基质是动态的。

2. 界面分子识别

在已形成的有机大分子组装体的控制下，无机物在溶液中的有机/无机界面处成核。分子识别表现为有机大分子在界面处通过晶格几何特征、静电势相互作用、极性、立体化学因素、空间对称性和基质形貌等方面影响与控制无机物成核的部位，结晶物质的选择，晶型、取向及形貌。

3. 生长调制

无机相通过晶体生长进行组装得到亚单元，同时形态、大小、取向和结构受到有机分子组装体的控制。

4. 细胞加工

在细胞参与下亚单元组装成高级的结构。该阶段是造成天然生物矿化材料与人工材料差别的主要阶段。

5. 模板去除

将有机物模板去除后即得到有组织的、具有一定形状的无机材料。脱去模板的方法有干燥、萃取、溶解和煅烧。

在仿生合成技术中,模板举足轻重,是制备结构、性能迥异的无机材料的前提。模板的种类多样,如表面活性剂和生物大分子。

四、应用

仿生合成法在纳米微粒、薄膜、涂层、多孔材料和具有与天然生物矿物相似的复杂形貌的无机材料的制备中获得了广泛应用。

(一)纳米微粒

仿生合成法制备纳米微粒的思路主要有两类:①利用表面活性剂在溶液中形成反相胶束、微乳或囊泡,其内部的纳米级水相区域限制了无机物成核的位置和空间,相当于纳米尺寸的反应器,通过其可制备出纳米微粒。②利用表面活性剂在溶液表面自组装形成Langmuir单层膜或在固体表面用Langmuir-Blodget(LB)技术形成LB膜,利用单层膜或LB膜的有序模板效应在膜中生长纳米尺寸的无机晶体。目前应用仿生合成法已合成了半导体、催化剂和磁性材料的纳米粒子等。

(二)多孔材料

利用表面活性剂在水中形成的液晶和囊泡为有机模板,制备出SiO_2、Al-MCM-41介孔分子筛、Pt-SBA-15分子筛、六方氧化铝分子筛等多孔材料。该方法具有以下优点:①产物的孔尺寸可调;②可以在低温下一步合成材料;③可以制备特定形状的多孔材料。

(三)薄膜材料

薄膜和涂层仿生合成的一种典型方法是:使基片表面带上功能性基团(表面功能化),然后浸入过饱和溶液,无机物在功能化表面上发生异相成核生长,从而形成薄膜或涂层。如Si基片上TiO_2膜,硅和玻璃基片上FeOOH膜及Ti基片上磷酸盐涂层。仿生合成法制备薄膜和涂层有如下优点:①可以在低温下以低的成本获得材料;②不用后续热处理就可获得致密的晶态膜;③能够制备厚度均匀、形态复杂、多孔的膜和涂层;④基体不受限制,可使用塑料和其他温度敏感材料;⑤微观结构易于控制;⑥可以直接制备一定图案的膜。

(四)类生物材料

天然生物矿物由于生物的智能性,具有独特的物理和化学特性,制备与天然生物矿物形貌极其相似的无机材料成为近年来的研究热点。这类材料的仿生合成利用有机物模板控制微观结构和宏观形貌,具有多种特点。如从分子尺度上模仿具有独特功能的仿生纤维,制造出类似鲨鱼皮的高分子人造纤维泳衣,大幅度减小了水的阻力。图 4-28 为"鲨鱼皮"高科技泳衣。

图 4-28　"鲨鱼皮"泳衣

习题

1. 高温高压下的水热反应有哪些特征?
2. 作为水热反应的溶剂,水的性质发生了哪些变化,如何影响物质的性质?
3. 什么是溶胶、凝胶、溶胶—凝胶?
4. 简述溶胶—凝胶法的特点。
5. 化学气相沉积法有哪些反应类型,该法对反应体系有什么要求?
6. 化学输运反应的平衡常数有什么特点?试以化学热力学分析化学输运反应的原理。
7. 在扩散控制的固相反应中,采取哪些措施可以有效地提高反应速率?
8. 举例说明什么叫自蔓延高温合成?
9. 电化学无机合成具有哪些优点?
10. 水体系与非水体系的电化学无机合成有什么异同?
11. 什么是微波烧结?
12. 微波合成法有哪些特点?
13. 简述等离子体的概念及其特点。
14. 举例说明等离子体技术在化学合成中的应用。
15. 简述仿生合成的概念。
16. 简述生物矿化的基本步骤。

第五章　有机合成路线设计

第一节　概述

合成路线设计是指从理论上对目标分子的合成步骤进行讨论分析，寻找出合成目标分子的原料、方法并将它们合理组合成合成方案的过程。对于同一种化合物，不同人从不同的角度出发，可能会设计出不同的合成路线。不管是什么样的合成路线，只要能得到预期化合物，都是合理的，当然不同的合成路线之间是有差别的。非常经典的例子是颠茄酮的合成。1902 年，Willstatter 从环庚酮出发，经过 21 步反应，首次合成了颠茄酮。

H₂N—OH　EtOH/Na　① MeI ② AgOH　① Br₂ ② Me₂NH　NMe₂　① MeI ② AgOH　① Br₂ ② 喹啉　① HBr ② Me₂NH　Me₂N　Na/EtOH　Br₂　△　Br⁻　N⁺Me₂　Br　① NaOH—HBr ② HCl　Cl⁻　130℃　NMe　HBr　稀 NaOH　OH　CrO₃　O

尽管每一步收率都较高，但由于步骤太多、路线太长，使收率大大降低，总收率只有 0.75%。当然在当时的条件下能够完成这样复杂的合成，已经非常了不起了。

1917 年，Robinson 从目标分子结构出发进行分析，以丁二醛、甲胺与戊酮二酸为原料，设计出了另一条路线，仅用 3 步反应就完成了颠茄酮的合成。

$$\begin{array}{l}CHO\\ CHO\end{array} + H_2N-CH_3 + O=C(CH_2COO^-)_2 \xrightarrow[-2H_2O]{\text{缓冲液}pH=5}$$

$$\text{(NMe, }=O\text{, 2 }COO^-) \xrightarrow{H^+} \text{(NMe, }=O\text{, 2 }COOH) \xrightarrow[\triangle]{-2CO_2} \text{(NMe, }=O) \quad \text{颠茄酮（90\%）}$$

显然 Robinson 的合成路线比 Willstatter 的合成路线优越得多，不仅减少了很多设备和原材料，且总收率远远高于 Willstatter 合成路线的总收率。可见，采用不同的合成路线其合成效率差别巨大，从中我们也可以感受到合成路线设计的重要性。

1828 年，德国科学家 Wohler 成功地由氰酸铵合成了尿素，开启了人工合成天然有机化合物的新阶段。但初期的合成路线设计缺乏理论上的归纳、总结和指导。随着合成成果的不断涌现，合成化学家们开始总结合成的规律和合成设计等问题，1967 年哈佛大学教授 Corey（获 1990 年诺贝尔化学奖）提出“逆合成分析法”，将有机合成提高到了逻辑推理的高度，得到化学界的广泛重视，其基本思想是从目标产物出发，按照一定的逻辑规则，回推出简单起始原料：

目标分子$\Longrightarrow$较简单的中间体$\Longrightarrow$简单的中间体$\Longrightarrow$起始原料

这种方法对复杂大分子的合成有很大的帮助，在有机合成中占有极为重要的地位，是现代有机合成的重要手段。

第二节 有机合成的基本反应

有机合成简单地说就是采用小分子逐步合成得到大分子的过程，在这个过程中碳链（包括碳环）的构筑是最基本的任务，完成这个任务常用的反应有以下三类。

一、离子反应

离子反应是指利用碳负离子或带有较高负电荷密度的碳中心试剂（亲核试剂、电子给予体、donor）与碳正离子或带有正电荷密度的碳中心试剂（亲电试剂、电子接受体、acceptor）的结合，例如：

$$CH_2=CHCH_2Cl + NaCH(COOC_2H_5)_2 \longrightarrow CH_2=CHCH_2CH(COOC_2H_5)_2$$

反应中与氯相连的碳带有正电荷，与钠相连的碳带有负电荷，两个碳靠正负电荷间的吸引力结合，构筑成较大的分子。

二、自由基反应

自由基反应是指碳中心自由基的偶合反应构筑较大的分子，例如：

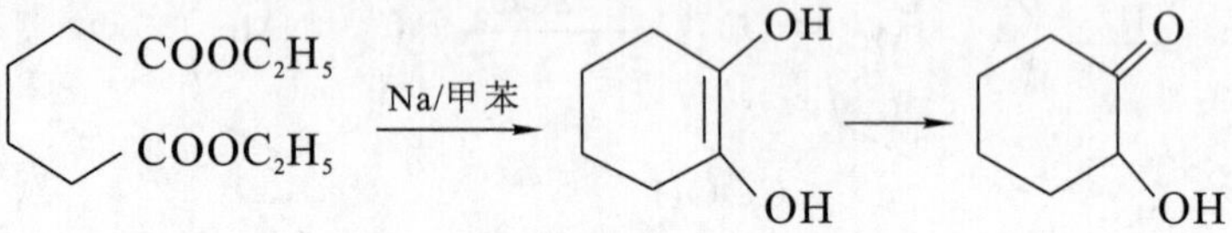

$$\cdot CH_3 + \cdot CH_3 \longrightarrow CH_3CH_3$$

碳形成自由基后结合，连接起来完成构筑碳链（碳环）反应。

三、双烯合成反应

可利用双烯合成反应来形成新的碳环，例如：

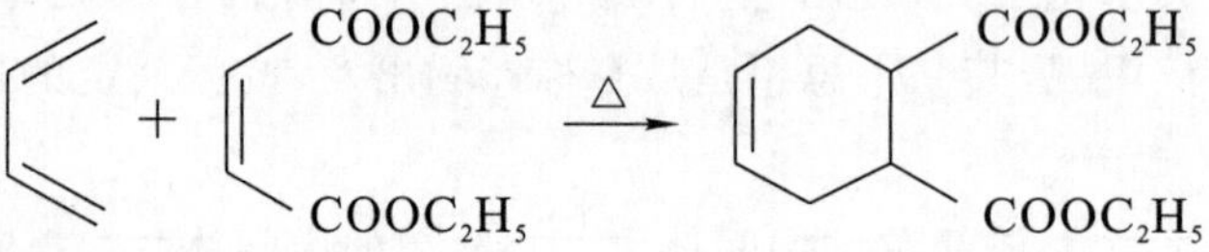

有机合成基本上就是由这三类反应完成碳架的构筑，在此基础上（也可在碳架构筑同时）再连接不同的基团，完成合成任务。

第三节　合成子

一、概念

为说明合成子的概念，以乙烷的合成反应为例进行讨论。乙烷可以通过甲基锂与碘甲烷的反应得到，也可以由碘甲烷与金属钠作用得到。

$$CH_3Li + CH_3I \longrightarrow CH_3CH_3 + LiI$$

$$2CH_3I + Na \longrightarrow CH_3CH_3 + NaI$$

前一个反应为极性反应，可以理想地看作甲基负离子与甲基正离子的结合。

$$CH_3^+ + CH_3^- \longrightarrow CH_3CH_3$$

后一个反应为自由基反应，可以看作两个甲基自由基的结合。

$$\cdot CH_3 + \cdot CH_3 \longrightarrow CH_3CH_3$$

分子碎片 CH_3^+、CH_3^- 和 $\cdot CH_3$ 称为合成子。合成子是分子内在的、与合成操作有关的结构单元，是目标分子切断后产生的假想的分子碎片，比如上述的甲基正离子、甲基负离子是乙烷分子经异裂切断后产生的分子碎片，甲基自由基是乙烷分子经均裂切断后产生的分子碎片。因此，合成子可以是正离子、负离子或自由基，也可以是相应的反应中的一个中间体。为了区别不同的分子碎片，进行如下规定：甲基负离子为给电子的合成单元，称为给电子合成子，简称 d-合成子；甲基正离子为接受电子的合成单元，称为受电子合成子，简称 a-合成子；甲基自由基称为自由基合成子，简称 r-合成子。

具有合成子功能的试剂称为该合成子的合成等价体。如 CH_3Li 是 CH_3^- 的合成等价体，CH_3I 是 CH_3^+ 和 $\cdot CH_3$ 的合成等价体。当然，一种特定合成子的合成等价体可以有多种。

在一个合成子中假如还含有官能团(FG)，而在不同的合成子中反应中心碳原子与相应官能团间的位置可能是不同的，可通过在 a 或 d 的右上角标注不同的数字加以区别，例如：

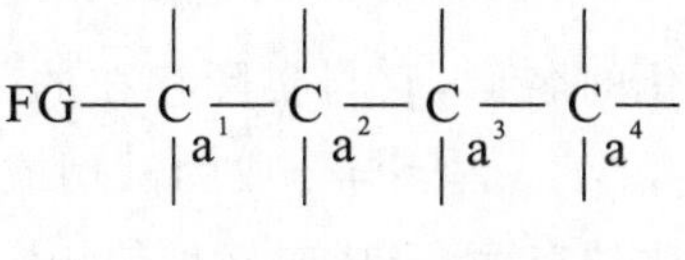

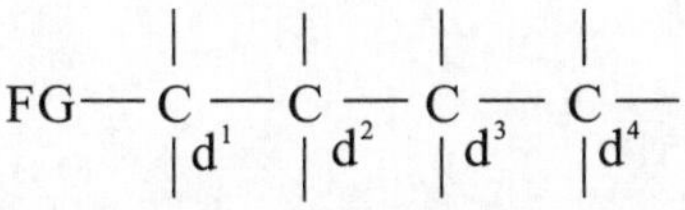

$$FG—\overset{|}{\underset{|}{C}}_{a^1}—\overset{|}{\underset{|}{C}}_{a^2}—\overset{|}{\underset{|}{C}}_{a^3}—\overset{|}{\underset{|}{C}}_{a^4}—$$

$$FG—\overset{|}{\underset{|}{C}}_{d^1}—\overset{|}{\underset{|}{C}}_{d^2}—\overset{|}{\underset{|}{C}}_{d^3}—\overset{|}{\underset{|}{C}}_{d^4}—$$

a^1(或 d^1)合成子表示与官能团本身相连的碳原子是活性的；a^2(或 d^2)合成子表示与官能团相邻的 C(2)是活性的；官能团上的杂原子为反应活性中心时为 a^0(或 d^0)合成子，官能团上的碳原子为反应活性中心时为 a^1(或 d^1)合成子，相应地，与这种碳相连原子其合成子编号顺延。例如：羟基中的氧原子为反应活性中心时是 d^0 合成子，羰基中的碳原子为反应活性中心时是 a^1 合成子，与羰基碳相连的碳原子为 a^2(d^2)合成子。

二、合成子的有效性

进行逆合成分析就是对目标分子假想的切断，将目标分子分割成小的结构单元，以利于寻找到简单的合成子和合成等价体。然而在拆解一个复杂的有机分子时，必然有很多拆解方法，产生众多碎片。例如：

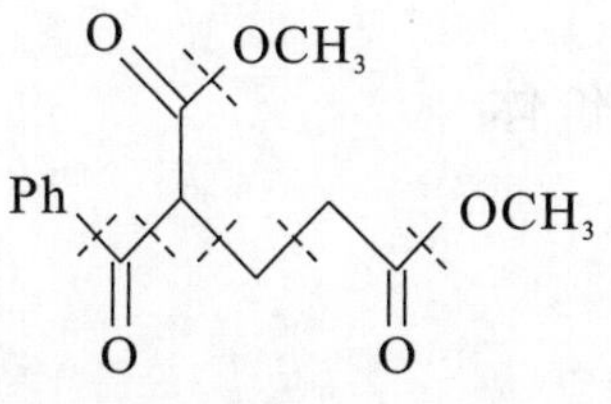

O　OCH₃
Ph　OCH₃
O　O

这些碎片不一定都能反过来键接成切断前的分子，即在有机合成中它们中的有些是有效的，有些是无效的。作为合成子必须在合成中是有效的，也就是说，合成子是分子拆开后在有机合成中确实有效的碎片，例如下列两个：

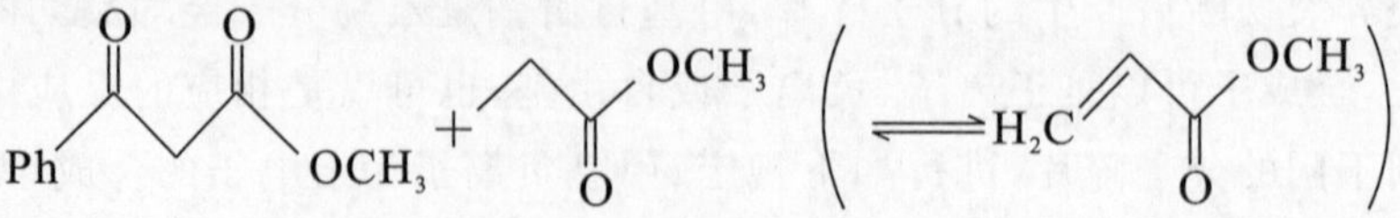

它们可以通过 Michael 加成反应生成目标分子：

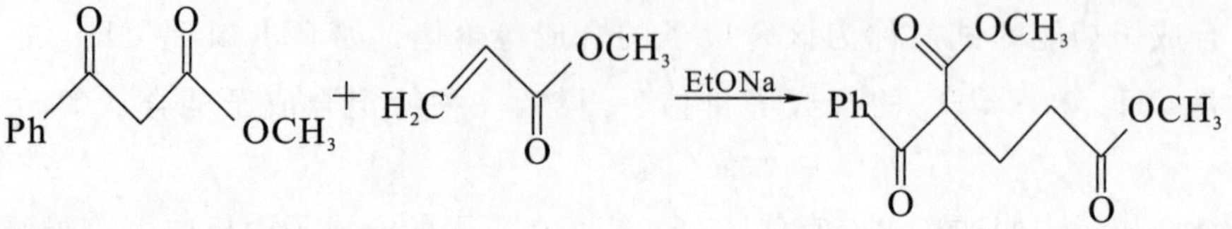

因此这两个碎片是有效的，是该分子的合成子。其他的可以通过类似的方法判断是不是有效的。

合成子是一个人为的、概念化的名词，它与实际存在的起反应的离子、自由基或分子是有区别的。合成子可能是实际存在的，是参与合成的试剂或中间体，如上面的两个合成子；也可能是客观上不存在的、抽象化的东西，合成时必须使用它的对等物，也就是合成等价体。例如：

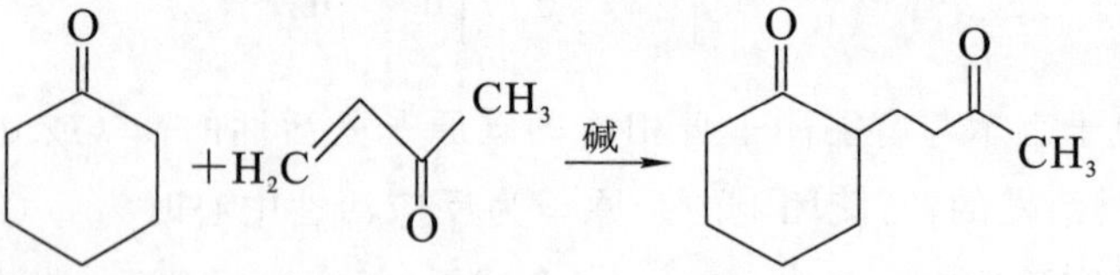

分子切断后的碎片是

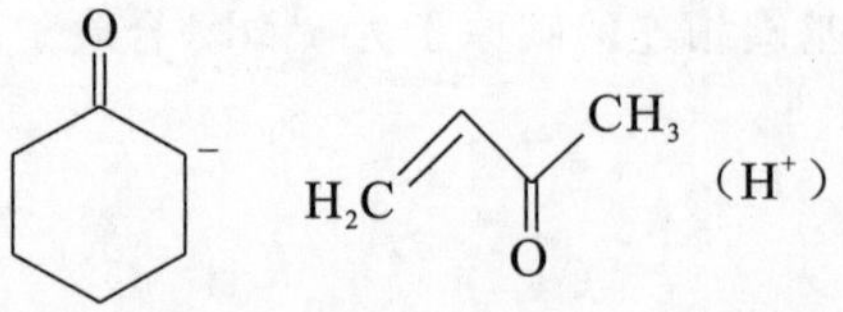

这两个碎片，后一个是实际存在的，但前一个却不存在（至少是很不稳定的），可实践证明这个反应又是可以进行的，因此这种负离子仍然是一个合理的合成子，只不过在实际合成中需要使用它的合成等价体——环己酮。

三、常见合成子及合成等价体

（一）d -合成子

碳负离子的烃基可以是烷基、烯基、炔基，其特点是活性大，稳定性小。形成碳负离子的难易程度按炔烃、烯烃、烷烃的顺序依次减弱。

烃基 d-合成子大都通过卤代烃与金属间发生金属—卤素交换反应来制备得到。

$$CH_2{=}CH{-}Br + Li(Na) \longrightarrow CH_2{=}CH{-}Li + LiBr$$

$$Ph{-}Br + Li(Na) \longrightarrow Ph{-}Li + LiBr$$

1. d^0-合成子

常见的 d^0-合成子有 CH_3S^- 及合成等价体 CH_3SH。

2. d^1-合成子

HCN、CH_3NO_2 在碱性水溶液中能够生成 d^1-合成子，因此它们可以作为 d^1-合成子的合成等价体。

$$H{-}C{\equiv}N + OH^- \rightleftharpoons C^-{\equiv}N$$

$$CH_3NO_2 + OH^- \rightleftharpoons \left[CH_2^-{-}N(=O){\rightarrow}O \longrightarrow CH_2{=}N(O^-){\rightarrow}O \right]$$

类似的常用合成等价体还有 CH_3SOCH_3、$CH_3SO_2CH_3$、R_3SiCH_2Cl、$Ph_3P^+{-}CH_2RX^-$、硫代缩醛等。

也可以利用适当的反应来制取 d^1-合成子。

烷基硅氯代烃试剂和金属锂作用：

$$R_3Si{-}CH_2{-}Cl + 2Li \xrightarrow[-LiCl]{} [R_3Si\cdots CH_2^-]Li^+$$

1,3-二硫环烷与叔丁基锂作用：

$$\text{RHC(1,3-二硫环己烷)} + n\text{-}BuLi \xrightarrow[-BuH]{} \left[R{-}C^-\text{(1,3-二硫环己烷)} \right] Li^+$$

砜与叔丁基锂作用：

$$CH_3{-}S(=O)_2{-}R + n\text{-}BuLi \longrightarrow CH_2^-\cdots S(=O)_2{-}R$$

3. d^2-合成子

不饱和吸电子基团的 α-H 很活泼，在碱性条件下容易形成稳定的 d^2-合成子。

$$C_6H_5{-}CH_3 \underset{}{\overset{n\text{-}BuLi}{\rightleftharpoons}} \left[C_6H_5{-}CH_2^- \right] Li^+$$

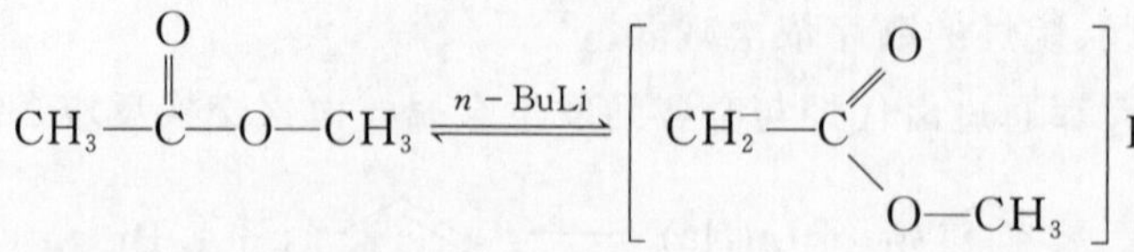

$$CH_3-\overset{\overset{O}{\|}}{C}-O-CH_3 \xrightleftharpoons{n-BuLi} \left[CH_2^{-}-C(=O)-O-CH_3 \right] Li^+$$

类似的常用 d²-合成子的合成等价体有 RCH_2CHO、RCH_2COPh、RCH_2CO_2Et、$CH_3COCH_2CO_2Et$ 和 $CH_2(CN)_2$ 等。

4. d³-合成子

常见的 d³-合成子及其合成等价体如下所示：

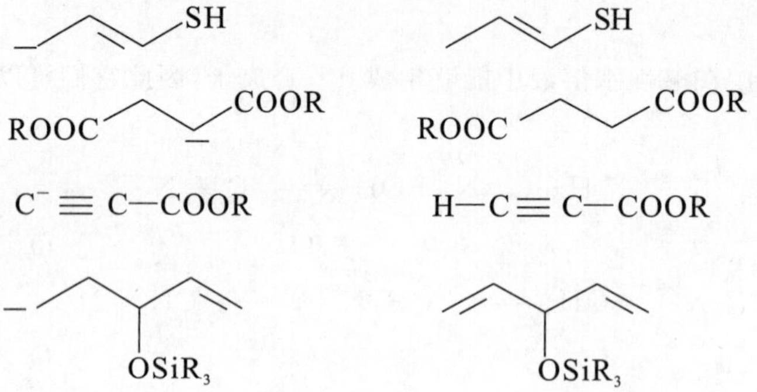

d³-合成子	合成等价体
$^{-}CH_2CH=CHSH$	$CH_3CH=CHSH$
$ROOC-CH_2-CH^{-}-COOR$	$ROOC-CH_2-CH_2-COOR$
$C^{-}\equiv C-COOR$	$H-C\equiv C-COOR$
$^{-}CH_2CH_2CH(OSiR_3)CH=CH_2$	$CH_2=CHCH(OSiR_3)CH=CH_2$

(二)a-合成子

本部分将列举一些常见的 a-合成子及合成等价体，供读者应用时参考。

1. a⁰-合成子

常见的 a⁰-合成子有 $^{+}PMe_2$，合成等价体为 Me_2PCl。

2. a¹-合成子

常见的 a¹-合成子及其合成等价体如下所示：

$$R^{+}、R-X、CH_3HSO_4、Me_2SO_4、RSO_3、Me_3OBF_4、Me_2CO、Me_3PO$$

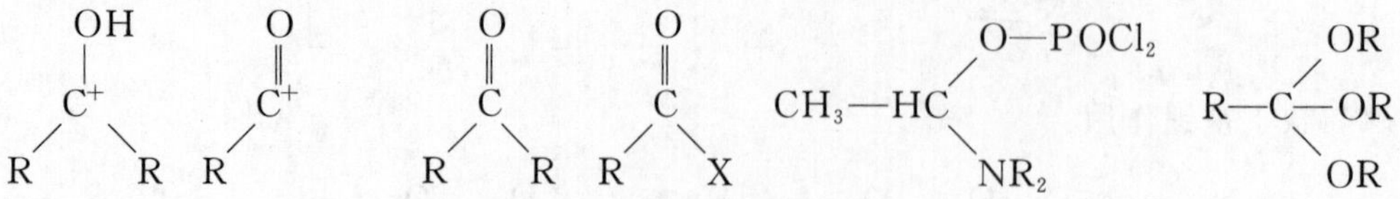

$$R_2\overset{+}{C}-OH \quad R-\overset{+}{C}=O \quad R-CO-R \quad R-CO-X \quad CH_3-HC(O-POCl_2)(NR_2) \quad R-C(OR)_3$$

$(X=Cl、OAc、SR'、OR')$

3. a²-合成子

常见的 a²-合成子及其合成等价体如下所示：

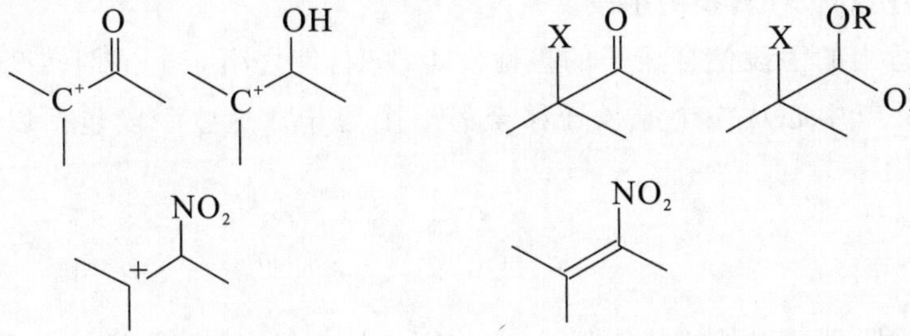

（X=Br、OTs、OMes）

4. a^3-合成子

常见的 a^3-合成子及其合成等价体如下所示：

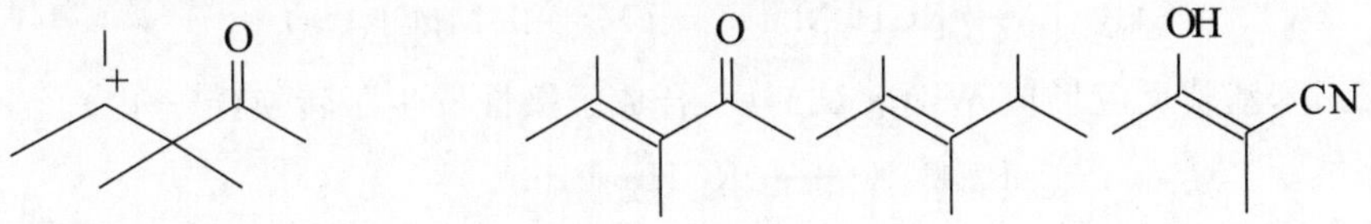

（X=Cl、Br、I、OTs、OMes）

三、合成子的极性转换

先看一个例子：

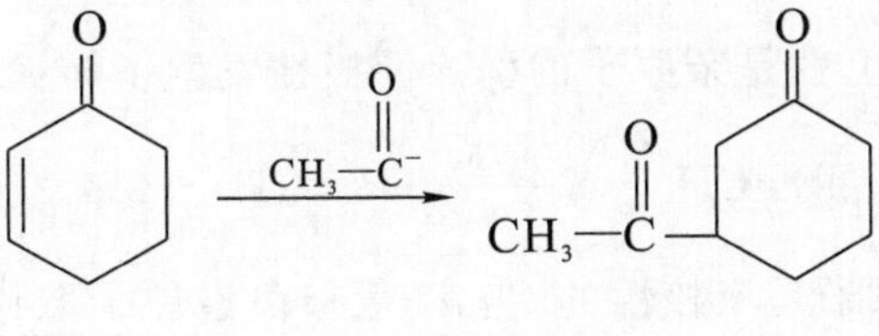

$$\xrightarrow{CH_3-\overset{O}{\overset{\|}{C}}^-}\ CH_3-\overset{O}{\overset{\|}{C}}-$$

原料 α,β-不饱和酮是亲电的，易与亲核试剂作用，这就应该有一个负离子 $CH_3-\overset{O}{\overset{\|}{C}}^-$（乙酰负离子）与它作用，但乙酰负离子是实际不存在的合成子。换句话说，如果我们对目标分子进行切断，得到一个乙酰正离子和一个环己酮负离子是合理的切断。但实际反应中参与反应的却是乙酰负离子，这个事实告诉我们在不合理的切断中可能孕育着合理的反应。如果我们能够在这样一些不合理切断中捕捉到合理的反应信息，将会使合成反应的数量成倍地增长，也会使合成化学的创新性得到充分发挥，问题是怎样才能使这些不合理的合成子

变成合理的合成子，这就需要用到极性转换的手段。

所谓极性转换就是采用适当的手段使合成子的极性发生改变，使之由亲电试剂转变成亲核试剂(或相反)，或者使反应中心从一个原子迁移至另一个原子。这些手段包括以下几种。

(一)杂原子的交换

杂原子是指有机化合物中除碳氢以外的其他原子，这些原子的交换，可以改变合成子的极性。比如卤代烃 RX 中与卤素原子直接相连的碳为 a^1 -合成子，金属原子与卤原子交换后，变成 d^1 -合成子。

$$RCH_2Cl \longrightarrow RCH_2M \qquad (M{=}Li、MgCl、Cu)$$

卤代烃与三苯基膦反应形成 Wittig 试剂后，合成子极性发生了转换($a^1 \rightarrow d^1$)。

$$RCH_2X \longrightarrow RCH{=}PPh_3$$

羰基化合物的极性转换应用非常广泛，羰基碳原子为典型的 a^1 -合成子，极性转换后形成 d^1 -合成子，如前面我们所说的酰基负离子。比如醛与 1,3 -丙二硫醇反应形成的硫代缩醛与强碱作用后，原来醛基碳原子上的氢被移去，形成 d^1 -合成子。

$$R{-}CHO \xrightarrow{HS\diagdown\!\diagup SH} R{-}\overset{-}{C}\langle\begin{smallmatrix}S\\S\end{smallmatrix}\rangle \text{(1,3-二噻烷环)}$$

酰氯与四羰基铁酸钠作用后，也可提供酰基负离子。

$$RCOCl \longrightarrow RCO{-}Fe(CO)_4$$

酰基负离子能够和多种亲电试剂作用，为合成更多有机化合物提供帮助。

(二)杂原子的引入

格氏试剂的制备实际上就是杂原子的引入使极性发生了转换($a^1 \rightarrow d^1$)。

$$R{-}CH_2{-}X \xrightarrow[\text{干醚}]{Mg} R{-}CH_2{-}MgX$$

羰基化合物的 α -碳原子是亲核性的，当 α -氢被卤素原子取代后，α -碳原子转换为亲电性的，极性由 $d^2 \rightarrow a^2$。

$$H{-}\overset{|}{\underset{|}{C}}{-}\overset{O}{\overset{\|}{C}}{-} \xrightarrow{Br_2} Br{-}\overset{|}{\underset{|}{C}}{-}\overset{O}{\overset{\|}{C}}{-}$$

(三)碳原子的添加

在羰基碳上引入氰基后，使原来的碳原子的极性发生转换(a→d)。

$$C_6H_5-\overset{\overset{O}{\|}}{C}-H + HCN \longrightarrow C_6H_5-\underset{H}{\overset{OH}{C}}-CN$$

羰基化合物与乙炔加成氧化后形成的炔酮，末端炔氢原子易被强碱攫取形成炔碳负离子(d^3)，从而使反应中心的位置发生迁移。

$$R-\overset{\overset{O}{\|}}{C}-H \xrightarrow{C_2H_2} R-\underset{H}{\overset{OH}{C}}-C\equiv CH \longrightarrow R-\overset{\overset{O}{\|}}{C}-C\equiv CH \xrightarrow{OH^-} R-\overset{\overset{O}{\|}}{C}-C\equiv C^-$$

有了极性转换这一方法，不同合成子间可以相互转换，这无疑扩大了合成等价体的选择范围。

例 5-1　安息香的合成。

解：安息香又称苯偶姻、二苯乙醇酮、2-羟基-2-苯基苯乙酮或 2-羟基-1,2-二苯基乙酮，是一种无色或白色晶体，可作为药物和润湿剂的原料，还可用作生产聚酯的催化剂，其结构式为

$$C_6H_5-\overset{\overset{O}{\|}}{C}-\overset{OH}{CH}-C_6H_5$$

从分子结构看，它是由两分子苯甲醛中的羰基碳连接在一起而成的，但这是不可能的。因为羰基碳是 a^1-合成子，两个 a^1-合成子不可能发生反应结合在一起，实际合成中是在热的氰化钾或氰化钠的乙醇溶液中通过安息香缩合而成，其反应机理如下：

$$C_6H_5-\overset{\overset{O}{\|}}{\underset{\delta^+}{C}}-H + C^-\equiv N \longrightarrow C_6H_5-\overset{OH}{C^-}-CN$$

$$C_6H_5-\overset{\overset{O}{\|}}{\underset{\delta^+}{C}}-H + C_6H_5-\underset{}{\overset{CN}{C^-}}-OH \longrightarrow C_6H_5-\underset{CN}{\overset{OH}{C}}-\underset{H}{\overset{O^-}{C}}-C_6H_5 \longrightarrow$$

$$C_6H_5-\underset{CN}{\overset{O^-}{C}}-\underset{H}{\overset{OH}{C}}-C_6H_5 \xrightarrow{-CN^-} C_6H_5-\overset{\overset{O}{\|}}{C}-\overset{OH}{CH}-C_6H_5$$

由于氰氢根和一部分苯甲醛羰基碳反应后使羰基碳原子的极性发生了转换，变为了 d-合成子，这样就能通过离子型反应将两分子的苯甲醛结合起来。

第四节　逆向合成分析

一、基本术语

(一)目标分子

目标分子(TM)是欲合成的分子,它可以是目标产物,也可以是某个中间体。

(二)切断

从目标分子的结构着手,把分子按一定的方式切成几个片断,切断(DIS)的基本原则是这些片断可以通过已知的反应进行重新连接,这种切断可以逐步进行下去,即可以对碎片再进行切断,直到找到最简单的反应和原料,最后的原料就是"起始物"(SM)。切断的部位画一虚线表示,从分子碎片到合成等价体用虚箭头表示:

$$CH_3 \nmid CH_3 \xRightarrow{DIS} CH_3^+ + CH_3^- \dashrightarrow CH_3Cl \quad CH_3Li$$

(三)逆合成分析

整个切断过程称为逆合成分析。在进行逆合成分析时,结构上的每一步变化被称为转换,用双线箭头表示:

$$TM \Longrightarrow C \Longrightarrow B \Longrightarrow SM$$

其中,C、B为中间体。

进行逆合成分析应遵循:①每一步都应有合适的合成方法;②整个合成流程要做到尽可能地简单化;③有被认可的(即市场能供应的)原料。

(四)合成

合成是从某种原料出发,经过若干步化学反应,最后得到所需的产物,即目标分子。合成步骤的每一步被称为反应,一般用单线箭头表示:

$$SM \longrightarrow B \longrightarrow C \longrightarrow TM$$

(五)官能团的转换

将目标分子中的官能团借助适当反应转变成另一种官能团,以FGI表示:

$$C_6H_5CH_2CH_2NH_2 \xRightarrow{FGI} C_6H_5CH_2CN$$

(六)官能团的连接

在双箭头上加注 CON 来表示官能团的连接：

$$\text{1,2-环己烷二甲酸(COOH, COOH)} \xRightarrow{CON} \text{环己烯}$$

(七)重排

在双箭头上加注 REARR 来表示重排：

$$\text{己内酰胺(C=O, NH)} \xRightarrow{REARR} \text{环己酮肟}(C{=}N{-}OH)$$

(八)官能团的添加

在逆合成分析中，有时为了活化某个位置，需要人为地加入一个官能团，这个过程称为官能团的添加，以 FGA 表示：

$$PhCH_2CH(CH_3)COOCH_3 \xRightarrow{FGA} PhCH_2C(CH_3)(COOCH_3)_2$$

(九)官能团的消除

为了逆合成分析的需要，有时也采用去掉目标分子中的某个官能团的方法，这个过程称为官能团的消除，以 FGR 表示：

$$t\text{-}Bu\text{-}CO\text{-}CO\text{-}CH_3 \xRightarrow{FGR} t\text{-}Bu\text{-}CO\text{-}CH_2CH_3$$

通过这些方法的处理，一般可以将目标分子转换成更容易得到的化合物。

二、分子拆分法

逆合成分析法实际上是一种分子拆分方法，通过对化学键的拆分，将较大的目标分子分解成它的原料和试剂分子，最终设计出合理的合成路线。因为复杂分子的合成都包含分子骨架由小到大的变化，所以正确应用拆分法就成为解决复杂分子合成问题的关键。

(一)分子拆分原则

1. 切断依据

正确的切断应以合理的反应机理为依据，切断后要有较好的反应将其连接。例如：

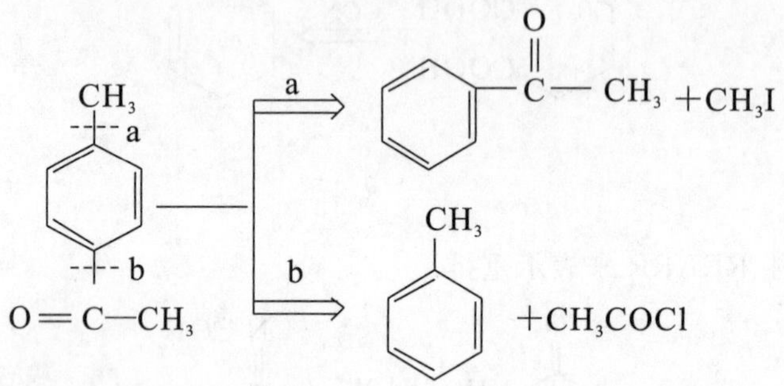

在 a 切断方式中，酰基是钝化苯环的间位定位基，当进行合成时不能使甲基进入酰基的对位，无法回到目标分子，因此 a 是一种不合理的切断。b 切断后产生的分子碎片在进行酰基化时能够使酰基进入甲基的对位，得到目标产物，因此 b 是合理的切断。

2. 最大简化原则

下面的化合物可以考虑在 a、b 两个位置进行切断：

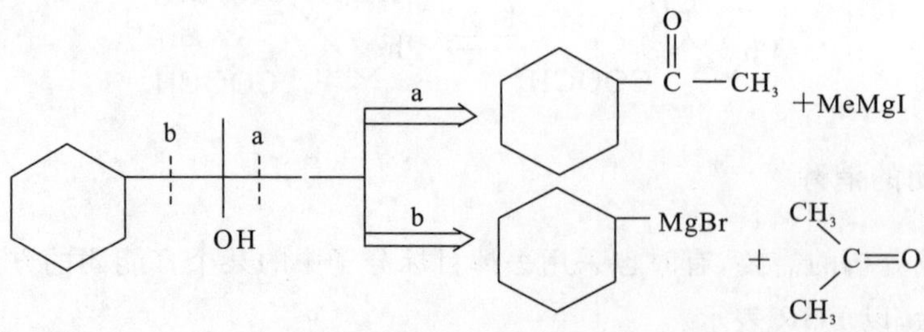

a 路线切断一个碳原子后，留下的是一个不易得到的中间体，还需要进一步地切断。b 路线将目标分子切断成易得的原料丙酮和环己基溴，所以 b 的合成路线较 a 短，符合最大简化原则，是较好的切断。

3. 原料易得原则

当切断有几种可能时，应选择合成步骤少、产率高、原料易得的方案。

(二)分子拆分的技巧

下例是一个开链叔醇化合物的分子拆分，通常可以考虑在羟基的 α -碳或 β -碳的连接处进行切断。

$$Ph-\overset{CH_3}{\underset{t-Bu}{\overset{|c}{\underset{|a}{C}}}}\overset{b}{}-OH \xRightarrow{a} Ph\overset{OH}{\overset{+}{C}}H\,CH_3 + t\text{-}Bu^- \dashrightarrow Ph-\overset{O}{\overset{\|}{C}}-CH_3 \quad t\text{-}BuMgCl$$

$$\xRightarrow{b} t\text{-}Bu\overset{OH}{\overset{+}{C}}H\,CH_3 + Ph^- \dashrightarrow t\text{-}Bu-\overset{O}{\overset{\|}{C}}-CH_3 \quad PhMgCl$$

$$\xRightarrow{c} Ph\overset{OH}{\overset{+}{C}}H\,Bu\text{-}t + CH_3^- \dashrightarrow Ph-\overset{O}{\overset{\|}{C}}-t\text{-}Bu \quad CH_3MgCl$$

从理论上讲，上述 3 种切断方案都是合理的。但考虑到所用合成试剂的来源和价格，方案 a 和方案 b 所用的试剂比较容易得到，且价格低。

上面例子在不同的部位采用相同的切断方式，得到 6 个分子碎片，如果在同一个部位考虑采用不同的切断方式，或者在 β -碳的连接处等其他位置进行切断，可以想象，会产生无数的分子碎片，这其中肯定有很多是无效的，为了尽量减少这种无效操作，除了需遵循上面所说的分子拆分原则外，还应注意熟悉下面一些技巧。

1. 优先考虑骨架的形成

虽然有机化合物的性质主要是由分子中的官能团决定的，但在解决骨架和官能团具有变化的合成问题时，要优先考虑的却是骨架的形成，这是因为官能团是附着在骨架上的，骨架不先建立起来，官能团就没有附着点。

考虑骨架的形成时，首先研究目标分子的骨架是由哪些较小的碎片通过碳碳成键反应结合成的，其次研究较小的碎片又是由哪些更小的碎片形成的，依次类推，直到得到最小碎片。

2. 联想官能团的形成

由于形成新骨架的反应，总是在官能团或是受官能团的影响而产生的活泼部位上发生，因此要发生碳碳成键反应，碎片中心需要有适当的官能团存在，并且不同的成键反应需要不同的官能团。

例如：

$$R-X+R-X \xrightarrow{Na} R-R$$

碎片中需要有卤素存在。

又如：

$$R-CH_2-CHO+R-CH_2-CHO \xrightarrow{Na} R-\underset{OH}{\underset{|}{CH}}-\underset{R}{\underset{|}{CH}}-CHO$$

碎片中需要有羰基和 α -氢原子存在。所以在优先考虑骨架形成的同时，进而就要联想到官能团的存在和变化。

例 5-2　用乙醇制备

$$CH_3-CH_2-CH_2-CH_2-\underset{OH}{\overset{CH_3}{C}}-CH_2-CH_2-CH_2-CH_3$$

解：目标分子结构并不复杂，但由于指定了起始原料，因此要反推到乙醇有一定难度。在中间碳上有个羟基，利用它来形成整个碳骨架，因此考虑在羟基的α-碳上进行切断：

$$CH_3-CH_2-CH_2-CH_2-\underset{OH}{\overset{CH_3}{C}}\mid CH_2-CH_2-CH_2-CH_3$$

$$\Downarrow DIS$$

$$CH_3-CH_2-CH_2-CH_2-\underset{OH}{\overset{CH_3}{C^+}} + H_2C^- -CH_2-CH_2-CH_3$$

$$\downarrow \qquad\qquad \downarrow$$

$$CH_3-CH_2-CH_2-CH_2-\underset{O}{\overset{CH_3}{\underset{\|}{C}}} \qquad XMg-CH_2-CH_2-CH_2-CH_3$$

切断后得到的分子碎片有相应的合成等价体，且可通过羰基与格式试剂的加成反应合成目标分子，说明这一步切断是合理的，问题是得到的合成等价体并不是指定的起始试剂。因此，还需要进一步切断。

$$CH_3-CH_2-CH_2-CH_2-\underset{O}{\overset{CH_3}{\underset{\|}{C}}} \xRightarrow{FGI} CH_3-CH_2-CH_2-CH_2-\underset{OH}{CH}-CH_3$$

按照第一步切断方式对中间体进行切断：

$$CH_3-CH_2CH_2-CH_2 \mid \underset{OH}{CH}-CH_3 \xRightarrow{DIS} \cdots\rightarrow CH_3-CH_2-CH_2-CH_2-MgX+CH_3-CHO$$

经过这一步切断后，得到的乙醛可以由乙醇制取：

$$CH_3-CHO \xRightarrow{FGI} CH_3-CH_2-OH$$

余下部分还需要进一步切断：

$$CH_3—CH_2—CH_2—CH_2—MgX \xRightarrow{FGI} CH_3—CH_2 \nmid CH_2—CH_2—OH$$

$$\Downarrow$$

$$CH_3—CH_2—MgX + \text{环氧乙烷}$$

$$CH_3—CH_2—MgX \xRightarrow{FGI} CH_3—CH_2—OH$$

$$\text{环氧乙烷} \xRightarrow{FGI} CH_2{=}CH_2 \xRightarrow{FGI} CH_3—CH_2—OH$$

经过多步的逆合成分析后，各中间体最后都反推到了指定起始试剂乙醇。目标分子的合成路线为

$$CH_3—CH_2—OH \xrightarrow{Cu} CH_3—CHO$$

$$CH_3—CH_2—OH \xrightarrow{H_2SO_4} CH{=}CH_2 \xrightarrow[O_2]{Ag} \text{环氧乙烷}$$

$$CH_3—CH_2—OH \xrightarrow{HBr} CH_3—CH_2—Br \xrightarrow[\text{干醚}]{Mg} CH_3—CH_2—MgBr \xrightarrow[H_2O]{\text{环氧乙烷}}$$

$$CH_3—CH_2—CH_2—CH_2—OH$$

$$CH_3—CH_2—CH_2—CH_2—OH \xrightarrow{HBr} CH_3—CH_2—CH_2—CH_2—Br \xrightarrow[\text{干醚}]{Mg}$$

$$CH_3—CH_2—CH_2—CH_2—MgBr \xrightarrow[H_2O]{CH_3—CHO}$$

$$CH_3—CH_2—CH_2—CH_2—CH(OH)—CH_3 \xrightarrow[\text{稀 } H_2SO_4\text{，回流}]{K_2Cr_2O_7}$$

$$CH_3—CH_2—CH_2—CH_2—C(=O)—CH_3 \xrightarrow{CH_3(CH_2)_3MgBr}$$

$$CH_3—CH_2—CH_2—CH_2—C(CH_3)(OH)—CH_2—CH_2—CH_2—CH_3$$

3. 碳一杂键的部位优先切断

碳一杂键因有极性，往往不如碳一碳键稳定，并且在合成时此键也易于生成。因此在合成一个复杂分子时，常将碳一杂键的形成放在最后几步完成。但在逆向合成分析时，合成方向后期形成的碳一杂键，应先行考虑切断。

例 5-3　设计如下目标分子的合成路线。

解：目标分子中含有—O—键的部位，是不太稳定的部位，应考虑先在此切断。

$$PhO\text{—}CH_2CH_2CH_2CH{=}CH_2 \xrightarrow{DIS} PhOH + Br\text{—}CH_2CH_2CH_2CH{=}CH_2$$

需对中间体进一步进行切断：

$$BrCH_2CH_2CH_2CH{=}CH_2 \xrightarrow{FGI} HOCH_2CH_2CH_2CH{=}CH_2 \xrightarrow{FGI} CH_3CH_2O\text{—}CO\text{—}CH_2\text{/}CH_2CH{=}CH_2 \xrightarrow{DIS}$$

$$BrCH_2CH{=}CH_2 + CH_3\text{—}COO\text{—}C_2H_5$$

目标分子合成路线为

$$BrCH_2CH{=}CH_2 + CH_3COOC_2H_5 \xrightarrow{-HBr} C_2H_5OOCCH_2CH_2CH{=}CH_2 \xrightarrow{H_3O^+} HOOCCH_2CH_2CH{=}CH_2 \xrightarrow{LiAlH_4}$$

$$HOCH_2CH_2CH_2CH{=}CH_2 \xrightarrow{Br_2/P} BrCH_2CH_2CH_2CH{=}CH_2 \xrightarrow[PhONa]{-NaBr} PhOCH_2CH_2CH_2CH{=}CH_2$$

醋酸乙酯中的—COOEt 基团可提高 α - H 的活性，合成等效剂选用乙酸时则不行。

4. 目标分子活性部位应先切断

目标分子中官能团部位和某些支链部位可先切断，因为这些部位常是最易成键的地方。

例 5 - 4 设计如下目标分子的合成路线。

$$CH_3\text{—}CH(OH)\text{—}C(CH_3)(CH_2\text{—}CH_3)\text{—}CH_2\text{—}OH$$

解：在甲基乙基支链处切断并作官能团变换。

$$CH_3\text{—}CH(OH)\text{—}C(CH_3)(CH_2\text{—}CH_3)\text{—}CH_2\text{—}OH \xrightarrow{FGI} CH_3\text{—}\overset{O}{\overset{\|}{C}}\text{—}CH_2\text{—}\overset{O}{\overset{\|}{C}}\text{—}OEt + CH_3I + C_2H_5Br$$

目标分子经切断和官能团变换后得到的合成等价体乙酰乙酸乙酯中两个羰基中间碳原子键合的氢原子非常活泼，很容易与卤代烷发生反应连接上其他基团，由此也可以看到目标分子中的甲基乙基支链是活性部位，应优先切断。合成路线为

$$CH_3-\overset{\overset{O}{\|}}{C}-CH_2-\overset{\overset{O}{\|}}{C}-OEt \xrightarrow[OH^-]{C_2H_5Br} CH_3-\overset{\overset{O}{\|}}{C}-\underset{\underset{CH_2-CH_3}{|}}{CH}-\overset{\overset{O}{\|}}{C}-OEt \xrightarrow[OH^-]{CH_3I}$$

$$CH_3-\overset{\overset{O}{\|}}{C}-\underset{\underset{CH_2-CH_3}{|}}{\overset{\overset{CH_3}{|}}{C}}-\overset{\overset{O}{\|}}{C}-OEt \xrightarrow[LiAlH_4]{H_3O^+} CH_3-\overset{\overset{OH}{|}}{CH}-\underset{\underset{CH_2-CH_3}{|}}{\overset{\overset{CH_3}{|}}{C}}-CH_2-OH$$

5. 添加辅助基团后切断

有些化合物结构上没有明显的官能团，或没有明显可切断的键。这种情况下，可以在分子的适当位置添加某个官能团，以便于找到逆向变换的位置及相应的合成子。同时应考虑到这个添加的官能团在正向合成时是否易被除去，若不易被除去则不能添加。

例 5-5　设计如下合成路线。

（环己基苯）

解：分子中无明显的官能团可利用，但在环己基上添加一个双键可有助切断。

环己基苯 $\xRightarrow{FGA}$ 1-苯基环己烯 $\xRightarrow{FGI}$ 1-苯基环己醇（--- OH） $\xRightarrow{DIS}$ 环己酮 + 苯基溴化镁（MgBr）

目标分子合成路线为

苯 $\xrightarrow[AlBr_3]{Br_2}$ 溴苯（Br） $\xrightarrow[乙醚]{Mg}$ 苯基溴化镁（MgBr） $\xrightarrow{环己酮}$ 1-苯基环己醇（OH） $\xrightarrow[②H_2/Pd-C]{①H_3PO_4}$ 环己基苯

6. 回推到适当阶段再切断

有些分子可以直接切断，但有些分子却不能直接切断，或经切断后得到的合成子在正向合成时没有合适的方法将它们连接起来。此时，应将目标分子回推到某一替代的分子再进行切断。例如：

$$CH_3-\underset{\underset{OH}{|}}{CH}-CH_2-CH_2-OH$$

如果在仲羟基的 α-碳上切断，所得到的两个合成子中，找不到合适的方法将它们连接起来。

如果将目标分子变换为

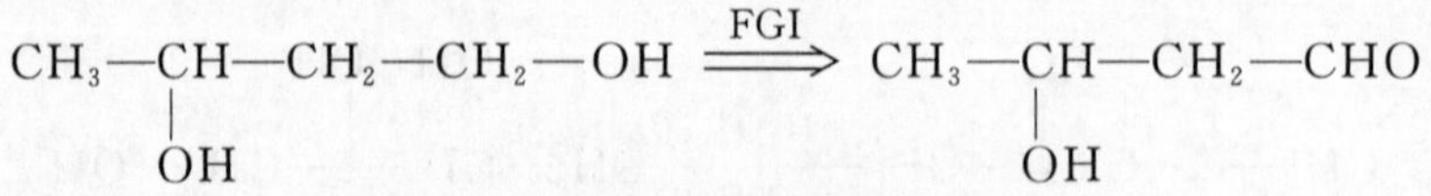

$$CH_3-\underset{\displaystyle OH}{\underset{|}{CH}}-CH_2+CH_2-OH \xrightarrow{FGI} CH_3-\underset{\displaystyle OH}{\underset{|}{CH}}-CH_2-CHO$$

再切断，就可以由两分子乙醛经醇醛缩合方便地连接起来了。

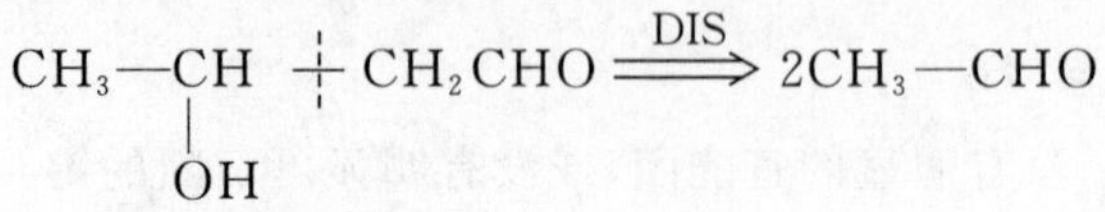

$$CH_3-\underset{\displaystyle OH}{\underset{|}{CH}} \;\vdots\; CH_2CHO \xrightarrow{DIS} 2CH_3-CHO$$

例 5-6 设计如下目标分子合成路线。

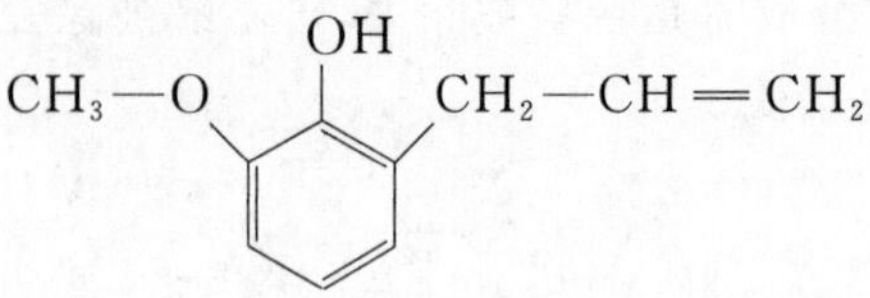

$$CH_3-O-C_6H_3(OH)-CH_2-CH=CH_2$$

解：目标分子中苯环上有一烯丙基，故可以由苯基烯丙基醚经 Claisen 重排得到。

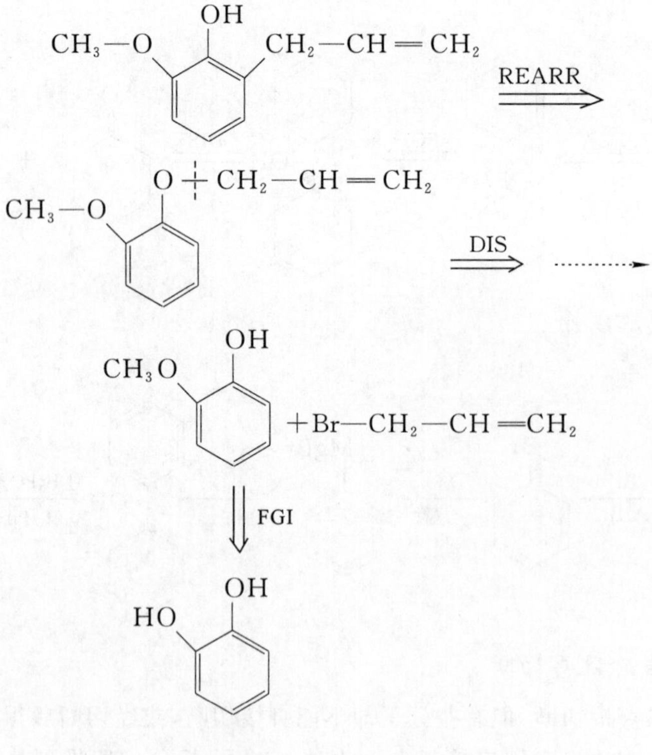

$$CH_3-O-C_6H_3(OH)-CH_2-CH=CH_2 \xrightarrow{REARR} CH_3-O-C_6H_4-O \;\vdots\; CH_2-CH=CH_2 \xrightarrow{DIS} \cdots\cdots \rightarrow$$

$$CH_3O-C_6H_4-OH + Br-CH_2-CH=CH_2$$

$$\Downarrow FGI$$

$$HO-C_6H_4-OH$$

合成路线为

$$HO-C_6H_4-OH \xrightarrow{CH_3I} CH_3O-C_6H_4-OH \xrightarrow{Br-CH_2-CH=CH_2}$$

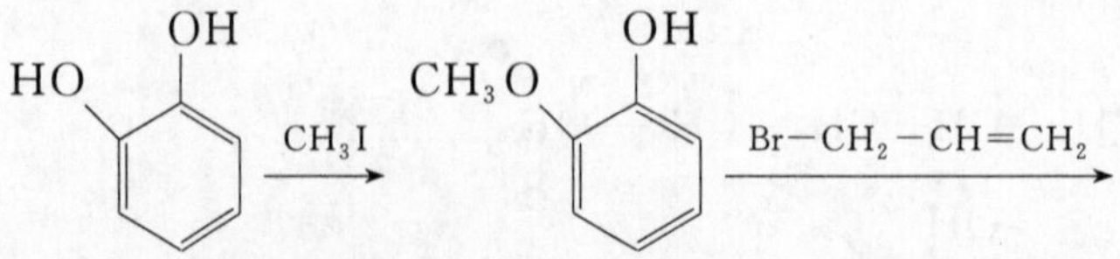

$$\text{邻-}CH_3O\text{-}C_6H_4\text{-}O-CH_2-CH=CH_2 \xrightarrow[\triangle]{\text{Claisen 重排}} CH_3O,\ OH,\ CH_2-CH=CH_2\ \text{取代苯}$$

第五节　典型分子的拆开

一、醇的拆开

要想把多种类型的醇(包括表面看不是醇，实则与醇紧密相联的物质)分子拆开，只有熟悉各种类型醇的合成方法才有可能做到。醇可以通过如图 5－1 所示的方法制备。反过来拆开醇分子时，这些合成醇的原料结构就是切断时可供参考的方向。

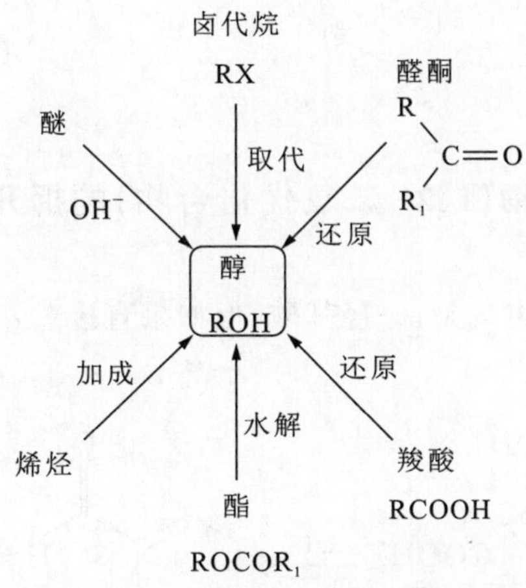

图 5－1　醇的合成方法

例 5－7　试设计顺－2－丁烯－1,4－二醇缩丙酮的合成路线。

解:目标分子为

O
O

可以考虑在两个氧原子与共用碳原子之间进行切断：

$$\text{(1,3-dioxepine)} \xRightarrow{\text{DIS}} \text{cis-HOCH}_2\text{CH=CHCH}_2\text{OH} + O{=}C(CH_3)_2$$

保证能够得到顺丁烯二醇是目标分子合成的关键，可以利用借助炔烃催化加氢得到顺式烯烃的性质来获得顺丁烯二醇，所以还需对中间体进行切断。

$$\text{cis-HOCH}_2\text{CH=CHCH}_2\text{OH} \xRightarrow{\text{DIS}} \cdots\rightarrow HC\equiv CH + HCHO$$

合成路线设计：

$$HC\equiv CH \xrightarrow[\text{HCHO}]{OH^-} HO-CH_2-C\equiv C-CH_2-OH \xrightarrow[\text{吡啶}]{H_2, Pd-C/BaSO_4}$$

$$\text{cis-HOCH}_2\text{CH=CHCH}_2\text{OH} \xrightarrow[H^+]{O{=}C(CH_3)_2} \text{(2,2-dimethyl-1,3-dioxepine)}$$

二、α-羟基羰基化合物(1,2-二氧代化合物)的拆开

α-羟基羰基化合物最常见的是α-羟基酸，但如果直接对α-羟基酸进行切断，结果可能会得到不合理的合成子：

$$C_6H_5CH(OH)COOH \xRightarrow{\text{DIS}} C_6H_5CHO + {}^-COOH$$

分子碎片中的^-COOH为明显的不合理合成子。在制取α-羟基酸时，可以采用下列方法：

$$C_6H_5CHO \xrightarrow{HCN} C_6H_5CH(OH)CN \xrightarrow[\text{②}H_3^+O]{\text{①NaOH}} C_6H_5CH(OH)COOH$$

因此在切断前先进行官能团的变换处理，将羧基变换为氰基再切断就可以避免上述产生不合理合成子的情况。

例 5-8 设计如下目标分子合成路线。

解：

合成路线：

另一种 α -羟基羰基化合物是 α -羟基酮，它可以由酮和端炔烃制备：

$$CH_3COCH_3 + HC\equiv CH \longrightarrow (CH_3)_2C(OH)-C\equiv CH \xrightarrow[Hg^{2+}-H_2SO_4]{H_2O} (CH_3)_2C(OH)-C(OH)=CH_2 \xrightarrow{重排} CH_3-C(OH)(CH_3)-CO-CH_3$$

因此，当需进行 α -羟基羰基化合物合成路线设计时将其切割成酮和炔烃。

例 5－9　设计如下目标分子合成路线。

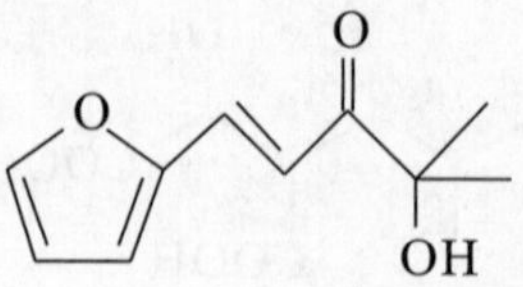

解：目标分子结构稍显复杂，除了是 α -羟基羰基化合物，同时也是 α,β -不饱和羰基化合物，考虑先从 α,β -双键进行切断：

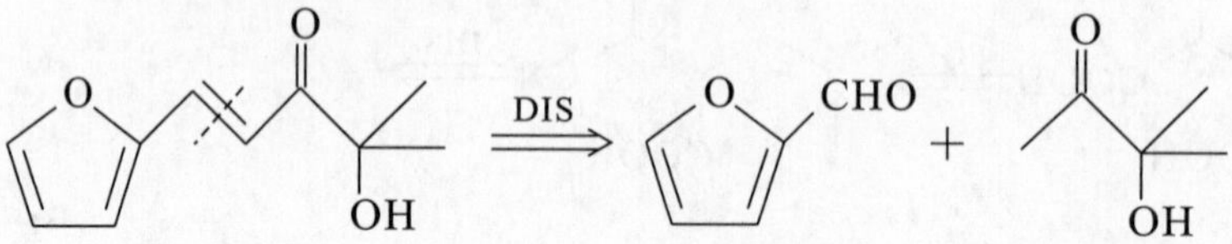

得到呋喃甲醛（别名糠醛）中间体和 α -羟基羰基中间体。呋喃甲醛可以作为合成等价体，无需再进行切断。寻找 α -羟基羰基中间体试剂稍微困难一些，需要进一步切断：

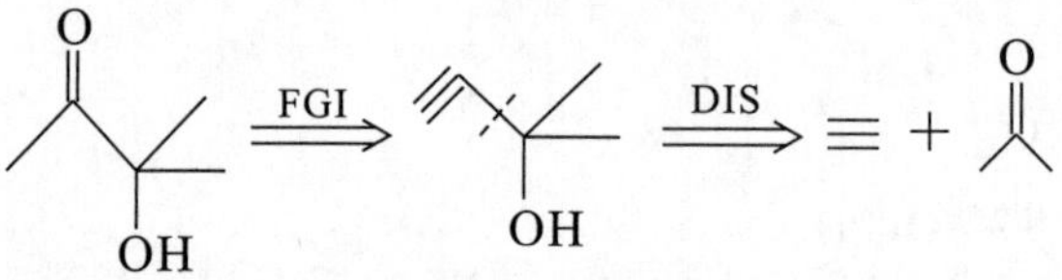

乙炔、丙酮均是比较简单的试剂，作为合成等价体非常合适，目标产物的逆合成分析完成。下一步是设计合成路线：

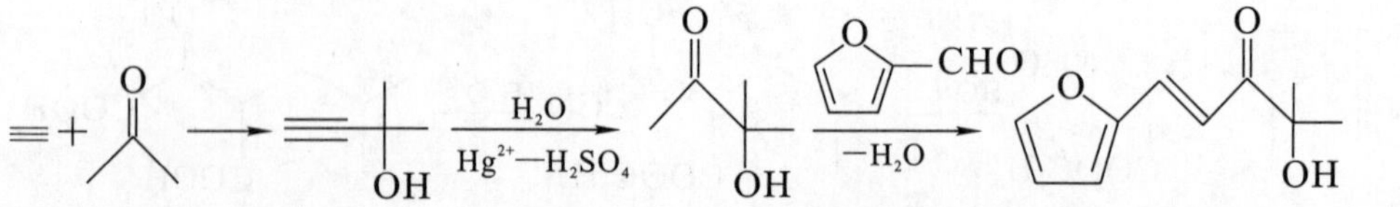

将脂肪酸酯和金属钠溶于乙醚或甲苯中，在氮气保护下搅拌回流，发生双分子还原，也能制取 α -羟基羰基化合物：

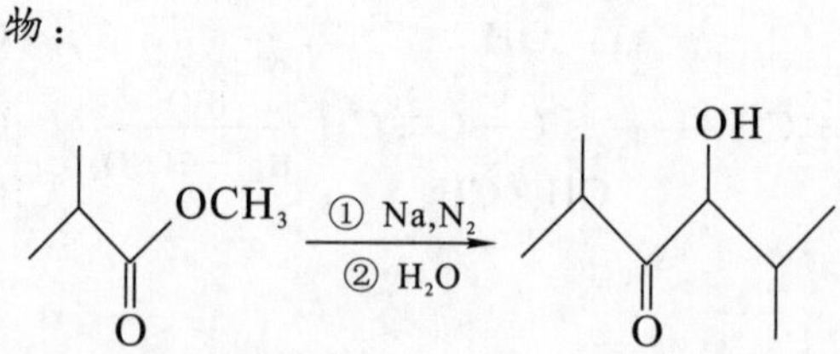

此反应称为酮醇缩合。二元酸酯在此条件下，会发生分子内的缩合，形成 α -羟基环酮化合物：

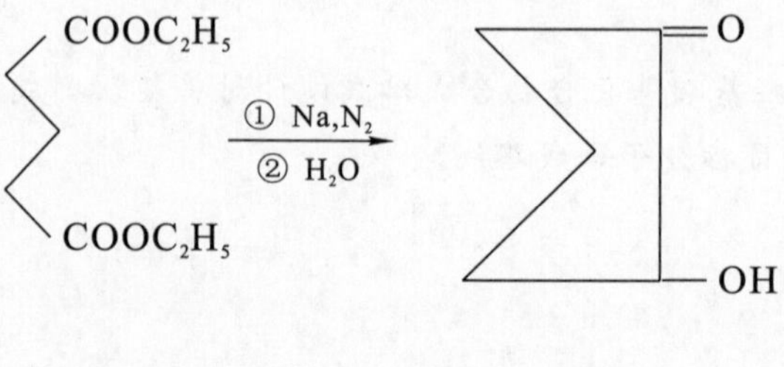

至于生成几元环则由碳链的长短决定。在 α -羟基羰基化合物逆分析时也可以考虑将反应物切断为两个脂肪酸酯或二元脂肪酸酯。

例 5－10　分析如下目标分子并设计合成路线。

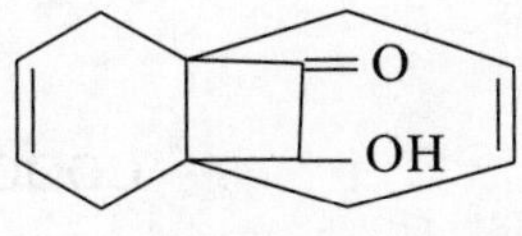

解：先切断酮醇缩合产物，两个环可以考虑双烯合成。

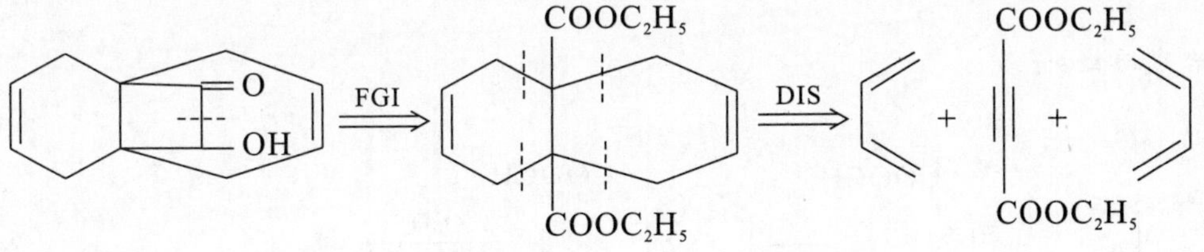

FGI　DIS

$COOC_2H_5$　$COOC_2H_5$　$COOC_2H_5$　$COOC_2H_5$

合成路线：

$COOC_2H_5$　△　$H^+/EtOH$　K/Na

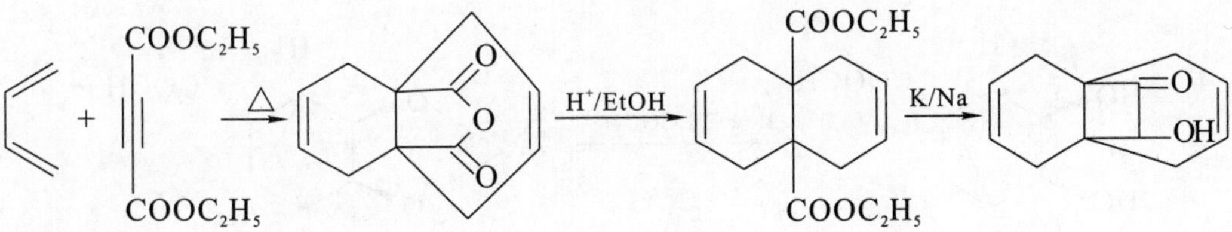

邻二醇与 α -羟基羰基化合物有相似的地方，而邻二醇可以由烯烃氧化来制备。

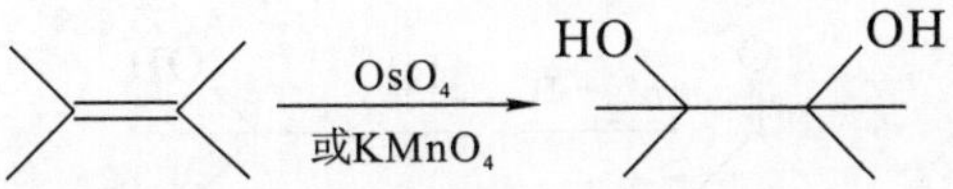

OsO_4 或 $KMnO_4$

例 5－11　设计如下目标分子合成路线。

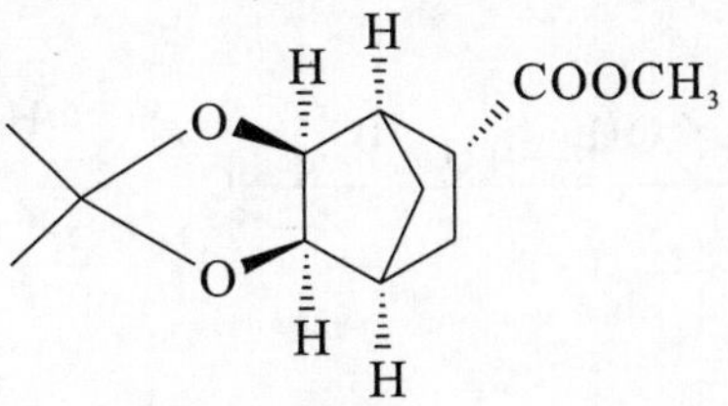

$COOCH_3$

解：先除去缩酮保护基。

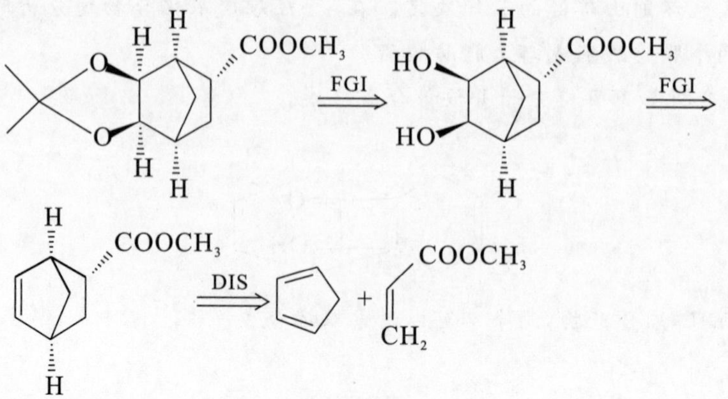

$$\xrightarrow{FGI}$$ $$\xrightarrow{FGI}$$ $$\xrightarrow{DIS}$$

合成路线：

$$\xrightarrow{\triangle}$$ $$\xrightarrow[\text{或}KMnO_4]{OsO_4}$$

$$\xrightarrow{H^+-CH_3COCH_3}$$

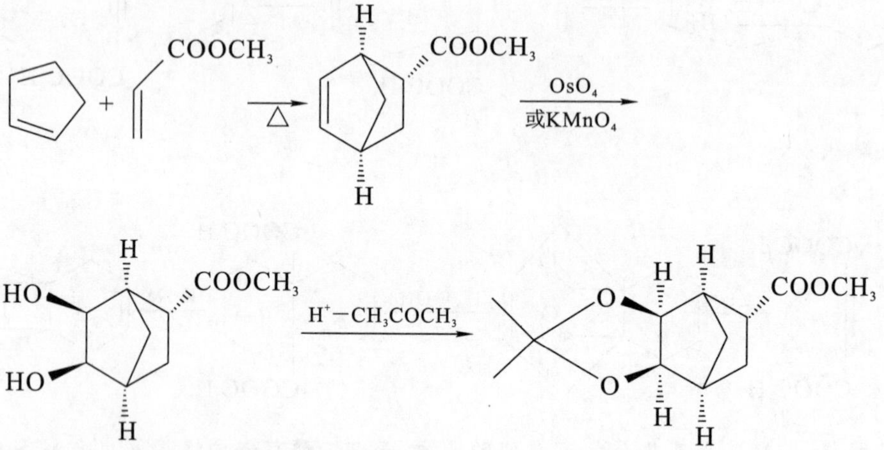

如果是对称邻二醇可以由自由基反应制取：

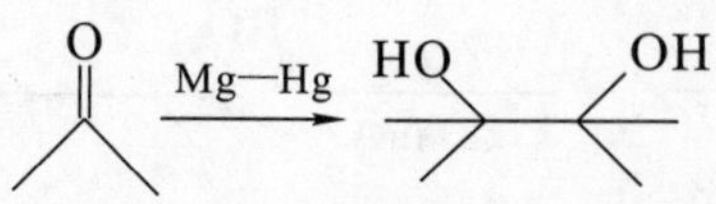

$$\xrightarrow{Mg-Hg}$$

上述反应预示着对称邻二醇的逆合成分析，切断后应考虑得到酮类化合物。

对称邻二叔醇能发生频哪醇(Pinacol)重排反应：

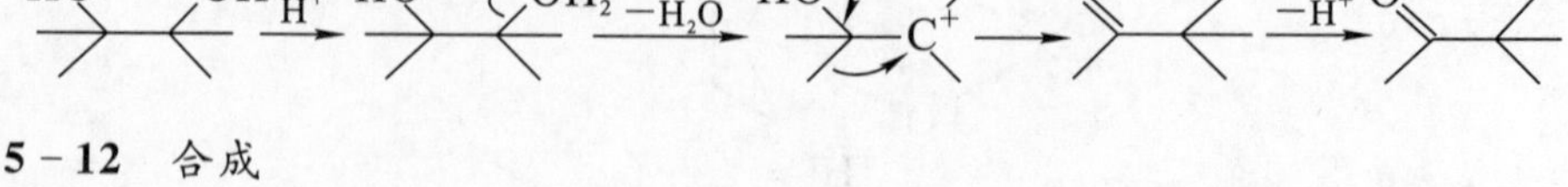

$$\xrightarrow{H^+} \xrightarrow{-H_2O} \longrightarrow \xrightarrow{-H^+}$$

例 5-12　合成

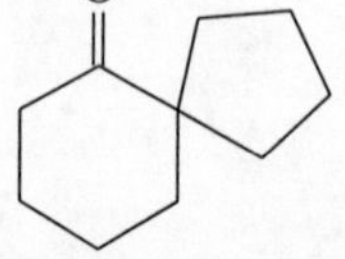

解：

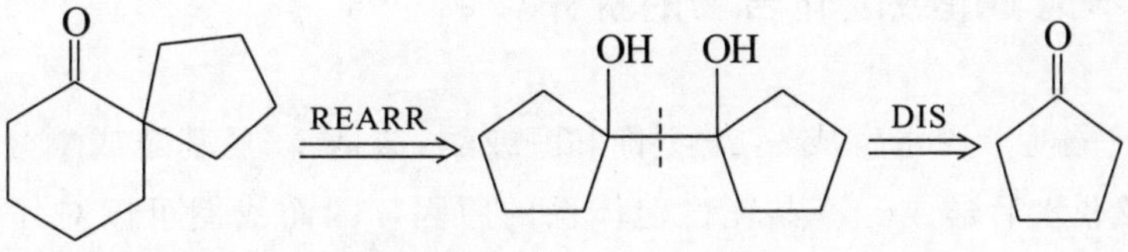

合成路线：

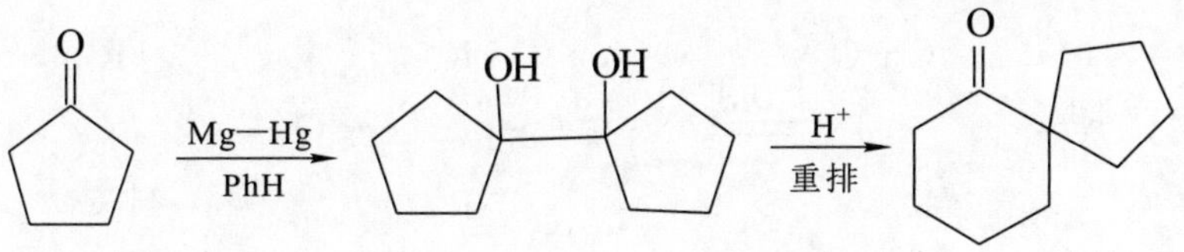

$$\text{Mg—Hg, PhH} \qquad \text{H}^+ \text{, 重排}$$

三、β-羟基羰基化合物的拆开

β-羟基羰基化合物是由羟醛缩合反应制备的：

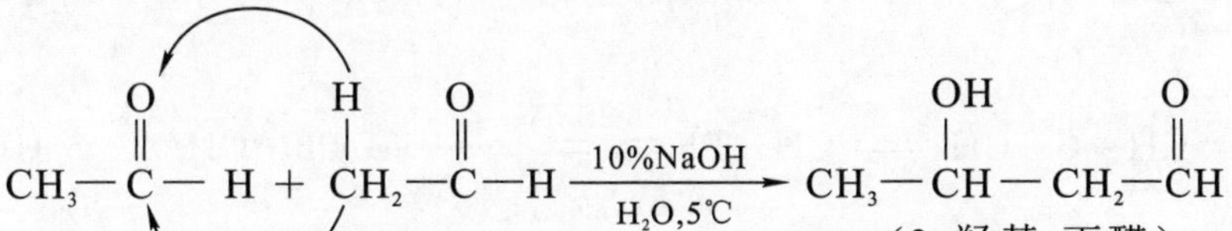

$$CH_3-\overset{O}{\overset{\|}{C}}-H + \overset{H}{\overset{|}{C}}H_2-\overset{O}{\overset{\|}{C}}-H \xrightarrow[H_2O,5℃]{10\%NaOH} CH_3-\overset{OH}{\overset{|}{C}H}-CH_2-\overset{O}{\overset{\|}{C}}H$$

（3-羟基-丁醛）

醛和酮、酮和酮也能发生这种缩合反应，不过生成的产物是β-羟基酮，例如：

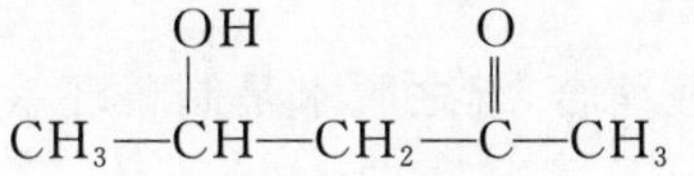

$$CH_3-\overset{OH}{\overset{|}{C}H}-CH_2-\overset{O}{\overset{\|}{C}}-CH_3$$ （乙醛丙酮缩合产物）

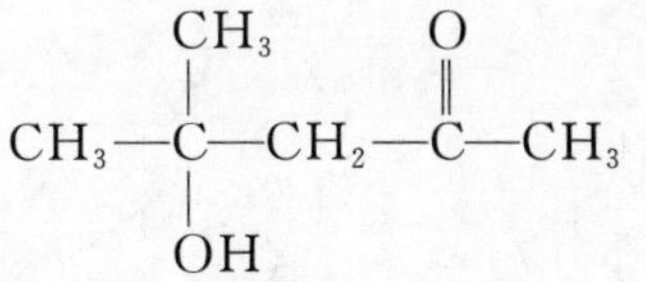

$$CH_3-\underset{OH}{\underset{|}{\overset{CH_3}{\overset{|}{C}}}}-CH_2-\overset{O}{\overset{\|}{C}}-CH_3$$ （丙酮缩合产物）

当我们需要设计β-羟基羰基化合物的合成路线时，分子的切断应该选择在羰基的α碳和β碳之间，例如：

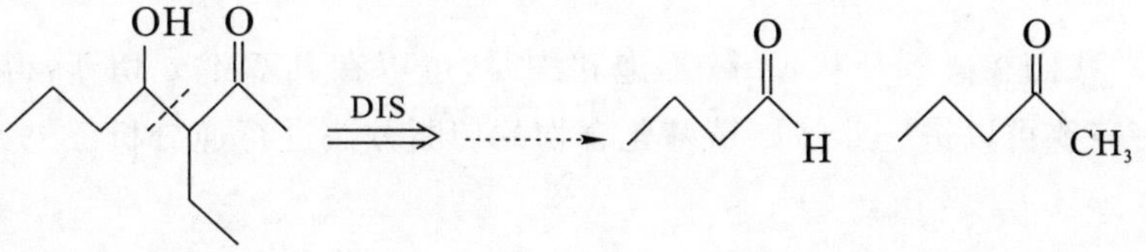

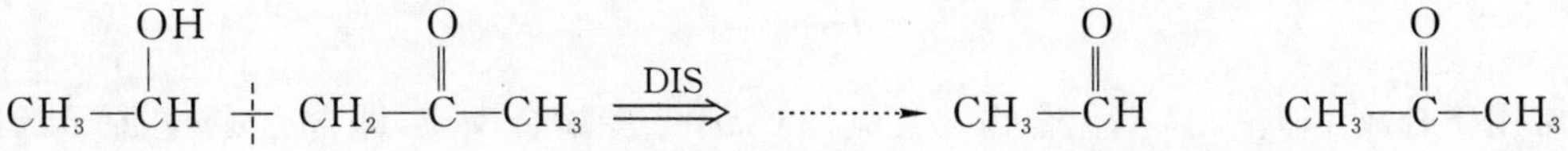

$$\text{DIS} \qquad \text{H} \qquad CH_3$$

$$CH_3-\overset{OH}{\overset{|}{C}H} \;+\; CH_2-\overset{O}{\overset{\|}{C}}-CH_3 \xRightarrow{\text{DIS}} \cdots\cdots\rightarrow CH_3-\overset{O}{\overset{\|}{C}}H \qquad CH_3-\overset{O}{\overset{\|}{C}}-CH_3$$

四、α,β-不饱和醛或酮化合物的拆开

β-羟基醛或酮易于脱水生成α,β-不饱和醛或酮，这是β-羟基醛或酮分子中α-氢原子具有活泼性以及脱水后形成$\pi-\pi$共轭稳定体系的原因。因而我们可以对任何一个α,β-不饱和醛或酮化合物沿着双键切断：

$$R^1R^2C \mathrel{+\!\!=} C(R^3)-C(=O)R^4 \xRightarrow{DIS} \cdots\rightarrow R^1R^2C{=}O \quad R^4C(=O)-CH_2R^3$$

例 5-13　设计1,5-二苯基-1,4-戊二烯-3-酮（$Ph-CH=CH-\overset{O}{\overset{\|}{C}}-CH=CH-Ph$）的合成路线。

解：分子中虽有两个双键，但仍可按α,β-不饱和酮类化合物的拆开方式进行切断。

$$Ph-CH \mathrel{+\!\!=} CH-\overset{O}{\overset{\|}{C}}-CH \mathrel{+\!\!=} CH-Ph \xRightarrow{DIS} \cdots\rightarrow Ph-CHO \quad CH_3-\overset{O}{\overset{\|}{C}}-CH_3$$

合成路线：

$$Ph-CHO + CH_3-\overset{O}{\overset{\|}{C}}-CH_3 \xrightarrow[20\sim25^\circ C]{\text{稀 NaOH 醇溶液}} Ph-CH=CH-\overset{O}{\overset{\|}{C}}-CH=CH-Ph$$

在酸或碱的催化作用下，发生分子内羟醛缩合，继之脱水是制备环状α,β-不饱和酮广泛使用的方法。

$$CH_3C(=O)CH_2CH_2C(=O)CH_2\text{-}H \longrightarrow \text{3-羟基-3-甲基环戊酮} \longrightarrow \text{3-甲基-2-环戊烯酮}$$

该反应提示我们在碰到环状α,β-不饱和酮时，可以在其双键处切断，得到二羰基化合物中间体，如有需要可以进一步按二羰基化合物的切断方法进行逆分析。

五、1,3-二羰基化合物的拆开

常用于合成1,3-二羰基化合物的反应是Claisen酯缩合反应，即含有α-氢原子的酯在

醇钠等碱性缩合剂作用下发生缩合作用，失去一分子醇得到 β-酮酸酯。

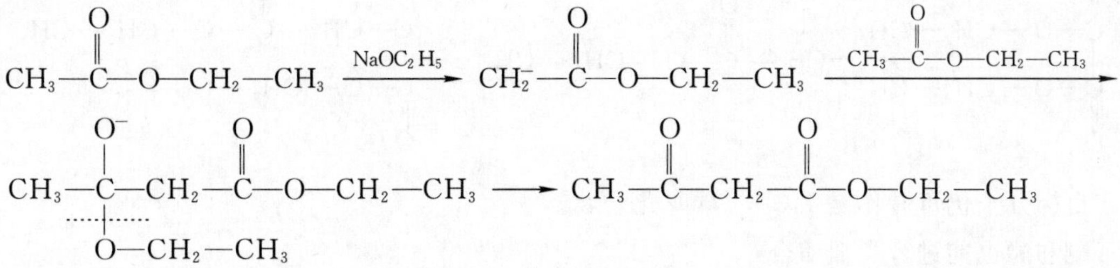

$$CH_3-\overset{O}{\overset{\|}{C}}-O-CH_2-CH_3 \xrightarrow{NaOC_2H_5} \overset{-}{C}H_2-\overset{O}{\overset{\|}{C}}-O-CH_2-CH_3 \xrightarrow{CH_3-\overset{O}{\overset{\|}{C}}-O-CH_2-CH_3}$$

$$CH_3-\underset{O-CH_2-CH_3}{\overset{O^-}{\overset{|}{C}}}-CH_2-\overset{O}{\overset{\|}{C}}-O-CH_2-CH_3 \longrightarrow CH_3-\overset{O}{\overset{\|}{C}}-CH_2-\overset{O}{\overset{\|}{C}}-O-CH_2-CH_3$$

1,3-二羰基类化合物合成路线设计可以在 α-碳和 3 位羰基之间进行切断，合成时利用 Claisen 酯缩合反应将它们连接起来。

这类反应也能发生在分子内，生成环状化合物。

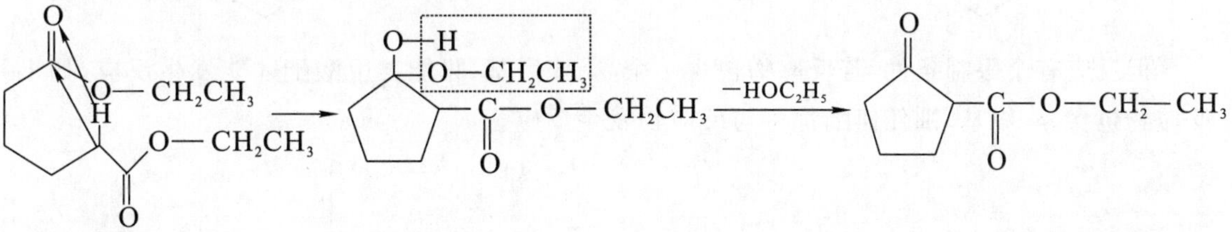

（反应式：己二酸二乙酯分子内缩合 → 中间体（O—H，$O-CH_2CH_3$） $\xrightarrow{-HOC_2H_5}$ 2-氧代环戊烷甲酸乙酯 $-\overset{O}{\overset{\|}{C}}-O-CH_2-CH_3$）

仍然是 1,3-二羰基化合物，逆分析时参照该类化合物结构进行切断即可。该反应称为 Dieckmann 缩合反应，但实质上仍然是 Claisen 缩合反应。

在进行 Dieckmann 缩合反应时，只有 α-亚甲基中的氢原子才能被酰基转换掉，如果是次甲基则不行：

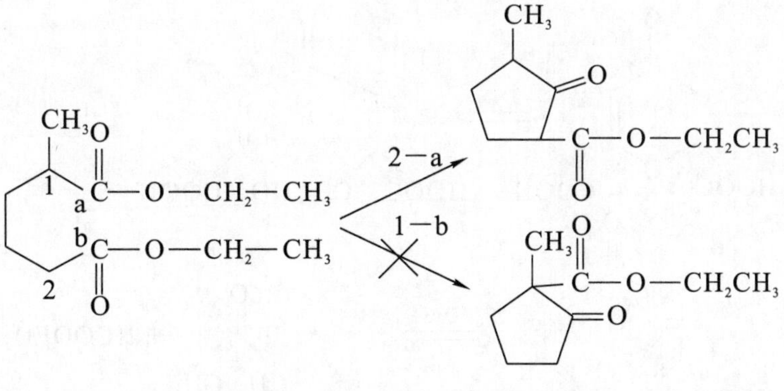

（反应式：2-甲基己二酸二乙酯（1 为连 CH_3 的次甲基，a、b 为两个酯羰基，2 为亚甲基）经 2—a 生成 3-甲基-2-氧代环戊烷甲酸乙酯；经 1—b（×，不能发生）生成 1-甲基-2-氧代环戊烷甲酸乙酯）

上述反应中，1 为次甲基，与羰基 b 反应是不行的，2 是亚甲基，能和羰基 a 进行反应。

不同酯间也能缩合，但情况有些复杂。如果两个不同的酯都有 α-氢，在碱性条件下，除了发生相互缩合外，还能够发生自身缩合，反应产物应该有 4 种，因此在合成上意义不大。

如果两个酯当中有一个虽然较活泼但不含 α-氢，或虽有 α-氢但在反应条件下不发生自身缩合，则产物只有两种，且有一种是主要的，则此反应可行。

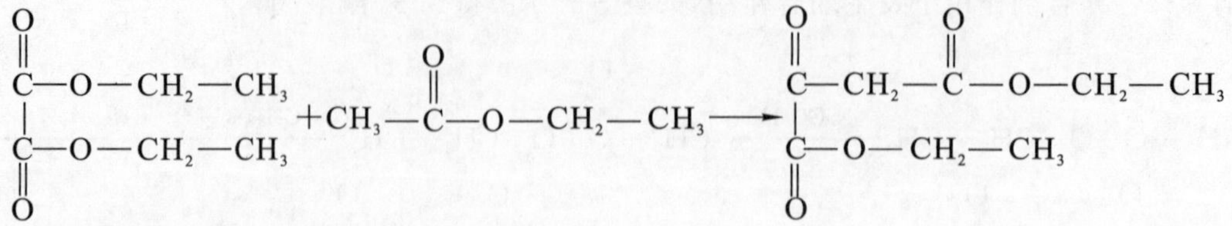

$$\begin{array}{l}\text{O}\\ \| \\ \text{C—O—CH}_2\text{—CH}_3\\ | \\ \text{C—O—CH}_2\text{—CH}_3\\ \| \\ \text{O}\end{array} + CH_3—\overset{\text{O}}{\overset{\|}{C}}—O—CH_2—CH_3 \longrightarrow \begin{array}{l}\text{O}\qquad\qquad\quad\ \text{O}\\ \|\qquad\qquad\quad\ \ \|\\ \text{C—CH}_2\text{—C—O—CH}_2\text{—CH}_3\\ | \\ \text{C—O—CH}_2\text{—CH}_3\\ \| \\ \text{O}\end{array}$$

目标分子仍可看作是 1,3 -二羰基化合物。

酮和酯也能进行类似缩合：

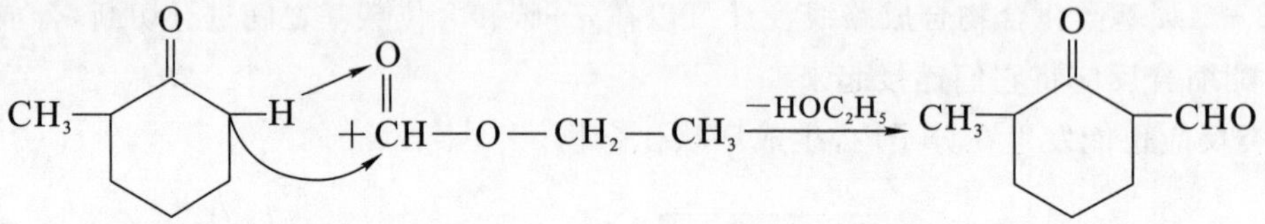

$$\text{2-甲基环己酮(CH}_3\text{)} + \overset{\text{O}}{\overset{\|}{C}}H—O—CH_2—CH_3 \xrightarrow{-HOC_2H_5} \text{CH}_3\text{—环己酮—CHO}$$

但反应有个限制条件，若反应物包含一个 α -亚甲基，只能与甲酸酯才能发生反应，如果反应物包含 α -甲基，则任何酯都可与反应物发生反应。

例 5 - 14 设计天然产物白屈菜酸（4-吡喃酮-2,6-二甲酸，HOOC、COOH）的合成路线。

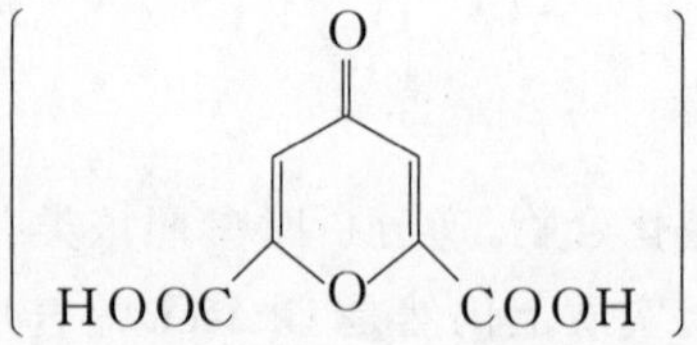

解：目标分子虽然不是 1,3 -二羰基化合物，但是当对其进行第一次切断后得到的中间体却是 1,3 -二羰基化合物。

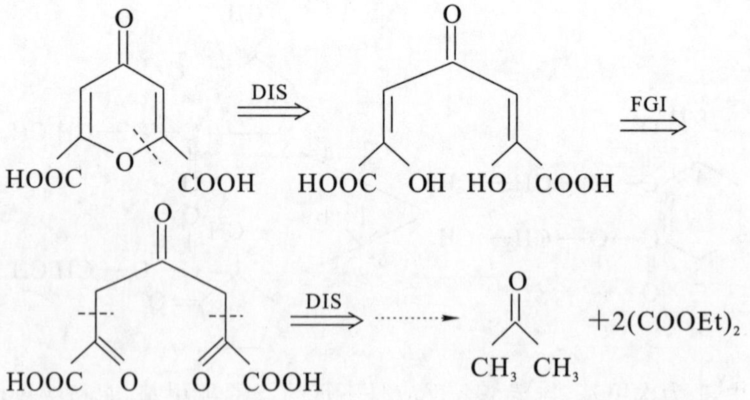

$$\text{白屈菜酸} \overset{\text{DIS}}{\Longrightarrow} \text{HOOC—C(OH)=CH—CO—CH=C(OH)—COOH} \overset{\text{FGI}}{\Longrightarrow}$$

$$\text{HOOC—CO—CH}_2\text{—CO—CH}_2\text{—CO—COOH} \overset{\text{DIS}}{\Longrightarrow} \cdots\cdots\rightarrow CH_3COCH_3 + 2(COOEt)_2$$

合成路线：丙酮虽然不能与乙二酸缩合，但可以与乙二酸二乙酯发生 Claisen 缩合。

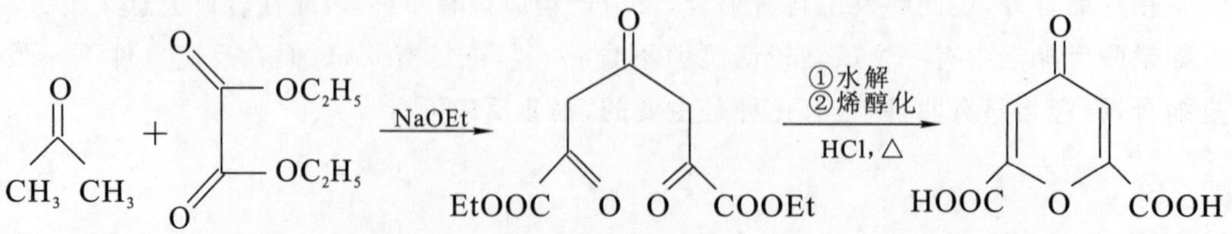

$$CH_3COCH_3 + \begin{array}{l}\text{COOC}_2\text{H}_5\\ | \\ \text{COOC}_2\text{H}_5\end{array} \xrightarrow{\text{NaOEt}} \text{EtOOC—CO—CH}_2\text{—CO—CH}_2\text{—CO—COOEt} \xrightarrow[\text{HCl},\triangle]{①水解\ ②烯醇化} \text{白屈菜酸(HOOC, COOH)}$$

例 5－15　设计 3－甲基色酮（结构式）的合成路线。

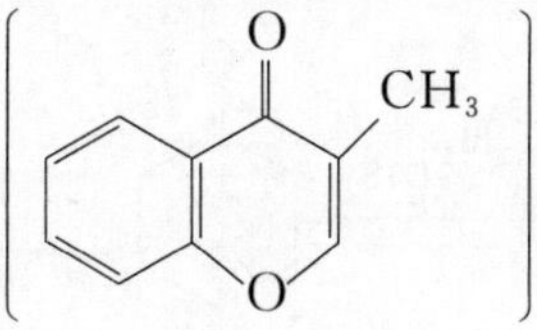

解：

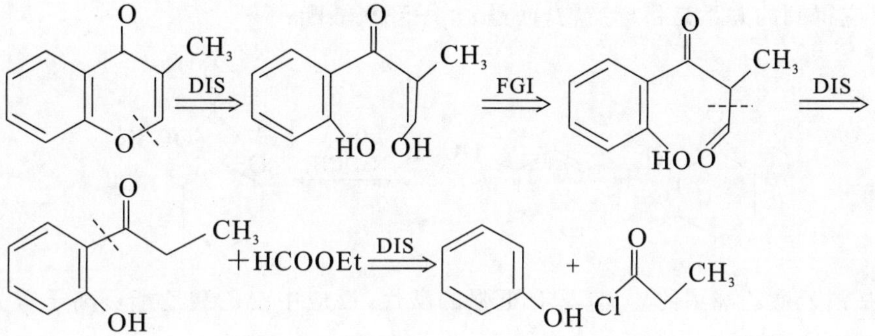

（逆合成分析结构式：3-甲基色酮 $\xRightarrow{DIS}$ … $\xRightarrow{FGI}$ … $\xRightarrow{DIS}$ … $+HCOOEt \xRightarrow{DIS}$ 苯酚 + CH_3CH_2COCl）

合成路线：

（合成路线结构式：苯甲醚 + CH_3CH_2COCl $\xrightarrow[AlCl_3]{无水}$ … $\xrightarrow[HCOOEt]{醇钠}$ … $\xrightarrow{HI}$ … $\xrightarrow{酸催化剂}$ 3-甲基色酮）

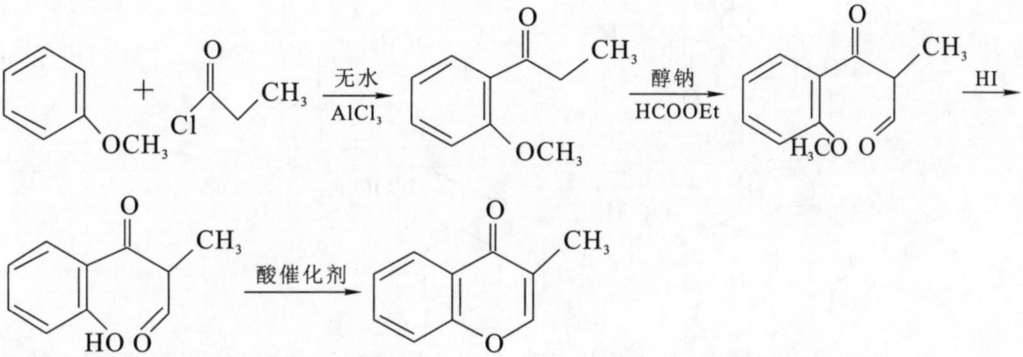

六、1，4－二羰基化合物的拆开

丙酮基丙酮是最简单的 1，4－二羰基化合物，其合成方法如下：

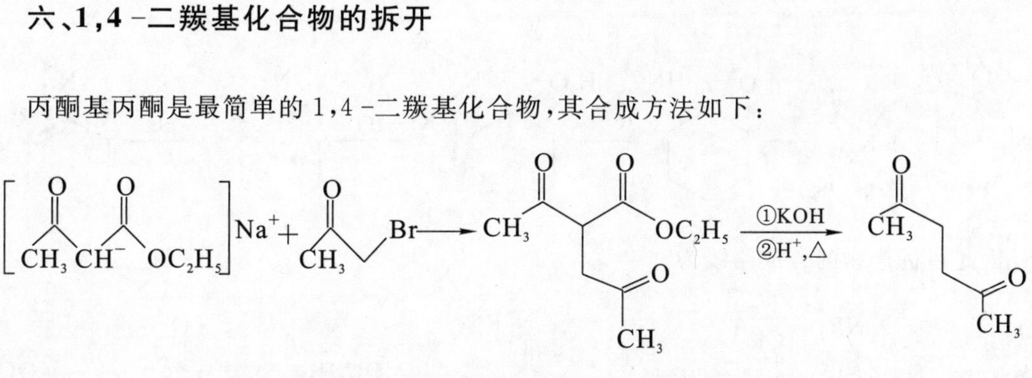

$$[CH_3COCH^-COOC_2H_5]Na^+ + CH_3COCH_2Br \longrightarrow CH_3COCH(COOC_2H_5)CH_2COCH_3 \xrightarrow[②H^+,\triangle]{①KOH} CH_3COCH_2CH_2COCH_3$$

因此，1，4－二羰基化合物的合成可以从两个羰基中间切断进行逆合成分析。得到的合成等价体一部分提供氢原子，另一部分提供卤素原子。例如：

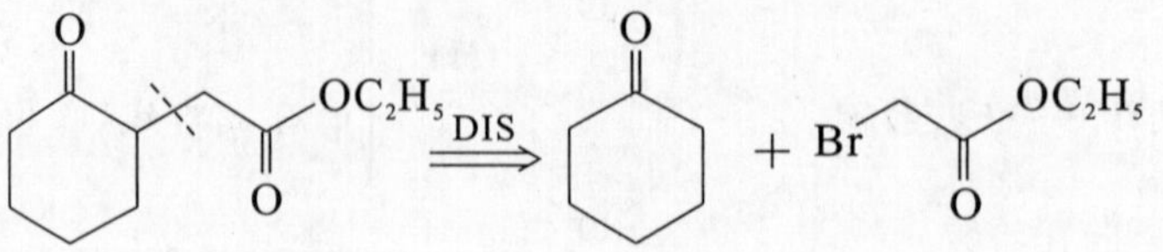

这种切断方式得到了合理的合成子，但是当反过来合成时，如果在甲醇钠的存在下进行，这个反应得到的并不是目标产物，而是 α,β-环氧酸酯：

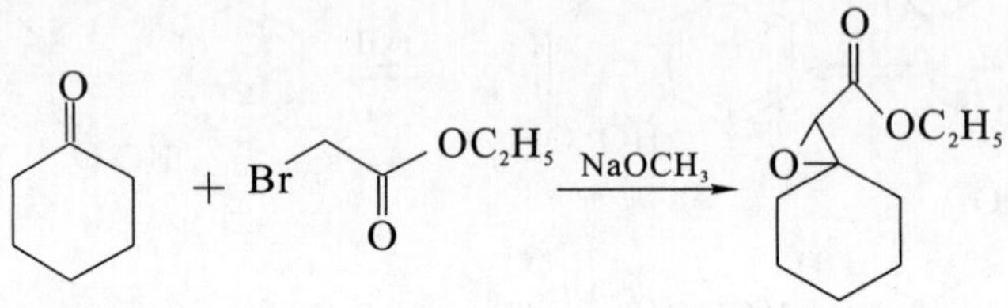

原因是溴乙酸乙酯中的 α-氢具有更强的酸性，反应中溴乙酸乙酯负离子首先形成，作为亲核试剂进攻环己酮上的羰基碳原子：

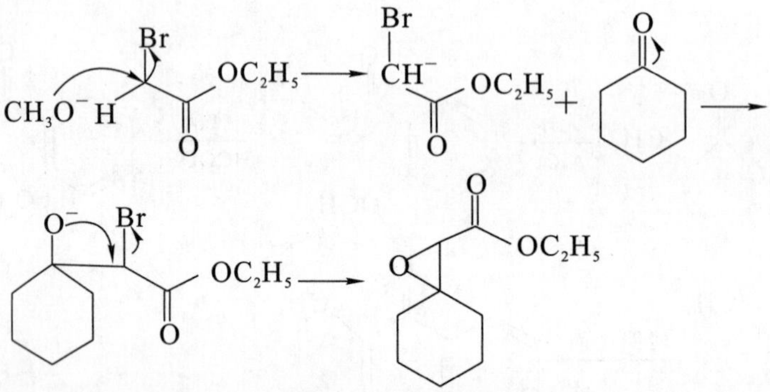

为了防止这种现象的发生，必须采用某种方法使酮在起始的缩合反应中扮演亲核试剂的角色。一个有效的方法就是将酮变为烯胺：

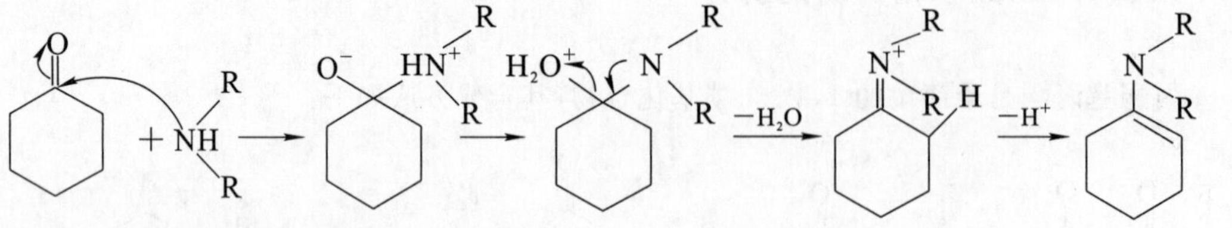

因此目标产物的合成路线为

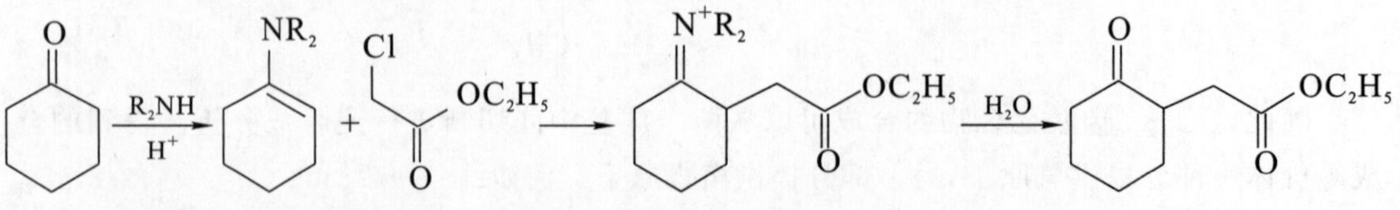

反应中烯胺进攻活泼的 α-羰基卤代物，而不是羰基本身。

七、1,5-二羰基化合物的拆开

含活泼氢原子的化合物与α,β-不饱和共轭体系化合物在碱性催化剂存在的条件下发生的加成反应,称为 Michael 加成反应。

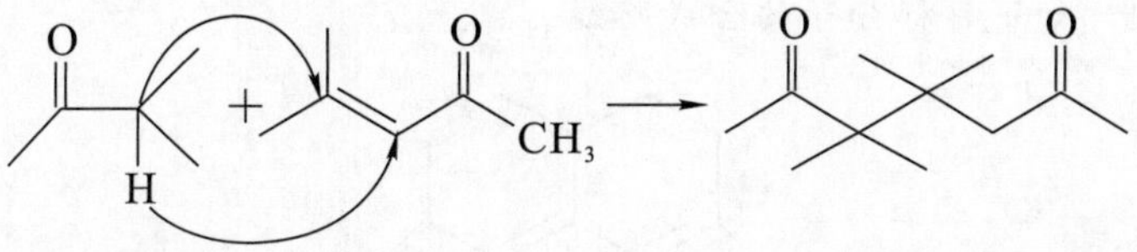

CH_3

使用的碱催化剂包括胺(最常用哌啶)、醇钠、氢氧化钠、三苯基甲钠等,含有活泼氢原子的化合物主要是丙二酸酯、氰乙酸酯、乙酰乙酸乙酯、一元羧酸酯、酮、腈、硝基烷、砜等含有羰基、氰基、硝基、砜基的化合物。

α,β-不饱和羰基化合物是α,β-不饱和醛、酮、酯、酰胺,能发生这类反应的还有α,β-不饱和腈、硝基物、砜等,但我们要讨论的是 1,5-二羰基化合物的合成,所以主要指的是α,β-不饱和羰基化合物。

可以对 1,5-二羰基化合物两个中间键之一进行切断,使之形成甲基酮和乙烯基酮:

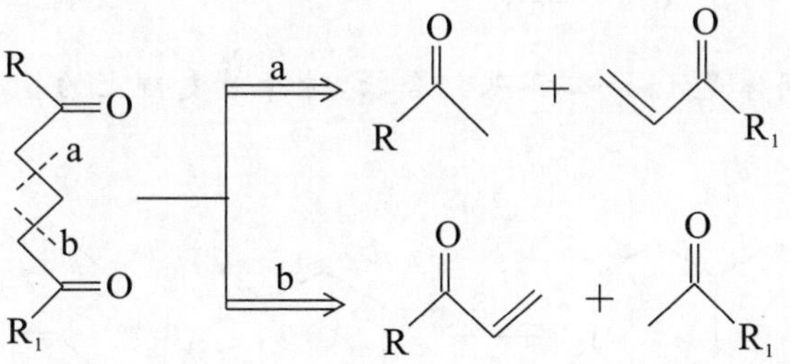

R　O　a　b　R_1　a⟹　R　+　R_1　b⟹　R　+　R_1

例 5-16　设计 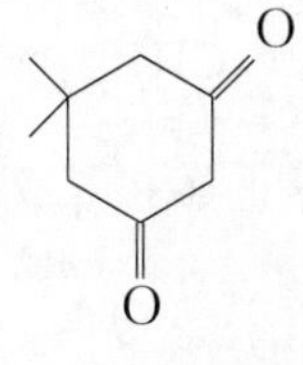　　的合成路线。

解:目标分子是 1,3-二羰基化合物,切断后变成 1,5-二羰基化合物。

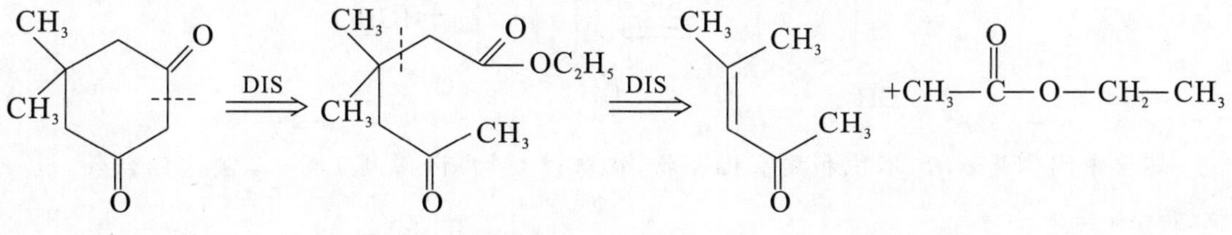

CH_3　CH_3　O　O　$\xRightarrow{DIS}$　CH_3　CH_3　OC_2H_5　CH_3　O　$\xRightarrow{DIS}$　CH_3　CH_3　CH_3　O　$+CH_3-\overset{O}{\overset{\|}{C}}-O-CH_2-CH_3$

合成路线:

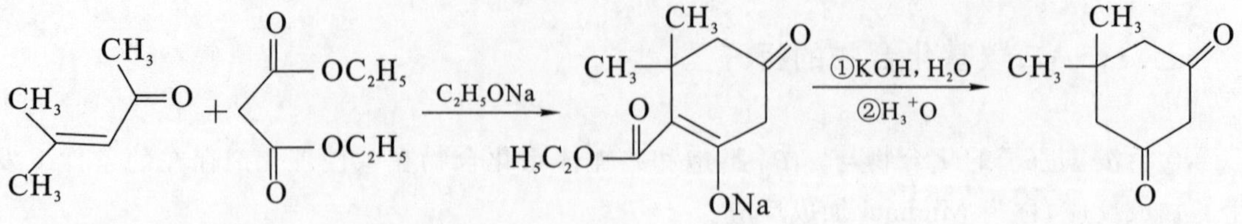

例 5-17 设计如下目标分子的合成路线。

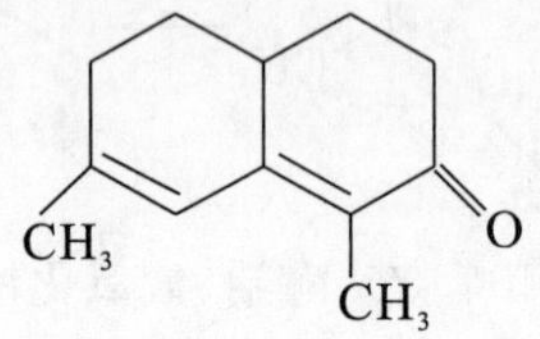

解：目标分子右边的环中有羰基和双键，是α,β-不饱和羰基化合物，按照前面所述方法，在双键处切断：

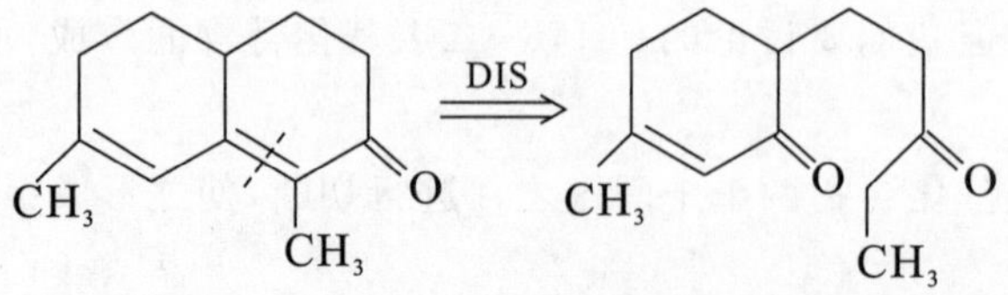

切断后形成的中间体是1,5-二羰基化合物，选择对支链上的α-碳和β-碳之间的化学键进行切断：

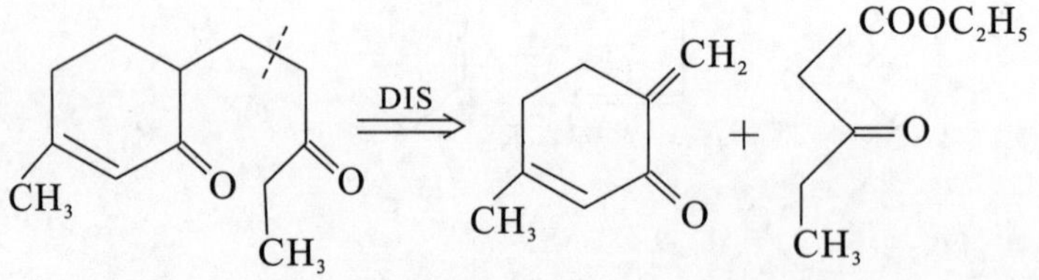

得到的两个分子碎片，一个可以由丙酰乙酸乙酯作为合成等价体，另一个没有相应的合成等价体，需要进一步切断：

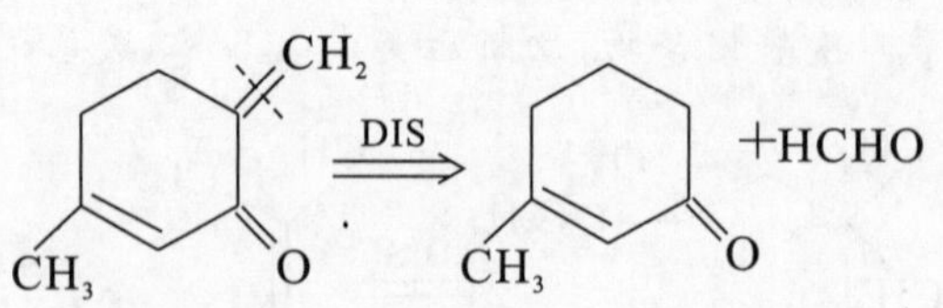

环状中间体是α,β-不饱和羰基化合物，在双键处切断，得到1,5-二羰基化合物，进一步切断：

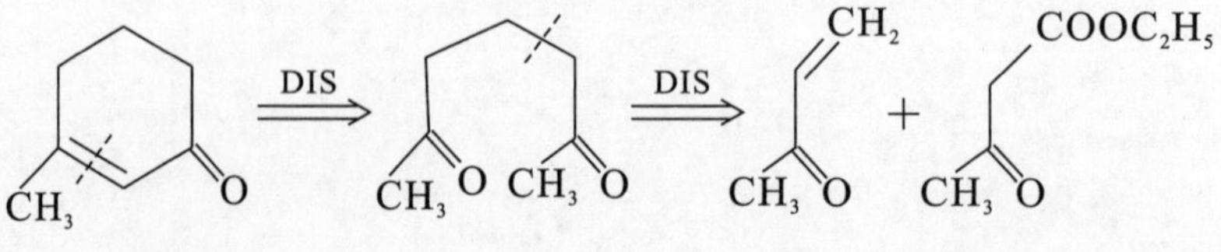

合成路线：

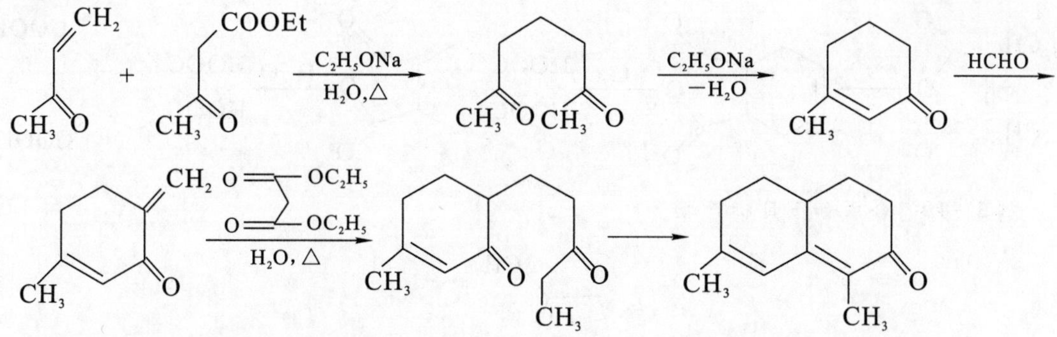

八、1,6-二羰基化合物的拆开

1,6-二羰基化合物可以由环己烯以臭氧等氧化剂氧化断裂制取：

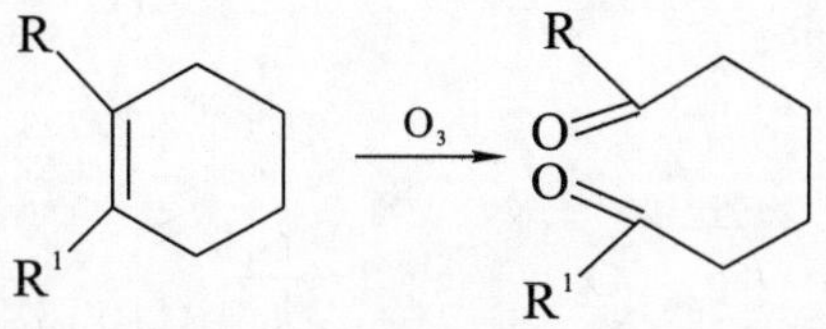

因此对这类化合物的逆合成分析并不是切断，而是通过官能团转换，将两个羰基转换成双键，即将目标分子转换为环己烯的衍生物。

例 5-18　合成如下目标产物。

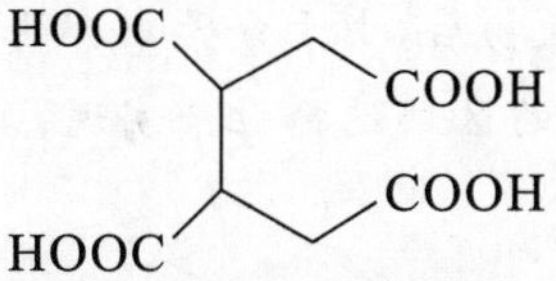

解：目标分子是典型的1,6-二羰基化合物，按照前述方法进行转换。

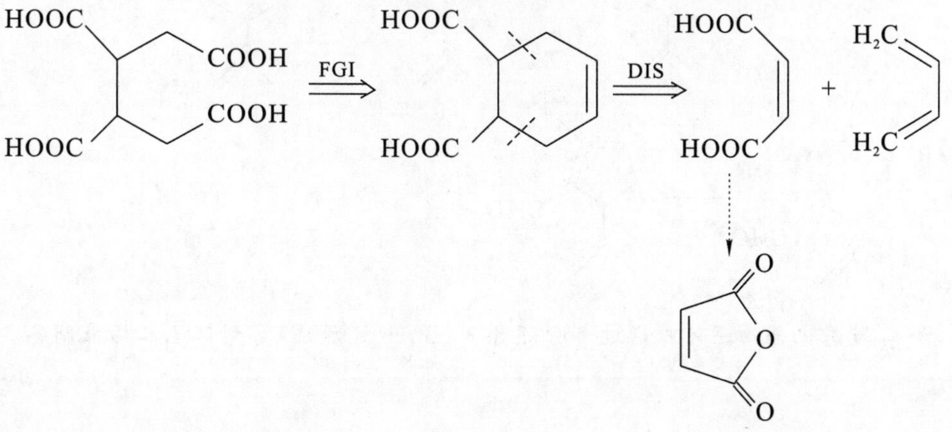

合成路线：利用 Diels—Alder 反应，可以方便地制取环己烯。

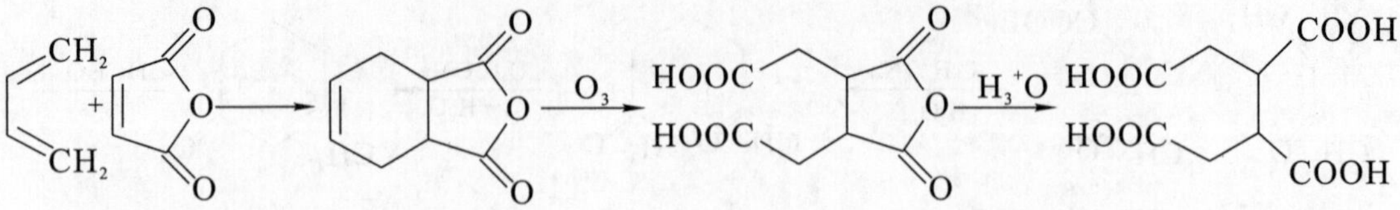

$$CH_2=CH-CH=CH_2 + \text{马来酸酐} \longrightarrow \text{四氢邻苯二甲酸酐} \xrightarrow{O_3} \text{HOOC}\cdots\text{HOOC} \xrightarrow{H_3^+O} \text{HOOC, HOOC, COOH, COOH}$$

例 5－19 合成如下目标产物。

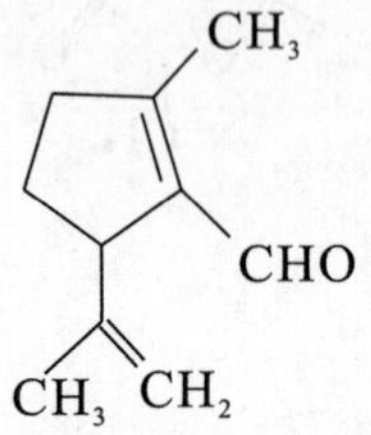

CH_3, CHO, CH_3 CH_2

解：首先选取 α,β－双键进行切断，将目标产物拆解为 1，6－二羰基化合物，再将它连接成环己烯类化合物。如下所示：

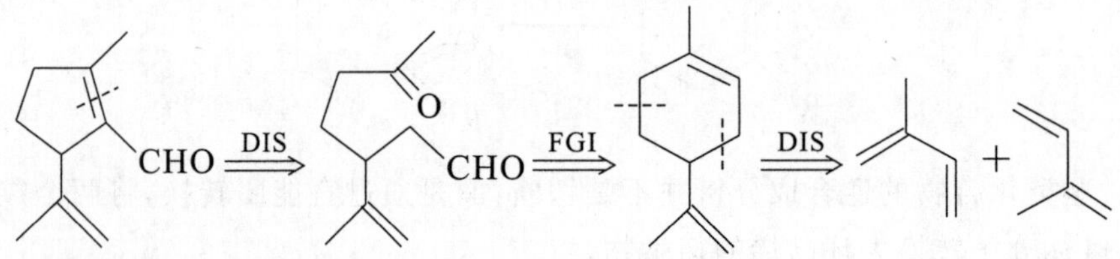

CHO $\xrightarrow{DIS}$ O, CHO $\xrightarrow{FGI}$ $\xrightarrow{DIS}$ +

得到两个相同的合成等价体。

通过双烯合成制取环己烯衍生物后，由于分子中有两个双键，为使一个双键被氧化而另一个得到保留，可利用环氧化反应的区域选择性来实现：

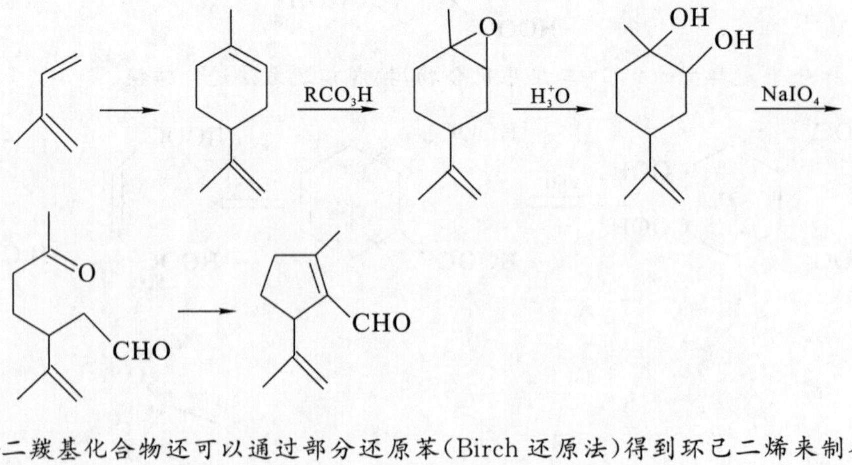

$\longrightarrow$ $\xrightarrow{RCO_3H}$ O $\xrightarrow{H_3^+O}$ OH OH $\xrightarrow{NaIO_4}$

O, CHO $\longrightarrow$ CHO

1，6－二羰基化合物还可以通过部分还原苯（Birch 还原法）得到环己二烯来制备。

COOH → ①Li−NH_3(l),EtOH ②H_3^+O → COOH

OCH_3 → ①Na−NH_3(l),EtOH → OCH_3

苯衍生物生成非共轭的环己二烯化合物，吸电子取代基留在饱和碳上，而供电子基则留在不饱和碳上。

例 5－20　合成如下目标产物。

$COOCH_3$　CH_2OH

解：

$COOCH_3$ CH_2OH ⟹(FGI) $COOCH_3$ CHO ⟹(CON) OCH_3 ⟹(FGI) OCH_3

合成路线：

OCH_3 → Na−NH_3(l) / t−BuOH → OCH_3 → O_3 → $COOCH_3$ CHO → $NaBH_4$ → $COOCH_3$ CH_2OH

在臭氧化反应中，先氧化断裂的是电子云密度大的双键。

九、内酯化合物的拆开

以下通过几个合成实例介绍内酯合成的设计方法。

例 5－21 合成如下目标产物。

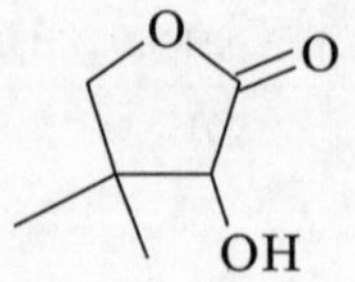

解：先打开内酯，揭示出真正的目标产物为 α－羟基羰基化合物和 β－羟基羰基化合物。

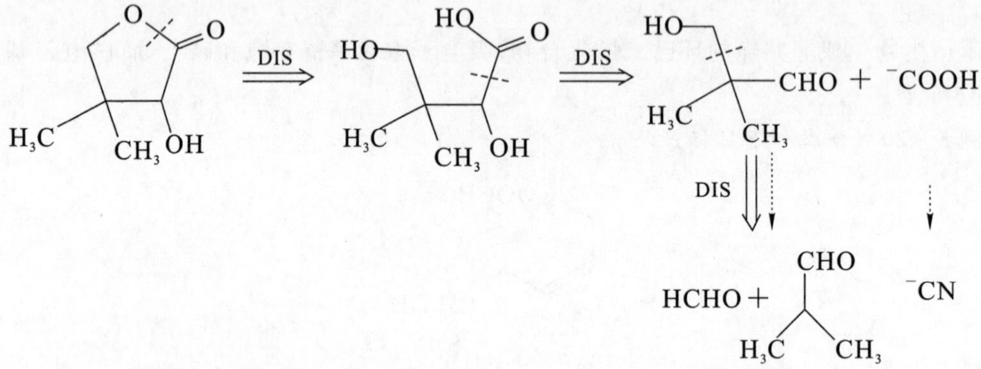

合成路线：为防止甲醛自身发生 Cannizzaro 反应，必须使用弱碱。醛与氰加成经水解生成的羟基羧基化合物不用分离，在酸性条件下能自动闭环形成内酯。

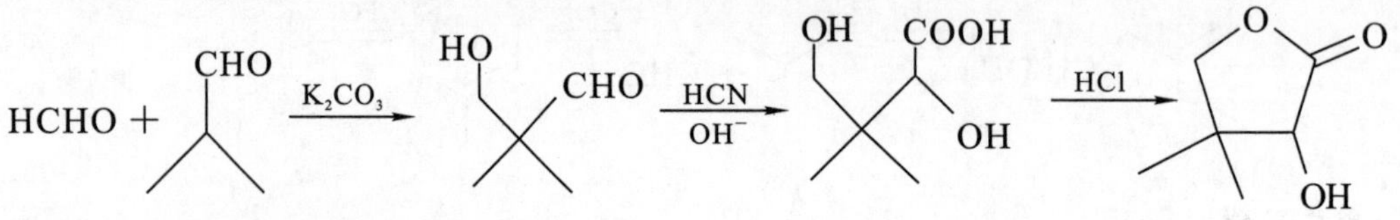

例 5－22 合成香松烷的中间体。

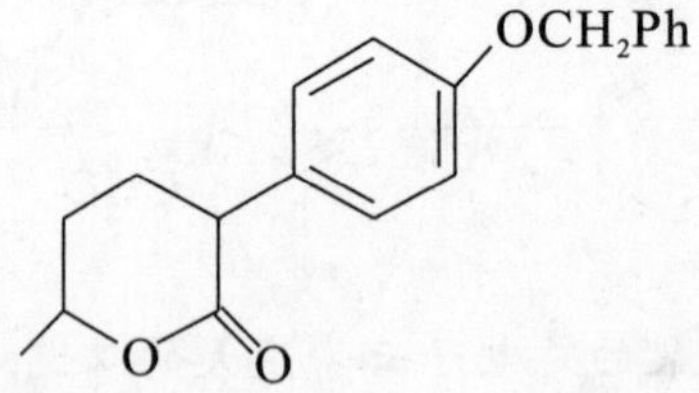

解：拆开内酯可以看出此化合物可转化为 1,5－二羰基骨架的化合物。

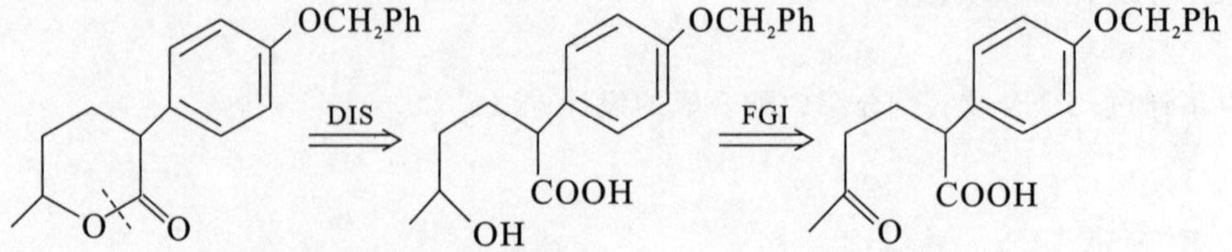

进一步对 1,5－二羰基化合物进行拆开：

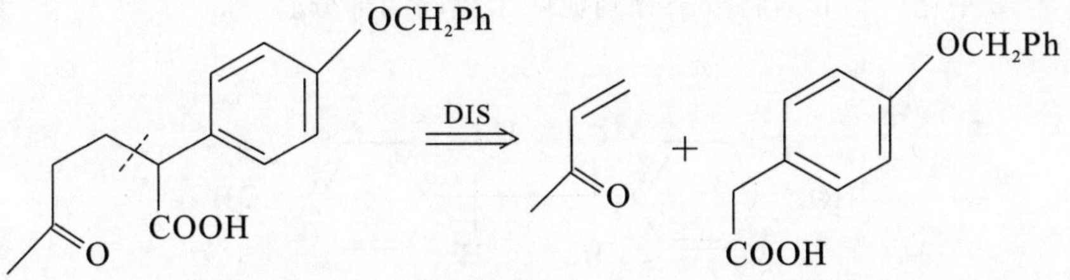

OCH₂Ph COOH DIS ⟹ O + OCH₂Ph COOH

合成路线：需要一个致活基团来控制 Michael 反应。常用方法是用两个酯基连接在同一个碳上，从而活化该碳上的氢原子。

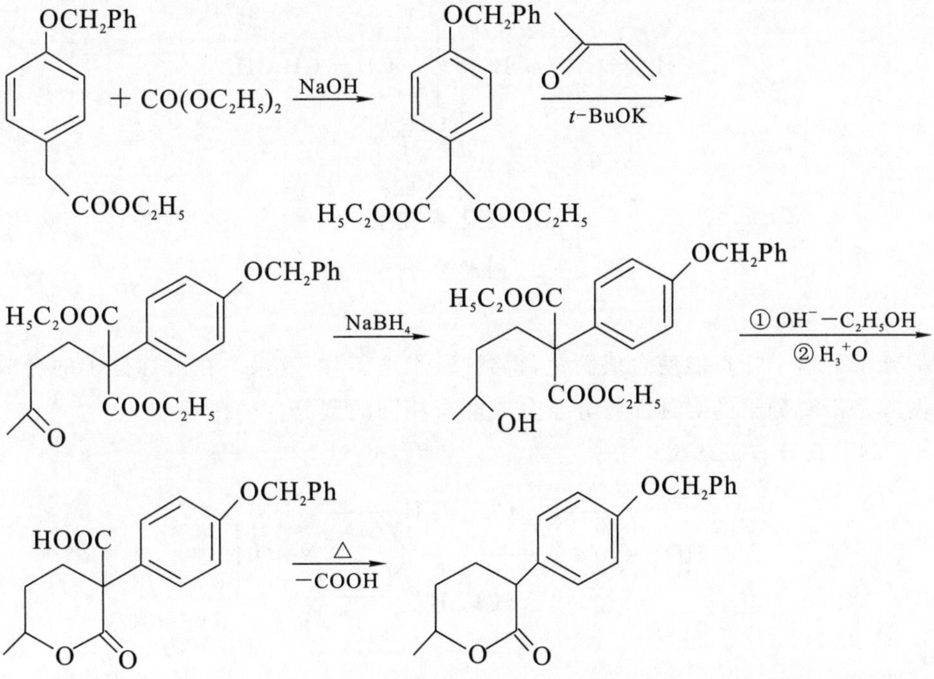

$$\text{ArCH}_2\text{COOC}_2\text{H}_5 + CO(OC_2H_5)_2 \xrightarrow{NaOH} \text{ArCH}(COOC_2H_5)_2 \xrightarrow[t\text{-BuOK}]{CH_2=CHCOCH_3}$$

$$\xrightarrow{NaBH_4} \xrightarrow[\text{② } H_3^+O]{\text{① } OH^- - C_2H_5OH} \xrightarrow[-COOH]{\triangle}$$

（Ar = 4-$PhCH_2O$-C_6H_4）

第六节　合成问题的简化

合成一种目标化合物有不同的路线，经济快速的合成路线，必然是良好的路线，其标准之一是路线简单，使合成路线尽量简化的方法有：利用分子的对称性；利用分子的重排反应；借用天然化合物或其他易得的化合物分子中的部分结构，也就是实行半合成；同时形成两个以上的键或官能团；有类似化合物的合成法可以模拟等。

一、利用分子的对称性

对称分子是指有对称面的分子。对称面可以通过价键（图 5－2 中化合物Ⅰ），或通过若干原子(图 5-2 中化合物Ⅱ),将分子分割成两个相同的部分。

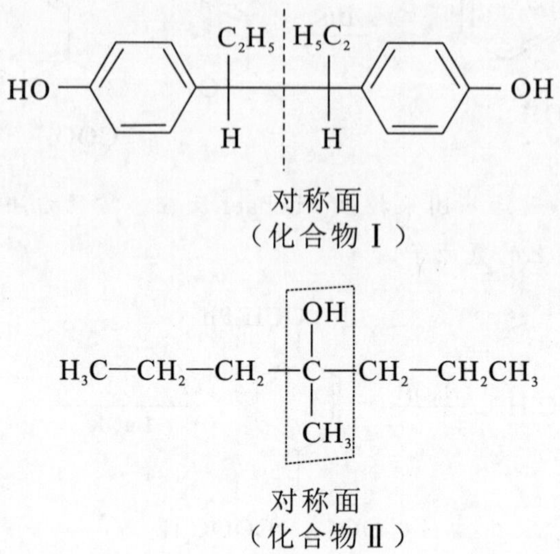

对称面
(化合物Ⅰ)

$H_3C—CH_2—CH_2—C(OH)(CH_3)—CH_2—CH_2CH_3$

对称面
(化合物Ⅱ)

图 5-2 对称分子示意图

对称分子的这个特点能使合成简化,得到"事半功倍"的效果。在对称分子的合成中,最简单的做法是沿着分子的对称面将分子分成两个相同的部分。

例 5-23 设计合成路线。

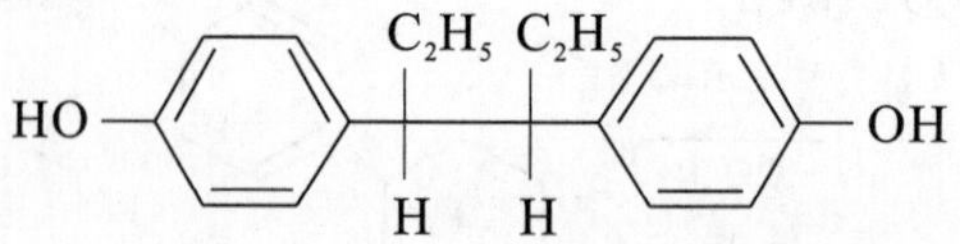

解:

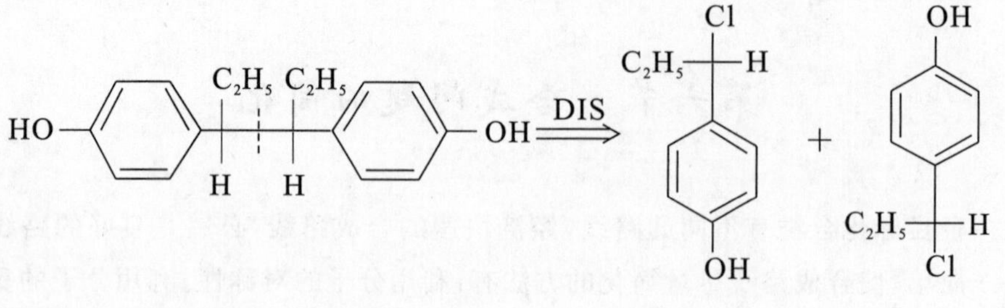

$\stackrel{DIS}{\Longrightarrow}$ +

合成路线：

$$H_3CO-C_6H_4-CH{=}CH-CH_3 \xrightarrow[5\sim10℃]{HCl(g),PhH} H_3CO-C_6H_4-CH(Cl)CH_2CH_3 \xrightarrow[\text{绝对乙醚}]{Mg}$$

$$H_3CO-C_6H_4-CH(MgCl)CH_2CH_3 \xrightarrow{H_3CO-C_6H_4-CH(Cl)CH_2CH_3}$$

$$H_3CO-C_6H_4-CH(CH_2CH_3)-CH(CH_2CH_3)-C_6H_4-OCH_3 \xrightarrow[\triangle]{HI} HO-C_6H_4-CH(CH_2CH_3)-CH(CH_2CH_3)-C_6H_4-OH$$

例 5-24　合成如下目标产物。

$$CH_3CH_2-CH_2-\underset{CH_3}{\overset{OH}{C}}-CH_2-CH_2-CH_3$$

解：

逆合成分析：

$$CH_3CH_2-CH_2 + \underset{CH_3}{\overset{OH}{C}} + CH_2-CH_2CH_3 \xRightarrow{DIS} CH_3-CH_2-CH_2MgBr + CH_3\overset{O}{\overset{\|}{C}}OC_2H_5$$

但是，对称分子合成问题的处理并不总是这样简单，特别是对由若干原子组成的具有对称面的分子的处理。分子的哪些部分应该被规定为它的中心部分，需要根据选用什么样的原料来定。如驱蛲净[1-乙基-2,6-双(对-(1-吡咯烷基)苯)乙烯基吡啶碘季铵盐]的合成，中心部分可以以吡啶为起始原料(图 5-3 中 A)，也可以 2,6-二甲基吡啶为起始原料(图 5-3 中 B)。

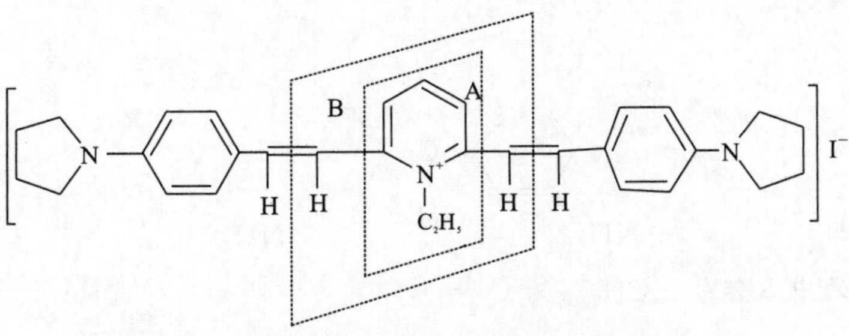

图 5-3　驱蛲净结构图

以 2,6-二甲基吡啶为起始原料的合成：

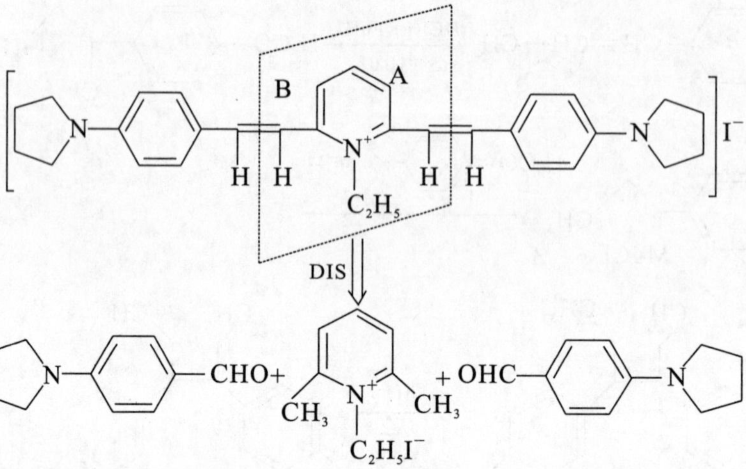

合成：

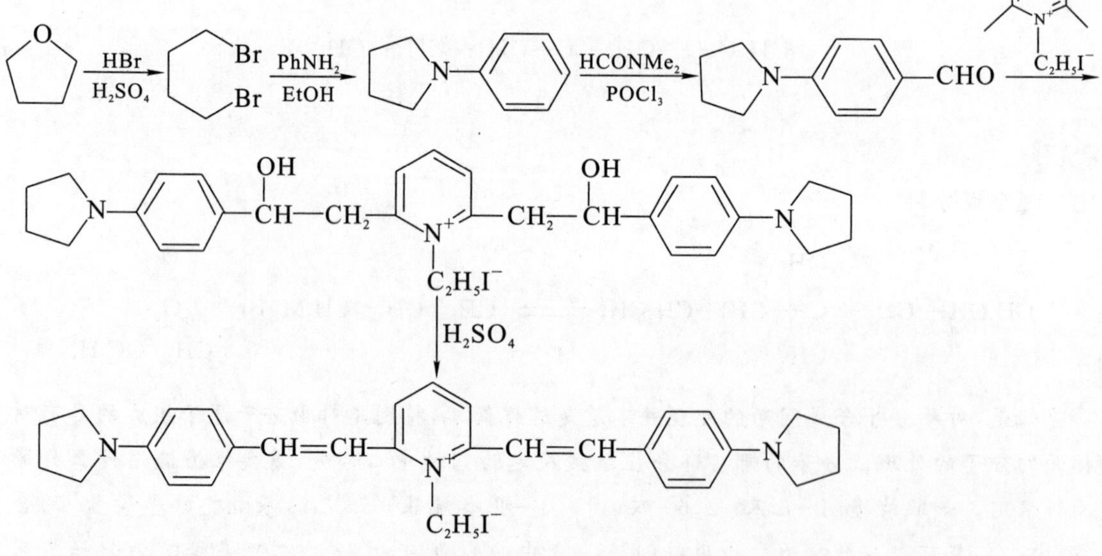

有时分子的中心部分尚需经历一定的变换，才能符合合成的要求，如 3,3-二氨基二甲烷的合成：

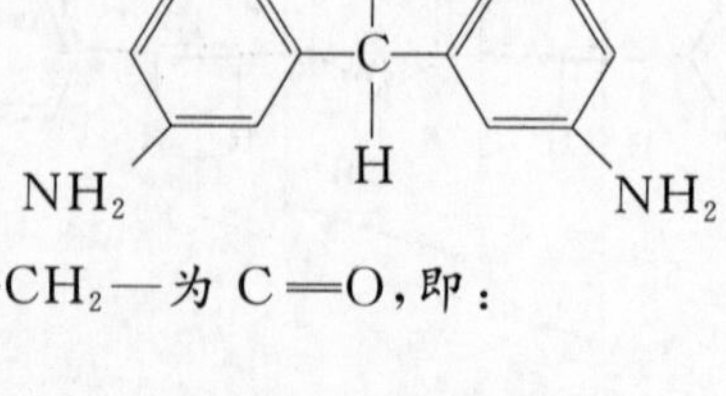

先改变分子的中心部分—CH_2—为 C=O，即：

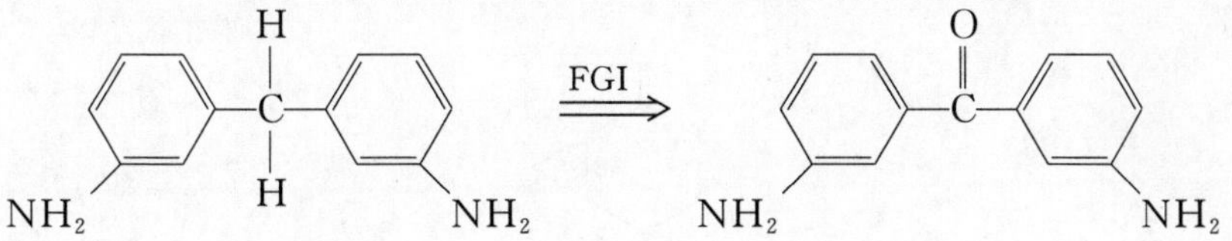

FGI

NH_2　NH_2　NH_2　NH_2

合成路线：

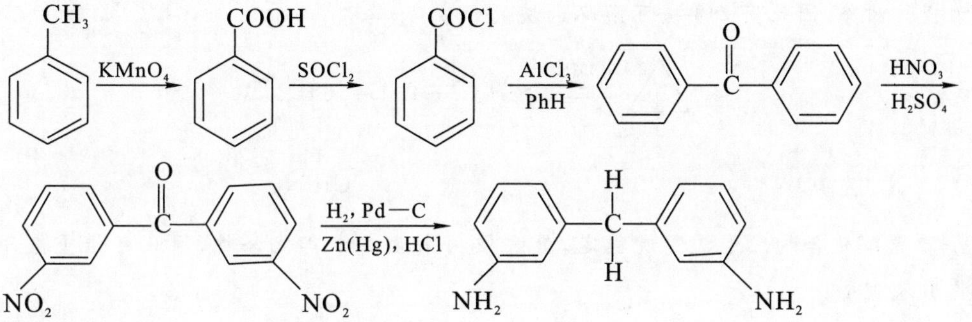

CH_3　$\xrightarrow{KMnO_4}$　COOH　$\xrightarrow{SOCl_2}$　COCl　$\xrightarrow[PhH]{AlCl_3}$　$\xrightarrow[H_2SO_4]{HNO_3}$

NO_2　NO_2　$\xrightarrow[Zn(Hg),\ HCl]{H_2,\ Pd-C}$　NH_2　NH_2

二、利用分子的潜对称性

潜对称分子本没有对称性，但却能被回推为对称分子，进而可以使问题简化。

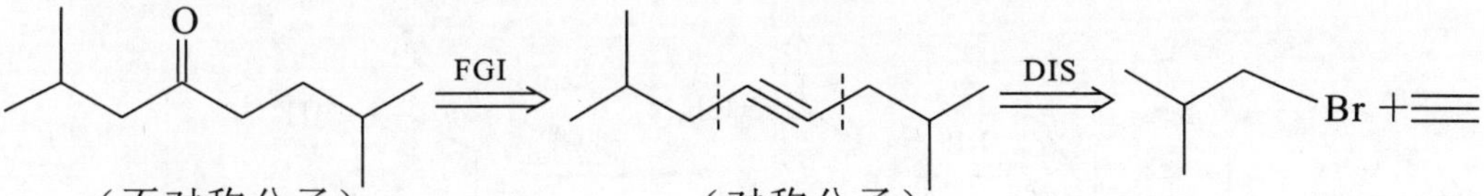

FGI　DIS　Br + ≡

（不对称分子）　（对称分子）

合成路线：

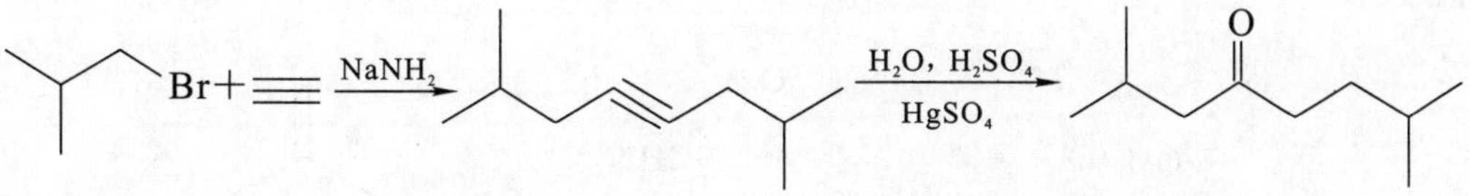

Br + ≡ $\xrightarrow{NaNH_2}$　$\xrightarrow[HgSO_4]{H_2O,\ H_2SO_4}$

三、模拟化合物的应用

对于复杂的化合物，首先考虑把与反应无关的部分去掉，简化分子结构，利于找出分子中的关键部位，然后进行反推与合成。然而，关键部位往往是最难合成的部位，为突破难点不妨借鉴前人的工作，为目标分子中难以合成的结构部分找到可模仿的对象进行模拟，工作的难度就会大幅降低。

如合成二环[4.1.0]庚酮-2：

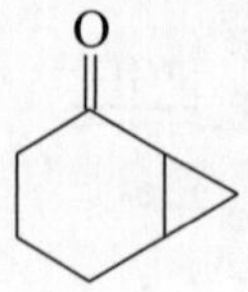

这个分子的合成难点是如何合成分子中所含的三碳环结构，为解决这个问题，需要以环丙烷为模仿对象，因此有必要去了解环丙烷的合成：

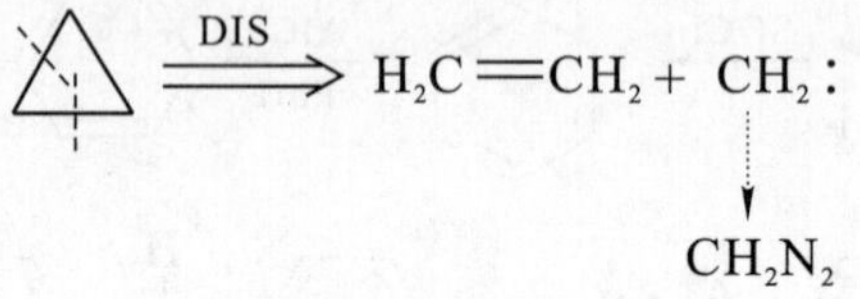

$$\triangle \xrightarrow{DIS} H_2C{=}CH_2 + CH_2: \quad (CH_2: \dashrightarrow CH_2N_2)$$

α-重氮酮化合物比重氮甲烷稳定，更方便用来生成卡宾化合物，因此可借重氮甲烷与酰氯作用来制备：

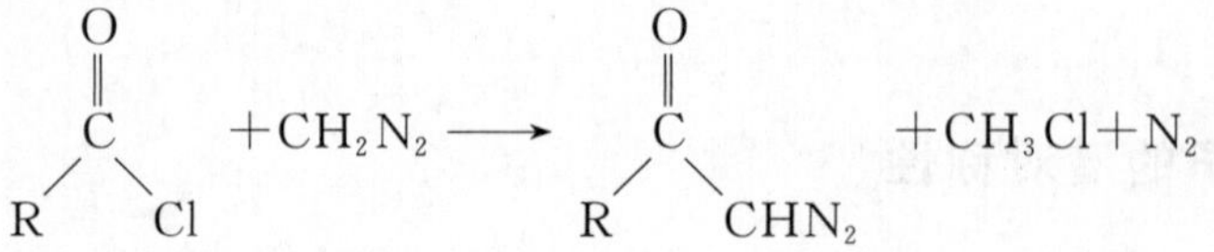

$$RC(=O)Cl + CH_2N_2 \longrightarrow RC(=O)CHN_2 + CH_3Cl + N_2$$

通过模仿，作下列回推：

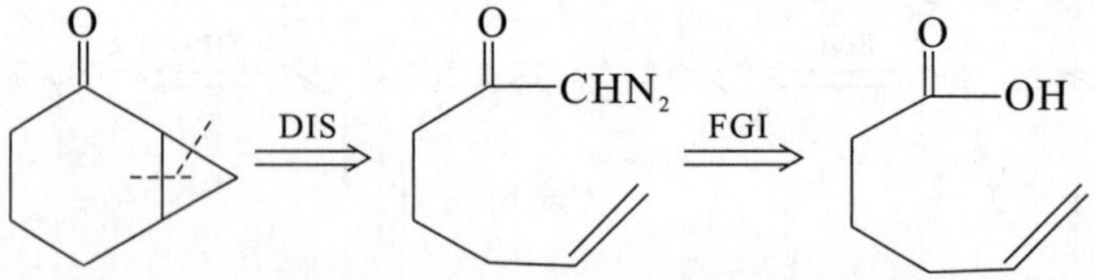

$$\xrightarrow{DIS} \quad \xrightarrow{FGI}$$

合成：

$$\xrightarrow[\text{② } CH_2N_2]{\text{① } SOCl_2} \quad \xrightarrow{Cu}$$

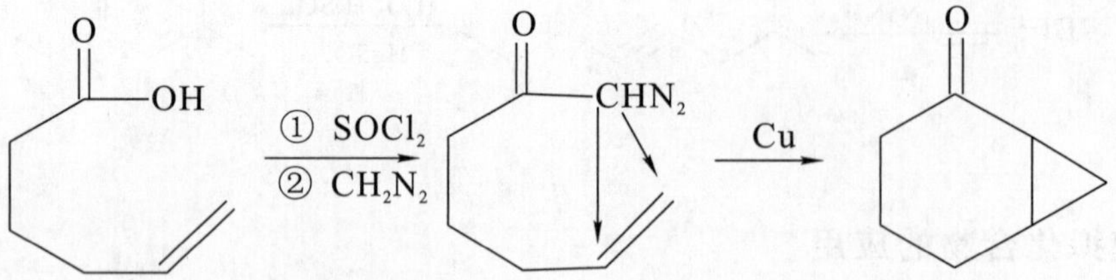

四、平行—连续法(会集法)

一个复杂的化合物的合成，需要多步去实现。多步合成有两个极端的策略，一是连续法，一步一步地进行反应，每一步增加目标分子结构中的一个新部分。

$$A \xrightarrow{B} A{-}B \xrightarrow{C} A{-}B{-}C \xrightarrow{D} A{-}B{-}C{-}D \xrightarrow{E} A{-}B{-}C{-}D{-}E$$

这样处理有两个缺点：① 即使每一步都有极好的产率，但多步合成的总产率仍然很低；

② 如果必须携带另外一些官能团，很难保证通过多步反应后目标产物的结构仍不发生变化。

另一个策略是平行—连续法，方法是分别合成目标分子的主要部分，并使这些部分在接近合成结束时再连接在一起。

$$\left.\begin{array}{l} A \xrightarrow{B} A{-}B \xrightarrow{C} A{-}B{-}C \\ D \xrightarrow{E} D{-}E \xrightarrow{F} D{-}E{-}F \end{array}\right\} \longrightarrow A{-}B{-}C{-}D{-}E{-}F$$

这样总收率会比连续法高，而且目标分子的不稳定部分被包含在较小的单元中。

因此在一个复杂化合物的合成中，尽量将目标分子分成两大部分，再将各个部分拆解成次大部分，避免目标分子按小段被逐一拆解。对于有对称性的分子，可以将其拆开成相同的部分，这样减少了合成步骤，可更有效地提高合成效率。

例 5-26　设计合成路线。

$$R{-}C{\equiv}C{-}C{\equiv}C{-}R$$

解：

$$R{-}C{\equiv}C \,|\, C{\equiv}C{-}R \xRightarrow{DIS} R{-}C{\equiv}C{-}Li + X{-}C{\equiv}C{-}R$$

$$R{-}C{\equiv}C{-}Li \xRightarrow{FGI} R{-}C{\equiv}C{-}H \xLeftarrow{FGI} X{-}C{\equiv}C{-}R$$

合成路线：

$$R{-}C{\equiv}C{-}H \xrightarrow{n\text{-}BuLi} R{-}C{\equiv}C{-}Li$$

$$R{-}C{\equiv}C{-}H \xrightarrow{n\text{-}BuLi} R{-}C{\equiv}C{-}Li \xrightarrow[r.t.]{Br_2} R{-}C{\equiv}C{-}Br$$

$$\left.\begin{array}{l} R{-}C{\equiv}C{-}Li \\ R{-}C{\equiv}C{-}Br \end{array}\right\} \longrightarrow R{-}C{\equiv}C{-}C{\equiv}C{-}R$$

习题

1. 指出以下试剂中反应中心的极性(a/d)，并根据极性转换的原理改变其反应极性。

(1) $R{-}CH_2{-}\overset{\overset{\large O}{\|}}{C}{-}R^1$　　(2) $Ph{-}\overset{\overset{\large O}{\|}}{C}{-}H$

(3) $R{-}CH_2{-}X$　　(4) $R{-}CH_2{-}\overset{\overset{\large N-R^2}{\|}}{C}{-}R^1$

(5) $CH_3{-}CH(COOH){-}NH_2$（键线式：COOH、NH_2）　　(6) $CH_3{-}CH{=}CH{-}CH_3$

(7) $CH_3CH_2{-}MgCl$　　(8) HCN

(9) $Ph_3P{=}CHR$　　(10) $(CH_3)_2PCl$

2. 对以下各类化合物进行切断，并尽可能写出合成等效体。

(1) 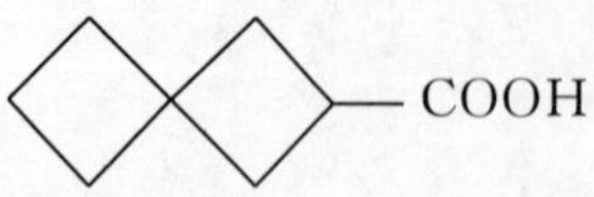　(2)

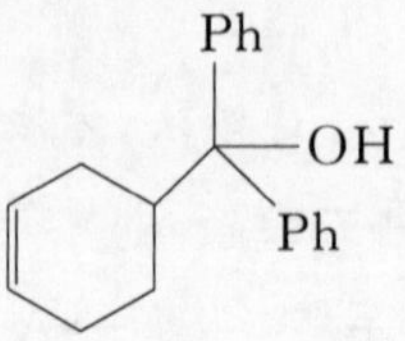

(3) 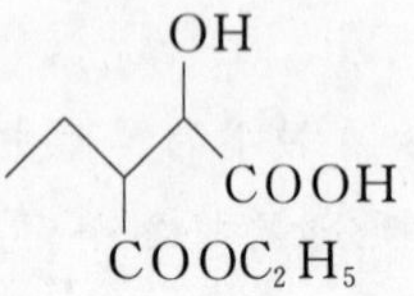　(4) 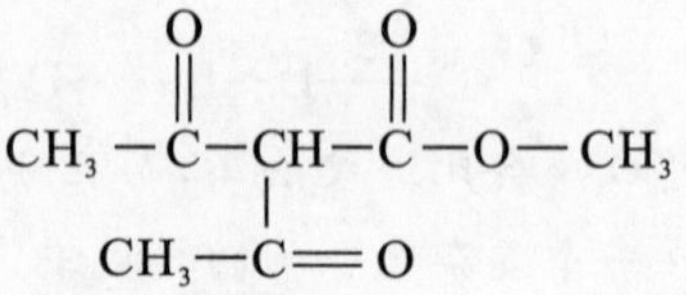 $CH_3-C(=O)-CH(C(=O)CH_3)-C(=O)-O-CH_3$

(5) 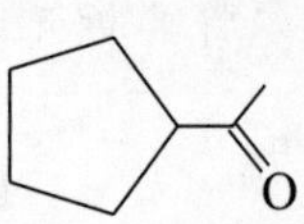　(6)

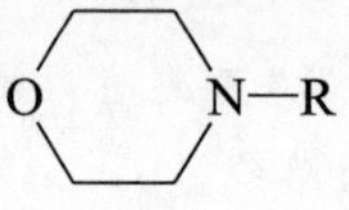

3. 完成下列化合物的合成路线设计。

(1) α -羰基戊二酸　(2) 3 -甲基 3 -羟基- 2 -丁酮

(3) 肉桂酸（$C_6H_5-CH{=}CH-COOH$）　(4)

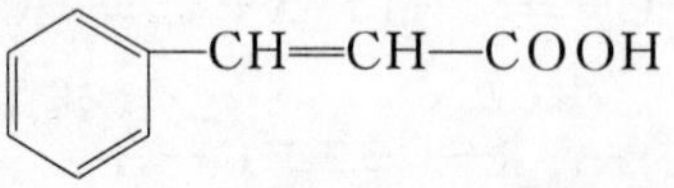

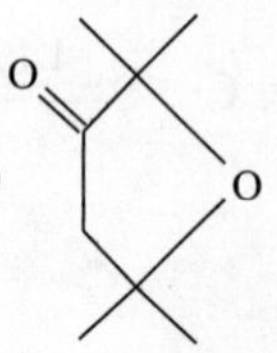

(5) 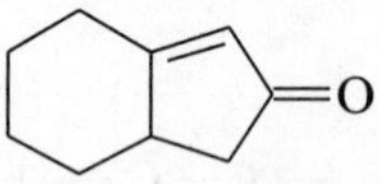　(6)

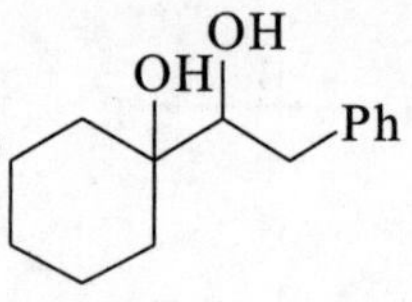

(7) 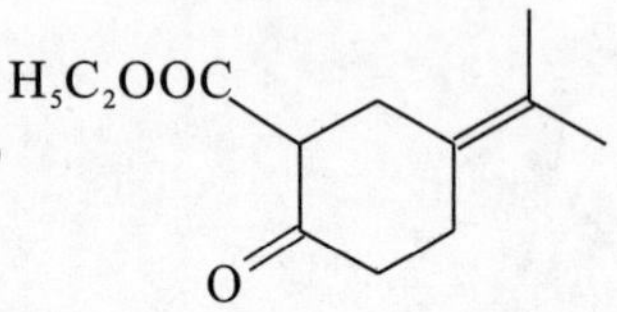　(8)

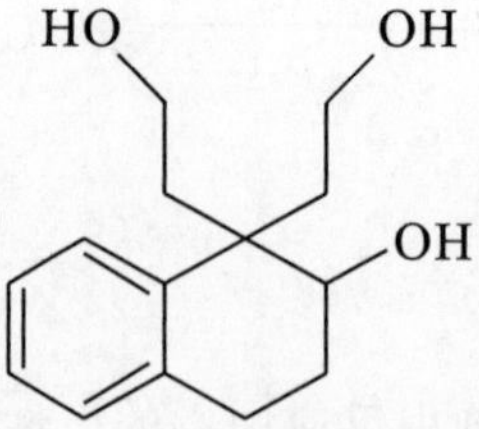

(9) 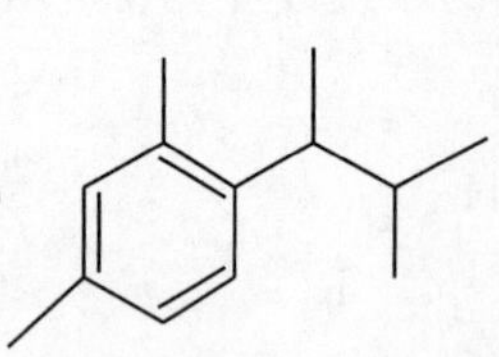　(10)

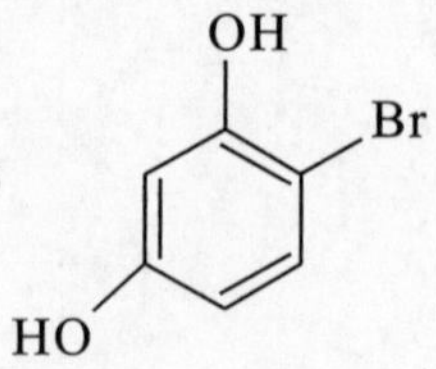

(11)

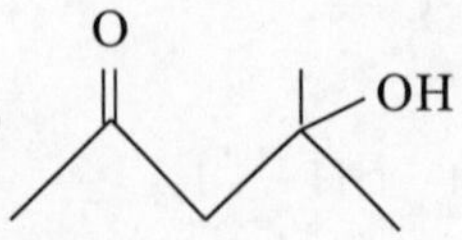

第六章 反应的选择性与控制

反应的选择性是指一个反应可能在底物的不同部位和方向进行，从而形成几种产物时的选择程度。一个化学反应若可同时生成多种产物，其中某一种产物是最希望获得的，则这一种产物产率的大小代表了该反应选择性的好坏。反应的选择性是评价一个反应效率高低的重要标志。

在进行有机合成设计时，总希望在底物分子中的特定位置上进行特定的反应，以期达到合成目标分子的最终目的，因而利用反应的选择性是合成设计者优先考虑的策略。

有机反应的选择性，包括化学选择性、区域（位置）选择性，官能团键性选择性以及立体选择性等。以下就其中的三种作简要介绍。

第一节 反应的选择性

一、化学选择性

在有机合成中，分子中若有两个及以上活性官能团，但只需要其中之一起反应，这就是化学选择性问题，它是指不同官能团或处于不同化学环境中的相同官能团，在不利用保护或活化基团时由化学反应活性差异而产生的区别反应的能力。一般情况下，不同基团对同一试剂所表现的活性相差很大，反应中容易控制。比如，区别碳碳双键和羰基是很容易办到的，利用 $LiAlH_4$、$NaBH_4$ 等可以还原羰基，但不能还原碳碳双键：

$$\mathrm{R{-}CH{=}CH{-}R} \xrightarrow[\text{或 } NaBH_4]{LiAlH_4} \times$$

$$\mathrm{>C{=}O} \xrightarrow[\text{或 } NaBH_4]{LiAlH} \mathrm{>CH{-}OH}$$

用联亚胺可以还原烯、炔的双键、三键，但不能还原羰基：

$$\mathrm{R{-}CH{=}CH{-}R} \xrightarrow{HN{=}NH} \mathrm{R{-}CH_2{-}CH_2{-}R}$$

$$\mathrm{(CH_3)_2C{=}O} \xrightarrow{HN{=}NH} \times$$

处于分子不同部位的相同基团也有可能产生反应性差异。如异丁烷在光照下发生溴代反应时，叔氢比伯氢更容易被取代。

但大多数情况下，分子中不同位置的相同基团，对同一试剂的化学选择性较低，此时要区别它们非常困难。一般只有两种基团的反应速率相差10倍以上，才能使试剂主要与其中一种基团作用，同时另一种基团所受影响很小。如果达不到上述要求，就要采用基团保护法，但这种保护基团的步骤要占据整个合成步骤的40%，这是很大的浪费，所以我们必须要提高反应的化学选择性。

二、区域(位置)选择性

在具有多个不同反应部位的底物上，反应试剂能够定向地进攻某一位置，主要生成指定结构的产物叫区域选择性(或位置选择性)。

不对称烯烃与溴化氢的加成是典型的位置选择性反应：

$$R-CH=CH_2+HBr \xrightarrow{HAc} R-CH(Br)-CH_2(H)$$

$$R-CH=CH_2+HBr \xrightarrow{R-OOR} R-CH(H)-CH_2(Br)$$

苯环上氢原子的进一步取代也是典型的区域选择性反应：

$$C_6H_5CH_3 + Cl-Cl \xrightarrow[25℃]{FeCl_3} o\text{-}CH_3C_6H_4Cl\ (58\%) + p\text{-}CH_3C_6H_4Cl\ (42\%)$$

$$C_6H_5NO_2 + Cl-Cl \xrightarrow{FeCl_3} m\text{-}NO_2C_6H_4Cl$$

$$C_6H_5CH_3 \xrightarrow[浓HNO_3]{浓H_2SO_4} o\text{-}CH_3C_6H_4NO_2\ (58.5\%) + p\text{-}CH_3C_6H_4NO_2\ (37.1\%) + m\text{-}CH_3C_6H_4NO_2\ (4.4\%)$$

$$C_6H_5NO_2 \xrightarrow[浓HNO_3]{浓H_2SO_4} m\text{-}C_6H_4(NO_2)_2\ (93\%)$$

三、立体选择性

立体选择性是指一个反应中可能生成空间结构不同的立体异构体，由于生成的异构体的量不同，称该反应具有立体选择性，包括顺反异构选择性、对映异构选择性、非对映异构选择性。这种反应常与作用物的位阻、过渡状态的立体化学要求以及反应条件有关。如环己酮的羰基用 $LiAlH_4$ 还原的反应，反应产物主要为羟基在平伏键上的结构：

$LiAlH_4$ 　OH　H　H　OH　CH_3　CH_3　CH_3　(90%)　(10%)

又如 2-氯代丁烷氯代反应，得到的产物中有一对非对映异构体，但它们的产率是不一样的。

H　CH_3　C　C　Cl　H　CH_3　→　Cl　H　CH_3　C　C　Cl　H　CH_3　2*S*，3*S*　+　CH_3　H　Cl　C　C　Cl　H　CH_3　2*S*，3*R*

产物中(2*S*,3*S*)构型占 29%，(2*S*,3*R*)构型占 71%，反应具有立体选择性。

第二节　选择性控制

进行有机合成设计时，合成设计者总希望在底物分子中的特定位置上进行特定的反应，以期达到合成目标分子的最终目的。因而反应选择性的利用是合成设计者优先考虑的策略，要预先考虑到须采取一些什么样的措施来提高反应的选择性。反应选择性的利用首选的当然是采用可以发生选择性反应的反应底物，但这样的底物毕竟是有限的，难以满足大量有机合成的需要，因此也可以考虑采用一些其他的措施来控制反应的选择性。

一、官能团差异性的利用

虽说具有选择性反应的底物数量有限，但毕竟存在，可以利用这类底物来提高反应的选择性。如下列官能团与格氏试剂作用时，反应性强弱次序如下：

活泼氢＞＞—CHO＞C═O＞＞—COCl，$—CO_2R$

当底物分子中存在两种及以上上述基团时，与格氏试剂的反应是具有选择性的。

相同官能团处于不同的环境中时活性有可能存在差异，可以利用这个性质来控制反应的选择性。

苧的分子结构中有两个双键，一个在环内，另一个在环外，当用间氯过氧苯甲酸氧化它时，得到的产物如下：

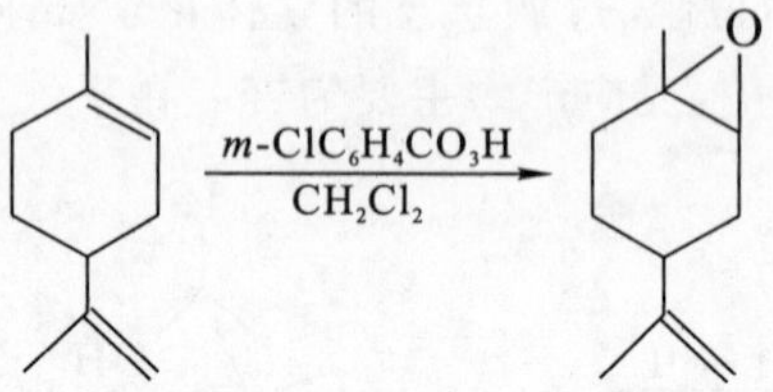

$$\xrightarrow[CH_2Cl_2]{m\text{-}ClC_6H_4CO_3H}$$

该反应中只有环内双键被氧化，环外双键得以保留，是一种选择性较强的反应。

硼氢化钠还原4-氧代戊酸乙酯的反应如下：

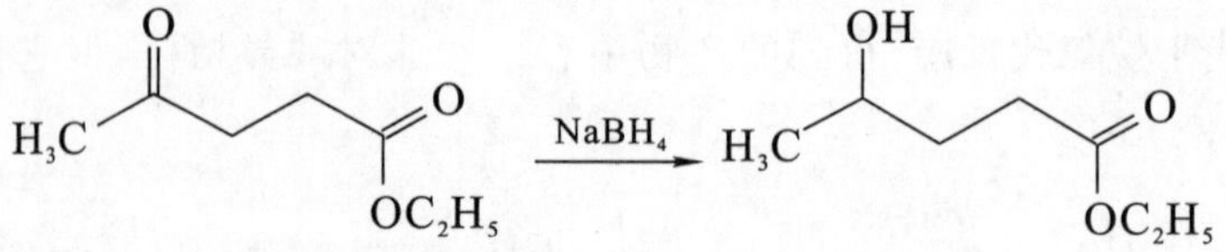

$$H_3C\text{-}CO\text{-}CH_2CH_2\text{-}COOC_2H_5 \xrightarrow{NaBH_4} H_3C\text{-}CH(OH)\text{-}CH_2CH_2\text{-}COOC_2H_5$$

结果是酮羰基被还原，而酯羰基保持不变，反应具有选择性。

从以上实例可以看出，只要我们善加利用反应底物上官能团的选择差异性，就能够使其为提高合成反应的选择性服务。

二、反应试剂控制

饱和羧酸在红磷存在的情况下与溴作用时，溴化反应只在α-碳上发生；在与氯作用时，反应产物虽然也是以α-位取代为主，但反应还可在碳链的其他部位上发生，说明氯的选择性不如溴。

$$CH_3CH_2COOH \xrightarrow{Cl_2} CH_3CHClCOOH + CH_2ClCH_2COOH$$

$$CH_3CH_2COOH \xrightarrow{\text{红磷}/Br_2} CH_3CHBrCOOH$$

溴化反应能够控制在指定位置的特点可用于有机合成。

α-烯烃与不同试剂作用得到不同的醇，反应具有选择性。

$$RCH{=}CH_2 \xrightarrow[\text{②}NaBH_4]{\text{①}Hg(OAc)_2} RCH(OH)CH_3$$

$$RCH{=}CH_2 \xrightarrow[\text{②}H_2O_2]{\text{①}BH_3} RCH_2CH_2OH$$

三、催化剂控制

催化反应对增强选择性有重要作用，如下列反应：

Br 1 OAc + $NaCH(COOCH_3)_2$ —DMF→ $(H_3COOC)_2CH$ … OAc 2 (75%)；—THF, $(Ph_3P)_4Pd$→ Br … $CH(COOCH_3)_2$ 3 (77%)

烷基化反应中对两个基团活性的控制。烯丙型乙酸酯一般不被亲核试剂进攻，溴代烯丙型乙酸酯 1 与丙二酸二甲酯钠盐在溶剂 *N*,*N* -二甲基甲酰胺(DMF)中反应，只通过溴取代而得到产物 2。但是加入钯催化剂，在溶剂四氢呋喃(THF)中起反应，则使烯丙型乙酸酯被取代生成产物 3。原因是钯催化剂能使烯丙型乙酸酯活化，如下所示：

$H_2C{=}CH{-}CH_2OAc$ + PdL_2 → H_3C … Pd^+(L)(L) … OAc —Nu^-→ $H_2C{=}CH{-}CH_2Nu$

四、反应条件控制

在 Friedel－Crafts 多烷基化反应中，温和的条件下主要得到邻、对位产物，而在较剧烈的条件下主要得到间位产物。

苯 + CH_3Cl —$AlCl_3$, 0℃→ 1,2,4-三甲苯（CH_3, CH_3, CH_3）

苯 + CH_3Cl —$AlCl_3$, 100℃→ 1,3,5-三甲苯（CH_3, CH_3, CH_3）

苯酚的溴化，在极性溶剂如水中立即生成三溴代物，而在非极性溶剂如 CS_2 中则可控制在一溴代阶段。

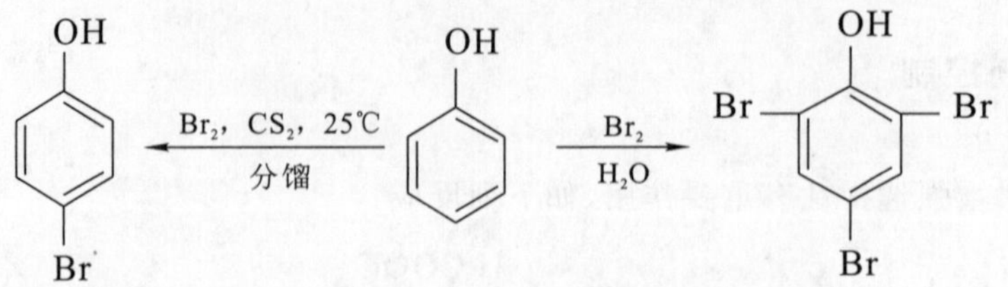

$$\text{对溴苯酚} \xleftarrow[\text{分馏}]{Br_2,\ CS_2,\ 25℃} \text{苯酚} \xrightarrow[H_2O]{Br_2} \text{2,4,6-三溴苯酚}$$

因此,选择合适的反应温度、溶剂等条件可以提高反应选择性。

五、导向基控制

所谓导向基指的是在有机合成中为了让某一结构单元引入到分子的特定位置上,常常在反应前引入某种控制基团来促使选择性反应的进行;作为导向基的基团必须满足"召之即来,挥之则去"的要求。导向基根据它所起的作用不同可分为以下四类。

(一)活化导向基

有些底物分子中含有两个及以上能起反应的部位,为了把反应基导向指定的部位,可用引入活化基团的方法;有些官能团反应活性较弱,可在适当位置引入活化基团,增大其反应活性。

(二)钝化导向基

降低某一基团的活性,使反应停留在某一阶段。

(三)堵塞基团

堵塞基团的引入可以使反应物分子中某一可能优先反应的活性部位被封闭,在目标部位顺利引入所需要的基团,等目的达到后,再除去堵塞基团。常用堵塞基团有 $-SO_3H$、$-COOH$、$-C(CH_3)_3$ 等。

(四)保护基团

将反应物分子中不希望参与反应的官能团保护起来,先转化成较为稳定的衍生物形式,待目标官能团进行转化后,再脱除保护基恢复到原来的官能团。

为了说明导向基的作用,我们不妨先介绍如何设计合成 1,3,5 -三溴苯。

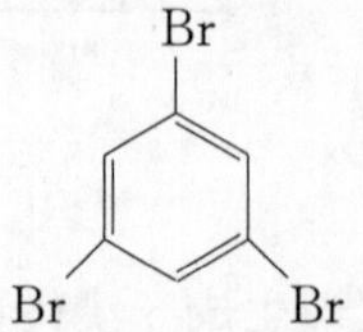

(1,3,5-三溴苯结构式:Br、Br、Br)

在苯环上的亲电取代反应中,溴原子是一个邻位、对位定位基,而欲合成的化合物中溴原子互为间位，显然，不能由溴苯中溴原子本身的定位效应来直接引入另外两个溴原子。它们互居间位，可以推测这是因为有一个强的邻位、对位定位基存在，它的定位效应比溴原子大，使溴原子在发生苯环亲电取代时分别进入该定位基的邻位、对位，从而使溴原子本身处于互为间位的位置。然而在目标分子中并没有这个基团存在，显然它是在合成过程中被引入，任务完成后被去掉的。

那么，什么基团可以满足上述要求？氨基具有这样的能力，它是一个强的邻位、对位定位基，便于引入和去除：

$$-H \longrightarrow -NO_2 \longrightarrow -NH_2$$

$$-NH_2 \longrightarrow NH_3^+HSO_4^- \longrightarrow -H$$

因此，1，3，5－三溴苯的合成采用如下的路线：

$$\text{C}_6\text{H}_6 \xrightarrow[\text{浓 } H_2SO_4]{\text{浓 } HNO_3} \text{C}_6\text{H}_5NO_2 \xrightarrow{Fe/HCl} \text{C}_6\text{H}_5NH_2 \xrightarrow[FeBr_3]{Br_2} \text{2,4,6-}Br_3\text{C}_6\text{H}_2NH_2 \xrightarrow[HNO_3]{H_2SO_4}$$

$$\text{2,4,6-}Br_3\text{C}_6\text{H}_2NH_3^+HSO_4^- \xrightarrow[H_2O]{H_3PO_2} \text{1,3,5-}Br_3\text{C}_6\text{H}_3$$

六、活化基团的导向作用

苯环上的基团是典型的导向基，无论是活化基团还是钝化基团均具有导向作用，但使用得较多的是活化作用导向手段，当然这种方法不仅在苯环上可以使用，在直链化合物的合成中也可采用引入活化基的办法。

例 6-1　合成苄基丙酮。

$$\text{C}_6\text{H}_5CH_2CH_2COCH_3$$

解：

$$\text{C}_6\text{H}_5CH_2\text{-/-}CH_2COCH_3 \xRightarrow{DIS} \text{C}_6\text{H}_5CH_2Br + CH_3COCH_3$$

可以用苄溴和丙酮反应直接来制取苄基丙酮，但收率低，因为反应中除了副反应丙酮的自身缩合外，还会有对称的二苄基丙酮等副产物：

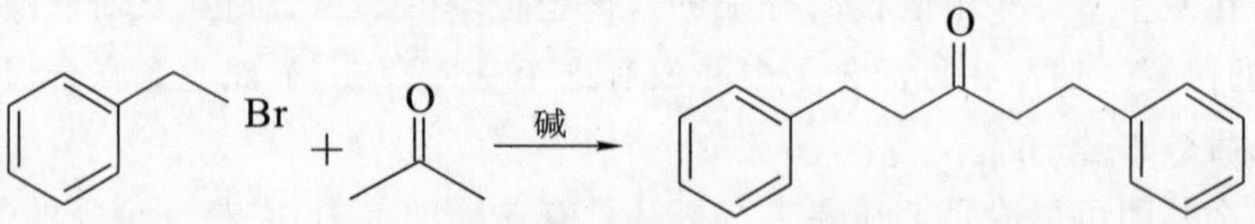

要解决这个问题得使丙酮的两个甲基有显著的活性差异，可以将一个乙酯基（导向基）引入到丙酮的一个甲基上，即使用乙酰乙酸乙酯而不是丙酮作为合成试剂。乙酰乙酸乙酯中亚甲基上的氢原子比酮甲基上的氢原子要活泼得多，会成为苄溴的主要进攻位置，使反应具有选择性。苄基接上后，通过水解脱羧，乙酯基很容易被脱去，达到合成目的。

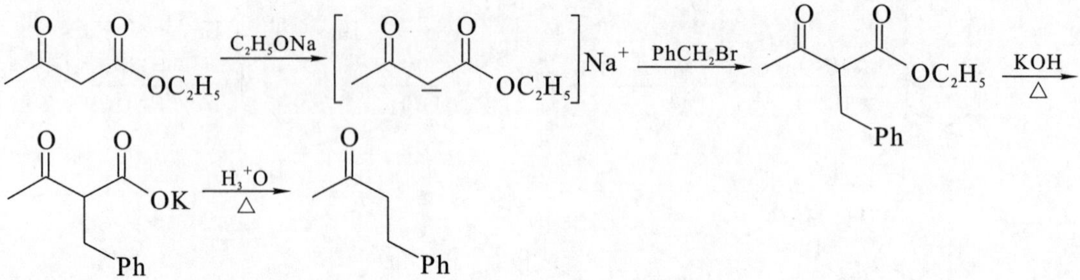

例 6-2 完成如下化合物的合成。

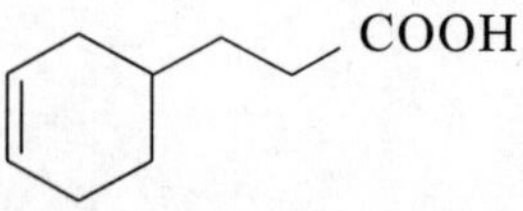

解：

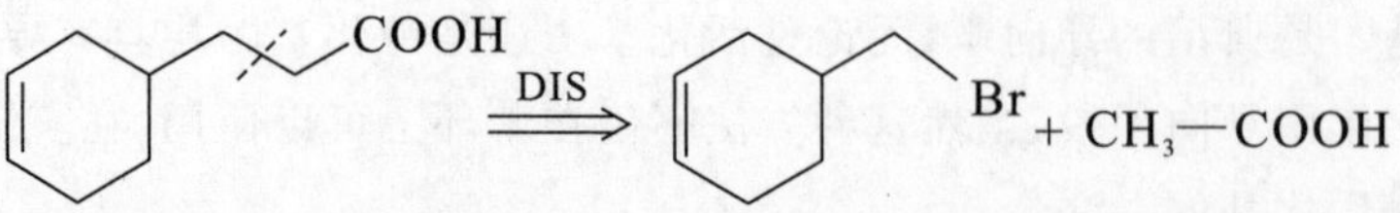

乙酸的 α-氢不够活泼，为使烷基化在 α-碳上发生，需引入乙酯基使 α-氢活化。于是用丙二酸二乙酯为原料，合成完毕将酯基水解成羧基，再利用两个羧基连在同一个碳上受热脱羧将导向基去除：

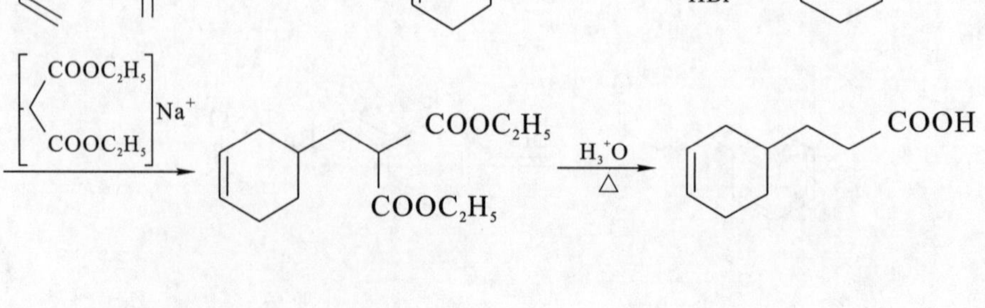

例 6-3　设计合成 3-叔丁基-2-环戊烯-1-酮。

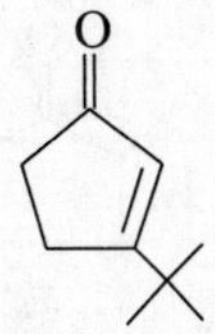

解：将目标产物进行如下切断。

DIS ⟹ DIS ⟹ +

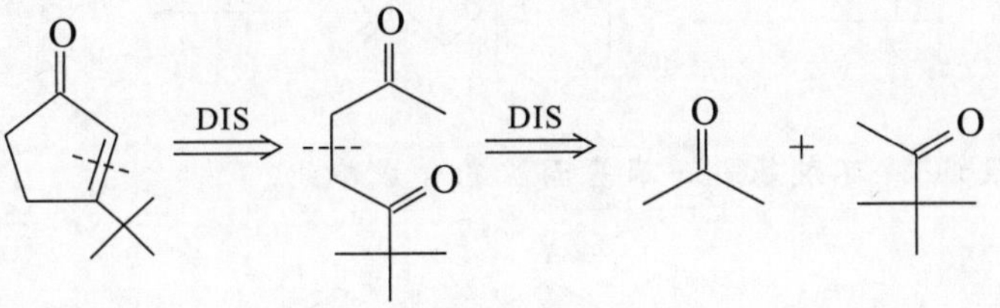

合成中在丙酮的一个 α-碳上引入酯基使 α-碳活化，从而使烷基化能够顺利发生：

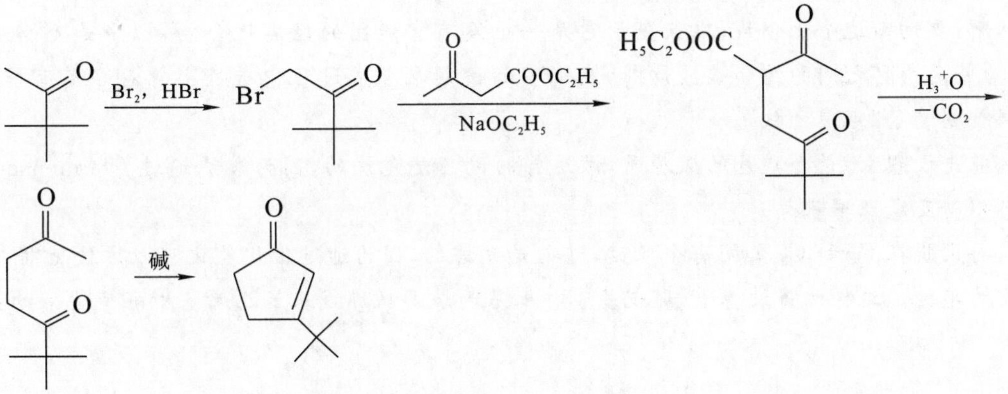

Br_2, HBr　Br　$COOC_2H_5$　$NaOC_2H_5$　H_5C_2OOC　H_3^+O　$-CO_2$

碱

例 6-4　设计合成 2-甲基-6-烯丙基-1-环己酮。

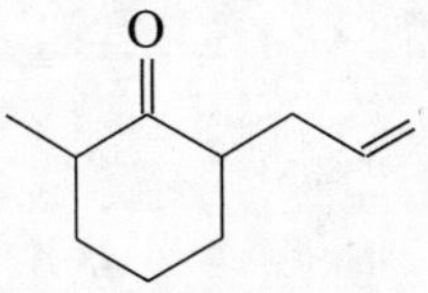

解：将目标产物进行如下切断。

DIS ⟹ + Br

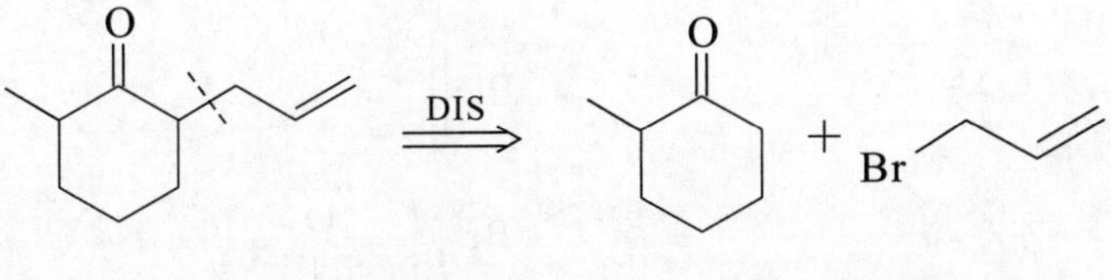

可以预料，当 α-甲基环己酮和烯丙基溴作用时会产生混合物，这个问题可以利用活化导向的办法来解决。

合成路线：

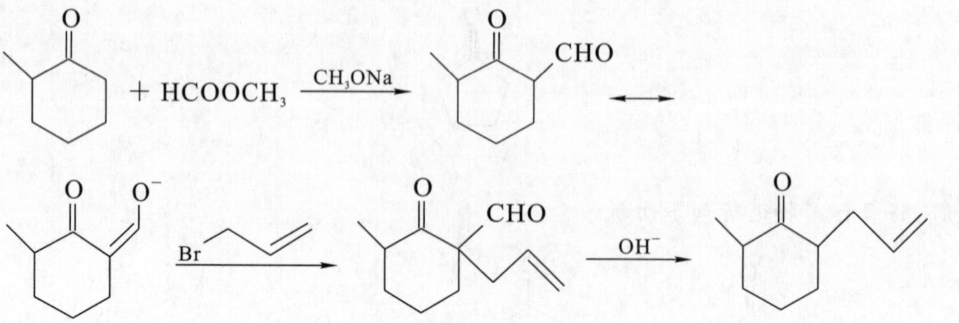

$$\text{2-甲基环己酮} + HCOOCH_3 \xrightarrow{CH_3ONa} \text{2-甲酰基-6-甲基环己酮} \longleftrightarrow$$

$$\xrightarrow{BrCH_2CH=CH_2} \xrightarrow{OH^-}$$

例 6-5　试设计 1-环戊基-3-苯基丙烷的合成路线。

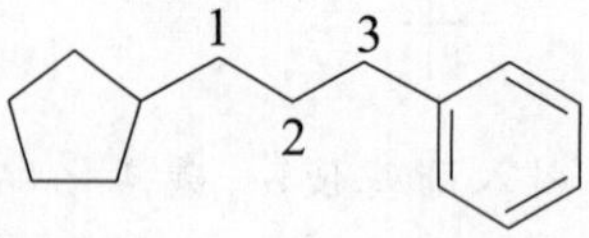

解：要切断这个化合物，难点在于它是一个没有官能团的烃类化合物，似乎是无懈可击的，为将两个环之间的饱和碳链切断，我们不妨设想在合成过程中碳链上曾存在着官能团，这样就创造了"可乘之机"。

首先设想 C_1 是个羰基的碳原子，做这样的设想是允许的，因为羰基通过 Claimensen 还原可以转变成亚甲基。

再设想在 C_2 和 C_3 之间有个双键，这也是允许的，因为通过催化氢化可以方便地将双键转化为单键。这样就将设想 1-环戊基-3-苯基丙烷是从环戊基苯乙烯基甲酮变化来的：

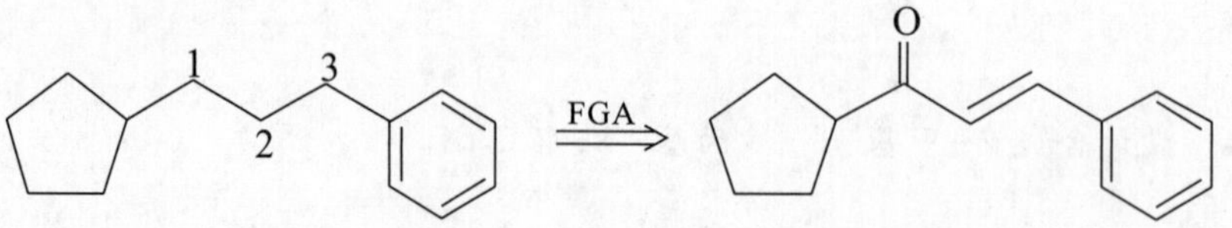

$$\xRightarrow{FGA}$$

环戊基苯乙烯基甲酮可以如下切断：

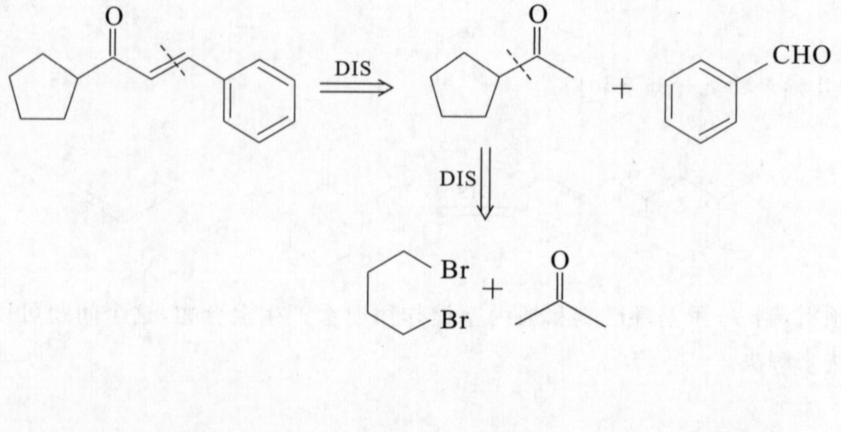

$$\xRightarrow{DIS} \quad + \quad \text{CHO}$$

$$\Downarrow \text{DIS}$$

$$\text{Br} \quad \text{Br} \quad +$$

合成路线：

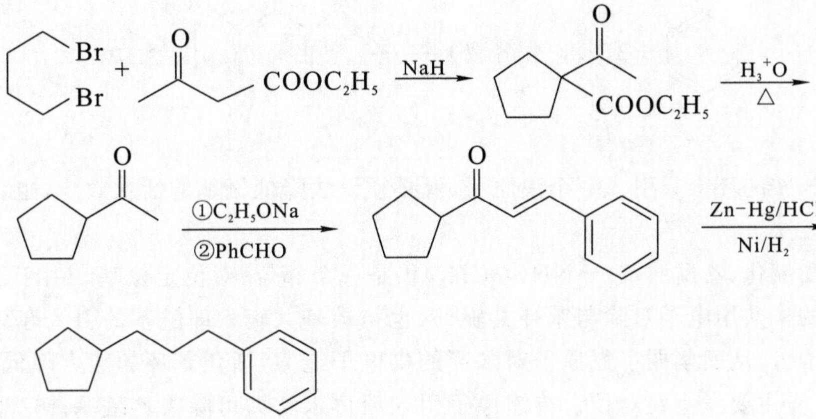

同样，合成中丙酮使用乙酰乙酸乙酯使 α-氢活化。

例 6-6 由双环[2.2.2]辛烷-1,4-二羧酸单乙酯合成双环[2.2.2]辛烷-4-氨基甲酰-1-羧酸乙酯。

反应底物中含有一个酯基、一个羧基，由于酯的酰化能力较羧酸更强，产物中酯基要得到保留，因此不能由原料直接合成产物。如先将羧基转变为酰化能力强于酯基的酸酐基，再进行酰胺化时，反应将主要在酸酐上发生。

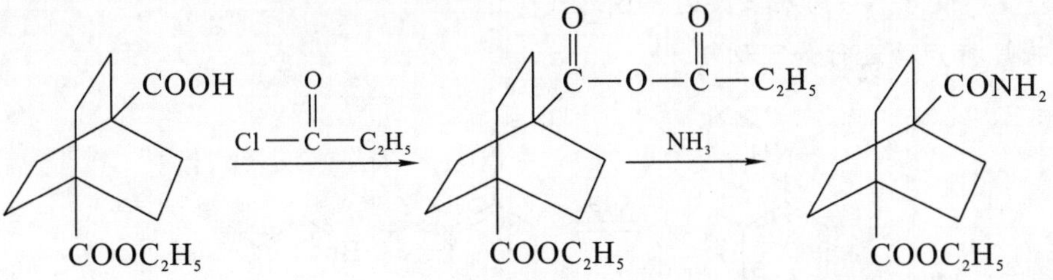

这是典型的活化基团的引入使反应导向羧基，从而能较好地控制反应的选择性，使之更有利于目标产物的合成。

七、钝化基团的导向作用

活化能导向，钝化也能导向，如对溴苯胺的合成：

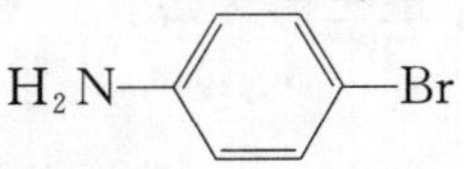

若以苯胺为原料，由于氨基是很强的邻位、对位定位基，进行溴代反应时容易生成多元取代物如三溴苯胺，无法得到目标产物。

$$C_6H_5NH_2 + 3Br_2\text{（水溶液）} \longrightarrow \text{2,4,6-}Br_3C_6H_2NH_2 \downarrow + 3HBr$$

要想在苯胺的环上只引入一个溴原子，就必须设法降低氨基的活化效应，也就是要采用钝化导向的方法。

将胺基乙酰化，乙酰胺基（$-NHCOCH_3$）仍是一个邻位、对位定位基。由于乙酰苯胺分子中氮原子的未共用电子对除与苯环共轭外，也与羰基共轭。即酰基的引入夺去了氮原子的一部分电子云，从而削弱了氮原子对苯环的供电子能力，活化苯环的能力降低，反应变得温和，取代反应主要发生在对位。待溴原子引入后再水解即可除去乙酰基。这里乙酰基即起着钝化导向的作用。

$$C_6H_5NH_2 \xrightarrow{(CH_3CO)_2O} C_6H_5NHCOCH_3 \xrightarrow[\text{干燥 } CH_3COOH]{Br_2} p\text{-}BrC_6H_4NHCOCH_3 \xrightarrow[H^+]{H_2O} p\text{-}BrC_6H_4NH_2 + CH_3COOH$$

由此可以看出，钝化基团也可以为合成路线设计及目标分子的合成服务。

例 6－7 设计 N－丙基苯胺的合成路线。

解：将目标产物进行如下切断。

$$C_6H_5NH\!\not|\!CH_2CH_2CH_3 \overset{DIS}{\Longrightarrow} C_6H_5NH_2 + BrCH_2CH_2CH_3$$

目标产物拆开得到的合成等效体苯胺亲核性较强，容易与卤代烃发生多烷基化反应，目标产物的收率很低。

$$Ph-NH_2 \xrightarrow{RBr} Ph-NH-R \xrightarrow{RBr} Ph-NR_2$$

为避免多烷基化的问题采用氨基酰化的方法：

$$C_6H_5NH_2 + CH_3-CH_2-COCl \longrightarrow C_6H_5NHCOCH_2CH_3$$

氮原子未共用电子对与丙酰基的羰基形成 p-π共轭，使亲核性降低，多酰基化的酰胺很难形成。酰胺羰基可以还原成亚甲基：

$$C_6H_5NHCOCH_2CH_3 \xrightarrow{\text{Clemmensen还原}} C_6H_5NHCH_2CH_2CH_3$$

八、封闭特定位置的导向作用

对特定位置加以封闭，即引入阻塞基，使反应按照希望的方向进行。

例 6-8　试设计邻-硝基苯胺的合成路线。

解：直接用硝酸作为硝化剂，苯胺容易被氧化成复杂的氧化产物；采用混酸硝化，主要产物是间-硝基苯胺。

$$C_6H_5NH_2 \xrightarrow{H_2SO_4} C_6H_5NH_3^+HSO_4^- \xrightarrow{HNO_3} m\text{-}O_2NC_6H_4NH_3^+HSO_4^- \xrightarrow{NaOH} m\text{-}O_2NC_6H_4NH_2$$

要防止用硝酸作用时苯胺被氧化，又要使引入的基团主要进入到原来的邻位、对位，可对苯胺乙酰化，以 N－乙酰基衍生物参加反应，但得到的产物主要是对硝基苯胺：

$$C_6H_5NH_2 \xrightarrow{CH_3COCl} C_6H_5NH\text{—}COCH_3 \xrightarrow[H_2SO_4]{HNO_3} p\text{-}O_2NC_6H_4NH\text{—}COCH_3\ (90\%) + m\text{-}O_2NC_6H_4NH\text{—}COCH_3$$

$$p\text{-}O_2NC_6H_4NH\text{—}COCH_3 \xrightarrow{H_3^+O} p\text{-}O_2NC_6H_4NH_2$$

达不到合成的目的，为了得到邻硝基苯胺，需采取封闭特定位置的方法进行导向合成。

$$\text{苯胺} \xrightarrow{CH_3COCl} \text{乙酰苯胺} \xrightarrow{H_2SO_4} \text{4-}SO_3H\text{-乙酰苯胺} \xrightarrow{HNO_3} \text{2-}NO_2\text{-4-}SO_3H\text{-乙酰苯胺} \xrightarrow{57\%H_2SO_4} \text{邻硝基苯胺}$$

例 6-9 邻二氯苯酚的合成。

解：

$$\text{2,6-二氯苯酚} \xRightarrow{FGI} \text{苯酚} + Cl_2$$

羟基是很强的邻位、对位定位基，为使两个氯原子只进入羟基的两邻位，就需要封闭羟基的对位，可用叔丁基作为阻塞基，它有两个特点：①叔丁基体积大，具有一定的空间位阻效应，不仅可以阻塞它所在的位置，还能顾及左右两侧；②叔丁基易于从苯环上去掉同时不干扰环上其他取代基。

$$\text{苯酚} \xrightarrow[H_2SO_4]{(CH_3)_2C{=}CH_2} \text{对叔丁基苯酚} \xrightarrow{Cl_2,\ Fe} \text{2,6-二氯-4-叔丁基苯酚} \xrightarrow[PhH,\ \triangle]{Al_2O_3} \text{2,6-二氯苯酚}$$

九、官能团保护控制

在进行合成时，若一种试剂对分子中其他的基团或部位也能同时反应，则需要将保留的基团先用另一种试剂保护起来，待反应完成后，再将保护基去掉，恢复为原来的官能团。即保护基是有机合成中的一类位置专一性的控制因素。

例 6-10 以 $CH_3{-}\overset{O}{\overset{\|}{C}}{-}CH_2{-}CH_2{-}\overset{O}{\overset{\|}{C}}{-}O{-}CH_3$ 为原料合成 $CH_3{-}\overset{O}{\overset{\|}{C}}{-}CH_2{-}CH_2{-}\underset{CH_3}{\underset{|}{\overset{OH}{\overset{|}{C}}}}{-}CH_3$ 。

解：用格氏试剂与羰基反应可以得到叔醇，但分子中有两个羰基，且酮羰基较酯基对格式试剂更活泼，优先发生酮羰基的反应，无法得到目标产物。为此考虑先将酮羰基保护起来，保护酮羰基的方法很多，其中最重要的是使之形成缩酮，合成过程如下：

$$CH_3COCH_2CH_2COOCH_3 \xrightarrow[BF_3]{HOCH_2CH_2OH} \text{(缩酮)}CH_2CH_2COOCH_3 \xrightarrow{CH_3MgI}$$

$$\text{(缩酮)}CH_2CH_2C(CH_3)_2OH \xrightarrow{H^+} CH_3COCH_2CH_2C(CH_3)_2OH$$

采用二硫代缩酮、缩醛也可以保护羰基：

$$(CH_3)_2C{=}O + HSCH_2CH_2CH_2SH \xrightarrow{H^+} \text{2,2-二甲基-1,3-二噻烷}$$

保护基在 pH＝4～12 范围内，还原剂、亲核试剂、有机金属试剂存在的条件下稳定，但易被氧化。在氯化汞水溶液、银盐、铜盐、钛盐等条件下催化水解可以恢复到原来的醛酮。

羰基与丙二腈发生 Knoevengel 缩合生成二腈亚甲基，是对酸稳定的保护基，在碱性条件下水解去保护。

$$RCH{=}O \xrightarrow[H_2O/EtOH]{NCCH_2CN} RCH{=}C(CN)_2 \xrightarrow[50℃]{NaOH(H_2O)} RCH{=}O$$

例 6－11　完成下列合成。

$$HO-C_6H_4-CH_3 \longrightarrow HO-C_6H_4-COOH$$

解：合成中如对反应底物直接氧化，由于羟基很活泼容易被氧化，将得不到目标产物，为此可考虑先让羟基转换成醚，再进行氧化。

$$HO-C_6H_4-CH_3 \xrightarrow[(CH_3)_2SO_4]{OH^-,DMF} CH_3-O-C_6H_4-CH_3 \xrightarrow{KMnO_4/H^+}$$

$$CH_3-O-C_6H_4-COOH \xrightarrow{HI} HO-C_6H_4-COOH$$

羟基形成醚后得到了保护，反应完成后再将醚恢复为羟基。除此之外，也可以采用形成酯、缩酮、缩醛的方式对羟基进行保护。

$$R-OH \underset{K_2CO_3,CH_3OH}{\overset{Ac_2O/吡啶}{\rightleftharpoons}} R-O-\overset{O}{\overset{\|}{C}}-CH_3$$

保护基在 pH=1～8 范围内，在路易斯酸、氧化反应等条件下可稳定存在，碱性条件下水解可以恢复到原来的醇。

$$R_1R_2C{=}O + R_3{-}OH \underset{}{\overset{\text{无水HCl}}{\rightleftharpoons}} R_1R_2C(OH)(OR_3) \underset{R_3-OH}{\overset{\text{无水HCl}}{\rightleftharpoons}} R_1R_2C(OR_3)_2 \quad (R_2 = H)$$

缩醛或缩酮在中性或碱性条件下稳定存在，对还原剂、氧化剂不反应，在酸性条件下水解即可恢复到原来的醇。

氨基是一个活泼基团，在有些反应中需要对它加以保护，保护方法有以下几种。

生成酰胺保护：在碱性（如碳酸钾）条件下，与乙酸酐或乙酰氯反应。

$$R_1R_2NH \xrightarrow{CH_3COCl} R_1R_2N{-}C(=O){-}CH_3 \xrightarrow{H^+\text{或}OH^-} R_1R_2NH$$

保护基对氧化剂、亲核试剂等稳定，在酸性或碱性条件下水解可以恢复到原来的胺。

生成氨基甲酸酯保护：

$$NH_2{-}CH_2{-}COOH + (CH_3{-}O{-}C(=O))_2O \longrightarrow$$

$$CH_3{-}O{-}C(=O){-}NH{-}CH_2{-}COOH \xrightarrow[AcOEt]{\text{浓HCl}} NH_2{-}CH_2{-}COOH$$

氨基甲酸酯在碱性条件下不水解，亲核试剂、有机金属试剂、非酸性条件下的催化氢化、氢化物还原剂和氧化剂等不影响其稳定性，在浓盐酸或三氟乙酸溶剂中可以恢复到原来的胺。也可采用叔胺化的方式保护氨基，在碱存在的条件下苄基卤化物与氨基反应得到苄基烃化的叔胺，遇强碱、亲核试剂、有机金属试剂、氢化物还原剂均不受影响，反应完毕氢解脱去苄基。

例 6-12 二氨基醇的合成。

解：

$$H_2N{-}CH(CH_2Ph){-}COOH \xrightarrow[K_2CO_3,\ H_2O]{BnCl} Bn_2N{-}CH(CH_2Ph){-}C(=O)OBn \xrightarrow[CH_3CN]{NaNH_2}$$

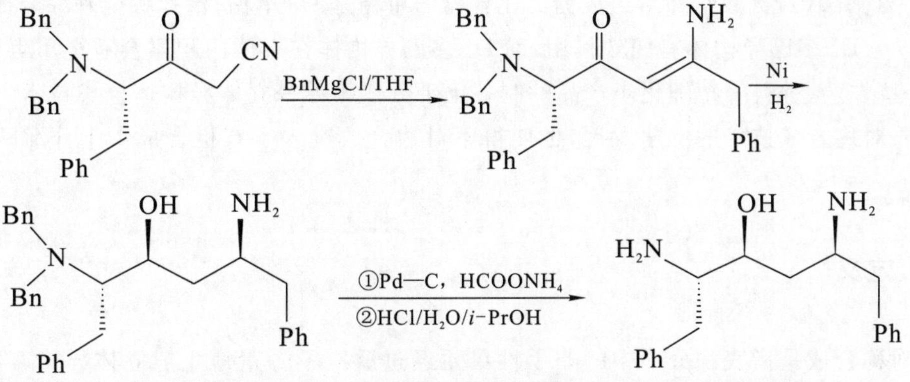

羧基也是一个活泼基团，在有的反应中需要加以保护，羧基保护最常用的方法是使其转变为酯。除了用酸和醇反应制取酯外，也可采用 Me_3SiCl 或 $SOCl_2$ 酯化的方法。

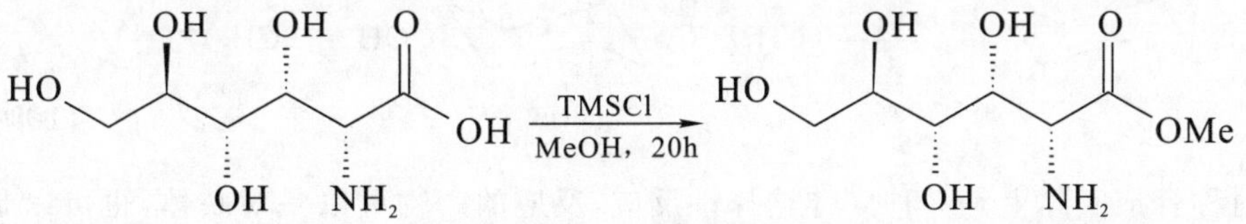

生成的甲酯具有简单、位阻小的特点，反应完毕后采用 NaOH、$MeOH-H_2O$ 处理，恢复为原来的酸。

叔丁酯位阻很大，常用于保护羧基。它的制备是在酸催化下羧酸与异丁烯进行加成反应完成的。

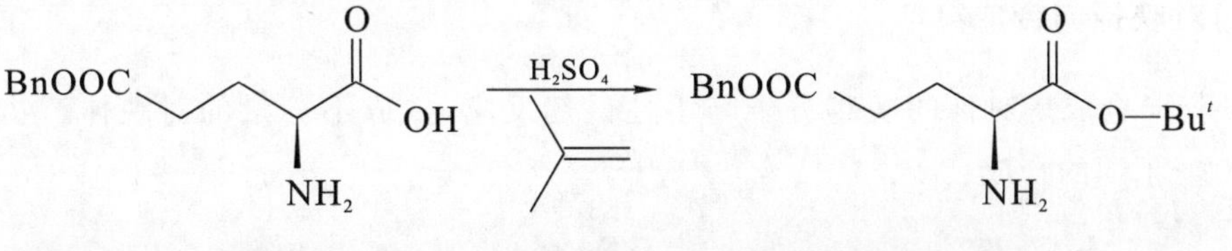

叔丁酯对氨、肼、弱碱稳定，中等强度酸性水解去除保护基效果较好。

苄酯的特点在于可以通过氢解作用去除保护基，许多功能基或保护基均不受影响，实用简便且应用广泛。

在现代合成化学中，能否巧妙地设计和应用保护基往往是决定合成工作成败的关键之一，是进行选择性控制必不可少的手段和方法。然而，保护基的引入和去除，必然会增加合成步骤，是不符合原子经济原则的一种无奈选择。在合成路线设计时，能少用或不用更好。

第三节　不对称合成控制

目前，不对称合成在天然物质和药物的合成中占有非常重要的地位，原因在于同一种分子由于具有不同的立体构型可能会表现出完全不同的功效或作用。构成蛋白质的氨基酸大多是L-氨基酸(甘氨酸除外),组成糖类化合物的单糖是D-单糖;治疗帕金森综合征的药物多巴胺——L-多巴异构体有药效作用,而D-多巴异构体在人体内积累会有严重毒副作用。另外,一些农药、香料等精细化工产品的制备也十分依赖单一立体异构体合成技术。这些都促进了不对称合成技术的迅速发展,也使得不对称合成进入了有机合成中十分活跃的研究领域。

一、定义

不对称合成是指底物分子中的非手性单元经过反应不等量地生成立体异构产物,转化为手性单元的反应。

$$(CH_3)_3C\text{-}C_6H_9{=}O \xrightarrow{LiAlH_4} (CH_3)_3C\text{-}C_6H_{10}(H)(OH)\ (90\%) + (CH_3)_3C\text{-}C_6H_{10}(OH)(H)\ (10\%)$$

不对称合成实际上是一种立体选择性反应,反应的产物可以是对映体,也可以是非对映体,两种异构体生成量差别越大,反应的选择性就越高。

二、基本概念

(一)对映择向合成

对映择向合成是对称的底物分子与手性试剂反应,生成不等量的对映体产物的反应。例如 S-2-丁醇的合成:

$$(\text{Ipc})_2BH + CH_3CH{=}CHCH_3 \longrightarrow (\text{Ipc})_2B\text{-}CH(CH_3)CH_2CH_3 \xrightarrow{[O]} HO\text{-}CH(CH_3)CH_2CH_3\ (86\%)$$

(二)非对映择向合成

非对映择向合成是不对称底物分子中的潜手性单元与对称试剂反应,潜手性单元转变为不对称单元的反应。产物是一对非对映体,但两者的产率不同。例如 HCN 与 L-阿拉伯糖的羰基进行加成反应,产物再经水解得到比例为 3∶1 的 L-甘露糖酸和 L-葡萄糖酸。

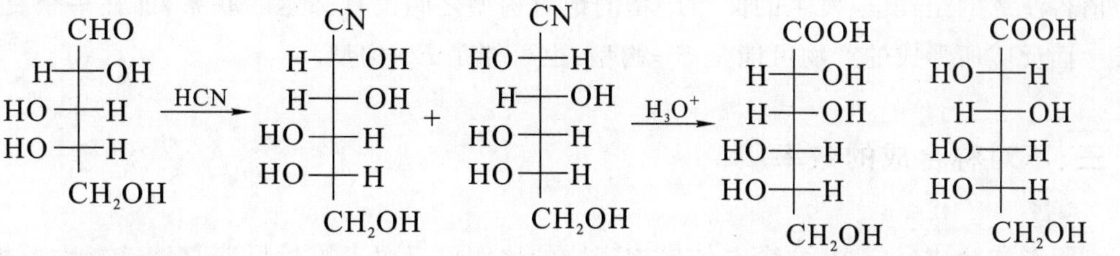

L-阿拉伯糖　L-甘露糖酸　L-葡萄糖酸

(三)双不对称合成

双不对称合成是通过手性底物分子与手性试剂之间的相互作用,来形成具有多个手性中心的产物的反应。产物的立体构型不仅与反应物和试剂的绝对构型有关,还与过渡状态的手性中心之间的相互匹配关系等有关。如手性醛与手性烯醇体的反应:

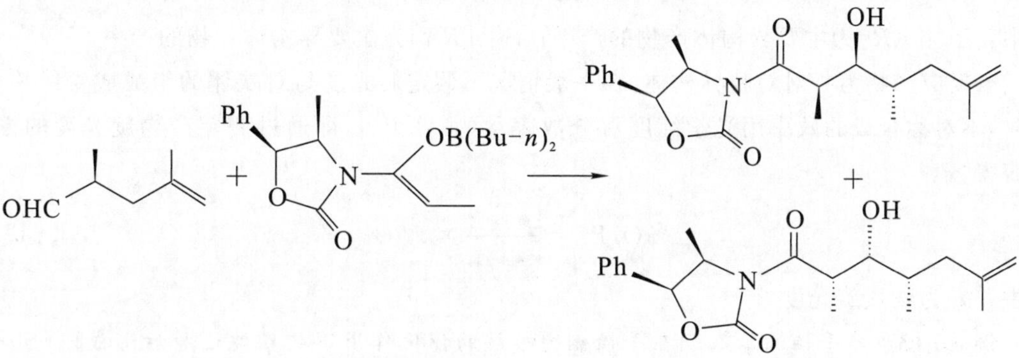

(四)反应面

在不对称合成中,为了能方便地描述反应发生的方向,对潜手性分子的两个反应面进行如下定义:若潜手性分子某一反应面上的基团按优先次序顺时针排列,则该反应面称为 Re 面,若逆时针排列则称为 Si 面。苯乙酮的反应面如图 6-1 所示,上面为 Si 面,下面为 Re 面。氢负离子进攻苯乙酮的 Si 面得到(*R*)-构型的苯基乙醇,进攻 Re 面得到(*S*)-构型的苯基乙醇。

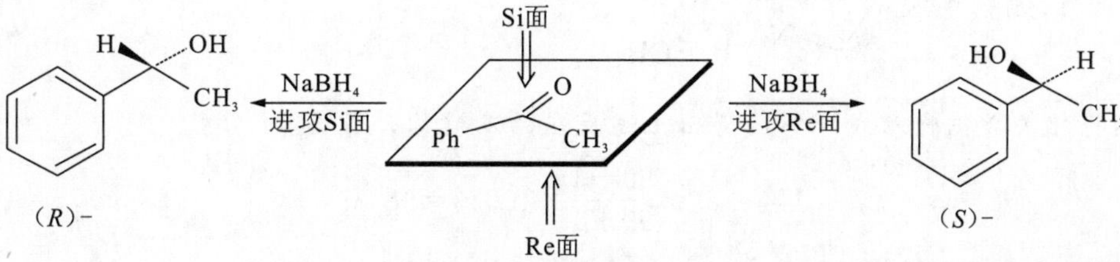

图 6-1　反应面示意图

值得注意的是:反应发生的面与产物的绝对构型之间没有必然的联系,即在一个反应中与某一面反应所形成的产物可能是 S -构型,也可能是 R -构型。

三、不对称合成的效率

在不对称合成反应中,两个立体异构产物的比例可以用来衡量反应立体选择性的优劣。在实际工作中常用主要异构体超出次要异构体的产率百分数来表示反应的立体选择性,若反应为对映选择性,称为对映过剩(%e. e.);若反应为非对映选择性,则称为非对映过剩(%d. e.)。分别用式(6-1)、式(6-2)表示:

$$\%\text{e. e.}=\frac{[R]-[S]}{[R]+[S]}\times 100\% \tag{6-1}$$

$$\%\text{d. e.}=\frac{[RR]-[RS]}{[RR]+(RS]}\times 100\% \tag{6-2}$$

式中:$[R]$、$[RR]$为主要异构体产物的产率;$[S]$、$[RS]$为次要异构体产物的产率。

若反应产物为一对对映异构体,在一般情况下假定旋光度与对映体的组成成直线关系,此时,不对称合成的效率用光学纯度百分数表示(%O. P.),即通过测定产物旋光度的方法来获得。

$$\%\text{O. P.}=\frac{[\alpha]_{样品}}{[\alpha]_{纯品}}\times 100\% \tag{6-3}$$

式中:$[\alpha]$为物质旋光度。

例 6-13 非手性的苯乙酮在手性硼噁唑烷的催化作用下被硼烷还原后形成以(S)-对映体为主的1-苯基乙醇,该反应是一个对映选择性反应,计算其不对称合成效率。

O

1 (10%, 摩尔分数)

BH_3, THF

H OH

(S)-

99

+

HO H

(R)-

:

1

H Ph Ph

1:硼噁唑烷

O

N B CH_3

解:将相关数据代入式(6-1)得出上述反应的不对称合成效率。

$$\%\text{e. e.}=\frac{99-1}{99+1}\times 100\%=98\%$$

反应的对映过剩为98%,表明反应具有较高的立体选择性。

四、控制方法

一个不对称合成反应中必须至少有一种不对称因素存在，这种不对称因素可来源于底物、辅助试剂、催化剂、溶剂或物理力（光、磁）等。据此，不对称合成方法可分为以下几种类型。

（一）底物控制法

新的不对称中心是由试剂与底物分子中的潜手性基团反应形成的，反应的立体选择方向是由底物分子中已有的手性中心控制或诱导的。例如含 α -手性碳的羰基化合物的加氢反应：

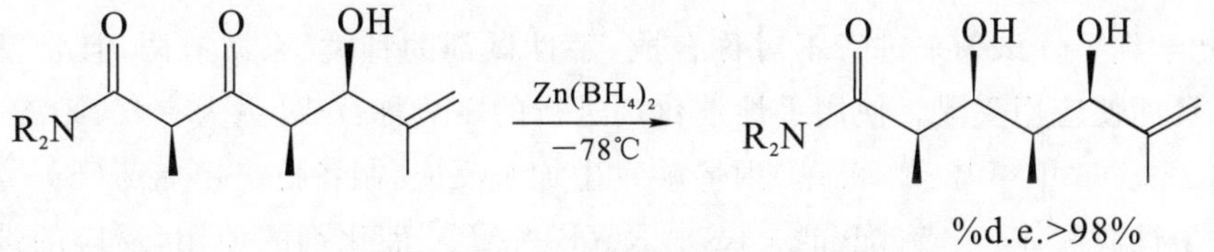

R_2N … $\xrightarrow[-78℃]{Zn(BH_4)_2}$ R_2N …

%d.e.>98%

（二）试剂控制法

由潜手性的底物分子与手性试剂直接反应，得到某一对映异构体过量的产物，这种方法属于分子间控制的不对称合成。例如，通过不对称还原剂即(2*R*,3*S*)-(+)-*N*,*N*-二苯基-3-甲基-2-丁醇与 $LiAlH_4$ 的络合物，还原羰基化合物来合成抗抑郁药物盐酸度洛西汀的中间体(*S*)-3-*N*,*N*-二甲基-1-(2-噻吩基)-1-丙醇。

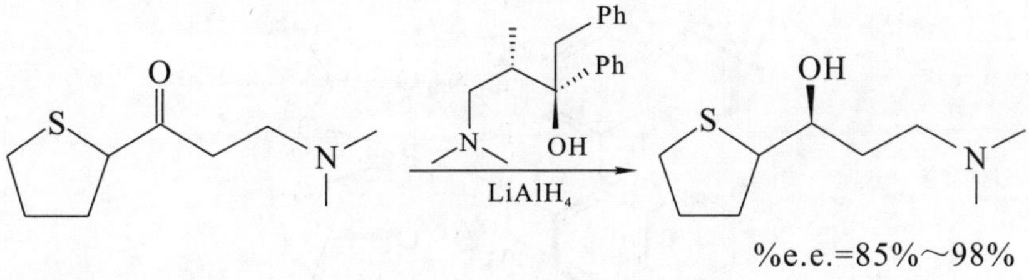

$\xrightarrow{LiAlH_4}$

%e.e.=85%～98%

（三）辅助试剂控制法

将手性辅助试剂通过化学键的方式与底物相连，在手性辅助试剂的诱导下，底物中邻近的反应中心与反应试剂作用形成新的手性单元，在反应结束后再除去手性辅基，手性辅助试剂一般可回收利用。例如在丙酮酸还原制备(－)-乳酸时，常用手性辅助试剂(－)-薄荷醇来控制新手性单元的构型。

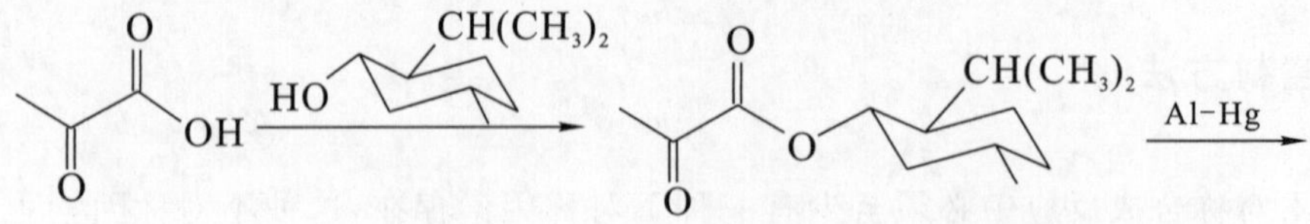

丙酮酸（－）-薄荷醇酯

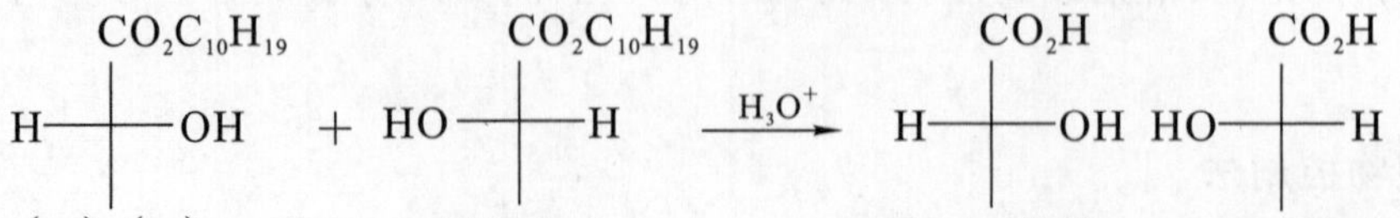

H_3O^+

(－)-(－)　(＋)-(－)　(－)-乳酸（主要产物）　(＋)-乳酸（次要产物）

(四)催化剂控制法

利用光学纯手性试剂来进行不对称合成，手性试剂的种类、来源有限，且常常由于用量大、价格昂贵而使应用受限。使用手性催化剂进行的不对称合成，更为有效、经济实用。

例如在2-(6-甲氧基-2-萘基)丙烯酸发生加氢反应，制备抗炎镇痛药(S)-萘普生的反应中，由于手性膦配体——钌配合物[(S)-Ru(BINAP)]催化剂的使用，反应的选择性得到了极大的提高。

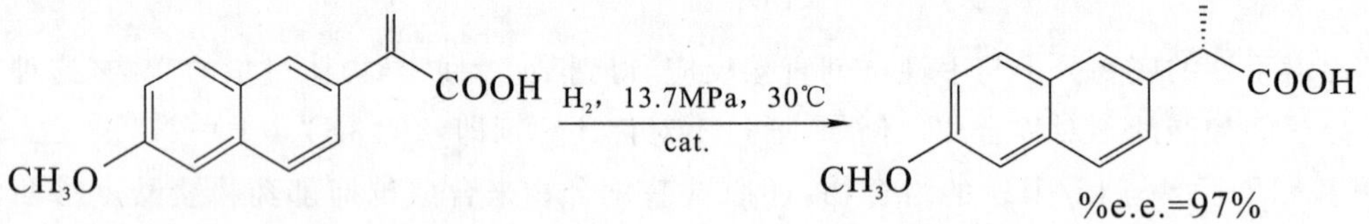

H_2，13.7MPa，30℃ cat.

%e.e.=97%

其中cat.为

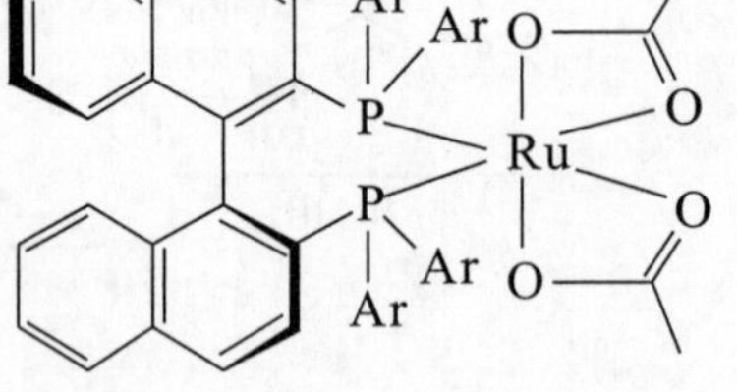

五、不对称碳—碳键形成反应

各种碳—碳键形成反应的不对称方式有：①碳亲核试剂对羰基的不对称加成；②羰基α-位的不对称烷基化反应；③不对称醇醛反应；④不对称碳环形成反应等。

(一)羰基的不对称加成反应

经羰基的不对称加成反应形成光学活性的醇类化合物，是一类重要的不对称合成反应，根据反应的不同控制方式，可将这类反应分成以下几种。

1. 底物控制的加成反应

亲核试剂加成于羰基的两个反应面可得到两种立体异构的加成产物。若 R、R′均为非手性基团，则加成产物为一对等量的对映体，即外消旋体。但若其中一个或均为手性基团，则得到一对非对映异构体加成物。手性中心的存在使得亲核试剂在羰基所在的两个反应面加成反应的速率由于空间位阻的不同而有差异，因此其中一种异构体具有一定程度的过剩率。如(S)-2-甲基苯乙醛与甲基格氏试剂反应形成一对非对映异构体，反应的%d.e.值为30%。

$$\text{Ph-CH(CH}_3\text{)-CHO} \xrightarrow{\text{MeMgI}} \text{Ph-CH(CH}_3\text{)-CH(OH)CH}_3 \;(7) + \text{Ph-CH(CH}_3\text{)-CH(OH)CH}_3 \;(4)$$

7　:　4

从%d.e.值可看出反应的非对映选择性并不高，但如果 α-位取代基相对体积增大将有利于提高反应的立体选择性，如亲核试剂体积增大则立体选择性更加显著地提高。

羰基化合物中如还存在能形成螯合结构的基团，将使反应的选择性大为提高。如 α-位有苄氧基取代的酮与丁基格氏试剂的反应：

$$\text{BnO-CH(}^n\text{C}_7\text{H}_{15}\text{)-CHO} \xrightarrow{^n\text{C}_4\text{H}_9\text{MgBr}} \left[\text{Mg}^{2+}\text{螯合过渡态} \right] \longrightarrow \text{BnO-CH(}^n\text{C}_7\text{H}_{15}\text{)-CH(OH)}^n\text{C}_4\text{H}_9$$

%d.e.>98%

由于亲核试剂中的金属离子和反应底物中 α-位上的杂原子和羰基氧螯合，形成一刚性结构的过渡态，成为优势反应构象，且提高了非主要反应途径的空间位阻，使得这类反应的立体选择性比无螯合结构时要高得多，上述反应非对映过剩值达到了98%以上。

2. 手性辅助基团诱导的加成反应

反应底物中的 α-位上不一定带有手性中心或能形成螯合结构的基团，这种情况下，在底物或亲核试剂中引入手性辅助基团就成为实现不对称诱导的另一种途径。

将潜手性的羰基组分连接手性辅助基团后，羰基的两个反应面即表现出选择性差异，因而可以有选择地形成某一立体异构产物。如在手性硫代缩醛上引入酰基，形成手性羰基化合物。格氏试剂与其中的羰基进行亲核加成，获得高非对映选择性加成物，除去辅助基团后，得到高对映过剩的 α-羟基醛。

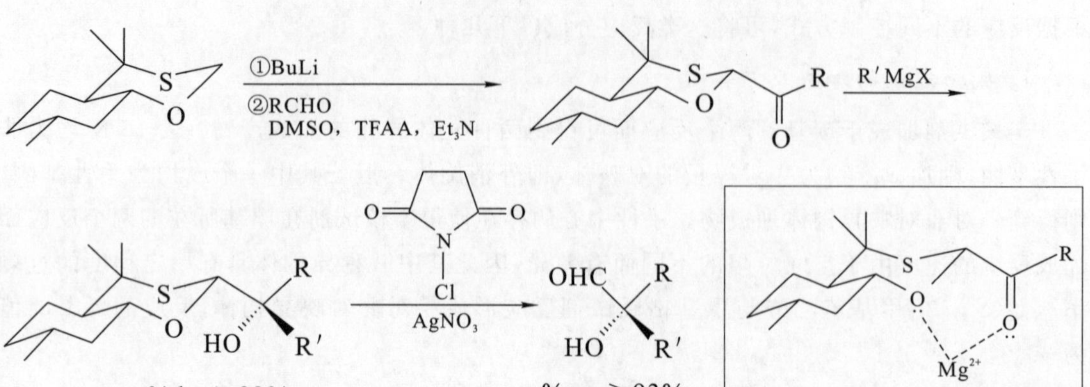

①BuLi
②RCHO
DMSO，TFAA，Et_3N
R′MgX

$AgNO_3$

%d.e.>93%
%e.e.>93%

反应中镁离子和分子中两个氧形成配位结构，使得亲核试剂 R′—从位阻较小的 Re 面加成到羰基上，形成主要的加成产物。除了硫代缩醛外，其他一些连有手性辅助基团的羰基化合物也可以用于这种不对称加成中。

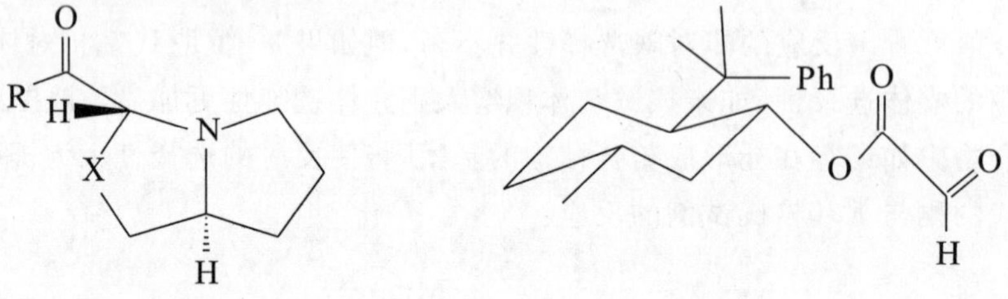

X=O、NPh

在羰基手性辅助基团控制的加成反应中，由于辅助基团常常连接于羰基的 α -位，因此它在使用上有很大的局限性。解决这一问题的方法之一是将亲核试剂连接于一手性辅助基团，使该试剂成为手性亲核试剂，对羰基加成时就具有对映面的选择性。例如，下列反应中亚砜中的甲基在强碱存在的条件下形成手性碳负离子亲核试剂，与羰基化合物发生加成反应，形成高非对映过剩的加成物，由镍催化脱去辅助基团后得到相应的醇。

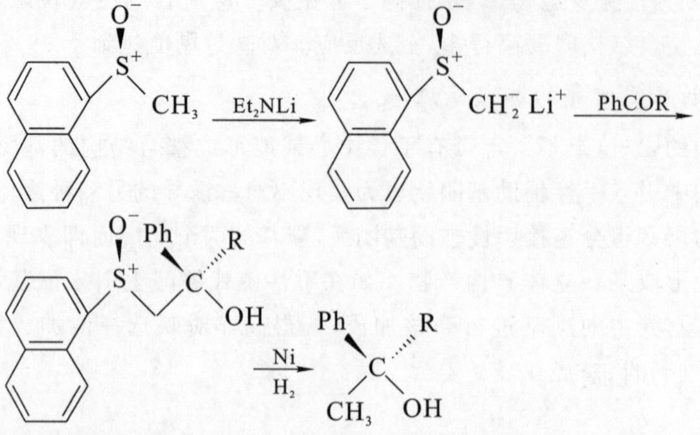

Et_2NLi
PhCOR
Ni
H_2

%d.e.=98%

与羰基组分上连接手性辅助基团的方法相比，选用手性亲核试剂显然更为灵活、简便，并具有更广泛的应用范围。

3. 羰基的催化不对称加成反应

上述反应的立体选择性依赖于底物或试剂已有的手性中心，其控制方式在适用范围、合成效益和经济性上均受到一定的限制。更理想的途径是使非手性的底物和非手性的试剂在手性催化剂存在的条件下发生不对称反应。

在羰基化合物的催化不对称加成反应中，要求亲核试剂具有较低的亲核性，即在无催化剂时不发生反应，但在催化剂的存在下，羰基或亲核试剂受到活化，使反应得以发生。格氏试剂、有机锂化合物由于对羰基的反应活性很高，难以满足这一要求。最适合的是有机锌化合物，它们在一般条件下难以与羰基化合物反应或反应很慢，但在一些配体存在的情况下，则会由配体的加速作用促使反应发生，因此有机锌化合物是最适合这一要求的碳亲核试剂。该机理最成功的应用是与醛类化合物的反应。

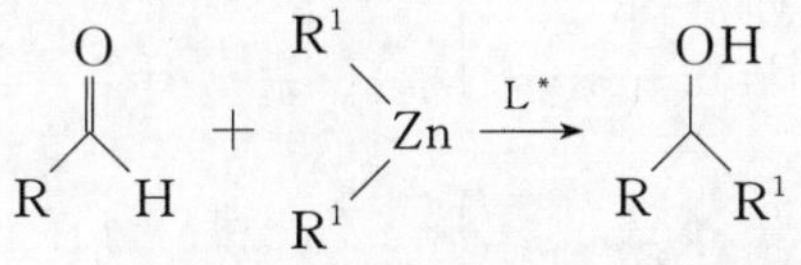

$$RCHO + R^1_2Zn \xrightarrow{L^*} RCH(OH)R^1$$

手性催化剂 L^* 大多为含 O、N 的双齿配体，以下所列的是代表性手性配体以及它们对二乙基锌和苯甲醛的不对称加成反应催化的结果，可看出这类反应可以形成很高对映过剩的加成产物。

配体	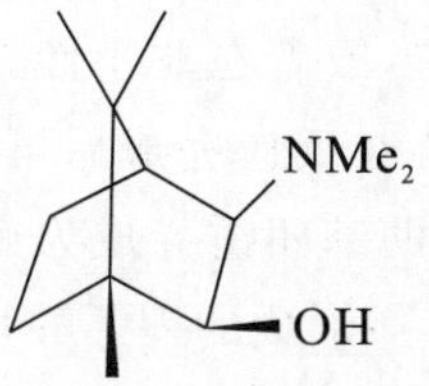 NMe$_2$ / OH	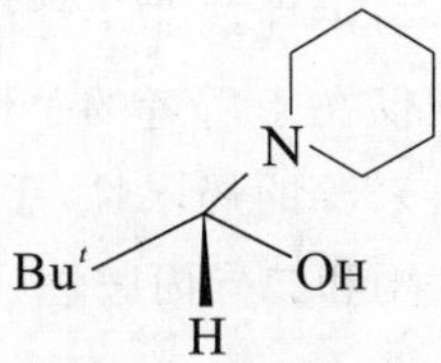 N / Bu^t / OH / H	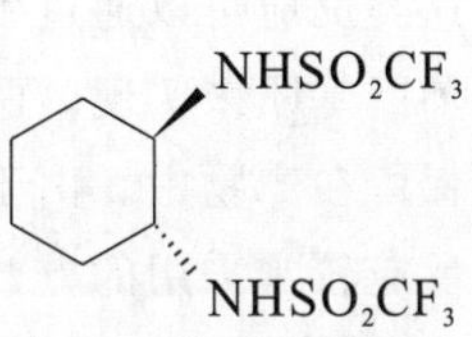 NHSO$_2$CF$_3$ / NHSO$_2$CF$_3$
产物构型	*S*	*R*	*S*
%e.e.	99%	98%	90%

配体	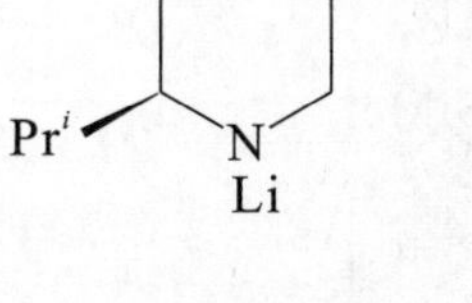 Li / N / Pr^i / Pr^i / N / Li	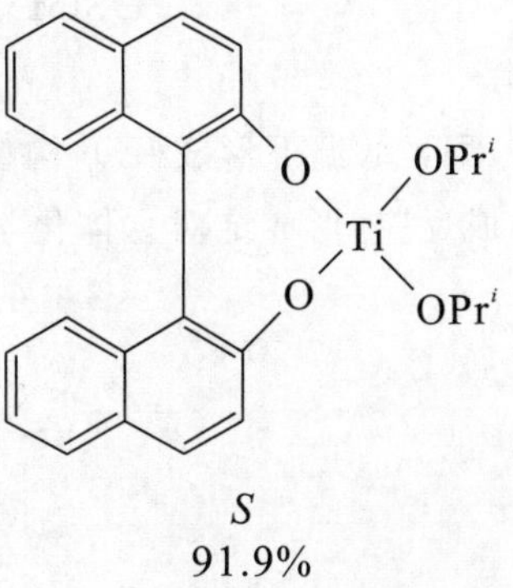 O / O / Ti / OPr^i / OPr^i
产物构型	*R*	*S*
%e.e.	92%	91.9%

(二)不对称醇醛反应

醇醛反应是有机合成中另一类重要的碳—碳键形成反应。这类反应可以形成两个新的不对称中心、四个可能的立体异构,即同侧和反侧的各一对对映体。在这类反应中羰基化合物首先形成一个烯醇盐,它的构型决定了反应的选择性。如烯醇盐为(E)-构型,形成反侧主产物,若为(Z)-构型则形成同侧主产物。而产物的绝对构型则取决于羰基两个反应面受烯醇盐进攻的相对难易程度。

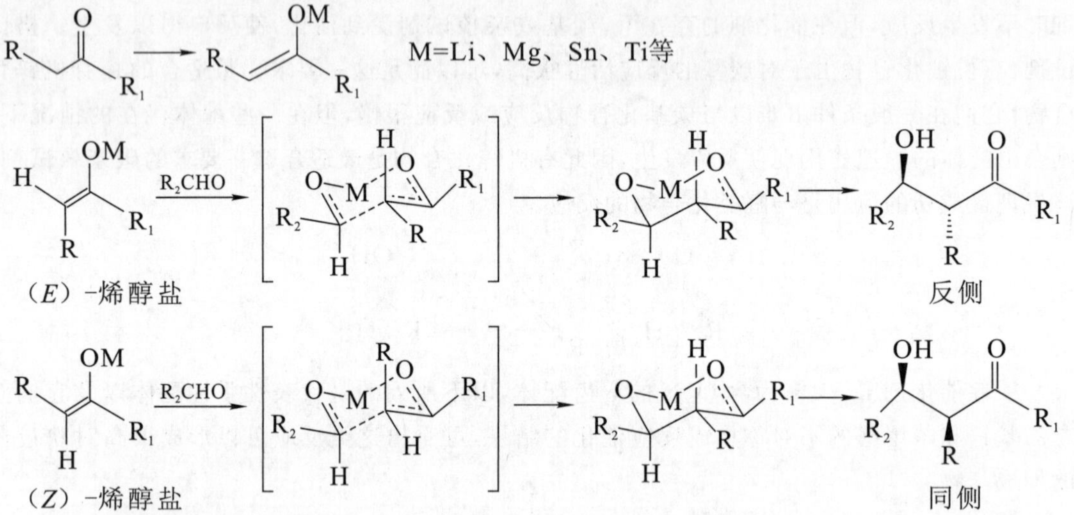

M=Li、Mg、Sn、Ti等

(E)-烯醇盐　$\xrightarrow{R_2CHO}$　反侧

(Z)-烯醇盐　$\xrightarrow{R_2CHO}$　同侧

这类反应可以通过手性烯醇体与手性或非手性醛反应,或者在非手性烯醇前体中引入手性辅助基团来实现。两者的差别仅在于后者的手性中心在反应完成后可以被除去,而前者则保留在产物中。由于手性原料来源的局限性,手性辅助基团诱导成为底物控制不对称醇醛反应较常采用的方式。如手性酮和二异丙胺锂(LDA)所形成的锂烯醇盐与醛的反应:

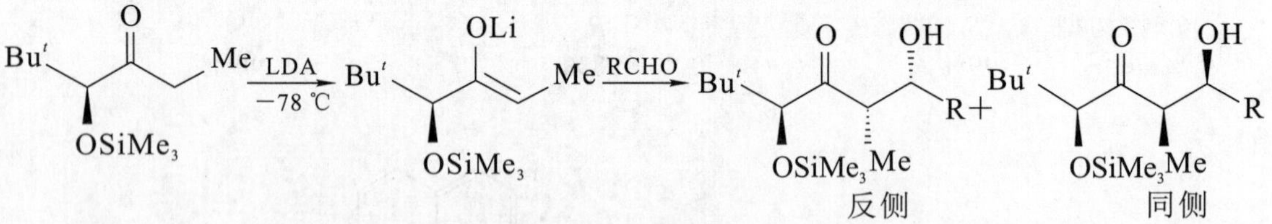

$\xrightarrow[-78\ ℃]{LDA}$　$\xrightarrow{RCHO}$　反侧 + 同侧

反应中,酮于低温下形成(Z)-构型烯醇盐,烯醇盐如下所示,从位阻较小的一面与醛的 Si 面发生加成反应,形成绝对立体化学的同侧主产物。

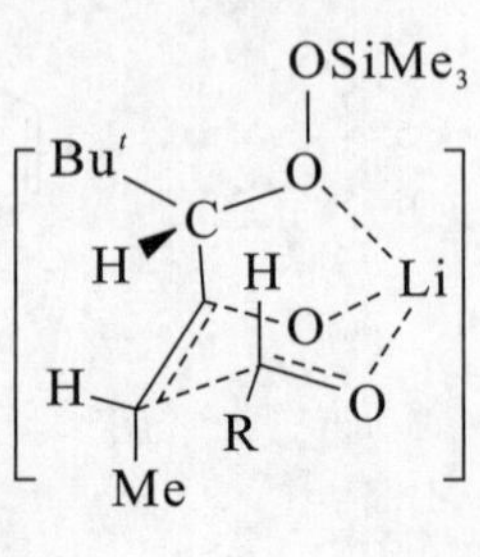

R 基团的大小对选择性有一定影响，如表 6-1 所示。

表 6-1　烯醇盐 R 基团对醛的醇醛反应结果的影响

R	Ph	^{i}Pr	$PhCH_2$	Ph_2CH	^{t}Bu
同侧：反侧	75：25	75：25	87：13	＞90：10	＞95：5

由表中数据可知，R 基团体积越大，选择性越好。

N-酰基手性噁唑酮是一种手性辅助基团，它所形成的(*Z*)-硼烯醇盐在与醛的加成反应中能够获得绝对立体化学的同侧产物。

(三)不对称环加成反应

环加成反应如 Diels－Alder 反应、1,3-偶极加成反应等是有机合成中另一类形成碳－碳键的重要反应，这类反应能同时形成至少两个 σ 键和四个不对称中心，因此在不对称合成中占有重要的位置。

Diels－Alder 反应可以在加热或 Lewis 酸催化下进行。Lewis 酸的存在可以降低反应温度，同时能与亲双烯体配位增大其体积，从而有利于反应面的区分，提高反应的选择性。如环戊二烯与丙烯酸甲酯的反应：

COOMe　H　COOMe　endo　COOMe　H　exo

endo 指的是内型加成产物：双烯体中的 C(2)与 C(3)键和亲双烯体中与烯键(或炔键)共轭的不饱和基团处于连接平面同侧时的生成物；exo 指的是外型加成产物：两者处于异侧时的生成物。

反应条件不同时，得到的产物量有很大的区别，如表 6-2 所示。

表 6-2　反应条件对 Diels－Alder 反应的影响

反应条件	endo/exo(内/外)
0℃	88：12
$AlCl_3$，0℃	96：4
$AlCl_3$，－78℃	99：1

从表中数据可以看出，Lewis 酸的存在可以显著提高反应的选择性。

在控制方式中手性基团原则上可以连接在双烯体和/或亲双烯体上，使得亲双烯体对双烯体的加成反应具有好的面选择性,从而形成不等量的加成产物。但实际上在双烯体上连接和去除手性辅助基团不如在亲双烯体上方便,因此在双烯体上连接手性辅助基团的方法应用得比较少,而在亲双烯体上连接辅助基团的应用却比较多。例如,连有手性噁唑酮的丙烯酰胺衍生物在二乙基氯化铝存在下与异戊二烯在低温下经一过渡态形成非对映过剩值为98%的加成产物。

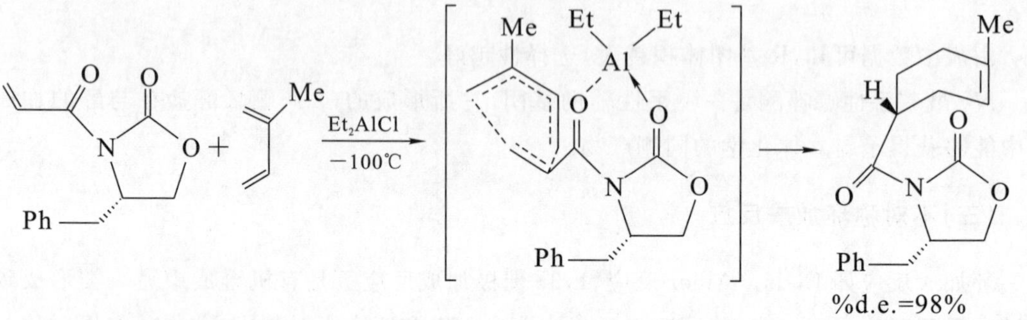

Et_2AlCl, −100℃

%d.e.=98%

更为理想的不对称 Diels－Alder 反应是使非手性的双烯体和亲双烯体在手性催化剂存在下发生加成反应,可以去掉辅助手性基团连接和去除的步骤。如环戊二烯与 2-溴丙烯醛在手性催化剂存在下的反应:

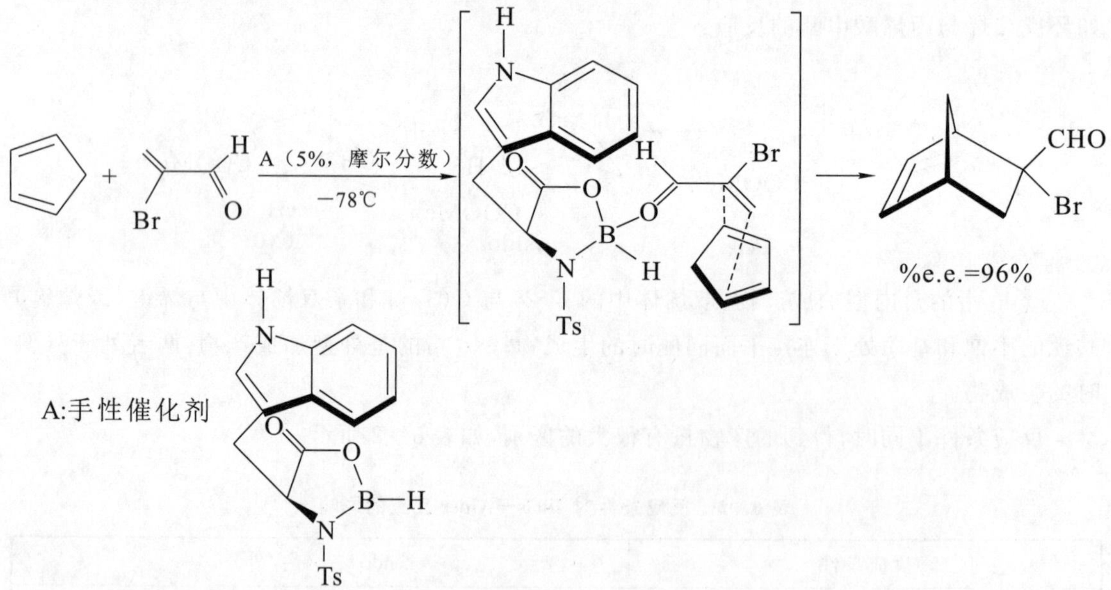

A (5%, 摩尔分数), −78℃

%e.e.=96%

A:手性催化剂

反应中手性催化剂 A 中含有的 B 是缺电子原子,它与亲双烯体 2-溴丙醛配位后有效封闭了亲双烯体的 Si 面,使 A 与亲双烯体的加成只能发生于 Re 面,高对映选择性地形成加成产物。

二烯醚与乙醛酸甲酯在(*R*)-BINOL-钛催化剂存在下能够形成手性产物,这类反应也称为不对称杂 Diels－Alder 反应。

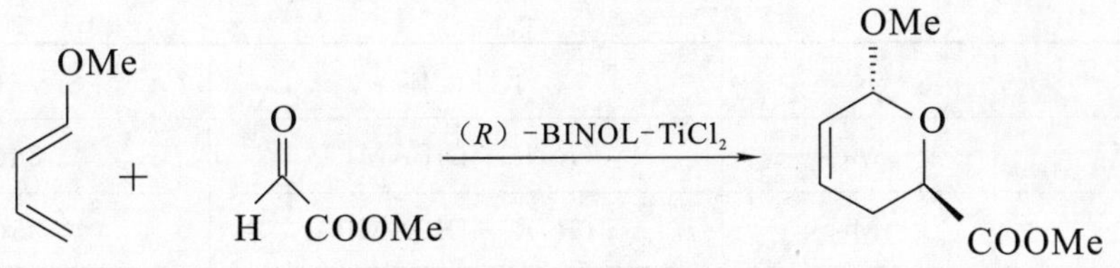

(R)-BINOL-TiCl$_2$

OMe　　O　　H　COOMe　　OMe　O　COOMe

(四)不对称还原反应

取代烯烃、酮和其他含不饱和基团化合物的不对称还原反应是有机合成中形成不对称中心的重要反应。例如具有(*Z*)-或(*E*)-构型的烯酰胺在手性双齿膦配体和过渡金属如Rh(Ⅰ)或Ru(Ⅱ)存在的条件下,可高对映选择性地形成具有光学活性的氨基酸衍生物。具体反应情况列于表6-3中,从表中数据可以看出这类反应均具有较高的对映选择性。

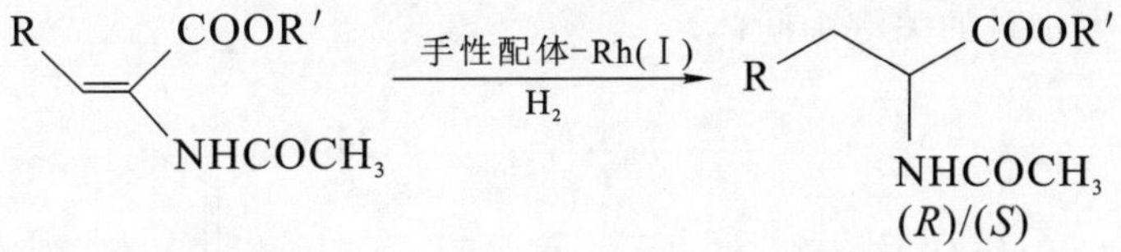

R　COOR′　NHCOCH$_3$　手性配体-Rh(Ⅰ)　H$_2$　R　COOR′　NHCOCH$_3$　(*R*)/(*S*)

手性双齿膦配体

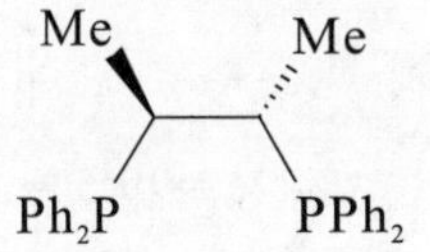

Me　Me　Ph$_2$P　PPh$_2$

CHIRAPHOS

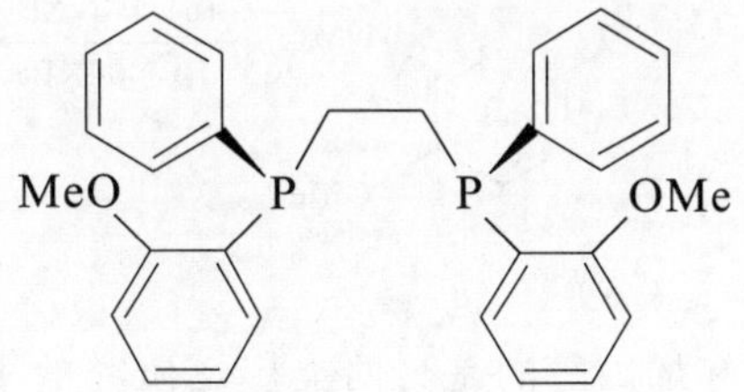

MeO　P　P　OMe

DIPAMP

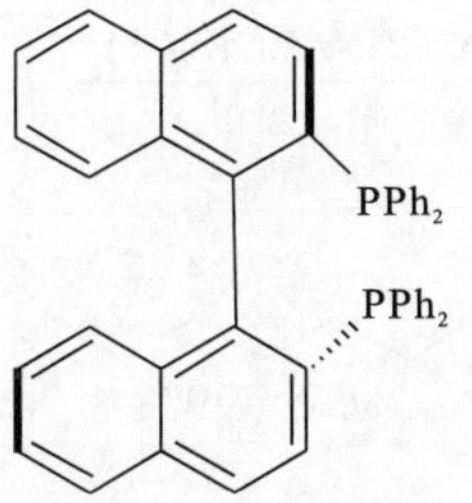

PPh$_2$　PPh$_2$

BINAP

H　O　O　PPh$_2$　PPh$_2$　H

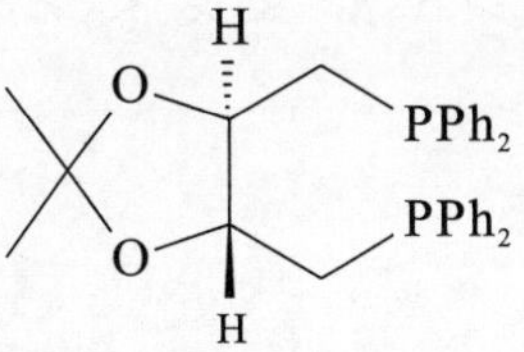

DIOP

表6-3　烯酰胺的不对称氢化

R	R′	手性配体	%e.e.(构型)/%
H	H	(*S*,*S*)-CHIRAPHOS	92(*R*)
Pr^i	H	(*S*,*S*)-CHIRAPHOS	100(*R*)
Ph	H	(*R*,*R*)-DIPAMP	96(*R*)

续表 6-3

R	R′	手性配体	%e.e.(构型)/%
$MeOCH_2$	Me	(*R*,*R*)-DIPAMP	86(*R*)
Pn^i	Me	(*R*,*R*)-DIPAMP	95(*R*)
Pr^i	Me	(*R*,*R*)-DIPAMP	78(*R*)
Ph	H	(*S*)-BINAP	87(*R*)

这类反应已成功应用于工业规模上生产某些重要的氨基酸或其衍生物，如化学合成甜味剂阿斯巴甜的原料之一——(*S*)-苯丙氨酸，也成功用于合成多肽等具有重要生理活性化合物。如在(*S*)-BINAP 和 Ru(Ⅱ)存在的条件下，芳香烯酰胺高对映选择性地发生氢化，得到合成异喹啉类生物碱的关键中间体。

MeO MeO $NCOCH_3$ OMe OMe (*S*)-BINAP H_2, 404KPa MeO MeO $NCOCH_3$ OMe OMe %e.e.=99.5%

取代丙烯酸和烯丙醇的是另两类广泛研究的不对称氢化反应底物，它们的氢化产物是重要的手性中间体或药物。如取代烯丙醇的反应：

OH (*S*)-BINAP, Ru(Ⅱ) H_2, 加压 OH %e.e.=99%

反应中烯丙醇的衍生物在手性配体(*S*)-BINAP 和 Ru(Ⅱ)存在的条件下进行氢化反应得到高对映选择性的加成产物，该加成产物是维生素 E 和 K 的侧链。

酮的不对称还原反应通过手性氢负离子还原剂实现。如 α,β-不饱和酮在手性配体 *N*-甲基黄麻碱存在的条件下，用氢化锂铝还原可高对映选择性形成相应的醇(表 6-4)。

表 6-4　N-甲基黄麻碱存在下酮的对映选择性还原

酮				
醇产物				
%e.e.(构型)/%	82(*R*)	78～98(*S*)	92(*S*)	98(*S*)

手性配体通过与氢化锂铝中 1～3 个氢负离子的交换，一方面降低了氢负离子的高度反应活性，使反应更具选择性；另一方面所引入的配体提供了不对称环境，使反应具有对映面的选择性。手性配体多为氨基醇或二羟基化合物，如下列化合物：

N-甲基黄麻碱　　2-甲基-3（*N*，*N'*-二甲基氨基）-1-丙醇　　1，1'-联萘-2，2'-二酚

如果羰基邻近（α，β 位）中已有不对称中心存在，则其分子中的潜手性羰基也可以使用非手性的还原剂如氢化锂铝实现对映选择性还原：

$\xrightarrow[\text{Et}_2\text{O}]{\text{LiAlH}_4}$

当 R 为 Me、Et、Pr^i、Ba^t 时，%d. e. 分别为 74%、76%、85%、95%。

手性 β-羟基酮可有效地诱导不同的还原剂，高立体性地得到二醇还原产物。

$\xrightarrow{\text{Na(OAc)}_3\text{BH}}$

%d.e.=92%

反应经一类椅式过渡态，底物中的羟基先与还原剂交换一个乙酰氧基形成过渡态，过渡态中 R_2 处于 e 键，使得能量最低；分子内氢负离子对羰基的 Si 面发生加成反应形成反侧主产物。

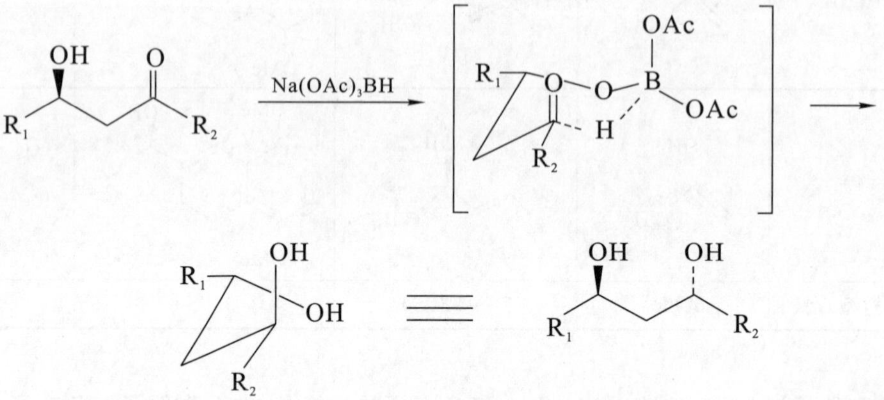

OH
O
R1
R2
Na(OAc)3BH
OAc
R1
O
O
B
OAc
H
R2
OH
OH
R1
R2
OH
OH
R1
R2

如果使用硼氢化锌还原则得到 1,3-同侧的二醇主产物。

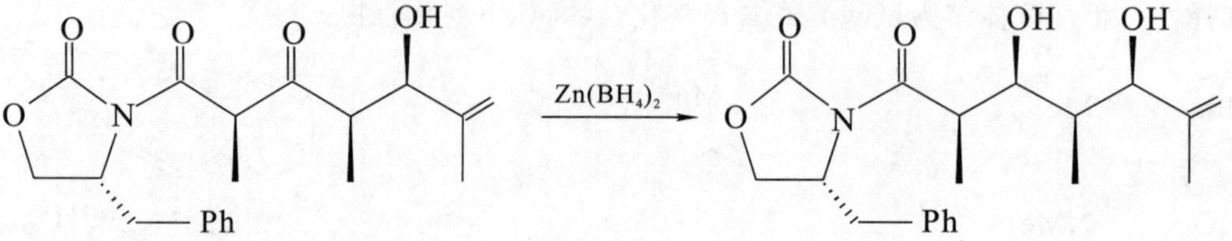

O
O
O
OH
O
N
Ph
Zn(BH4)2
O
O
OH
OH
O
N
Ph

在羰基的还原反应中也经常使用催化剂，主要有两种类型。一类是手性联二萘膦(BINAP)与过渡金属形成的配合物；另一类是含有 N、O 配体的硼杂噁唑烷类，其中最为典型的是 CBS 催化剂。

BINAP 对 α-或 β-位含有未共用电子对取代基的酮的还原反应具有很好的对映选择性。表 6-5 列出了一些酮化合物用该催化剂还原的结果。

表 6-5 BINAP 对酮的对映选择性还原

酮	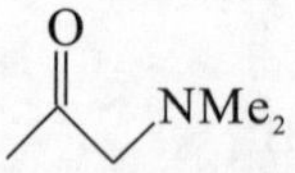O NMe2	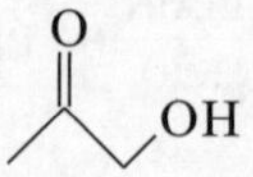O OH	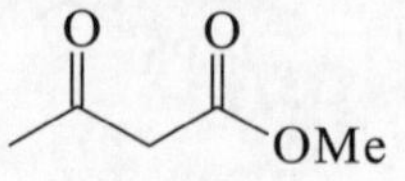O O OMe	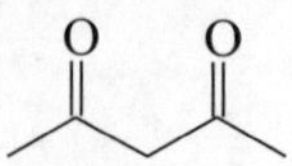O O
BINAP(构型)	(*S*)	(*S*)	(*R*)	(*R*)
产物	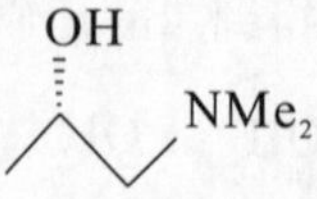OH NMe2	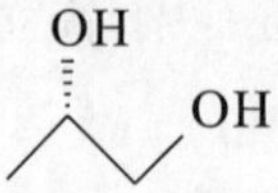OH OH	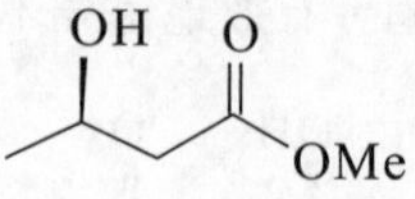OH O OMe	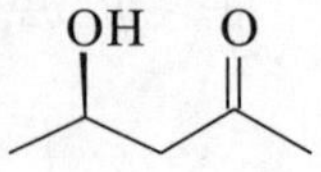OH O
%e.e./%	96	98	99	约 100

CBS 的结构式如下：

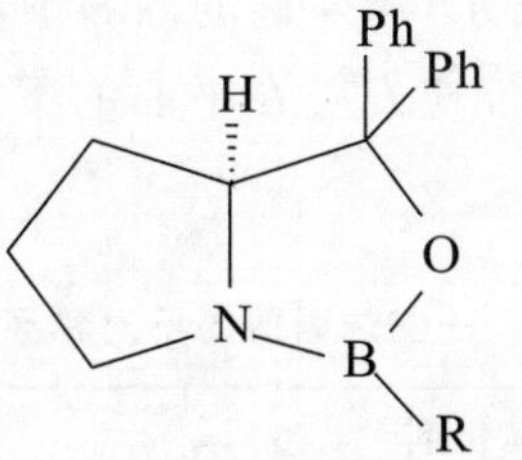

5%～10%(摩尔分数)的CBS可有效催化硼烷与酮的不对称还原反应，高选择性地形成还原产物，具体见表6-6。

表6-6　CBS催化剂对酮的对映选择性还原

酮	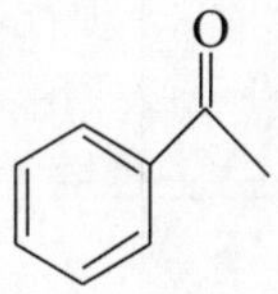	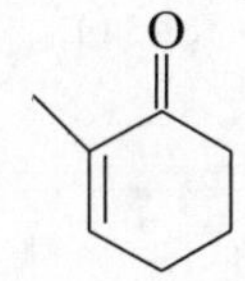	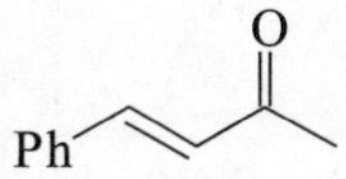	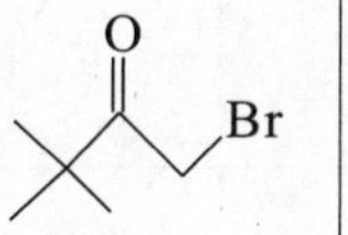	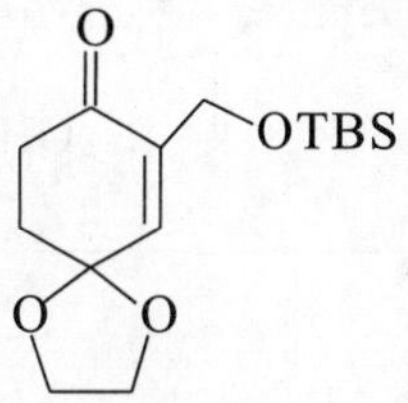
产物	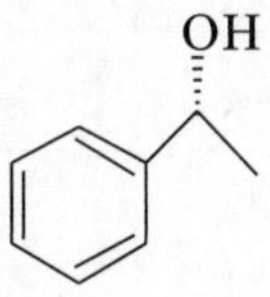	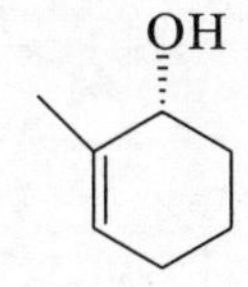	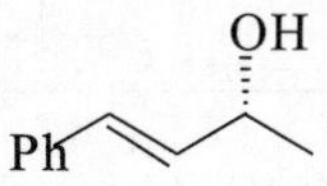	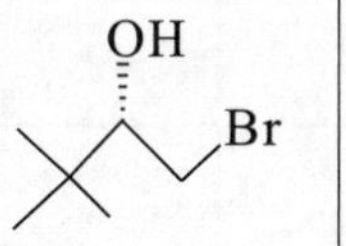	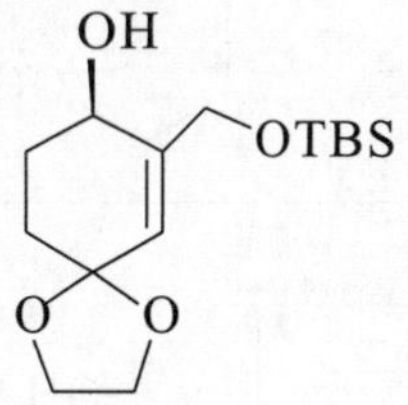
%e.e./%	99	93	97	97	92

(五)不对称氧化反应

不对称氧化反应是另一类重要的不对称反应，包括烯烃的邻二羟基化和环氧化、硫醚的氧化、羰基化合物的 α -羟基化和酮的氧化(Bayer－Villiger反应)。这里主要讨论不对称烯烃的邻二羟基化和环氧化反应。

在光学纯酒石酸酯[酒石酸二乙酯(DET)或酒石酸二异丙酯(DIPT)]和钛酸酯的存在下，烃过氧化物[如叔丁基过氧化氢(TBHP)]可以高对映选择性地氧化烯丙醇类化合物，得到相应的环氧化物。

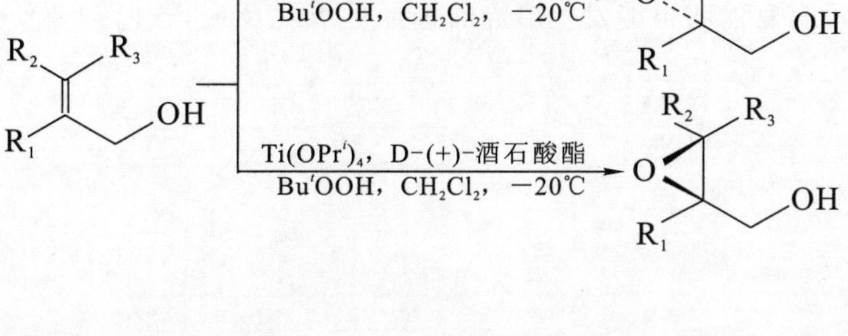

$Ti(OPr^i)_4$，L-(+)-酒石酸酯

Bu^tOOH，CH_2Cl_2，－20℃

$Ti(OPr^i)_4$，D-(+)-酒石酸酯

Bu^tOOH，CH_2Cl_2，－20℃

反应底物烯丙醇的结构如上所示，用左旋的酒石酸酯催化反应发生在烯烃所在平面的上方，若用右旋的酒石酸酯催化则反应发生在平面的下方。一些烯丙醇的不对称环氧化结果见表 6－7。

表 6－7　一些烯丙醇的不对称环氧化结果

烯丙醇	催化剂	环氧产物	%e. e. /%
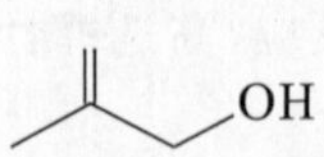 OH	(－)－DET	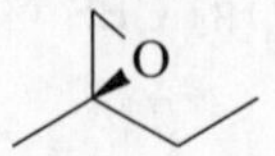 O	>95
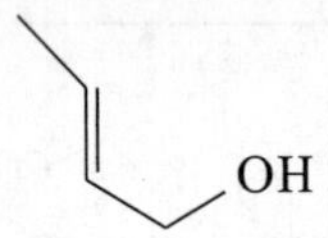 OH	(＋)－DIPT	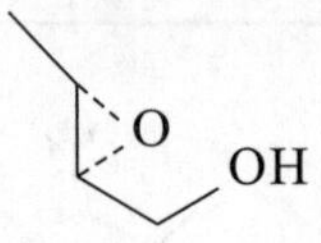 O OH	92
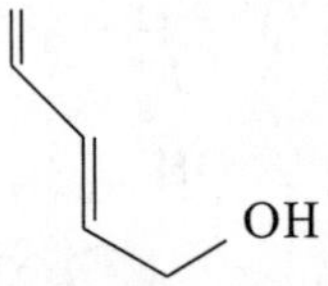 OH	(＋)－DIPT	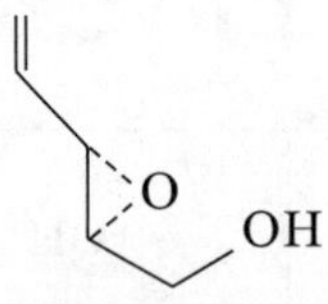 O OH	>91
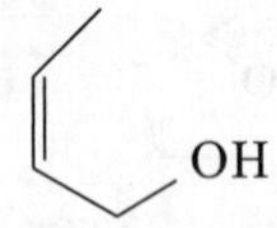 OH	(＋)－DIPT	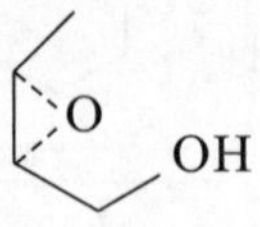 O OH	92
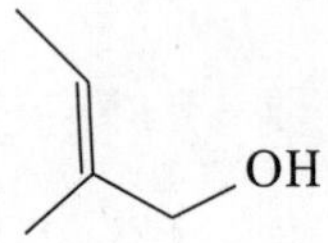 OH	(＋)－DET	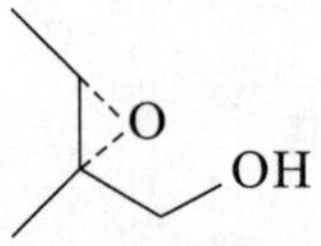 O OH	94
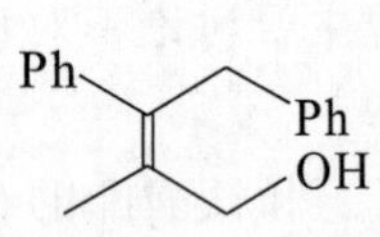 Ph Ph OH	(＋)－DET	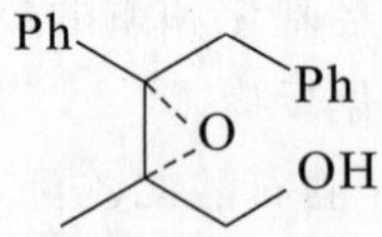 Ph Ph O OH	94

上述反应还具有很好的位置选择性，即只有烯丙位的双键才能被环氧化，且羟基必须是未保护的。

当然烃链上没有官能团也能发生烯烃的选择性氧化反应，这时需要使用 Salen－Mn 催化剂，其结构如下：

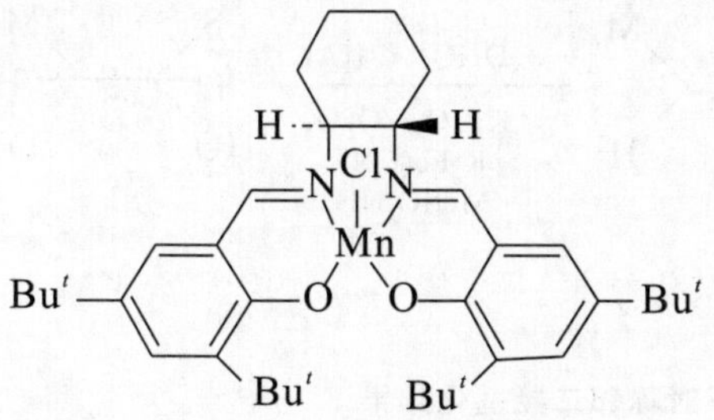

(S, S)-Salen-Mn 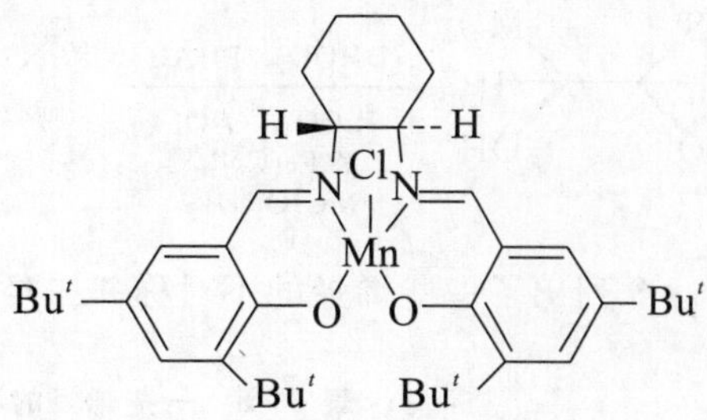　　(R, R)-Salen-Mn

Salen - Mn 催化剂所使用的氧化剂是廉价的次氯酸钠，对顺式烯烃有很好的对映选择性，可形成相应的环氧产物。

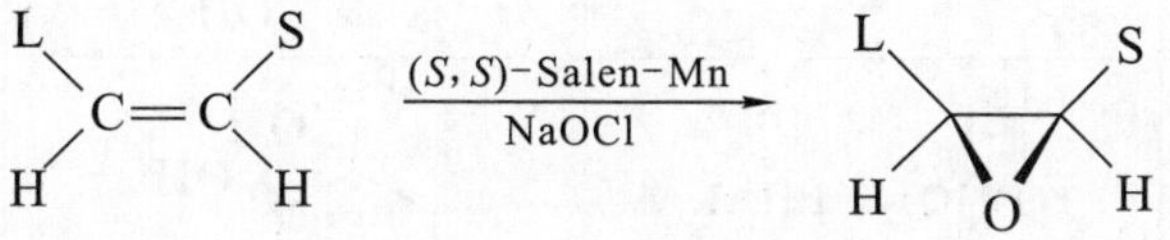

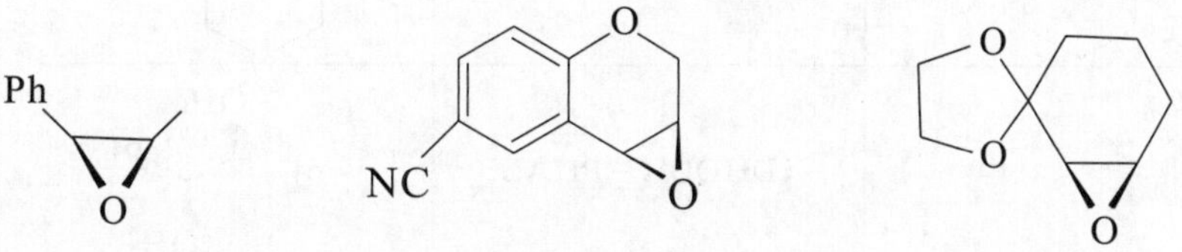

$$\xrightarrow[NaOCl]{(S,S)\text{-Salen-Mn}}$$

%e.e./%　92　97　94

在天然生物碱喹宁和喹宁啶衍生而生成的手性配体$(DHQD)_2$ - PHAL 或$(DHQ)_2$ - PHAL 及四氧化锇存在的条件下，能高对映选择性地催化烯烃的邻二羟基化，形成高光学纯度邻二醇的反应称为 Sharpless 不对称邻二羟基化反应或 Sharpless AD 反应。

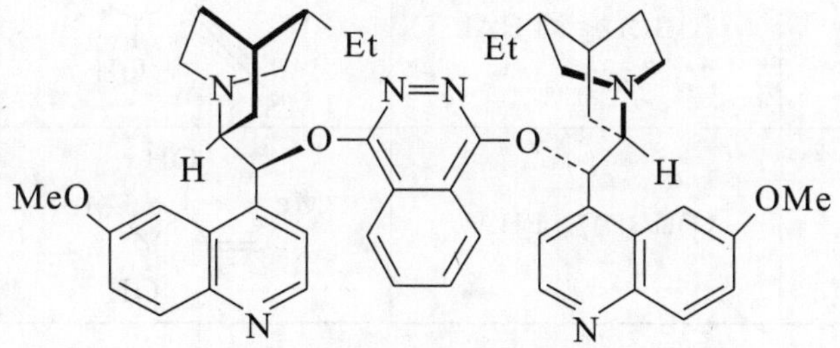

$(DHQD)_2$-PHAL

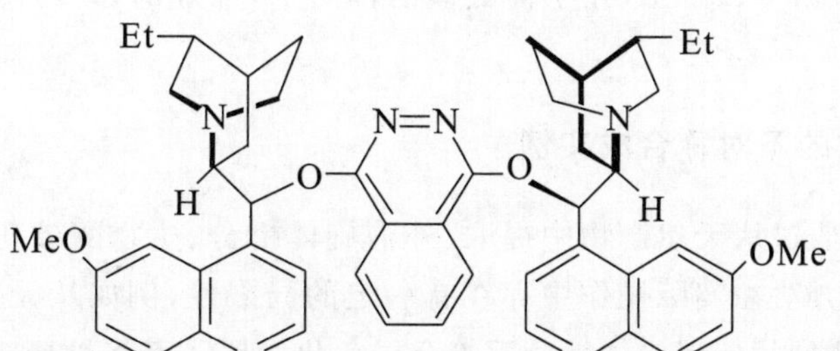

$(DHQ)_2$-PHAL

表 6-8 列出了一些烯烃的不对称邻二羟基化结果。

表 6-8 一些烯烃的不对称邻二羟基化结果

烯烃	配体	产物	%e.e./%
	$(DHQD)_2$-PHAL		98
	$(DHQ)_2$-PHAL		98
	$(DHQD)_2$-PHAL		>99
	$(DHQD)_2$-PHAL		92
	$(DHQD)_2$-PHAL		94
	$(DHQD)_2$-PHAL		98

从表 6-8 中数据可以看出，在手性配体的作用下，烯烃的邻二羟基化具有很高的对映选择性。

(六)手性药物的不对称合成实例

手性药物可以通过从天然产物中提取、外消旋体拆分、生物酶催化合成、不对称合成等方法获取。前三种方法在实际操作中存在有一定的局限性，例如从天然产物中提取手性药物受到原料来源的限制，外消旋体拆分不符合绿色化学原子经济性要求，而生物酶催化合成则受到底物的适用性及价格方面的限制等。近年来，随着不对称合成新方法、新技术的大量涌现，这些新方法和新技术可以克服以上困难，不对称合成已成为获取手性药物的重要手段。

例 6-14　(*S*)-布洛芬的合成。

解：布洛芬具有抗炎、镇痛、解热作用，常用于治疗风湿和类风湿关节炎、骨关节炎、神经炎等疾病。(*S*)-布洛芬的镇痛作用是(*R*)构型的100倍，而且(*R*)异构体的毒副作用大，为此，人们针对如何高效合成(*S*)异构体开展了大量的研究工作。

首先以4-异丁基-苯乙酮为原料，经氧化后生成4-异丁基-苯甲酸甲酯，然后与手性辅助试剂(*S*)-2,10-坎烷磺内酰胺进行连接，再经甲基化、水解得(*S*)-布洛芬。

I_2, $AgCO_3$ / CH_3OH, TMOF　CH_3O　Mo_3Al, CH_2Cl_2　SO_2　NH

SO_2　N　O　①*n*-BuLi, THF　②CH_3I, DMPU

SO_2　N　O　$LiAlH_4$ / THF/H_2O　HOOC

%e.e.=95%

例 6-15　(*R*)-盐酸氟西汀的合成。

解：(*R*)-盐酸氟西汀能选择性地抑制5-羟色胺再摄取，可用于治疗各类抑郁症、强迫症、焦虑症等。

目前，该药物开发了利用不同原料的多种合成路线，其中一种合成方法是以苯乙酮为原料，与多聚甲醛、二甲胺盐酸盐发生Mannich缩合反应，生成3-二甲胺基苯丙酮，产物在手性膦配体-钌配合物不对称催化剂作用下发生还原反应，生成(*S*)-3-二甲胺基-1-苯基丙醇，再与氯甲酸乙酯进行von Braun脱甲基化反应、水解反应得到(*S*)-3-甲胺基-1-苯基丙醇，进一步与对三氟甲基氯苯进行醚化反应、成盐，得到(*S*)-盐酸氟西汀。

O　$(CH_3)_2NH\ HCl$ / $(HCHO)_n$　O　N　cat.

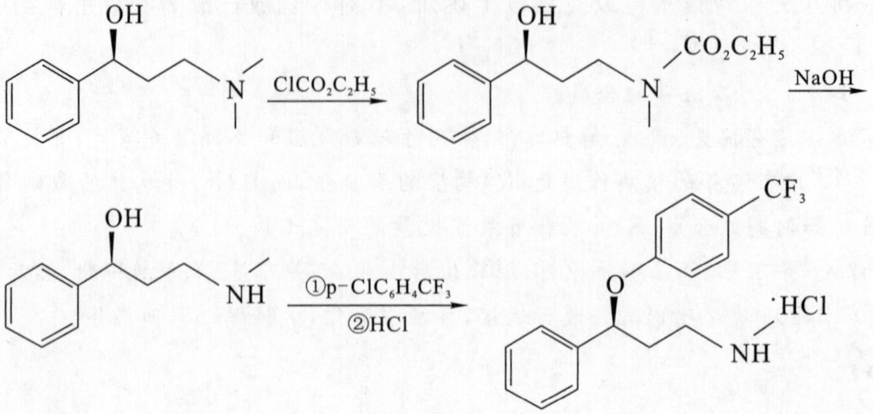

其中 cat. 为

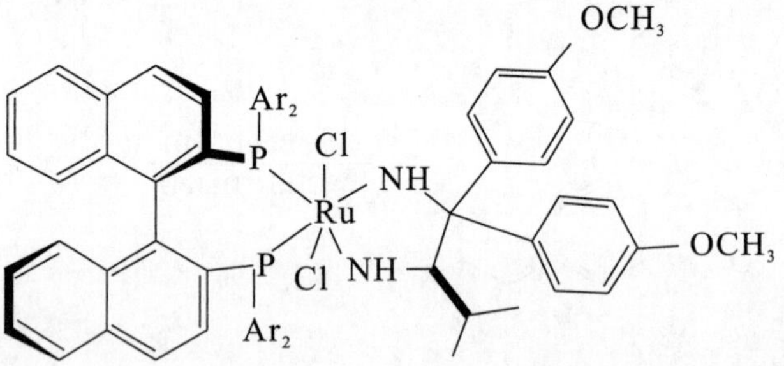

综上所述，尽管有机反应存在着副反应多、副产物多的特点，但针对具体的情况，我们是有可能找到一些适当的方式来提高反应的选择性，从而提高目标产物收率的。只要在设计合成路线时充分考虑到反应选择性这一有机合成的核心问题，就有可能达到有机合成所追求的高选择性、专一性产物的目标。

习题

1. 什么叫反应选择性，反应选择性有哪几种类型？

2. 用什么试剂能够使 $CH_3—\overset{\displaystyle O}{\overset{\|}{C}}—CH═CH—CH_3$ 中酮羰基还原，烯双键保留？

3. 以化学反应方程式说明采取什么策略能够完成以苯为原料合成均三溴苯的反应。

4. 希望 1,4-戊二醇中只有仲羟基发生反应，而伯羟基得到保留，可采取什么措施？

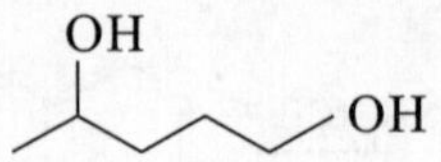

5. 完成下列转化：

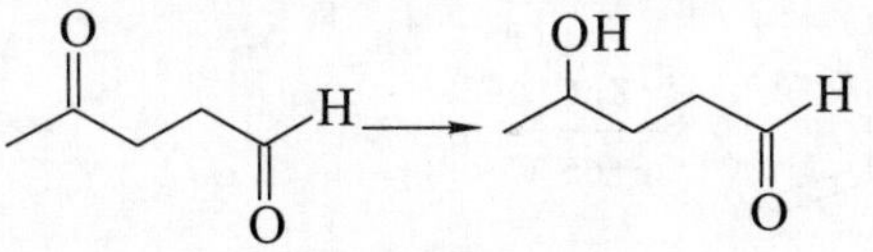

6. 设计下列分子的合成路线：

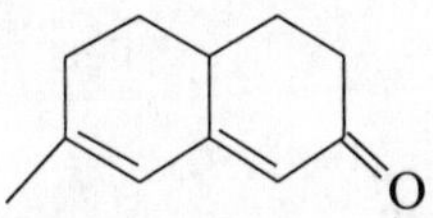

7. 确定以下反应产物的构型并计算不对称合成的效率。

(1) 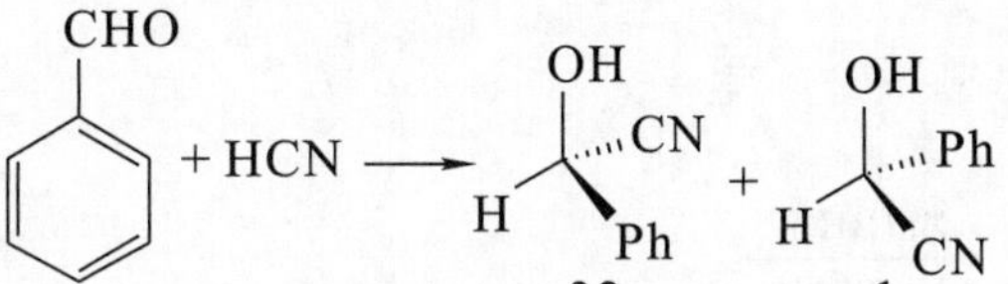 + HCN → 32 : 1

(2) 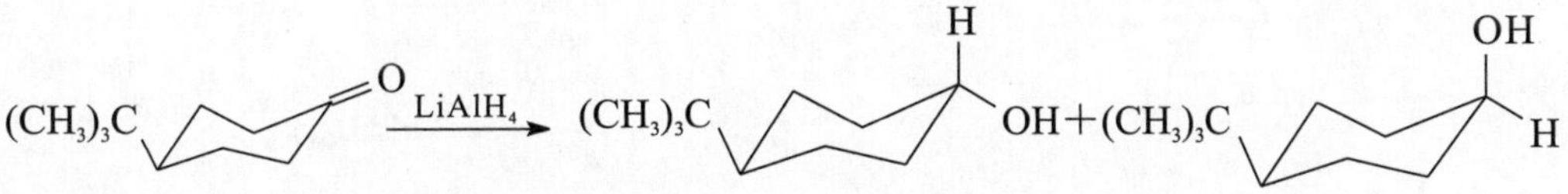 $(CH_3)_3C$ $\xrightarrow{LiAlH_4}$ $(CH_3)_3C$ OH + $(CH_3)_3C$ 9 : 1

8. 下列反应是 Noyori 合成前列腺素中的一个不对称反应：

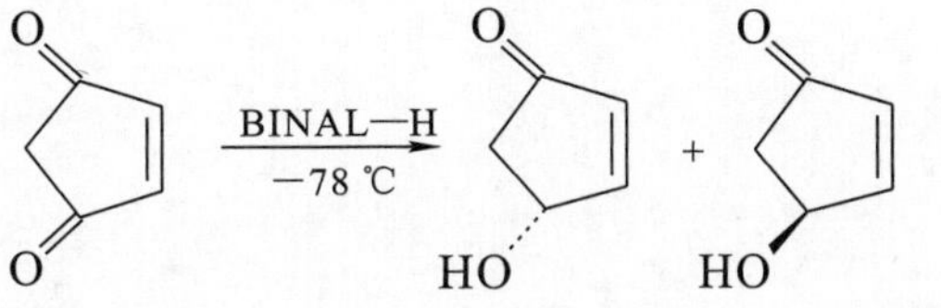

$\xrightarrow[-78\ ℃]{BINAL—H}$ + 97 : 3

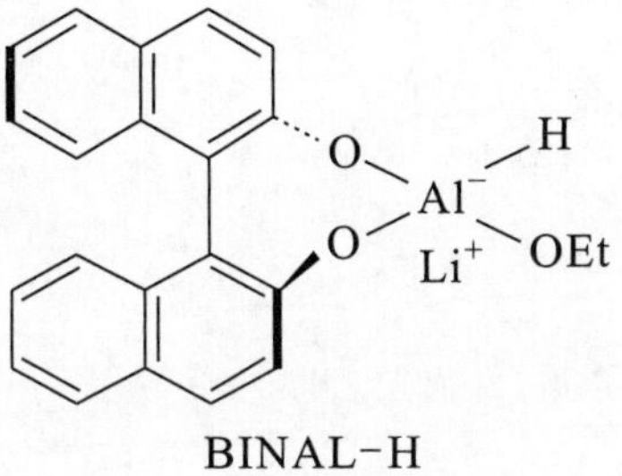

BINAL-H

请回答如下问题：

(1)这个反应是对映选择性还是非对映选择性？

(2)反应中使用的还原剂 BINAL - H 是什么构型？产物中主要异构体是什么构型？

(3)产物中主要异构体是 H^- 加成与羰基的什么反应面所形成的？

(4)主要异构体过剩值是多少？

9. 写出下列反应的主要产物，并标明其立体结构。

(1)  OH $\xrightarrow[^tBuOOH]{(+)\text{-DET},\ Ti(OPr^i)}$

(2) 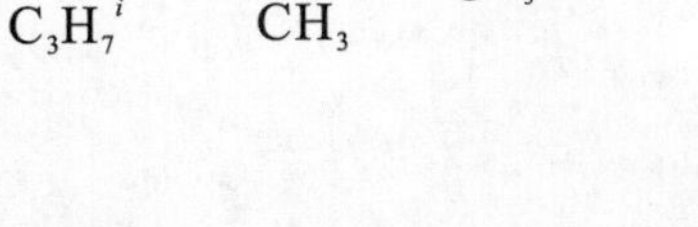 BnO H $C_3H_7^i$ CH_3 $\xrightarrow[②H_3^+O]{①CH_3CH_2MgBr}$

(3) (S)-1-hydroxy-1-phenylbut-3-en-2-one + cyclopentadiene $\xrightarrow[-65\ ^\circ C]{ZnCl_2}$

(4) Et–CO–CH$_2$–CO–Et $\xrightarrow[H_2]{RuCl_2[(R)\text{-}BINAP]}$

(5) cis-2-hydroxycyclohexanecarboxylic acid ethyl ester (OH, COOEt) $\xrightarrow[CH_2=CHCH_2Br]{2LDA}$

(6) bicyclic allylic alcohol (OH) $\xrightarrow{MCPBA}$

(7) MeO–CO–CH$_2$–CO–CH$_2$–CH(OH)–CH$_2$–OBn $\xrightarrow[-78\ ^\circ C]{Zn(BH_4)_2}$

第七章　有机合成反应

有机合成的基础是有机反应，有机反应是形成有机化合物分子骨架和实现官能团相互转换的重要手段。目前，已发现的有机化学反应已超过 3000 个，其中被广泛用于有机合成的反应有两百多个。

第一节　偶联反应

偶联反应是有机合成中的一类重要反应，它是指两个化学单元通过某种化学反应连接，得到一个结构更为复杂的有机物分子的反应。主要包括以下几种类型。

一、有机金属化合物参与的偶联反应

有机金属化合物碳－金属键(C－M)中碳原子是负电荷中心，而卤代烃(R－X)中，碳－卤键(C－X)中碳原子是正电荷中心，两者易于反应，偶合成更大分子。

$$R—M + R'—X \longrightarrow R—R' + MX$$

有机金属化合物与卤代烃的偶联反应活性，取决于其所连接金属的正电性(金属电负性越小，正电性越大)，正电性越大该有机金属化合物越活泼。常见有机金属化合物的反应活性次序如下：

R—K＞R—Na＞R—Li＞R—Mg＞R—Al＞R—Zn＞R—Cd＞R—Cu＞R—Sn＞R—Hg

其金属的电负性分别为 0.82，0.93，0.98，1.31，1.61，1.65，1.69，1.90，1.96，2.00。

(一)有机镁试剂

有机镁试剂与一般卤代烃的偶联反应，由于副反应较多，偶联产物收率较低，合成价值不大；但它与活泼卤代烃(例如烯丙式卤代烃、碘代烃、叔卤代烃)反应收率较好，有一定的合成价值；而对于不活泼的卤代烃(如芳基卤、烯基卤)，一般难以与有机镁试剂直接发生偶联反应，用金属催化，反应才可顺利进行。

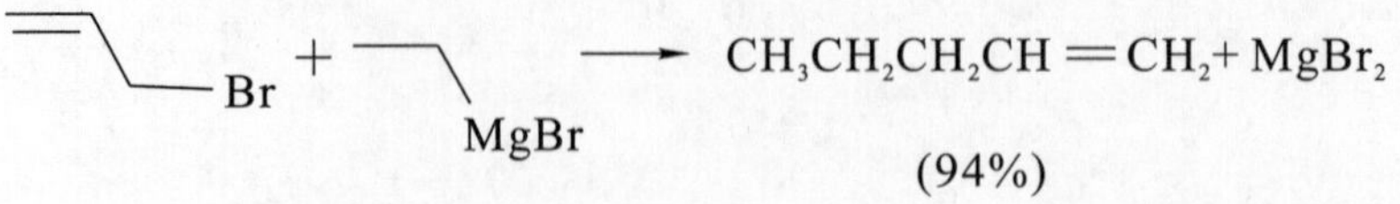

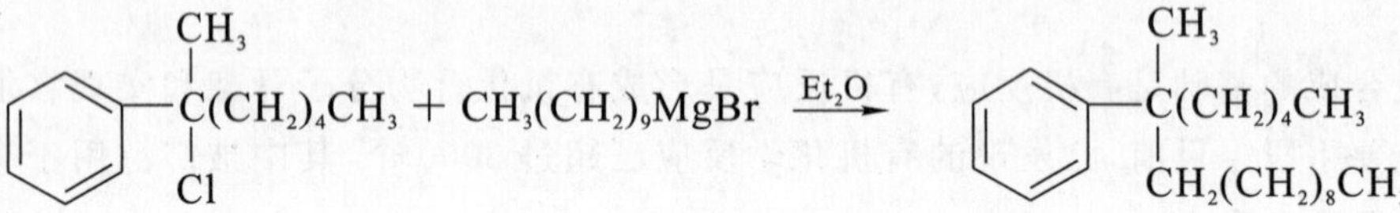

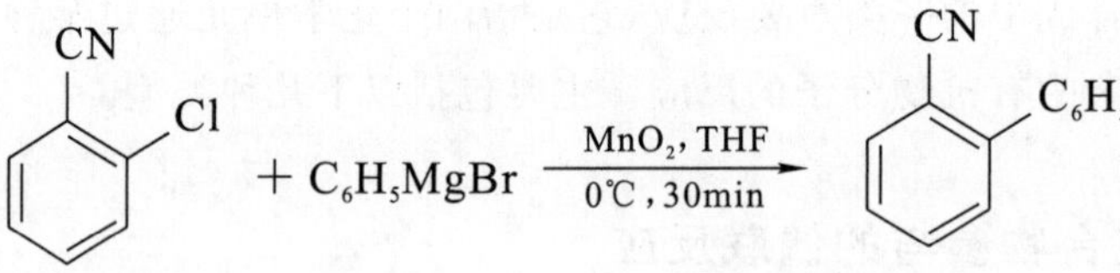

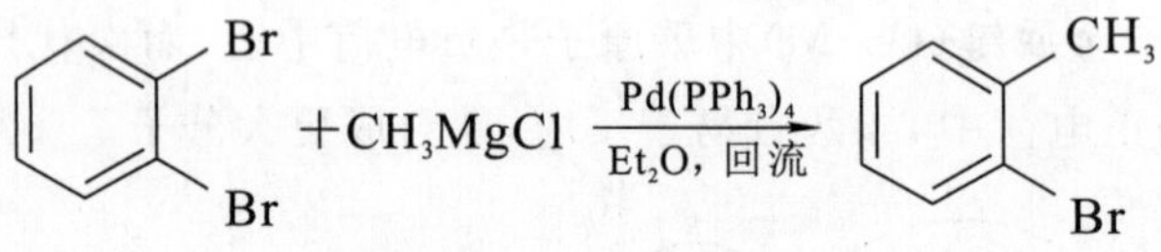

$CH_2{=}CHCH_2Br + CH_3CH_2MgBr \longrightarrow CH_3CH_2CH_2CH{=}CH_2 + MgBr_2$

(94%)

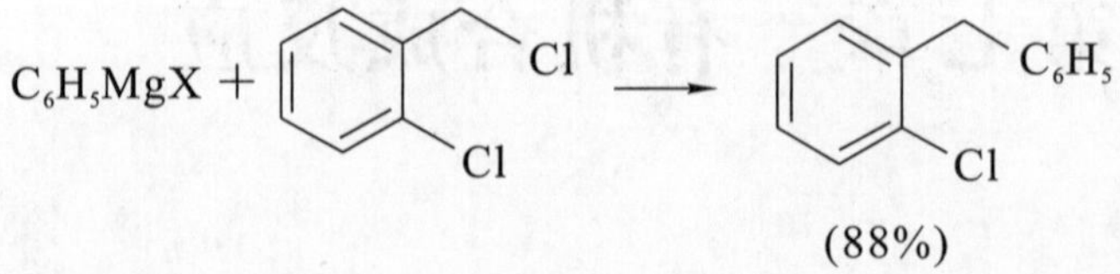

C_6H_5MgX + 2-氯苄基氯 ⟶ 2-氯苄基苯（$o\text{-}ClC_6H_4CH_2C_6H_5$）

(88%)

$C_6H_5C(CH_3)(Cl)(CH_2)_4CH_3 + CH_3(CH_2)_9MgBr \xrightarrow{Et_2O} C_6H_5C(CH_3)[(CH_2)_4CH_3]CH_2(CH_2)_8CH_3$

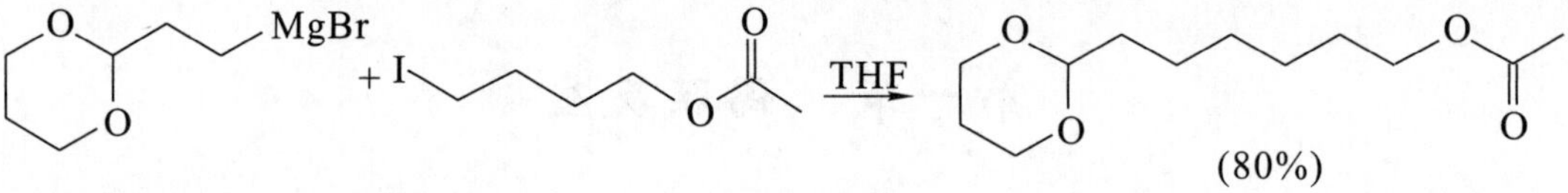

2-(2-溴镁乙基)-1,3-二氧六环 + $I(CH_2)_5OCOCH_3$ $\xrightarrow{THF}$ 2-(7-乙酰氧基庚基)-1,3-二氧六环

(80%)

2-氯苯甲腈 + C_6H_5MgBr $\xrightarrow[0℃,30min]{MnO_2, THF}$ 2-苯基苯甲腈

邻二溴苯 + CH_3MgCl $\xrightarrow[Et_2O, 回流]{Pd(PPh_3)_4}$ 2-溴甲苯

有机镁试剂与不饱和卤代烃发生偶联，可以合成各种烯烃，而且底物分子中双键的构型保持不变。

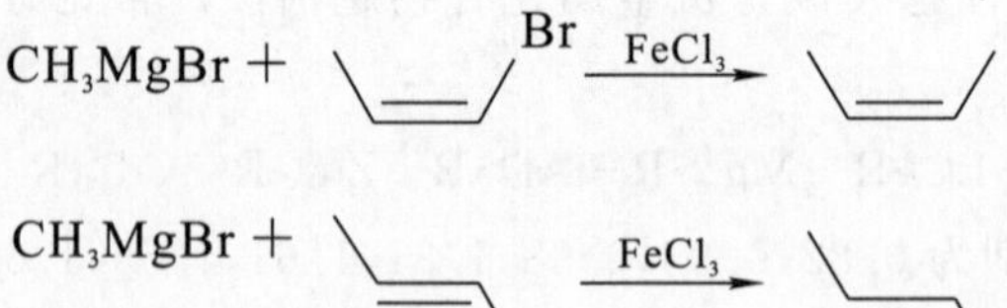

CH_3MgBr + (Z)-1-溴丙烯 $\xrightarrow{FeCl_3}$ (Z)-2-丁烯

CH_3MgBr + (E)-1-溴丙烯 $\xrightarrow{FeCl_3}$ (E)-2-丁烯

不活泼的乙烯基卤代物与镁粉反应，制成有机镁试剂后，活性增加，产物可与活泼卤代烃进行偶联反应。

$C_4H_9C{\equiv}CMgBr + CH_2{=}CHCH_2Br \xrightarrow{Et_2O} \xrightarrow{H_3^+O} C_4H_9C{\equiv}C{-}CH_2{-}CH{=}CH_2$

(88%)

有机镁试剂与四卤化碳(常用二氟二溴甲烷或三氟溴甲烷)发生偶联反应时,可生成双键位于中心的、具有奇数碳原子的烯烃。例如,由1-溴丁烷合成4-壬烯：

$$CH_3(CH_2)_3MgBr + CF_2Cl_2 \xrightarrow[-70℃]{Et_2O} CH_3(CH_2)_2CH{=}CH(CH_2)_3CH_3 \quad (74\%)$$

反应历程可能为

$$RCH_2MgBr + CF_2Cl_2 \longrightarrow RCH_2Br + :CF_2 + MgCl_2$$

$$RCH_2MgBr + :CF_2 \longrightarrow :CFCH_2R + MgBrF$$

$$RCH_2MgBr + :CFCH_2R \longrightarrow RCH_2-\underset{F}{\overset{MgBr}{C}}-CH_2R \longrightarrow RCH{=}CHCH_2R$$

有机镁试剂还可与反应活性较强的硫酸酯、磺酸酯等进行偶联反应。

$$\text{2-溴-1,3,5-三甲苯}\ \xrightarrow[\text{②}(CH_3)_2SO_4]{\text{①}Mg}\ \text{1,2,3,5-四甲苯}$$

$$C_6H_5CH_2MgCl + CH_3(CH_2)_3OTs \longrightarrow C_6H_5(CH_2)_4CH_3$$

(二)有机锂试剂

凡是有机镁试剂能够发生的反应,有机锂试剂都能发生,并且有机锂试剂比有机镁试剂具有更强的亲核性,在反应时受空间位阻的影响更小,大体积的烷基锂与有较大空间位阻、活性较小的卤代物可顺利进行偶联反应。考虑到金属锂价格较高,一般较少使用,用得较多的是烯基锂或芳基锂。

$$C_6H_5CH_2Li + Br-\overset{C_2H_5}{CH}-CH_3 \longrightarrow C_6H_5CH_2-\overset{C_2H_5}{CH}-CH_3$$

$$\text{邻溴苯基锂} + \text{邻二溴苯} \xrightarrow{Et_2O} \text{2,2'-二溴联苯}$$

乙烯基卤化物与金属锂反应,几乎可以生成产率确定的乙烯基锂。立体化学表明,乙烯基卤代烃与锂的金属化反应以及有机锂试剂与不饱和卤代烃的偶联反应的产物均保持原有烯烃的构型,是一种多取代烯烃的立体选择合成方法。

$$H_3C(H)C{=}C(CH_3)Br + Li \longrightarrow H_3C(H)C{=}C(CH_3)Li \xrightarrow{CH_3(CH_2)_7I} H_3C(H)C{=}C(CH_3)(CH_2)_7CH_3$$

$$\text{(2-溴-2-丁烯)} + Li \xrightarrow{Et_2O} \text{(2-丁烯基锂)} \xrightarrow[THF,\ 0℃]{n\text{-}C_8H_{17}I} \text{(烯烃)}\text{—}C_8H_{17}\text{—}n$$

(三)有机铜试剂

有机铜试剂一般分为烃基铜(RCu)、烃基铜配合物(RCu · 配位体)、二烃基铜锂(R_2CuLi 或 $RR'CuLi$)三种类型。其中,二烃基铜锂在有机合成中最为常用。需要注意的是,有机铜锂的热稳定性较差,无论是制备还是使用一般均需要在较低的温度下。

$$2RLi + CuX \xrightarrow{Et_2O} [R_2Cu]^- Li^+ + LiX$$

近年来,有机铜试剂在有机合成中受到人们越来越多的关注,这不仅由于它能发生多种类型的反应,而且在有机合成中显示出很高的优越性能,它是有机金属试剂与卤代烃偶联的首选方法。

首先,有机铜试剂与卤代烃进行偶联反应时具有较高的化学选择性,一些活泼基团如羟基、羰基、酯基、氨基等都不与它反应,该反应是合成含有功能基团化合物的较好方法。

$$(CH_3)_2CuLi + \text{(2-氟环己醇)} \longrightarrow \text{(2-甲基环己醇)}\quad (65\%)$$

$$[CH_2{=}C(CH_3)\text{—}]_2CuLi + Br\text{—(环己酮)=O} \xrightarrow[5h,\ 20℃]{THF} CH_2{=}C(CH_3)\text{—(环己酮)=O}\quad (65\%)$$

其次,有机铜试剂与卤代烃发生偶联反应时,能保持自身或反应物原有的构型不变,具有较高的立体选择性,是一种立体选择合成烯烃的重要方法。

$$\text{(含 Cl 的双环烯烃)} + (CH_3)_2CuLi \xrightarrow{-5℃} \text{(产物)}$$

$$\underset{H}{\overset{C_6H_5}{}}\!\!>C{=}C<\!\!\underset{Br}{\overset{CO_2CH_3}{}} + (CH_3)_2CuLi \longrightarrow \underset{H}{\overset{C_6H_5}{}}\!\!>C{=}C<\!\!\underset{CH_3}{\overset{CO_2CH_3}{}}$$

二烃基铜锂试剂可与伯卤代烃、仲卤代烃、烯基卤化物、烯丙基卤化物和芳基溴(或碘)等较为顺利地进行偶联反应,得到较高收率的烃;但其与叔卤代烷几乎不能反应,当制备叔烷基与伯烷基相连的产物时,需采用叔烷基的铜锂试剂与伯卤代烃进行偶联反应。

$$(n-C_4H_9)_2CuLi + ICH_2(CH_2)_3CH_3 \xrightarrow[-C_4H_9Cu,\,-LiI]{Et_2O} CH_3(CH_2)_7CH_3$$

(68%)

$$PhCH{=}CHBr + (CH_3)_2CuLi \longrightarrow PhCH{=}CHCH_3$$

(81%)

$$(t-C_4H_9)_2CuLi \cdot P(OC_4H_9-n)_3 + n-C_5H_{11}Br \longrightarrow t-C_4H_9-C_5H_{11}-n$$

当加热有机铜试剂(有时甚至是在室温条件下)或将二烃基铜锂试剂暴露在氧化剂(包括空气)中时,可发生自偶联反应。

$$\underset{H_3C}{\overset{H}{}}\!\!>C{=}C<\!\!\underset{Cu}{\overset{H}{}} \xrightarrow{90℃} \underset{H_3C}{\overset{H}{}}\!\!>C{=}C(H)-C(H){=}C(H)-CH_3$$

(84%)

$$(C_2H_5\underset{\underset{CH_3}{|}}{C}H)_2CuLi \xrightarrow[-78℃]{O_2} C_2H_5-\underset{\underset{CH_3}{|}}{C}H-\overset{\overset{CH_3}{|}}{C}H-C_2H_5$$

(82%)

(四)有机锡试剂

人们常把在过渡金属钯催化下的有机锡试剂与卤代烃、三氟磺酸酯之间的交叉偶联反应,称为 Stille 反应。

反应通式:

$$RX + R'Sn(R'')_3 \xrightarrow{Pd} R-R' + (R'')_3SnX$$

其中,X 为 Br、I、OTf;R 为烯基、芳基;R′为烯基、芳基、烯丙基;R″为甲基、乙基、正丁基等。

底物中包含的活性基团(羟基、氰基、卤素、酯基、醛基等)对反应没有影响,反应条件温和，反应的区域选择性和立体选择性好，产物易分离，Stille 反应在复杂有机分子的合成中得到了广泛应用。

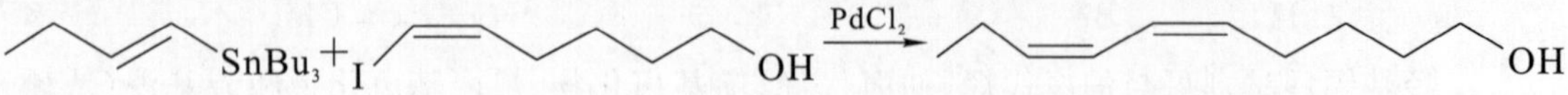

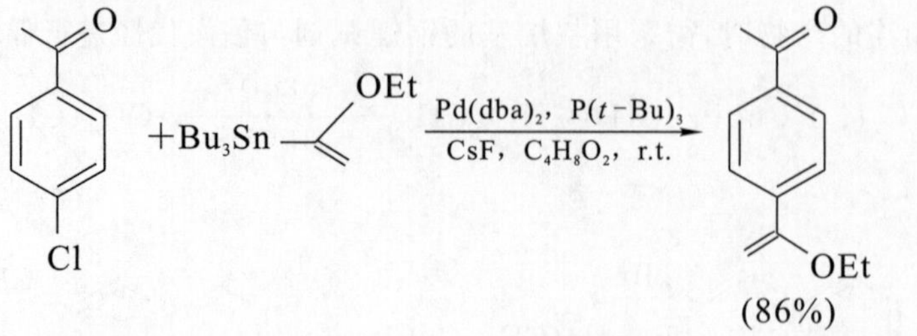

在 Stille 反应中，从锡原子上转移基团的难易次序为：炔基＞烯基＞芳基＞苄基＞甲基＞烷基。

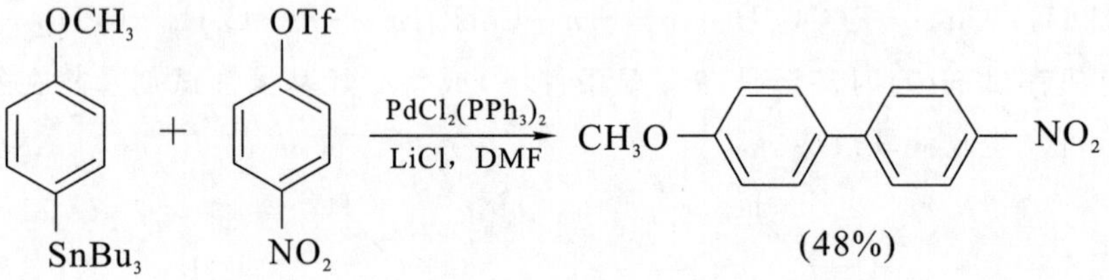

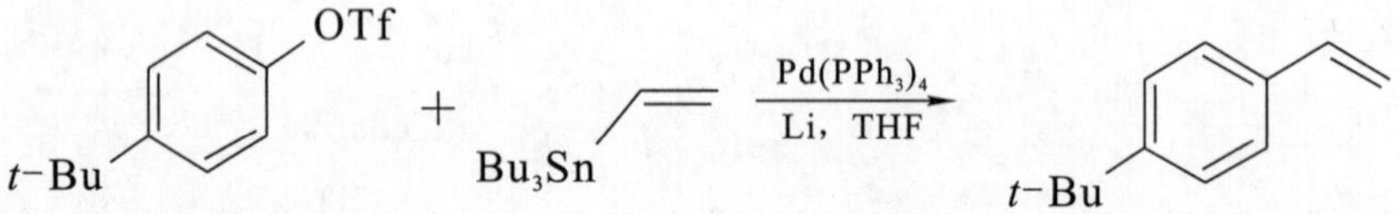

(48%)

(五)有机锌试剂

与有机镁、有机锂试剂相比，有机锌试剂的亲核性低，还可含有氰基、酯基、羰基等官能团。有机锌试剂与卤代烃的偶联反应，称为 Negishi 反应。该反应可在温和的条件下进行，并具有很高的选择性，适用于制备不对称的二芳基、二芳基甲烷、苯乙烯型或苯乙炔型化合物。有机锌试剂与不活泼的卤代烃偶联反应时，一般需要过渡金属或在过渡金属配合物催化下进行。

$$C_6H_5ZnCl + p\text{-}CH_3OC_6H_4I \xrightarrow{Ni^0或Pd^0} C_6H_5\text{-}C_6H_4\text{-}OCH_3\ (65\%)$$

$$o\text{-}NCC_6H_4ZnBr + Br\text{-}C_6H_4\text{-}CHO \xrightarrow[160℃，微波，1min]{PdCl_2(PPh_3)_2,\ THF} o\text{-}NCC_6H_4\text{-}C_6H_4\text{-}CHO\ (90\%)$$

(六)有机镉试剂

有机镉试剂的反应活性比相应的有机镁、有机锂试剂低，它不能与酮进行反应，可顺利地与酰卤作用制备酮。当化合物中含有对有机镁、有机锂试剂敏感的基团(如酮羰基)时，就需要使用有机镉试剂。因此，有机镉试剂更适用于与分子中含有酮基或酯基的酰卤反应来制备二酮或酮酯。

$$(CH_3)_2Cd + \text{R}-\overset{O}{\overset{\|}{C}}-Cl \longrightarrow \text{R}-\overset{O}{\overset{\|}{C}}-CH_3$$

$$C_2H_5O-\overset{O}{\overset{\|}{C}}(CH_2)_5\overset{O}{\overset{\|}{C}}-Cl + (C_2H_5)_2Cd \xrightarrow{H_2O} C_2H_5O-\overset{O}{\overset{\|}{C}}(CH_2)_5\overset{O}{\overset{\|}{C}}-C_2H_5\ (88\%)$$

(七)Wurtz 反应与 Wurtz－Fitting 反应

Wurtz 反应是烷基卤在金属钠存在的条件下发生的偶联反应。

$$RX + 2Na \longrightarrow RNa + NaX$$

$$RNa + RX \longrightarrow R-R + NaX$$

不同卤代烷分子之间进行交叉偶联时，可生成三种不同的烷烃混合物(R－R，R－R′，R′－R′)，三种产物分离困难，不具有合成价值。所以，Wurtz 反应一般用于对称烷烃的合成，不适合制备碳原子数为单数的烃。

$$2C_4H_9Br + 2Na \longrightarrow H_9C_4-C_4H_9 + 2NaBr$$

$$2\,C_5H_9\text{—}CH_2I + 2Na \xrightarrow{-NaI} C_5H_9\text{—}CH_2CH_2\text{—}C_5H_9$$

前面已叙述当用两种不同的卤代烃进行 Wurtz 反应时，产物复杂且无应用价值。但当采用一分子芳卤化物与一分子卤代烷在金属钠存在的条件下进行反应时，可制得烷基芳基化合物（Ar—R），该反应又称为 Wurtz—Fitting 反应。反应的通式为

$$ArX + 2Na \longrightarrow ArNa + NaX$$

$$ArNa + RX \longrightarrow Ar\text{—}R + NaX$$

通过 Wurtz—Fitting 反应可制得正烷基芳基化合物，该反应的副产物为对称的烷烃（R—R），但与主产物 Ar—R 较易分离。

例如：

$$C_6H_5\text{—}Br + CH_3(CH_2)_3Br \xrightarrow[Et_2O,\ 20℃]{Na} C_6H_5\text{—}CH_2(CH_2)_2CH_3$$

(62%～72%)

$$Br\text{—}C_6H_4\text{—}Br + 2\,CH_3I \xrightarrow[Et_2O]{Na} H_3C\text{—}C_6H_4\text{—}CH_3$$

(50%)

二、金属催化偶联反应

近年来，常用金属铅、钌、铑、铜、镍、铁等作催化剂进行偶联反应，比如前面提到的 Stille 偶联反应、Negishi 反应等。由于金属的 d 轨道与反应底物可发生配位作用而使反应底物活化，使偶联反应能在温和的条件下高效进行。

（一）Ullmann 反应

Ullman 反应是卤代芳烃与铜粉共热（＞100℃），偶联生成对称或不对称二芳基化合物的反应。

$$2\,C_6H_5\text{—}I \xrightarrow[100\sim350℃]{Cu} C_6H_5\text{—}C_6H_5$$

$$2\ (o\text{-}NO_2C_6H_4Br) \xrightarrow[210\sim220℃]{Cu} 2,2'\text{-}(NO_2)_2C_6H_4\text{—}C_6H_4$$

仅用铜粉作催化剂，活性较低，反应条件苛刻。而使用铜配合物作催化剂，在温和的条件下即可顺利进行偶联反应。例如：

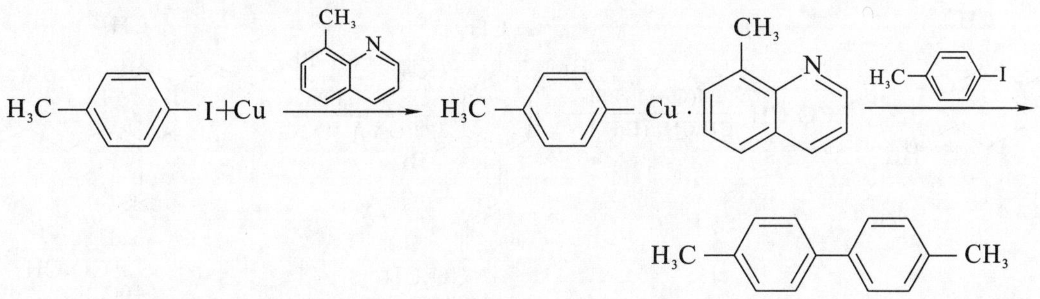

当芳环上有吸电子取代基存在时，特别是在卤素的邻位有硝基、酯基时，底物活性较大，反应可顺利进行。相反，底物中有羟基、氨基等供电子基团存在时反应较为困难。

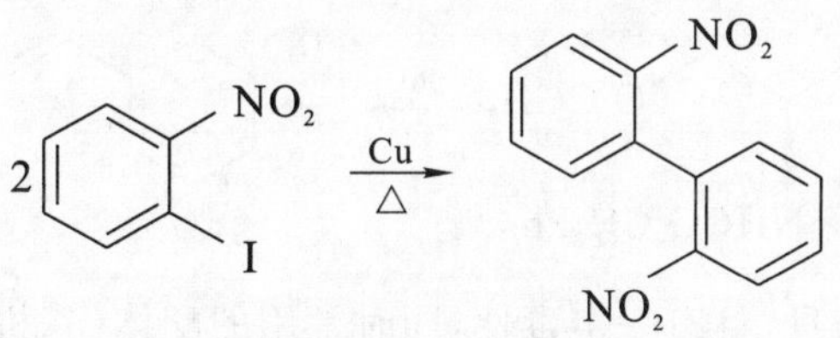

当用两种结构不同、活性不同的卤代芳烃与铜粉混合加热时，理论上可得到三种偶联产物，实际上交叉偶联产物（不对称二芳基化合物）的收率一般较好。为了尽可能减少活泼卤代芳烃的自身 Ullmann 偶联反应，一般使用氯化物或溴化物。例如，2,4,6 -三硝基氯苯与碘苯发生 Ullmann 偶联反应时，主要得到 2,4,6 -三硝基联苯。

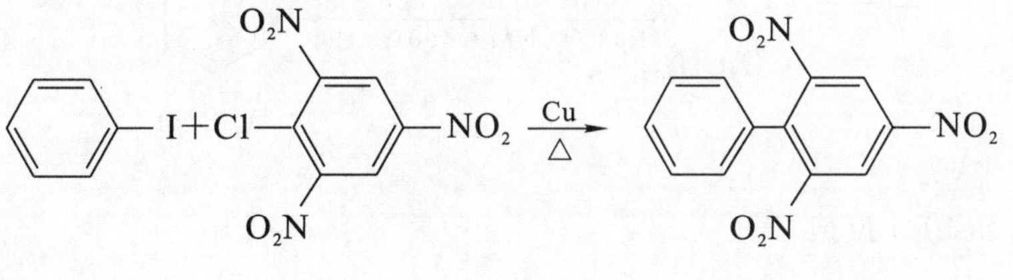

（二）Heck 反应

Heck 反应是指在钯催化剂的作用下，芳基卤代烃、烯基卤代烃（或三氟甲磺酸酯）与烯烃偶联生成取代烯烃的反应。

反应通式：

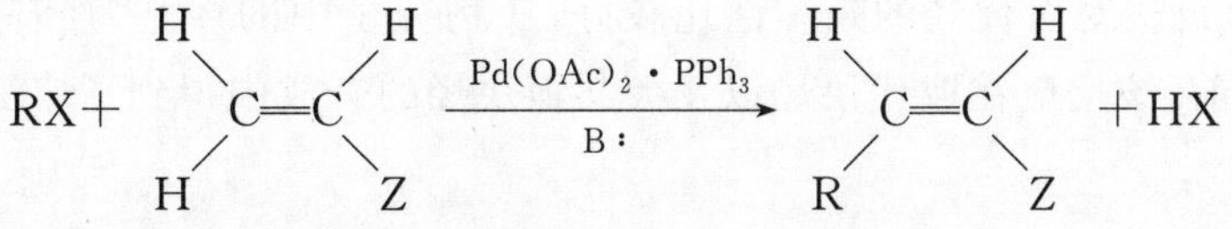

$$RX + \underset{H}{\overset{H}{>}}C{=}C\underset{Z}{\overset{H}{<}} \xrightarrow[B:]{Pd(OAc)_2 \cdot PPh_3} \underset{R}{\overset{H}{>}}C{=}C\underset{Z}{\overset{H}{<}} + HX$$

其中，R 为芳基、烯基；X 为 Br、I、OTf；Z 为 R、Ar、CN、CO_2R、OAc、NHAc 等基团。

Heck 反应中，碘代烃的活性大于溴代烃，而氯代烃较难参与反应。Heck 反应产物具有立体专一性，一般生成的烯烃以反式为主。Heck 反应条件温和，底物分子的兼容性好，底物中其他官能团（羟基、硝基、氰基、羰基、酯基等）不受影响，产物收率高。

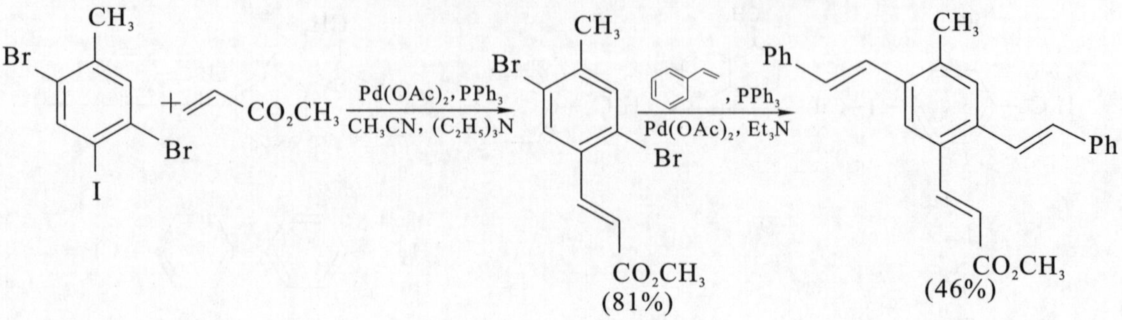

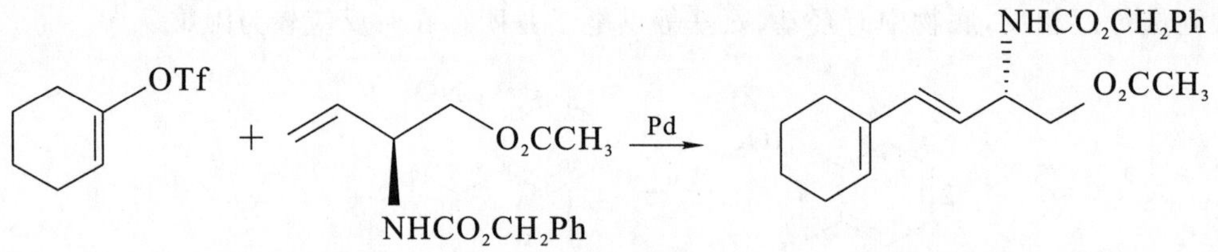

(81%)

(46%)

由于钯催化剂价格昂贵，且有一定毒性，同时常用的配体（有机膦化合物）剧毒而且不能重复使用，使得 Heck 反应的应用有一定的局限性。目前，研究人员致力于寻找钯新型催化体系（比如低毒、稳定的配体），以及探索利用价格更为低廉的金属（如铜、镍、铁等）催化体系来代替钯催化剂。

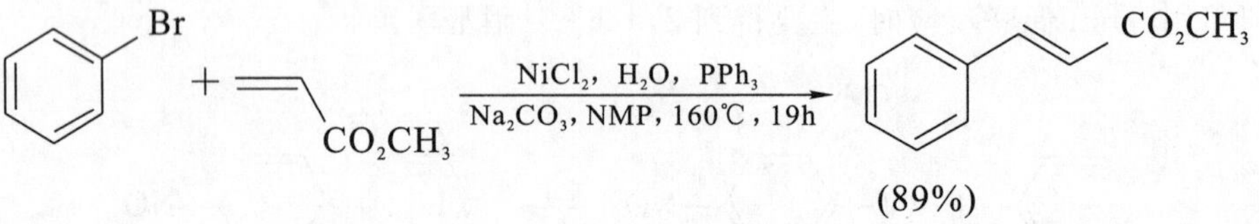

(89%)

（三）Sonogashira 反应

Sonogashira 反应是在 Pd/Cu 催化下，芳基、烯基卤与末端炔烃化合物的交叉偶联反应。反应通式：

$$RX + HC{\equiv}C{-}R' \xrightarrow[CuX, Et_3N]{PdCl_2, PPh_3} R{-}C{\equiv}C{-}R'$$

其中，R 为芳基、烯基；X 为 Br、I、OTf；R′为 H、芳基、烯基、烃基等。

Sonogashira 反应对卤代烃的兼容性比较好，底物分子中的羰基、羟基等活性基团对反应没有影响。目前，该反应在取代炔烃以及大共轭炔烃的合成中得到了广泛应用。

$$\text{(E)-}CH_3COC(I)\!=\!CHCH_3 + R-C\equiv CH \xrightarrow[(i\text{-}Pr)_2NH,\ THF]{PdCl_2(PPh_3),\ CuI} CH_3COC(C\equiv C-R)\!=\!CHCH_3$$

$$CH_3(CH_2)_4CH=CHI + HC\equiv C(CH_2)_2OH \xrightarrow[\text{CuI10\%，吡咯烷}]{Pd(PPh_3)_4\ 5\%} CH_3(CH_2)_4CH=CH-C\equiv C(CH_2)_2OH\ (90\%)$$

$$\text{亚环己基}=CBr_2 + HC\equiv C-Si(CH_3)_3 \xrightarrow[Py,\ Et_2O]{Pd(PPh_3),\ CuI} \text{亚环己基}=C(C\equiv C-Si(CH_3)_3)_2$$

(四)Glaser 反应

以苯乙炔为原料，氨水和乙醇为溶剂，CuCl 为催化剂，在空气存在的条件下合成出1,4-二苯基1,3-丁二炔，这一反应被命名为 Glaser 反应。反应的历程可能为炔转化为炔铜，炔铜被分离出来后暴露在空气中，在氨水和乙醇存在下偶联得到对称二炔。

$$Ph-C\equiv CH \xrightarrow[CuCl]{NH_4OH,\ EtOH} Ph-C\equiv C-Cu \xrightarrow[EtOH]{NH_4OH,\ O_2} Ph-C\equiv C-C\equiv C-Ph$$

Glaser 反应是合成对称二炔的重要方法。近年来，人们开展了一系列的研究工作，比如探索使用钯、钛、钴等催化剂，改变配体，采用超临界二氧化碳、超临界水、微波促进等技术方法减少有机溶剂的使用。

$$2\ \text{(3,4-二甲基-5-甲酰基吡咯烷-2-基)}-C\equiv CH \xrightarrow[Et_3N,\ r.t.]{Pd(PPh_3)_4,\ CuI} OHC\text{-吡咯烷}-C\equiv C-C\equiv C-\text{吡咯烷-}CHO$$

$$2R-C\equiv CH \xrightarrow[CH_3OH/Py,\ 60\sim70℃]{Cu(OAc)_2} R-C\equiv C-C\equiv C-R\quad(71\%\sim100\%)$$

(五)Cadiet－Chodkiewicz 偶联反应

Cadiet－Chodkiewicz 偶联反应是指一取代的乙炔和卤代乙炔在氯化亚铜及碱存在的条件下形成不对称二炔的反应，副反应产物为对称的二炔。

$$R-C\equiv CH + Cu^+ \longrightarrow R-C\equiv CCu$$

$$R-C\equiv CCu + XC\equiv C-R' \longrightarrow R-C\equiv C-C\equiv C-R'$$

例如，在四氢吡咯存在的条件下，碘化亚铜催化末端炔烃与1-卤-1-炔的偶联：

$$R—C\equiv CH + XC\equiv C—R' \xrightarrow[\text{四氢吡咯},\ -20℃]{10\%\ CuI} R—C\equiv C—C\equiv C—R' \quad (61\%\sim98\%)$$

其中，X为I或Br。

此类反应副反应较多，末端炔烃会发生自身偶联反应，卤代乙炔可进行卤素与金属的交换反应，生成卤代乙炔的自身偶联产物。有时需要加入高活性钯催化剂或活泼的碘代乙炔来提高反应产率。

三、元素有机化合物参与的偶联

(一)有机硼化合物

利用烯烃的硼氢化反应可制得三烃基硼烷，在碱性介质中，用硝酸银进行催化发生烃基的偶联。该反应提供了一种烯烃转化为饱和二聚体的方法。

$$CH_3(CH_2)_3CH=CH_2 + [CH_3(CH_2)_5]_3B \xrightarrow{AgNO_3,NaOH} CH_3(CH_2)_5—(CH_2)_5CH_3 \quad (70\%)$$

混合型偶联是将两种不同的烯烃(其中一种烯烃过量)进行硼氢化反应，接着用碱性硝酸银处理得到混合偶联产物。例如，用环戊烯与过量的1-己烯可制得己基环戊烷。

$$\left.\begin{array}{c}\text{环戊烯}\\ CH_3(CH_2)_3CH=CH_2\\(\text{过量})\end{array}\right\} \xrightarrow{B_2H_6} \text{C}_5\text{H}_9\text{—B}[(CH_2)_5CH_3]_2 \xrightarrow[AgNO_3,\ NaOH]{CH_3(CH_2)_3CH=CH_2} \text{C}_5\text{H}_9\text{—}CH_2(CH_2)_4CH_3 \quad (45\%)$$

在金属钯、镍、铜等催化剂作用下，芳基或烯基硼化合物与芳基卤或烯基卤的交叉偶联反应，称为Suzuki反应。与Heck反应相似，Suzuki反应条件温和，受空间位阻的影响小，硝基、氰基、醛酮羰基、羧基、酯基、羟基等基团在反应中不受影响。

$$\text{RCH=CH—BY}_2 + \text{R'CH=CH—X} \xrightarrow{Pd(PPh_3)_4} \text{RCH=CH—CH=CHR'}$$

其中，Y为OH、OR、R；X为Br、I。

$$C_6H_5—B(OH)_2 + Br—C_6H_4—CO_2CH_3 \xrightarrow[C_6H_6,\ 回流,\ 6h]{Pd(PPh_3)_4,\ Na_2CO_3} C_6H_5—C_6H_4—CO_2CH_3 \quad (94\%)$$

(二)有机硅化合物

有机硅化合物的 Si—C 键极化程度小，与有机金属化合物相比，它的反应活性很低，一般需要在钯催化剂的作用下偶联反应才能顺利进行。

$$K_2\left[\text{Bu}\!\!\diagup\!\!\!\!=\!\!\diagup\text{SiF}_5\right] + \diagup\!\!=\!\!\diagup\text{Cl} \xrightarrow[\text{THF, r.t.}]{\text{Pd(OAc)}_2} \text{Bu}\!\!\diagup\!\!=\!\!\diagup\!\!\diagup\!\!=\quad (71\%)$$

$$\text{C}_6\text{H}_5\text{-SiC}_2\text{H}_5\text{Cl}_2 + \text{Br-C}_6\text{H}_4\text{-}\overset{\text{O}}{\overset{\|}{\text{C}}}\text{-CH}_3 \xrightarrow[\text{NaOH, C}_6\text{H}_6\text{, 80℃}]{\text{Pd(OAc)}_2} \text{C}_6\text{H}_5\text{-C}_6\text{H}_4\text{-}\overset{\text{O}}{\overset{\|}{\text{C}}}\text{-CH}_3$$

烯基硅烷与不饱和卤代烃的偶联反应，生成构型保持的产物。

$$n\text{-C}_6\text{H}_{13}\text{CH=CH-Si(CH}_3)_2\text{F} + \text{I-CH=CH-C}_6\text{H}_{13}\text{-}n \xrightarrow[\text{THF, 50℃}]{(\eta^3\text{-C}_3\text{H}_5\text{PdCl})_2\text{, TASF}} n\text{-C}_6\text{H}_{13}\text{CH=CH-CH=CH-C}_6\text{H}_{13}\text{-}n\quad(83\%)$$

在 Et_3N/DMF 体系中，醛、酮与三甲基氯硅烷反应生成烯醇三甲基硅醚，在 $TiCl_4$ 存在的条件下，烯醇三甲基硅醚与叔卤代烃反应，可生成 α-烃基酮。

$$\text{2-甲基环己酮} \xrightarrow[\text{Et}_3\text{N, DMF}]{\text{Si(CH}_3)_3\text{Cl}} \begin{cases} \text{1-OSi(CH}_3)_3\text{-2-甲基环己烯 (77\%)} \xrightarrow[\text{TiCl}_4]{\text{(CH}_3)_3\text{CCl}} \text{2-叔丁基-2-甲基环己酮} \\ \text{1-OSi(CH}_3)_3\text{-6-甲基环己烯 (23\%)} \xrightarrow[\text{TiCl}_4]{\text{(CH}_3)_3\text{CCl}} \text{2-叔丁基-6-甲基环己酮} \end{cases}$$

在钌催化剂的作用下，烯基二甲基苯基硅烷与乙酸酐进行偶联，可制备不饱和羰基化合物。

$$\text{Ph(CH}_2)_3\text{CH=CH-Si(CH}_3)_2\text{Ph} + (\text{CH}_3\text{CO})_2\text{O} \xrightarrow[\text{C}_4\text{H}_8\text{O}_2\text{, 90℃}]{[\text{RhCl(CO)}_2]_2} \text{Ph(CH}_2)_3\text{CH=CH-}\overset{\text{O}}{\overset{\|}{\text{C}}}\text{-CH}_3$$

有机硅化合物除了可进行 C—C 偶联反应以外，还可与含 N—H、O—H 等化合物进行

C—N、C—O 偶联反应。

$$CH_3O-C_6H_4-Si(OCH_3)_3 + \text{苯并咪唑(HN, N)} \xrightarrow[DMF,\ Py]{TBAF,\ Cu(OAc)_2} CH_3O-C_6H_4-N\text{(苯并咪唑)}$$

四、其他偶联反应

(一)Kolbe 反应

羧酸或羧酸盐电解发生脱羧，生成的烃基自由基之间相互偶联生成烃类，即为 Kolbe 反应。Kolbe 反应被公认为是有机合成中最有价值的电合成反应。

反应通式：

$$2RCO_2Na(K)+2H_2O \xrightarrow{\text{电解}} R-R+2CO_2+H_2+2NaOH$$

经历自由基反应历程：

$$RCO_2^- \xrightarrow{-e} R-\overset{\displaystyle O}{\overset{\|}{C}}-O\cdot \longrightarrow R\cdot + CO_2$$

$$2R\cdot \longrightarrow R-R$$

Kolbe 反应对于含有多个碳原子的直链羧酸(盐)而言，烷烃的收率一般较高。

$$2CH_3(CH_2)_{14}CO_2H \xrightarrow[\text{电解}]{CH_3ONa,CH_3OH} CH_3(CH_2)_{28}CH_3 \quad (88\%)$$

而含有 α 支链的酸、α,β-不饱和酸以及芳香酸的反应比较困难。在反应中，分子中含有的碳碳双键、硝基、酯基等基团可不受影响。

$$2CH_3O-\overset{\displaystyle O}{\overset{\|}{C}}-CH_2(CH_2)_3CO_2H \xrightarrow{\text{电解}} CH_3O-\overset{\displaystyle O}{\overset{\|}{C}}-CH_2(CH_2)_7\overset{\displaystyle O}{\overset{\|}{C}}-OCH_3$$

$$(H_3C)(KO_2C)C=C(CH_3)(CO_2K) + 2H_2O \xrightarrow{\text{电解}} H_3C-C\equiv C-CH_3 + 2CO_2$$

进行交叉偶联时，如果其中一种羧酸(盐)过量，也可得到收率良好的产物。

$$n-CH_3(CH_2)_7CO_2^- + n-CH_3(CH_2)_5CO_2^- \xrightarrow{\text{电解}} n-CH_3(CH_2)_{12}CH_3 \quad (80\%)$$

(二)醛酮的还原偶联

在惰性溶剂(苯、乙醚、二氯甲烷、四氢呋喃等)中，醛、酮在还原剂(Mg-Hg、Mg-

MgI_2、Ag－Hg、Mg－Hg/$TiCl_4$、Zn/$TiCl_4$ 等)作用下进行双分子还原偶联，生成频哪醇。

$$2R-\overset{\overset{\displaystyle O}{\|}}{C}-R' \xrightarrow[\text{苯},H_3^+O]{Mg-Hg/TiCl_4} R-\underset{\underset{\displaystyle R'}{|}}{\overset{\overset{\displaystyle OH}{|}}{C}}-\underset{\underset{\displaystyle R'}{|}}{\overset{\overset{\displaystyle OH}{|}}{C}}-R$$

反应历程：

$$2R-\overset{\overset{\displaystyle O}{\|}}{C}-R' \xrightarrow[Mg]{2e^-} R-\underset{\underset{\displaystyle R'}{|}}{\overset{\overset{\displaystyle O}{|}}{C}}\cdot \quad \cdot\underset{\underset{\displaystyle R'}{|}}{\overset{\overset{\displaystyle O}{|}}{C}}-R\ (\text{两个 O 与 Mg 相连}) \longrightarrow R-\underset{\underset{\displaystyle R'}{|}}{\overset{\overset{\displaystyle O}{|}}{C}}-\underset{\underset{\displaystyle R'}{|}}{\overset{\overset{\displaystyle O}{|}}{C}}-R\ (\text{两个 O 与 Mg 相连}) \xrightarrow{H_2O} R-\underset{\underset{\displaystyle R'}{|}}{\overset{\overset{\displaystyle OH}{|}}{C}}-\underset{\underset{\displaystyle R'}{|}}{\overset{\overset{\displaystyle OH}{|}}{C}}-R$$

第二节　加成反应

一、羰基化合物的加成反应

(一)Strecker 反应

Strecker 反应是羰基化合物与胺化剂(伯胺、仲胺、氯化铵)和氰化剂(氢氰酸、金属氰化物、三甲基硅氰等)反应，生成 α－氨基腈。进一步水解生成 α－氨基酸，这是制备 α－氨基酸及其衍生物较为经济、简便的方法。

$$\overset{\overset{\displaystyle O}{\|}}{C}\!\!< \ + NH_4Cl + NaCN \longrightarrow -\underset{\underset{\displaystyle CN}{|}}{\overset{\overset{\displaystyle NH_2}{|}}{C}}- \xrightarrow[H^+\text{或}OH^-]{H_2O} -\underset{\underset{\displaystyle COOH}{|}}{\overset{\overset{\displaystyle NH_2}{|}}{C}}-$$

反应机理：醛或酮先与胺(或氨)反应生成亚胺，亚胺再与氢氰酸(或氰化物)亲核加成生成 α－氨基腈。

$$R-\overset{\overset{\displaystyle O}{\|}}{C}-H + NH_4^+ \rightleftharpoons R-\overset{\overset{\displaystyle OH^+}{\|}}{C}-H + NH_3 \rightleftharpoons R-\overset{\overset{\displaystyle OH}{|}}{C}H-NH_3^+ \xrightleftharpoons{-H^+}$$

$$R-\overset{\overset{\displaystyle OH}{|}}{C}H-NH_2 \xrightleftharpoons{H^+} R-\overset{\overset{\displaystyle OH_2^+}{|}}{C}H-NH_2 \rightleftharpoons R-CH=NH_2^+ \xrightleftharpoons{CN^-} R-\underset{\underset{\displaystyle CN}{|}}{C}H-NH_2$$

例如：

$$CH_3CHO + NH_4Cl + NaCN \longrightarrow CH_3\underset{\displaystyle NH_2}{\underset{|}{C}}H{-}CN \xrightarrow{H_3^+O} CH_3\underset{\displaystyle NH_2}{\underset{|}{C}}H{-}COOH$$

(二)腈醇合成

羰基化合物(醛、酮)与 HCN 加成生成腈醇(α-羟基腈)，再用酸或碱水解得 α-羟基酸。反应通式：

$$\overset{\displaystyle O}{\overset{\|}{C}}\!\!\diagup\!\diagdown + HCN \longrightarrow -\overset{\displaystyle OH}{\overset{|}{\underset{\displaystyle CN}{\underset{|}{C}}}}- \xrightarrow[H^+\text{或}OH^-]{H_2O} -\overset{\displaystyle OH}{\overset{|}{\underset{\displaystyle COOH}{\underset{|}{C}}}}-$$

考虑到空间位阻效应，该反应比较适合于醛、甲基脂肪酮和少于 8 个碳的环酮与氢氰酸的加成。

$$H_3C{-}\overset{\displaystyle O}{\overset{\|}{C}}{-}CH_3 + HCN \xrightarrow{\text{碱}} H_3C{-}\overset{\displaystyle OH}{\overset{|}{\underset{\displaystyle CN}{\underset{|}{C}}}}{-}CH_3 \xrightarrow[CH_3OH]{H_2SO_4} CH_2{=}\underset{\displaystyle COOH}{\underset{|}{C}}{-}CH_3$$

(三)Reformatsky 反应

Reformatsky 反应指在惰性溶剂(乙醚、苯、四氢呋喃、二甲基亚砜)中，醛或酮与 α-卤代羧酸酯和锌发生羰基的加成反应。产物经水解后得到 β-羟基酸(或酯)，或制备 α,β-不饱和酸(或酯)。

$$R{-}\overset{\displaystyle O}{\overset{\|}{C}}{-}R' + XCH_2CO_2C_2H_5 \xrightarrow{Zn} R{-}\overset{\displaystyle OZnX}{\overset{|}{\underset{\displaystyle R'}{\underset{|}{C}}}}{-}CH_2CO_2C_2H_5 \xrightarrow{H_3^+O}$$

$$R{-}\overset{\displaystyle OH}{\overset{|}{\underset{\displaystyle R'}{\underset{|}{C}}}}{-}CH_2CO_2C_2H_5 \xrightarrow{-H_2O} R{-}\underset{\displaystyle R'}{\underset{|}{C}}{=}CHCO_2C_2H_5$$

锌粉先与 α-卤代羧酸酯反应生成有机锌试剂，其亲核性弱一些，能选择性地与醛、酮的羰基反应，不与酯反应。Reformatsky 反应在有机合成上的意义是它可使醛、酮的羰基碳上增加两个及两个以上碳原子。

$$C_6H_5CHO + CH_3CH(Br)-\overset{O}{\overset{\|}{C}}-OC_2H_5 + Zn \xrightarrow{Et_2O}$$

$$C_6H_5-CH(OZnX)-CH(CH_3)CO_2C_2H_5 \xrightarrow{H_3^+O} C_6H_5-CH(OH)-CH(CH_3)CO_2C_2H_5$$

(四)有机镁试剂与羰基化合物的加成反应

有机镁试剂与 α,β-不饱和醛的反应:进行 1,2-加成,生成不饱和醇。

$$CH_3CH_2MgBr + CH_3CH{=}CHCHO \xrightarrow[\text{②}H_3^+O]{\text{①干醚}} CH_3CH_2CH(OH)CH{=}CHCH_3$$

有机镁试剂与 α,β-不饱和酮的反应:是进行 1,2-加成还是进行 1,4-加成,取决于反应物的结构。若与羰基相连的、不含碳碳双键的烃基有较大空间位阻,主要发生 1,4-加成反应;若有亚铜盐存在,也主要进行 1,4-加成。

$$CH_3CH_2MgBr + CH_3CH{=}CHCOCH_3 \xrightarrow[\text{②}H_3^+O]{\text{①干醚}} \underset{(1,2\text{-加成},25\%)}{CH_3CH{=}CH\overset{OH}{\overset{|}{C}}H_3(CH_2CH_3)} + \underset{(1,4\text{-加成},75\%)}{CH_3\underset{CH_2CH_3}{\underset{|}{C}H}-CH_2COCH_3}$$

$$CH_3CH_2MgBr + C_6H_5CH{=}CHCOC(CH_3)_3 \xrightarrow[\text{②}H_3^+O]{\text{①干醚}} \underset{(1,4\text{-加成},100\%)}{C_6H_5\underset{CH_2CH_3}{\underset{|}{C}H}-CH_2COC(CH_3)_3}$$

有机镁试剂与原甲酸酯作用可制备醛。

$$p\text{-}CH_3C_6H_4MgCl + HC(OCH_2CH_3)_3 \longrightarrow p\text{-}CH_3C_6H_4CH(OCH_2CH_3)_2 \xrightarrow{H_3^+O} p\text{-}CH_3C_6H_4CHO$$

(五)有机锂试剂与羰基化合物的加成反应

有机锂试剂可以直接与羧酸反应制备酮,有机镁试剂则不能。

$$\text{4-}t\text{-Bu-C}_6\text{H}_{10}\text{-CO}_2\text{H} \xrightarrow[\text{②}H_2O]{\text{①}CH_3Li,\ Et_2O} \text{4-}t\text{-Bu-C}_6\text{H}_{10}\text{-COCH}_3 \quad (95\%)$$

有机锂试剂与 α,β -不饱和羰基化合物的反应,主要进行 1,2 -加成。

$$Ph—CH═CH—\overset{O}{\overset{\|}{C}}—Ph \xrightarrow[\text{②}H_2O]{\text{①}C_6H_5Li} Ph—CH═CH—\underset{Ph}{\overset{OH}{C}}—Ph$$

(六)有机铜试剂与羰基化合物的加成反应

二烃基铜锂可与酰卤反应制备酮,该反应对底物的兼容性非常好,酰卤分子中的羰基、烷氧羰基、氰基、卤素等基团可不受影响。

$$NC(CH_2)_{10}\overset{O}{\overset{\|}{C}}—Cl + (n-C_4H_9)_2CuLi \longrightarrow NC(CH_2)_{10}\overset{O}{\overset{\|}{C}}—C_4H_9-n$$

$$I(CH_2)_{10}\overset{O}{\overset{\|}{C}}—Cl + (CH_3)_2CuLi \longrightarrow I(CH_2)_{10}\overset{O}{\overset{\|}{C}}—CH_3$$

有机铜试剂与 α,β -不饱和羰基化合物主要进行 1,4 -加成反应。

$$\text{4-}t\text{-Bu-C}_6\text{H}_8\text{=CH}\overset{O}{\overset{\|}{C}}CH_3 + (CH_3)_2CuLi \longrightarrow \text{4-}t\text{-Bu-C}_6\text{H}_{10}(CH_3)(CH_2\overset{O}{\overset{\|}{C}}CH_3)$$

α,β -炔铜、α,β -炔酸、α,β -炔酯与有机铜试剂主要进行 1,4 -加成反应,并生成顺式加成产物。

$$CH_3CH_2—C≡C—\overset{O}{\overset{\|}{C}}—OCH_3 + (CH_3)_2CuLi \longrightarrow (C_2H_5)(CH_3)C═C(CO_2CH_3)(H)$$

(七)Wittig 反应

叶立德是有机合成中一种重要的中间体,其结构为带正电原子直接与一个碳负离子相连,或两者以双键相连:

$$>C^-—A^+ \quad \text{或} \quad >C═A$$

其中,A 可以为 N、P、As、Sb、S、Si、Se、Te 等原子,分别称为某叶立德,其中以磷叶立德和硫叶立德应用较为广泛。

磷叶立德也称为 Wittig 试剂，它与醛或酮作用，生成烯烃和三苯基氧膦，此反应称为 Wittig 反应。

反应通式：

$$\begin{matrix}R\\ \quad\backslash\\ \quad C=O\\ \quad/\\ R'\end{matrix} + Ph_3P=C\begin{matrix}R''\\ \\ R'''\end{matrix} \longrightarrow \begin{matrix}R & & R''\\ & C=C & \\ R' & & R'''\end{matrix} + Ph_3PO$$

Wittig 反应具有条件温和、反应易于实现、产率较高等优点，可用于合成双键位置确定的烯烃，即双键处于原来羰基的位置。该反应立体选择性好，并且羰基化合物含有的其他官能团，例如羟基、醚键、酯基、末端炔基等对反应无影响，特别适合于合成敏感烯烃以及萜类、多烯类化合物。

$$C_6H_5COCH_2CH_3 + Ph_3P^+—CH_2^- \longrightarrow C_6H_5C(=CH_2)CH_2CH_3$$

$$CH_3CHO + Ph_3P^+—C^-(CH_3)(COCH_3) \longrightarrow (H_3C)(H)C=C(CH_3)(COCH_3)$$

(96%)

$$CH_3O—C_6H_4—\overset{O}{\overset{\|}{C}}—CH_2CH_2—\overset{O}{\overset{\|}{C}}—OCH_3 + Ph_3P^+—CH_2^- \longrightarrow CH_3O—C_6H_4—\overset{CH_2}{\overset{\|}{C}}—CH_2CH_2—\overset{O}{\overset{\|}{C}}—OCH_3$$

α,β-不饱和化合物发生 Wittig 反应时，不发生 1,4-加成。

$$\text{(2,6,6-三甲基环己-1-烯-1-甲醛, CHO)} + Ph_3P=CH—CH=C(CH_3)—CH=CH—CH=C(CH_3)—CH_2OH \longrightarrow \text{(2,6,6-三甲基环己烯基)}—CH=CH—C(CH_3)=CH—CH=CH—C(CH_3)=CH—CH_2OH$$

(八)Peterson 反应

硅叶立德是硅原子与碳负离子相连，在碳负离子的近旁有一种金属正离子，其形式与磷叶立德有所不同，硅原子本身不带正电荷。

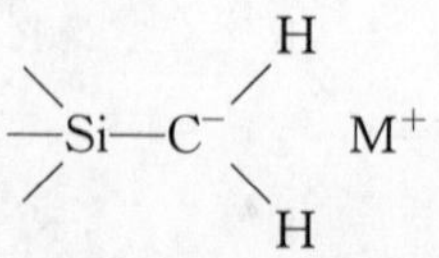

$$-\mathrm{Si}-\mathrm{C^{-}H_2}\quad \mathrm{M^{+}}$$

硅叶立德可以与醛、酮发生加成反应生成烯烃，此反应也称为 Peterson 反应。该反应在形式上与 Wittig 反应类似，特别适合制备甲烯化合物。

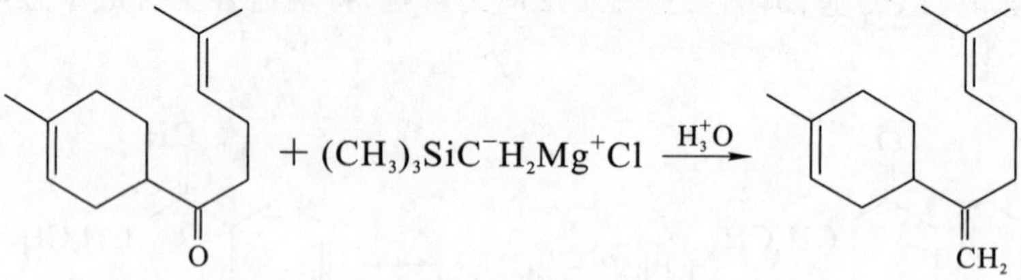

$$\text{(酮)} + (CH_3)_3SiC^{-}H_2Mg^{+}Cl \xrightarrow{H_3^{+}O} \text{(烯烃)}\ (=CH_2)$$

Peterson 反应首先进行是的硅原子稳定的负碳离子与醛、酮的羰基发生亲核加成，生成 β-羟基硅烷，再发生消除反应生成烯烃。

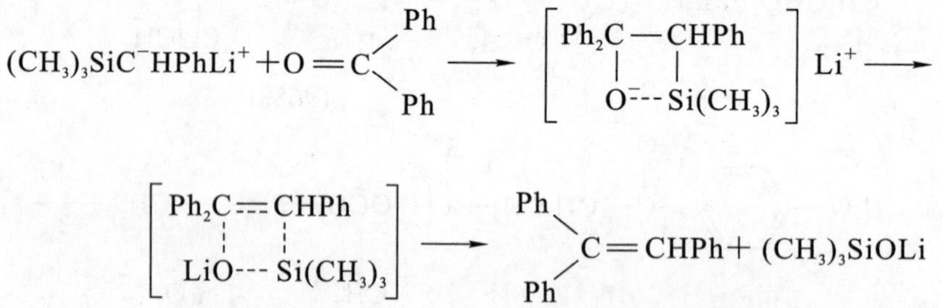

$$(CH_3)_3SiC^{-}HPhLi^{+} + O=CPh_2 \longrightarrow \left[\begin{array}{ll} Ph_2C & -CHPh \\ | & \quad | \\ O^{-} & \cdots Si(CH_3)_3 \end{array}\right] Li^{+} \longrightarrow$$

$$\left[\begin{array}{ll} Ph_2C & \cdots CHPh \\ \vdots & \quad \vdots \\ LiO & \cdots Si(CH_3)_3 \end{array}\right] \longrightarrow Ph_2C=CHPh + (CH_3)_3SiOLi$$

硅叶立德比磷叶立德更活泼，与空间位阻较大的酮也可顺利反应。

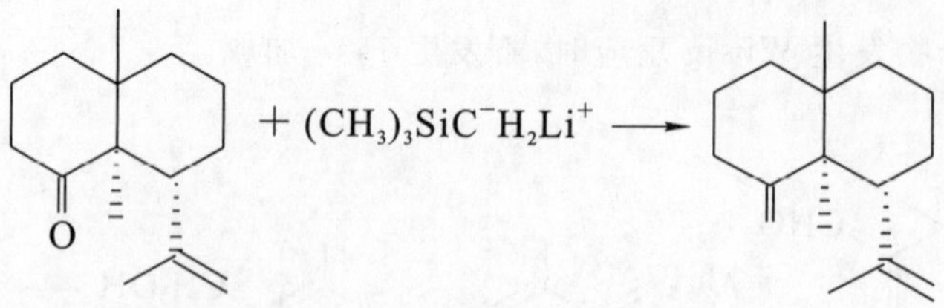

$$\text{(酮)} + (CH_3)_3SiC^{-}H_2Li^{+} \longrightarrow \text{(烯烃)}$$

硅叶立德分子可以含有羰基、酯基、氰基、卤素、硫等对负碳离子起稳定作用的基团，从而合成带有其他官能团的烯烃。

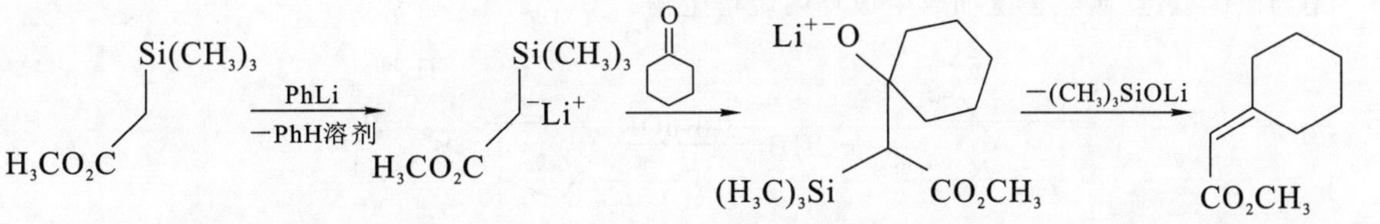

硫叶立德也是使用广泛的有机反应活性中间体，同磷叶立德、硅叶立德类似，它能与羰基化合物发生亲核加成，但生成的是环氧乙烷衍生物，该反应称为 Corey－Chaykovsky 反应。

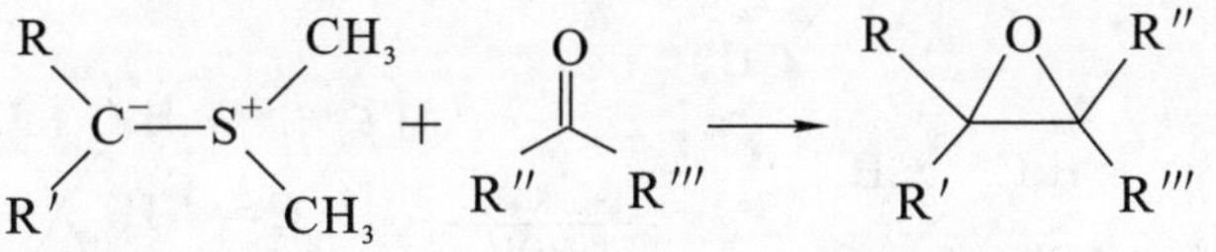

硫叶立德与羰基的亲核加成，首先形成氧负离子中间体，然后氧负离子再发生分子内的亲核取代，脱除硫醚形成环氧乙烷衍生物。

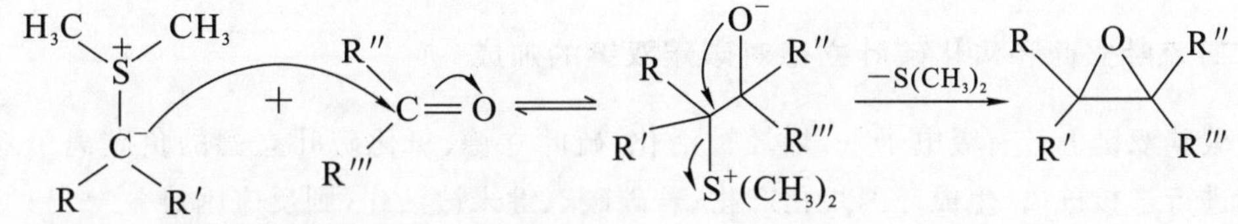

可见，除了传统的烯烃环氧化反应以外，Corey－Chaykovsky 反应提供了一种以羰基化合物为原料合成环氧化合物的有效手段。

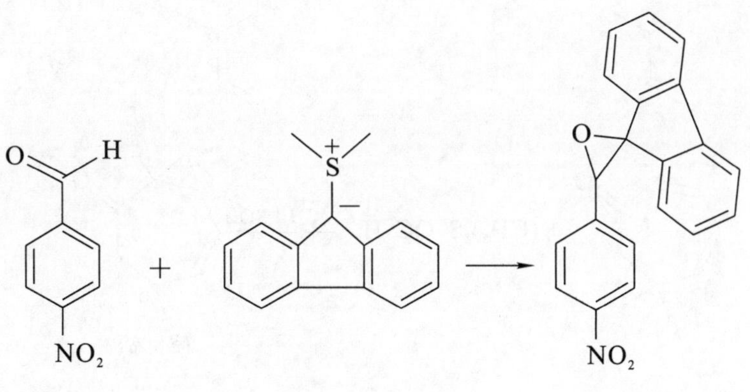

二、碳碳重键的加成反应

(一)卡宾对碳碳重键的加成

卡宾是一个只含有六个电子的两价碳原子，与八电子体系相比缺电子，在反应中有接受电子而形成稳定化合物的倾向，是一种极为活泼的中间体。卡宾在合成上最为重要的反应是与碳碳双键、碳碳三键加成生成环丙烷衍生物。

$$\text{环戊烯} + CHBr_3 \xrightarrow{t\text{-}BuOK} \text{6,6-二溴双环[3.1.0]己烷}$$

例如，拟除虫菊酯的合成：

$$(H_3C)_2C{=}CH{-}CH{=}C(CH_3)_2 + N_2CHCO_2C_2H_5 \xrightarrow{\text{铜盐}} (H_3C)_2C{=}CH{-}\text{环丙烷}(CH_3)_2{-}CO_2C_2H_5 \xrightarrow[\text{②ROH}]{\text{①水解}} (H_3C)_2C{=}CH{-}\text{环丙烷}(CH_3)_2{-}CO_2R$$

(二)硫叶立德和氧化硫叶立德对碳碳双键的加成

当碳碳双键上带有吸电子基，烯烃被活化，硫叶立德、氧化硫叶立德的负碳离子对碳碳双键易进行亲核进攻，生成环丙烷化产物；若碳碳双键未被活化，则反应困难。

$$\text{香芹酮} + (CH_3)_2S^+OC^-H_2 \longrightarrow \text{环丙烷化产物}$$

$$\text{环庚二烯酮} + (CH_3)_2S^+OC^-H_2 \xrightarrow{(CH_3)_2SO} \text{环丙烷化产物}\ (88\%)$$

硫叶立德与 α,β-不饱和酮等反应，是生成环氧乙烷衍生物还是生成环丙烷衍生物，受底物和试剂结构的影响。

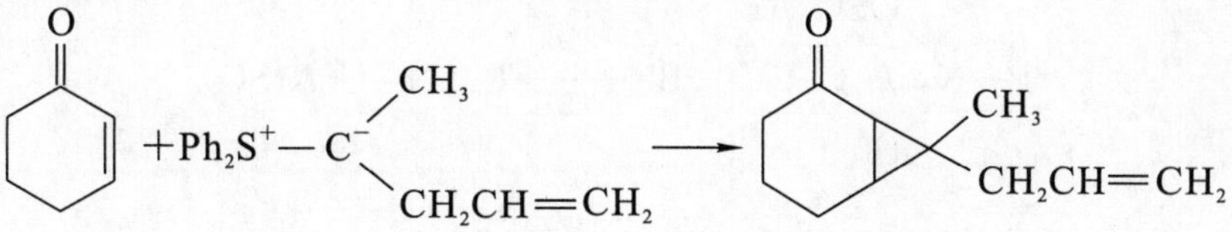

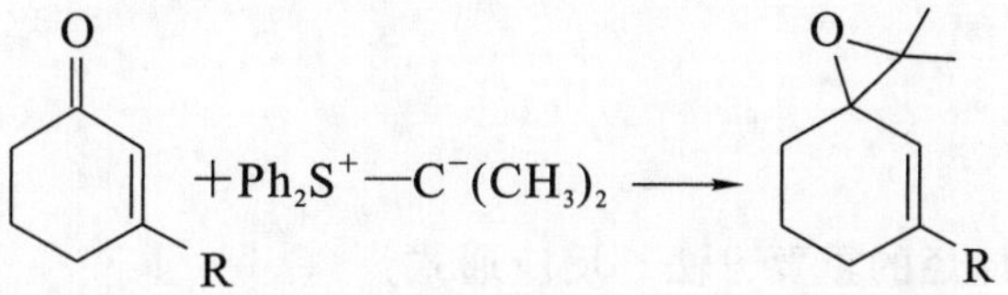

$$\text{(2-环己烯酮)} + Ph_2S^+-C^-(CH_3)(CH_2CH=CH_2) \longrightarrow \text{(7-CH}_3\text{-7-CH}_2CH=CH_2\text{-二环[4.1.0]庚-2-酮)}$$

$$\text{(3-R-2-环己烯酮)} + Ph_2S^+-C^-(CH_3)_2 \longrightarrow \text{(2,2-二甲基螺环氧化物，环上带 R 的烯烃)}$$

第三节　消去反应

某化合物分子中失去两个基团，形成卡宾、不饱和化合物（烯、炔）或环状化合物的反应，称为消去反应。

消去反应是在分子内进行的反应，可以根据两个消去基团的相对位置进行分类：如果被消去的两个基团处于同一个碳原子上，称为1,1-消去反应或α-消去反应；从相邻两个碳原子上消去两个基团，叫作1,2-消去反应或β-消去反应；从相间的两个碳原子上消去两个基团，叫作1,3-消去反应或γ-消去反应；以此类推，还有1,4-消去反应、1,5-消去反应等。其中，以β-消去反应最为常见，反应的结果是使有机物的不饱和程度增加。

一、α-消去反应

常利用α-消去反应生成卡宾，反应通式：

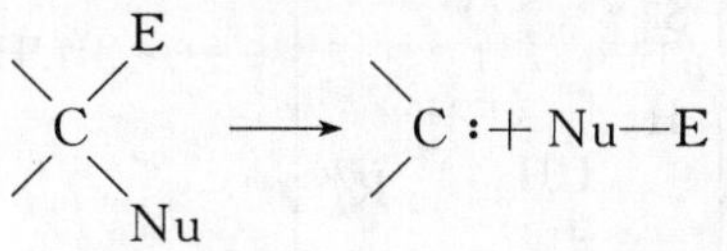

$$>C(E)(Nu) \longrightarrow >C: + Nu-E$$

例如：

$$CH_2N_2 \xrightarrow{h\nu\text{或}\triangle} H_2C: + N_2$$

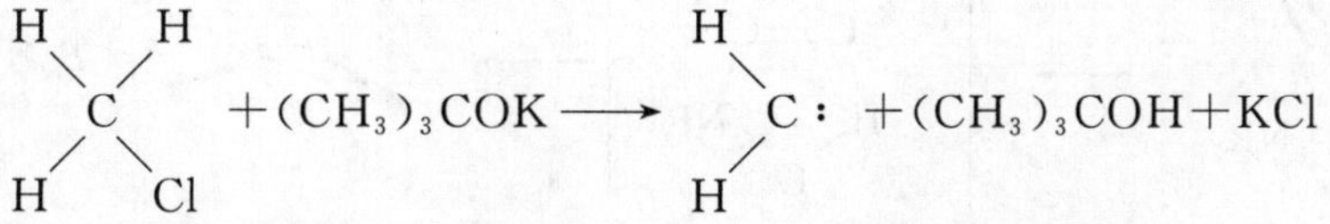

$$H_2CHCl + (CH_3)_3COK \longrightarrow H_2C: + (CH_3)_3COH + KCl$$

$$Ph_2C=CHBr \xrightarrow{-HBr} Ph_2C=C: \xrightarrow{\text{重排}} PhC\equiv CPh$$

α-消去反应也可生成氮烯：

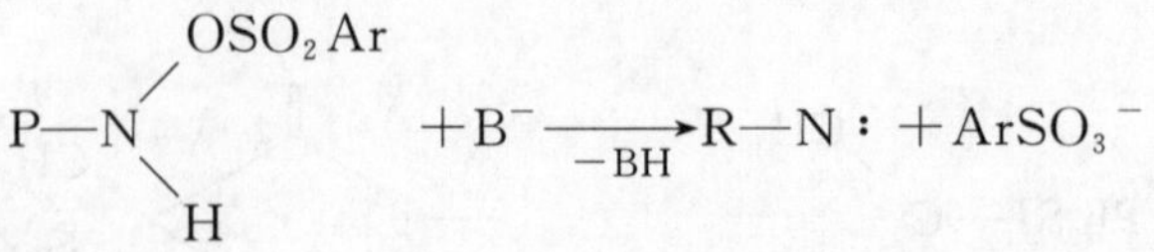

$$P-N(OSO_2Ar)(H) + B^- \xrightarrow{-BH} R-N: + ArSO_3^-$$

$$R-N=N^+=N^- \xrightarrow{h\nu \text{或}\triangle} R-N: + N_2$$

二、β-消去反应

β-消去反应是合成烯烃的重要方法。反应通式：

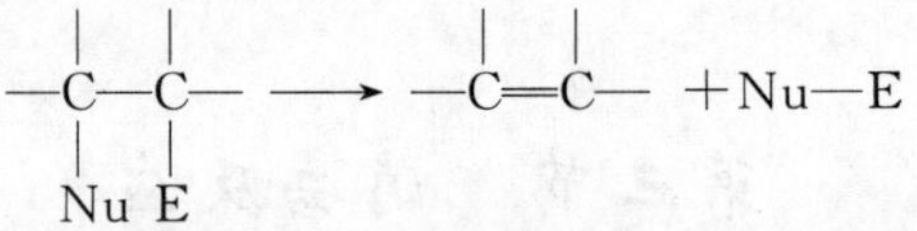

$$-\underset{Nu}{\overset{|}{C}}-\underset{E}{\overset{|}{C}}- \longrightarrow -\overset{|}{C}=\overset{|}{C}- + Nu-E$$

很多种化合物都可进行β-消去反应，比如卤代烃、醇、羧酸酯、黄原酸酯、季铵盐、季铵碱、叔胺氧化物、亚砜、硒氧化物等。下面将对羧酸酯、黄原酸酯、叔胺氧化物的热解进行讨论，其消去反应机理如下。

这类热解消去反应不需要酸或碱的催化，由于反应过程中会形成环状过渡状态，离去基团与β-氢必须处于同一侧，通常是顺式消去。

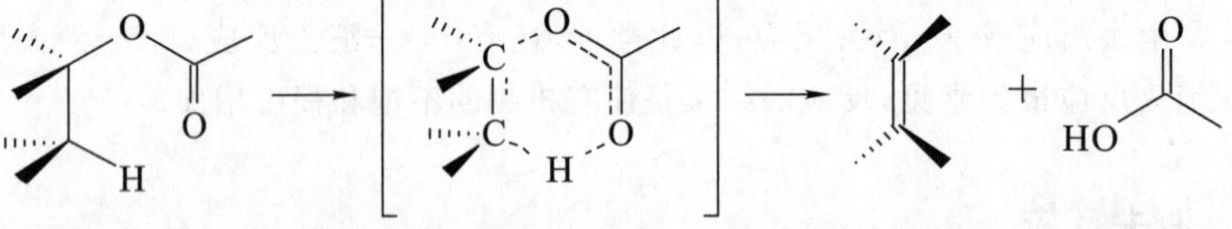

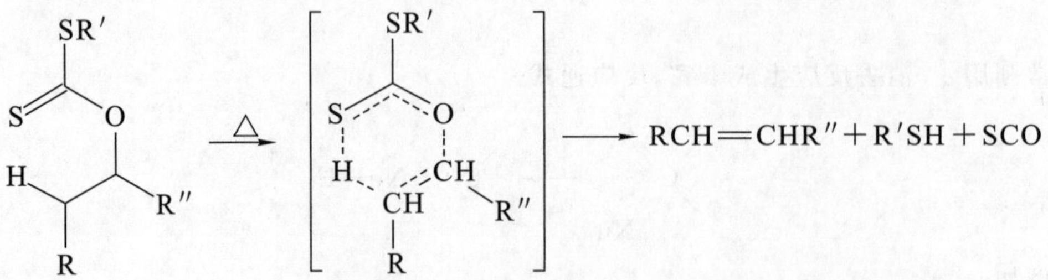

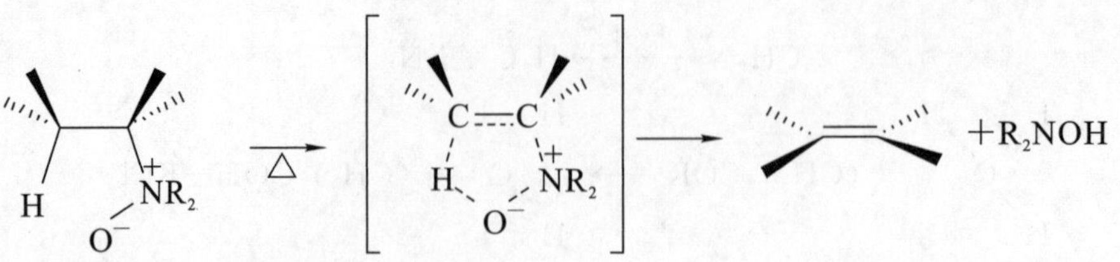

$$\text{RCH(R)}-\text{CH(R'')}-\text{O}-\text{C(=S)SR'} \xrightarrow{\triangle} [\text{环状过渡态}] \longrightarrow RCH=CHR'' + R'SH + SCO$$

$$\text{R}_2\overset{+}{N}(O^-)\text{—叔胺氧化物} \xrightarrow{\triangle} [\text{环状过渡态}] \longrightarrow \text{烯烃} + R_2NOH$$

(一)羧酸酯的消去反应

羧酸酯在300～500℃的温度下热解，生成烯烃。

$$CH_3-\overset{\overset{\large O}{\|}}{C}-OCH_2CH_2CH_2CH_3 \xrightarrow{500℃} CH_3CH_2CH=CH_2+CH_3CO_2H$$

该反应一般不需要再加入其他反应试剂和溶剂，产率较高，且易于提纯，无异构化和重排反应，提供了一种合成末端烯烃的方法。

$$H_3C-\underset{\underset{\large OCOCH_3}{|}}{CH}-\overset{\overset{\large CH_3}{|}}{CH}-CH_3 \xrightarrow{\triangle} \underset{(80\%)}{H_2C=CH-\overset{\overset{\large CH_3}{|}}{CH}-CH_3} + \underset{(20\%)}{H_3C-CH=\overset{\overset{\large CH_3}{|}}{C}-CH_3}$$

(二)黄原酸酯的消去反应

黄原酸酯的热解，也叫 Chugaev 消去反应，优先生成少取代的烯烃。

反应通式：

$$RCH_2\underset{\underset{\underset{\underset{\large S}{\|}}{OCSR'}}{|}}{CH}CH_3 \xrightarrow{\triangle} RCH_2CH=CH_2+COS+R'SH$$

该反应热解温度低，一般为 100～200℃，发生异构化和重排反应的概率小，且不产生酸性大的物质。

$$H_3C-\underset{\underset{\large CH_2OH}{|}}{\overset{\overset{\large CH_3}{|}}{C}}-CH-CH_3 \xrightarrow[CH_3I]{NaOH,CS_2} (CH_3)_3C\underset{\underset{\underset{\underset{\large S}{\|}}{OCSCH_3}}{|}}{CH}CH_3 \xrightarrow{\triangle} (CH_3)_3CCH=CH_2$$

该方法的缺点在于黄原酸酯需要多步合成，热解时又掺杂含硫杂质，给分离带来困难。

(三)氧化叔胺的消去反应

氧化叔胺热解(Cope 消去反应)时，生成烯烃和 N,N-二取代羟胺。该类反应操作简便，热解温度较低(一般为 80～150℃)，副反应少，反应过程中不发生重排，可用来制备多种烯烃。

$$\text{1-甲基环己基}-\overset{+}{N}(CH_3)_2-O^- \xrightarrow{\triangle} \underset{(80\%)}{\text{亚甲基环己烷}(=CH_2)} + (CH_3)_2NOH$$

当氧化叔胺的一个烃基上的两个 β-位均有氢原子存在时，消除得到的烯烃是混合物，产物以少取代烯烃为主，在生成的多取代烯烃中，以反式产物为主。

$$CH_3CH_2-\underset{\underset{\underset{O^-}{|}}{CH_3-\overset{|}{N^+}-CH_3}}{CH}-CH_3 \xrightarrow{\triangle} \underset{(31\%)}{CH_3CH=CHCH_3} + \underset{(67\%)}{CH_3CH_2CH=CH_2}$$

$$\text{1-}N,N\text{-二甲基-2-甲基-4-甲基环己基胺氧化物} \xrightarrow{\triangle} \underset{(64\%)}{\text{3,6-二甲基环己烯}} + \underset{(36\%)}{\text{1,4-二甲基环己烯}}$$

有时也会出现反 Hofmann 规则的情况，优先失去较为活泼的 β-氢，得到更为稳定的负碳离子，生成多取代烯烃。例如：

$$Ph-\underset{CH_3}{\underset{|}{CH}}-\underset{CH_3}{\underset{|}{CH}}-\overset{CH_3}{\overset{|}{\underset{O^-}{\underset{|}{N^+}}}}-CH_3 \xrightarrow{\triangle} \underset{(92\%)}{Ph\underset{CH_3}{\underset{|}{C}}=CHCH_3} + \underset{(8\%)}{PhCH\underset{CH_3}{\underset{|}{}}CH=CH_2}$$

三、γ-消去反应

γ-消去反应可看作是分子内的取代反应，得到环丙烷衍生物。反应通式：

$$-\underset{Nu}{\underset{|}{\overset{|}{C}}}-\overset{|}{\underset{|}{C}}-\underset{E}{\underset{|}{\overset{|}{C}}}- \longrightarrow \triangle + Nu-E$$

例如：

$$BrCH_2CH_2CH(CO_2C_2H_5)_2 \xrightarrow[-H_2O]{OH^-} BrCH_2CH_2\overset{-}{C}(CO_2C_2H_5)_2 \xrightarrow{-Br^-} \text{环丙烷-1,1-}(CO_2C_2H_5)_2$$

$$C_6H_5-CH_2CH_2CH_2-F \xrightarrow{C_2H_5ONa} C_6H_5-\triangle + C_2H_5OH + NaF$$

第四节　缩合反应

缩合反应是两个或两个以上有机分子相互作用后以共价键结合成一个大分子，或同类分子内部反应形成新的分子，并常伴有失去小分子(如水、氯化氢、醇等)的反应。

一、羟醛缩合

羟醛缩合是含 α -氢的醛酮的基本反应，反应机理如下：

$$H_3C-\overset{O}{\overset{\|}{C}}-H \underset{-H_2O}{\overset{OH^-}{\rightleftharpoons}} \left[{}^-CH_2-\overset{O}{\overset{\|}{C}}-H \longrightarrow H_2C=\overset{O^-}{\overset{|}{C}}-H \right]$$

$$H_3C-\overset{O}{\overset{\|}{C}}-H + {}^-CH_2-\overset{O}{\overset{\|}{C}}-H \rightleftharpoons H_3C-\overset{O^-}{\overset{|}{C}H}-CH_2-\overset{O}{\overset{\|}{C}}-H \underset{-OH^-}{\overset{H_2O}{\rightleftharpoons}} H_3C-\overset{OH}{\overset{|}{C}H}-CH_2-\overset{O}{\overset{\|}{C}}-H$$

这类反应可用于制备高级醇：

$$2CH_3CH_2CH_2CHO \xrightarrow{OH^-} CH_3CH_2CH_2\overset{OH}{\overset{|}{C}H}\underset{C_2H_5}{\underset{|}{C}H}CHO \xrightarrow[-H_2O]{\triangle}$$

$$CH_3CH_2CH_2CH=\underset{C_2H_5}{\underset{|}{C}}CHO \xrightarrow{H_2,Ni} CH_3CH_2CH_2CH_2\underset{C_2H_5}{\underset{|}{C}H}CH_2OH$$

羟醛缩合分为三种类型：醛-醛、酮-酮、醛-酮缩合。其中酮-酮缩合反应困难，醛-酮缩合较易进行，醛-醛缩合很容易进行。这里仅讨论醛-酮缩合。

醛与酮都含有活泼 α -氢，两者进行交叉羟醛缩合时会得到四种产物，实际应用意义不大。用不含 α -氢的醛与含 α -氢的酮进行交叉缩合时，醛提供羰基，酮提供 α -氢，并在反应时始终保持不含 α -氢的醛过量，将主要得到一种缩合产物且收率较高。

$$HCHO + CH_3-\overset{O}{\overset{\|}{C}}-CH_3 \xrightarrow{OH^-} HOCH_2-CH_2-\overset{O}{\overset{\|}{C}}-CH_3 \xrightarrow[\triangle]{-H_2O} H_2C=CH-\overset{O}{\overset{\|}{C}}-CH_3$$

不含 α -氢的芳香醛与含 α -氢的酮之间的交叉缩合，又称作 Claisen－Schmit 反应，脱水产物为(E)-型的 α，β -不饱和酮。

$$C_6H_5-CHO + CH_3COCH_3 \xrightarrow[\text{②}-H_2O]{\text{①稀 NaOH}} C_6H_5-CH=CH-\overset{O}{\overset{\|}{C}}-CH_3$$

$$PhCHO + CH_3COC(CH_3)_3 \xrightarrow[\text{②}-H_2O]{\text{①稀 NaOH}} \underset{H}{\overset{Ph}{}}C{=}C\overset{H}{}-C(=O)-C(CH_3)_3$$

在强碱催化、非质子溶剂、低温条件下，缩合反应受动力学控制，形成取代较少的烯醇负离子。

$$CH_3COCH_2CH_3 + HO-\overset{O}{\overset{\|}{C}}-CHO \xrightarrow[\text{②}-H_2O]{\text{①}OH^-} HOOC-CH{=}CH-CO-CH_2CH_3$$

在酸性催化条件下，缩合反应受热力学控制，形成较多取代的热力学稳定的烯醇稳定产物。

$$CH_3COCH_2CH_3 + HO-\overset{O}{\overset{\|}{C}}-CHO \xrightarrow[-H_2O]{82\%H_3PO_4} CH_3CO-C(CH_3){=}CH-COOH$$

羟醛缩合反应是可逆的，如果缩合产物可进一步脱水，形成更为稳定的共轭体系，反应将受热力学控制，得到热力学稳定的产物。

$$(CH_3)_2CHCOCH_3 + Ph-CHO \underset{}{\overset{OH^-}{\rightleftharpoons}} (CH_3)_2CHCOCH_2CH(OH)Ph \xrightarrow{-H_2O} (CH_3)_2CHCOCH{=}CHPh$$

另外，还有些含活泼 α-氢的化合物，例如脂肪族硝基化合物、丙二酸、丙二酸二甲酯、α-硝基乙酸乙酯、腈等，由于强吸电子基团的影响，活泼 α-氢有较大的酸性，在碱作用下易脱去，可与醛、酮发生类似于羟醛缩合的反应。

$$CH_3(CH_2)_7CHO + CH_3NO_2 \xrightarrow[C_2H_5OH]{NaOH} CH_3(CH_2)_7\overset{OH}{\overset{|}{C}}HCH_2NO_2$$

$$\text{HO}-C_6H_3(R)-CHO + CH_2(CO_2H)_2 \xrightarrow{\text{哌啶，吡啶}} \text{HO}-C_6H_3(R)-CH{=}CH-CO_2H$$

$$C_6H_5COCH_3 + NC-CH_2CO_2C_2H_5 \xrightarrow[\text{苯}]{CH_3CO_2Na} C_6H_5C(CH_3)=C(CN)CO_2C_2H_5$$

$$PhCHO+PhCH_2CN \xrightarrow[C_2H_5OH]{NaOH} PhCH=C(CN)Ph$$

二、Claisen 缩合

在碱性催化剂的作用下，含有 α -氢的酯与酯发生缩合或含有活泼甲基、亚甲基的醛或酮与酯缩合，失去一分子醇，得到 β -酮酸酯或 β -二羰基化合物的反应，称为 Claisen 缩合，该反应在有机合成中占有重要地位。

反应通式：

$$R-\overset{O}{\overset{\|}{C}}-OC_2H_5 + -\overset{|}{C}H-R' \xrightarrow{\text{碱}} R-\overset{O}{\overset{\|}{C}}-\underset{|}{\overset{|}{C}}-R' + C_2H_5OH$$

其中，R 为 H、烃基等；R′为 CO_2Et、COR 等。

经典的 Claisen 酯缩合反应如下：

$$2CH_3-\overset{O}{\overset{\|}{C}}-OC_2H_5 \xrightarrow[\text{②}H_3^+O]{\text{①}C_2H_5ONa} CH_3-\overset{O}{\overset{\|}{C}}-CH_2-\overset{O}{\overset{\|}{C}}-OC_2H_5 + C_2H_5OH$$

反应历程：

$$CH_3-\overset{O}{\overset{\|}{C}}-OC_2H_5+C_2H_5O^- \rightleftharpoons {}^-CH_2-\overset{O}{\overset{\|}{C}}-OC_2H_5+C_2H_5OH$$

$$CH_3-\overset{O}{\overset{\|}{C}}-OC_2H_5 + {}^-CH_2-\overset{O}{\overset{\|}{C}}-OC_2H_5 \rightleftharpoons CH_3-\underset{CH_2CO_2C_2H_5}{\underset{|}{\overset{O^-}{\overset{|}{C}}}}-OC_2H_5 \rightleftharpoons$$

$$CH_3-\overset{O}{\overset{\|}{C}}-CH_2-\overset{O}{\overset{\|}{C}}-OC_2H_5+C_2H_5O^-$$

酮-酯缩合的反应历程与之相似，但情况较为复杂。

一般情况下，醛（或酮）的 α -氢比酯中的 α -氢活泼，在碱性催化剂的作用下，醛（或酮）易形成碳负离子进攻酯的羰基，缩合生成 β -二羰基化合物。

$$CH_3-\overset{O}{\overset{\|}{C}}-OC_2H_5 + CH_3-\overset{O}{\overset{\|}{C}}-CH_3 \xrightarrow[\text{②}CH_3CO_2H]{\text{①}C_2H_5ONa} CH_3-\overset{O}{\overset{\|}{C}}-CH_2-\overset{O}{\overset{\|}{C}}-CH_3 + C_2H_5OH$$

(38%～45%)

需要注意的是，在碱性催化剂的作用下，醛、酮和酯可能会发生自身缩合。为了避免醛、酮和酯的这种自身羟醛缩合、酯-酯 Claisen 缩合，可将反应物醛（或酮）与酯的混合溶液在搅拌的条件下滴加到含有碱性催化剂的溶液中。

用不含 α -氢的酯与含 α -氢的醛、酮进行交叉 Claisen 缩合，产物的收率比较高。

$$\text{(3-甲氧基甾酮)} + HCO_2C_2H_5 \xrightarrow[\text{②}H_3^+O]{\text{①}C_2H_5ONa} \text{(16-CHO 产物)}\ (100\%)$$

$$\text{环己酮} + \begin{matrix} CO_2C_2H_5 \\ | \\ CO_2C_2H_5 \end{matrix} \xrightarrow[\text{②}H_3^+O]{\text{①}C_2H_5ONa} \text{2-(}COCO_2C_2H_5\text{)环己酮} \xrightarrow[\triangle]{-CO} \text{2-(}CO_2C_2H_5\text{)环己酮}\ (67\%)$$

$$\text{环庚三烯酮} + CO(OC_2H_5)_2 \xrightarrow[\text{②}H_3^+O]{\text{①}C_2H_5ONa} \text{(}CO_2C_2H_5\text{ 取代产物)}\ (94\%)$$

酯可与其他一些含有活泼亚甲基的化合物进行类似 Claisen 酯缩合的反应，例如：

$$C_6H_5CO_2C_2H_5 + CH_3(CH_2)_4CN \xrightarrow{C_2H_5ONa} C_6H_5COCH(CN)CH_2CH_2CH_2CH_3$$

三、Blanc 缩合

芳烃与甲醛或三聚甲醛、HCl 在 $ZnCl_2$ 的催化作用下，在芳环上引入氯甲基的反应，称 Blanc 氯甲基化反应。在芳环上引入氯甲基后，可成为苄基氯。

$$ArH + HCHO + HCl \xrightarrow{ZnCl_2} ArCH_2Cl + H_2O$$

反应历程：甲醛首先结合一个 H^+ 形成碳正离子中间体，再与芳烃发生亲电取代。可见，芳环上带有供电子基有利于反应的进行。

$$H_2C{=}O \xrightarrow{H^+} \left[H_2C{=}\overset{+}{O}H \longleftrightarrow H_2\overset{+}{C}{-}OH \right] \xrightarrow{ArH} ArCH_2OH \xrightarrow{HCl} ArCH_2Cl$$

缩合产物可经过一系列的反应转化为 $ArCH_2OR$、$ArCHO$、$ArCH_2CN$、$ArCH_2NH_2$、$ArCH_2N^+R_3Cl^-$ 等化合物以及其他碳链增长产物。

$$C_{10}H_8 + HCHO + HCl \xrightarrow{ZnCl_2} C_{10}H_7CH_2Cl \xrightarrow{NaCN} C_{10}H_7CH_2CN \xrightarrow{H_3O^+} C_{10}H_7CH_2CO_2H$$

四、Mannich 缩合

醛与含有活泼氢的化合物及氨、伯胺或仲胺同时进行缩合，活泼氢被氨甲基或取代氨甲基所取代，这一反应称为 Mannich 缩合，又称氨甲基化反应，反应生成的产物称为 Mannich 碱。

反应机理(以酮的 Mannich 缩合为例)：

$$HCHO + R_2NH \rightleftharpoons HO-CH_2-NR_2 \overset{H^+}{\rightleftharpoons} H_2C=\overset{+}{N}R_2$$

$$R'-\overset{O}{\overset{\|}{C}}-CH_2R'' \overset{H^+}{\rightleftharpoons} R'-\overset{OH}{\overset{|}{C}}=CHR'' \xrightarrow{H_2C=\overset{+}{N}R_2}$$

$$R'-\overset{OH^+}{\overset{\|}{C}}-\underset{R''}{\underset{|}{CH}}-CH_2NR_2 \overset{-H^+}{\rightleftharpoons} R'-\overset{O}{\overset{\|}{C}}-\underset{R''}{\underset{|}{CH}}-CH_2NR_2$$

在 Mannich 缩合中，含有活泼氢的化合物为醛、酮、酸、酯、腈、硝基烷烃、端炔烃以及酚羟基邻对位的活泼氢等；常用的胺为氨、脂肪胺(二甲胺、甲胺、乙胺等)，芳香胺的碱性较弱，较难进行 Mannich 缩合；醛多用甲醛、三聚甲醛、乙醛、丁醛、糠醛、苯甲醛等；Mannich 缩合所采用的介质可为水、醇、酸、有机溶剂等。

$$R'-\overset{O}{\overset{\|}{C}}-CH_2R + HCHO + (CH_3)_2NH \xrightarrow{H^+} R'-\overset{O}{\overset{\|}{C}}-\underset{R}{\underset{|}{CH}}-CH_2N(CH_3)_2$$

(Mannich)碱

$$PhC\equiv CH + HCHO + (CH_3)_2NH \xrightarrow{H^+} Ph-C\equiv C-CH_2N(CH_3)_2$$

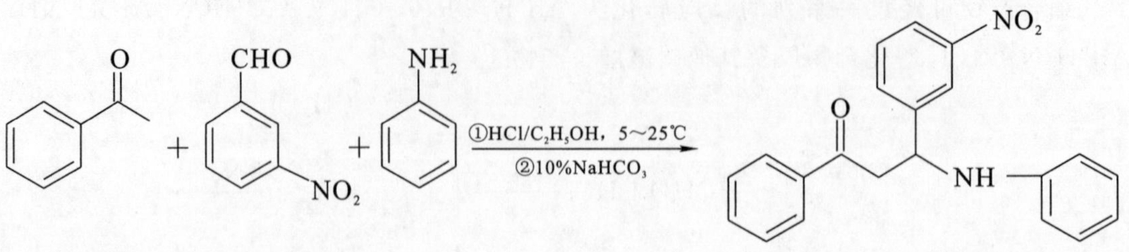

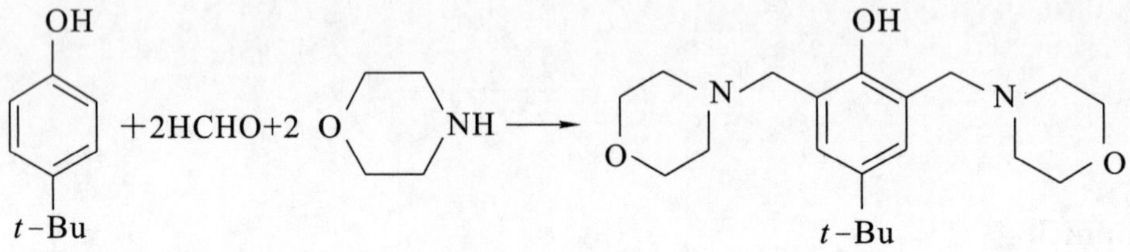

含有两种 α - H 不对称酮的 Mannich 缩合主要发生在取代基较多的 α - C 上。

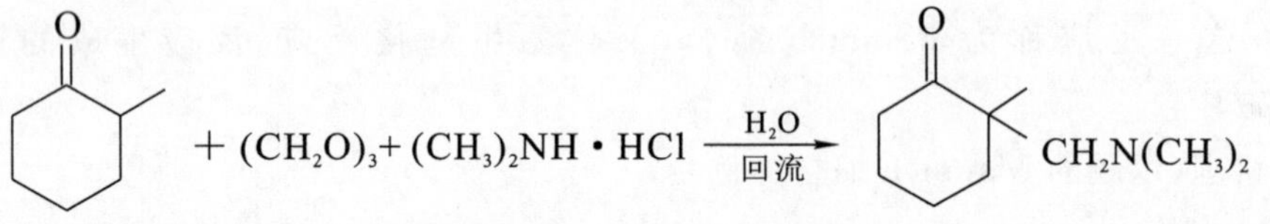

α,β -不饱和酮的 Mannich 缩合主要发生在饱和的 α - C 上。

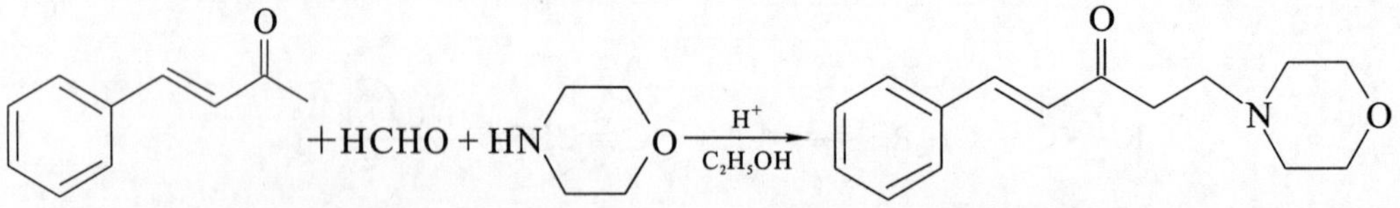

对于含有多个活泼氢的化合物发生 Mannich 缩合时，可通过控制反应物配比和反应条件，引入一个以上的氨甲基。

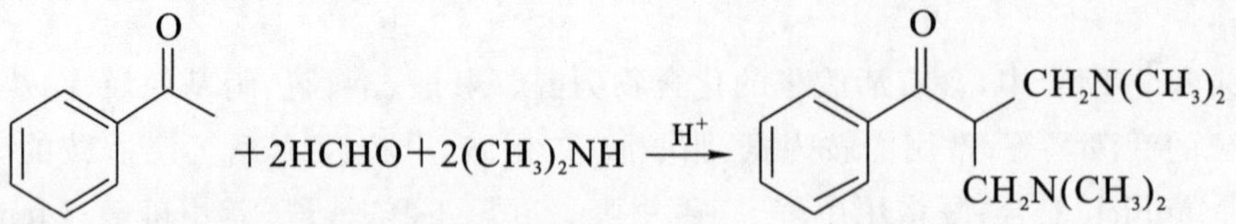

Mannich 缩合在医药和生物碱的合成中应用较广。例如，抗疟药——常咯啉的合成：

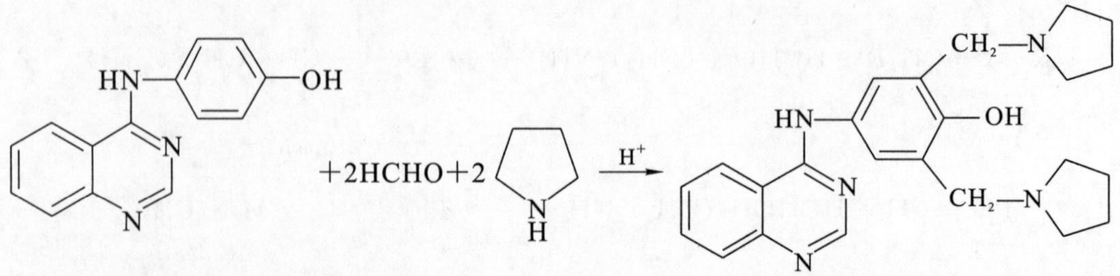

生物碱——托品酮的合成：

$$\text{OHC}(CH_2)_3\text{CHO} + H_2NCH_3 + HO_2CCH_2COCH_2CO_2H \xrightarrow{H^+} \text{(二羧基托品酮)} \xrightarrow{-CO_2} \text{托品酮}$$

Mannich 碱性质较为活泼，受热易分解放出氨或胺，生成不饱和化合物。

$$CH_3COCH_3 + HCHO + (CH_3)_2NH \cdot HCl \longrightarrow CH_3COCH_2CH_2N(CH_3)_2 \xrightarrow{\triangle} CH_3COCH{=}CH_2 + (CH_3)_2NH$$

Mannich 碱在催化氢解的条件下失去含氮基团，含活泼氢的反应物在反应完毕后结构中会多一个甲基。例如，合成维生素 K 的中间体 2-甲基萘醌的合成：

$$\text{1-萘酚} + HCHO + (CH_3)_2NH \xrightarrow{H^+} \text{2-}CH_2N(CH_3)_2\text{-1-萘酚} \xrightarrow[C_2H_5OH]{H_2/Ni}$$

$$\text{2-}CH_3\text{-1-萘酚} \xrightarrow[HOAc]{CrO_3} \text{2-}CH_3\text{-1,4-萘醌}$$

另外，利用 Mannich 缩合及 Mannich 碱的性质还可以制取利用其他方法难以得到的产物。例如上述 β-甲基萘酚的合成。一般的反应，甲基易引入到羟基的对位，而本合成中甲基引入到了羟基的邻位。

五、Darzens 缩合

在强碱催化剂作用下，醛或酮和 α-卤代酸酯反应，缩合生成 α,β-环氧酸酯的反应称为 Darzens 缩合。

反应通式：

$$RC(=O)R'(H) + XCH(R'')CO_2C_2H_5 \xrightarrow{C_2H_5ONa} \text{R, (H)R'}\!-\!\overset{O}{C\!-\!C}\!-\!CO_2C_2H_5,\ R''$$

在碱的催化作用下，α-卤代酸酯失去质子生成碳负离子中间体，与醛、酮的羰基进行亲核加成，得到烷氧负离子，接着进行分子内的亲核取代，氧原子上的负电荷进攻 α-碳，卤原子离去，生成 α,β-环氧酸酯。

$$XCH(R'')CO_2C_2H_5 \xrightarrow{C_2H_5ONa} {}^{-}C(R'')(X)CO_2C_2H_5 + C_2H_5OH$$

$$RC(=O)R'(H) + {}^{-}C(R'')(X)CO_2C_2H_5 \longrightarrow R-C(O^-)(R'(H))-C(R'')(X)-CO_2C_2H_5 \longrightarrow \text{R, (H)R'}\!-\!\overset{O}{C\!-\!C}\!-\!CO_2C_2H_5,\ R''$$

缩合产物的立体构型有顺式和反式两种，一般以酯基与邻位碳原子的体积较大的基团处于反式的产物占优。

$$PhCHO + PhCH(Cl)CO_2C_2H_5 \xrightarrow[t\text{-}C_4H_9OH]{t\text{-}C_4H_9OK} \text{Ph(H)}\overset{O}{C\!-\!C}\text{(Ph)}CO_2C_2H_5 \quad (75\%)$$

α-溴代酸酯易发生烃基化，常用 α-氯代酸酯来进行 Darzens 缩合反应。α-氯代酸酯中 α-氢的活性小于羟醛缩合反应中 α-氢的活性。该缩合反应一般用 Na、$NaNH_2$、C_2H_5ONa、$(CH_3)_3COK$ 等强碱作为催化剂，在强碱催化剂的作用下，较易发生自身羟醛缩合的脂肪醛不宜作为该反应的底物，而采用芳香醛和酮均可获得较高的收率。

$$\text{环己酮} + ClCH_2CO_2C_2H_5 \xrightarrow[10\sim15℃]{(CH_3)_3COK/(CH_3)_3COH} \text{环己烷螺环氧}-CHCO_2C_2H_5 \quad (83\%\sim95\%)$$

Darzens 缩合产物 α,β-环氧酸酯经水解、加热脱羧及重排后，可以制得碳链增长的醛或酮。因此，本缩合方法在制备醛、酮时具有一定的用途。

$$Ph-\overset{O}{\overset{\|}{C}}-CH_3+ClCH_2CO_2C_2H_5 \xrightarrow{碱} Ph-\underset{CH_3}{\underset{|}{C}}\overset{O}{\frown}CHCO_2C_2H_5 \xrightarrow{H_2O,\ NaOH}$$

$$Ph-\underset{CH_3}{\underset{|}{C}}\overset{O}{\frown}CHCO_2Na \xrightarrow{H^+} Ph-\underset{CH_3}{\underset{|}{C}}\overset{O}{\frown}CH(COOH) \xrightarrow[-CO_2]{\triangle}$$

$$Ph-\overset{CH_3}{\overset{|}{C}}=CH-OH \rightleftharpoons Ph-\overset{CH_3}{\overset{|}{CH}}-CHO$$

例如，以 2 -十一酮与一氯乙酸乙酯为原料，合成香料甲基壬基乙醛：

$$CH_3(CH_2)_8-\overset{O}{\overset{\|}{C}}-CH_3+ClCH_2CO_2C_2H_5 \xrightarrow{C_2H_5ONa} CH_3(CH_2)_8-\underset{CH_3}{\underset{|}{C}}\overset{O}{\frown}CHCO_2C_2H_5 \xrightarrow{H_3O^+}$$

$$CH_3(CH_2)_8-\underset{CH_3}{\underset{|}{C}}\overset{O}{\frown}CHCO_2H \xrightarrow[-CO_2]{\triangle} CH_3(CH_2)_8-\underset{CH_3}{\underset{|}{C}}=CH-OH \rightleftharpoons$$

$$CH_3(CH_2)_8-\underset{CH_3}{\underset{|}{CH}}-CHO$$

布洛芬的制备：

$$(CH_3)_2CHCH_2-C_6H_4-COCH_3+ClCH_2CO_2C_2H_5 \xrightarrow{(CH_3)_2CHONa}$$

$$(CH_3)_2CHCH_2-C_6H_4-\underset{CH_3}{\underset{|}{C}}\overset{O}{\frown}CHCO_2C_2H_5 \xrightarrow[②-CO_2]{①H_3O^+}$$

$$(CH_3)_2CHCH_2-C_6H_4-\underset{CH_3}{\underset{|}{C}HCHO} \xrightarrow{NaOCl} (CH_3)_2CHCH_2-C_6H_4-\underset{CH_3}{\underset{|}{C}HCO_2H}$$

除了 α -卤代酸酯以外，其他含活泼 α -氢的化合物，例如，α -卤代醛、α -卤代酮、α -卤代腈、α -卤代酰胺等也可与醛、酮发生 Darzens 缩合反应。

$$PhCHO + PhCOCH_2Cl \xrightarrow{C_2H_5OK/C_2H_5OH} Ph-\overset{\quad O \quad}{CH-CH}-COPh$$

$$PhCOCH_3 + ClCH_2CN \xrightarrow{C_2H_5ONa/C_2H_5OH} Ph-\underset{CH_3}{\overset{\quad O \quad}{C-CH}}-CN$$

六、偶姻缩合

早期，偶姻缩合是指用金属钠作还原剂，酯在苯、甲苯等高沸点非质子溶剂中的还原缩合反应。

反应通式：

$$2CH_3CH_2CH_2-\overset{O}{\overset{\|}{C}}-OC_2H_5 \xrightarrow[\triangle]{Na,甲苯} \xrightarrow{H_2O} CH_3CH_2CH_2-\overset{O}{\overset{\|}{C}}-\overset{OH}{\overset{|}{C}}HCH_2CH_2CH_3$$

现在该反应更多是指脂肪醛的偶姻缩合。例如，采用噻唑盐为催化剂，通过偶姻缩合反应利用乙醛制备乙偶姻：

$$2\,CH_3CHO \xrightarrow{\text{噻唑盐催化剂（R}-N^+\text{，}X^-\text{，5-(2-羟乙基)噻唑）}} CH_3\overset{O}{\overset{\|}{C}}-\underset{OH}{\underset{|}{C}}HCH_3$$

芳醛在 KCN 或 NaCN 催化下，在水-醇溶液中发生双分子缩合，生成二芳基乙醇酮的反应称为苯偶姻缩合，该反应在有机合成中被广泛应用。由于缩合产物是安息香的衍生物，所以该缩合反应又称安息香缩合。

$$2ArCHO \xrightarrow[C_2H_5OH]{NaCN} Ar-\overset{O}{\overset{\|}{C}}-\overset{OH}{\overset{|}{C}}H-Ar$$

它的反应机理见例 5-1。

经典的苯偶姻缩合是在氰负离子（CN^-）催化作用下进行的，催化效果好、产率高。

$$2\,(\text{2-呋喃基})CHO \xrightarrow[C_2H_5OH]{KCN/NaOH} (\text{2-呋喃基})-\overset{O}{\overset{\|}{C}}-\overset{OH}{\overset{|}{C}}H-(\text{2-呋喃基})\quad (80\%)$$

考虑到氰化物的毒性很大，污染环境严重，现多使用噻唑鎓盐和苯并咪唑鎓盐作苯偶姻缩合催化剂。

(噻唑鎓盐)　　(苯并咪唑鎓盐)

七、Perkin 缩合

Perkin 缩合是指含有 α -氢的脂肪酸酐在相应脂肪酸的碱金属盐的催化作用下与芳醛(或不含 α -氢的脂肪醛)发生缩合,生成 β -芳基丙烯酸类化合物的反应。

反应通式：

$$C_6H_5CHO + (RCH_2CO)_2O \xrightarrow[\triangle]{RCH_2CO_2Na} C_6H_5CH{=}C(R)CO_2H + RCH_2CO_2H$$

Perkin 缩合一般会产生(*E*)-型不饱和羧酸,常用来合成肉桂酸及其同系物。

$$C_6H_5CHO + (CH_3CO)_2O \xrightarrow[\triangle]{CH_3CO_2Na} C_6H_5CH{=}CHCO_2H + CH_3CO_2H$$

反应历程：

$$(CH_3CO)_2O + CH_3COO^- \rightleftharpoons \left[{}^-CH_2COOCOCH_3 \longleftrightarrow CH_2{=}C(O^-)OCOCH_3 \right]$$

$$C_6H_5CHO + {}^-CH_2COOCOCH_3 \longrightarrow C_6H_5CH(O^-)CH_2COOCOCH_3 \longrightarrow$$

$$C_6H_5-\underset{OCOCH_3}{CH}-CH_2-CO_2^- \xrightarrow[-CH_3CO_2H]{H_2O} C_6H_5CH=CHCO_2H$$

Perkin 缩合是亲核加成反应，当芳环上含有吸电子基时，羰基碳的正电性增加，反应更易进行，产物收率相对高一些。由于脂肪酸酐是活性较弱的亚甲基化合物，Perkin 缩合需要较高的反应温度(150～200℃)和较长的反应时间，但反应温度不宜过高，否则易引发脱羧和消除反应，生成烯烃。

$$o\text{-}NO_2C_6H_4CHO + C_6H_5CH_2CO_2H \xrightarrow[\triangle Et_2N]{(CH_3CO)_2O} o\text{-}NO_2C_6H_4CH=C(C_6H_5)CO_2H \quad (72\%)$$

Perkin 缩合由于使用的原料(脂肪酸酐)价廉易得，在工业生产上有重要意义。例如，香豆素就是由水杨醛和乙酸酐在乙酸钠的催化作用下通过 Perkin 缩合得到的。

$$o\text{-}HOC_6H_4CHO + (CH_3CO)_2O \xrightarrow{CH_3CO_2Na} o\text{-}HOC_6H_4CH=CHCOOH \xrightarrow{-H_2O} \text{香豆素}$$

合成医治血吸虫病的药剂呋喃丙胺的原料——呋喃丙烯酸是由糠醛与乙酸酐通过 Perkin 缩合制得的。

$$\text{2-呋喃-}CH_3 + (CH_3CO)_2O \xrightarrow[150℃,7h]{CH_3CO_2Na} \text{2-呋喃-}CH=CHCO_2H + CH_3CO_2H$$

八、Knoevenagel - Doebner 缩合

含活泼亚甲基的化合物在弱碱性催化剂(氨、伯胺、仲胺、吡啶等有机碱)存在的条件下，与醛或酮缩合得到 α,β-不饱和化合物的反应叫 Knoevenagel - Doebner 缩合。

反应通式：

$$>C=O + H_2C\begin{matrix}X\\Y\end{matrix} \xrightarrow{\text{弱碱}} >C=C\begin{matrix}X\\Y\end{matrix}$$

其中，X、Y 为$-CHO$、$-COR$、$-COOR$、$-CN$、$-NO_2$、$-SOR$、$-SO_2OR$ 等。

反应历程：

$$\mathrm{XYCH_2} \xrightarrow{\mathrm{B:}} \mathrm{XYCH^-} \xrightarrow{\mathrm{>C=O}} \mathrm{XYCH-C(O^-)<} \xrightarrow{\mathrm{HB}}$$

$$\mathrm{XYCH-C(OH)<} \xrightarrow{\mathrm{B:}} \mathrm{XYC^--C(OH)<} \xrightarrow{-\mathrm{OH^-}} \mathrm{XYC=C<}$$

反应中使用弱碱作催化剂，只能使含活泼亚甲基化合物脱质子变成负碳离子，而不对醛、酮起作用，可避免醛、酮发生羟醛缩合等副反应。

Knoevenagel - Doebner 缩合原理可用于含有各种取代基的醛与活泼亚甲基化合物的缩合。

$$\text{2-溴苯甲醛} + \mathrm{CH_2(CO_2H)_2} \xrightarrow{\text{哌啶},\ \text{吡啶},\ \mathrm{HOAc}} \text{2-BrC}_6\text{H}_4\mathrm{CH=C(CO_2H)_2}$$

$$\text{糠醛} + \mathrm{CH_2(CN)_2} \xrightarrow[0℃]{\mathrm{PhCH_2NH_2}} \text{2-呋喃基}-\mathrm{CH=C(CN)_2}$$

$$\mathrm{Ph(H_3C)C=O} + \mathrm{NCCH_2CO_2C_2H_5} \xrightarrow[\triangle]{\text{苯},\ \mathrm{NH_4OAc}} \mathrm{Ph(H_3C)C=C(CN)CO_2C_2H_5}$$

特别是对带有供电取代基的 β -芳烯丙酸的制备，Perkin 缩合很难进行，而 Knoevenagel - Doebner 缩合，反应条件温和，反应时间短，产物收率高。

$$\text{2-氨基-5,6-二甲氧基苯甲醛}\ (\mathrm{OCH_3},\ \mathrm{CH_3O},\ \mathrm{CHO},\ \mathrm{NH_2}) + \mathrm{CH_3COCH_2CO_2C_2H_5} \xrightarrow[\triangle]{\text{哌啶}} \text{5,6-二甲氧基-2-甲基喹啉-3-甲酸乙酯}\ (\mathrm{OCH_3},\ \mathrm{CH_3O},\ \mathrm{CO_2C_2H_5})\quad (90\%)$$

含 α -氢的硝基烷烃也能发生 Knoevenagel - Doebner 缩合：

$$\text{4-HO-3-}CH_3O\text{-}C_6H_3\text{-}CHO + CH_3NO_2 \xrightarrow[r.t.,3\sim4h]{CH_3NH_2,\ HCl/C_2H_5OH} \text{4-HO-3-}CH_3O\text{-}C_6H_3\text{-}CH{=}CH\text{-}NO_2\ (90\%)$$

九、Stobbe 缩合

醛、酮与丁二酸二乙酯或其烷基取代衍生物在碱性催化剂作用下，生成 α,β-不饱和单酯，称为 Stobbe 缩合。

反应通式：

$$RCOR' + \begin{matrix} CH_2CO_2C_2H_5 \\ | \\ CH_2CO_2C_2H_5 \end{matrix} \xrightarrow{OH^-} R-\underset{R'}{\underset{|}{C}}=\overset{CH_2CO_2H}{\overset{|}{C}}-CO_2H$$

该反应机理类似羟醛缩合。

在强碱催化剂的作用下，醛、酮可能发生自身的羟醛缩合，或者发生 Claisen 酯缩合，但这些反应都是可逆的，最终可得到 Stobbe 缩合产物。

$$n\text{-}C_6H_{13}CHO + \begin{matrix} CH_2CO_2C_2H_5 \\ | \\ CH_2CO_2C_2H_5 \end{matrix} \xrightarrow[②H_3O^+]{①t\text{-}BuOK/t\text{-}BuOH} n\text{-}C_6H_{13}CH=\underset{CH_2CO_2H}{\underset{|}{C}}-CO_2H$$

$$\text{3-}NO_2\text{-}C_6H_4\text{-}CHO + \begin{matrix} CH_2CO_2C_2H_5 \\ | \\ C(CH_3)_2CO_2C_2H_5 \end{matrix} \xrightarrow[C_2H_5ON]{C_2H_5ONa} \text{3-}NO_2\text{-}C_6H_4\text{-}CH=\underset{C(CH_3)_2CO_2H}{\underset{|}{C}}-CO_2H$$

对称酮的 Stobbe 缩合一般仅得到一种产物，而不对称酮的 Stobbe 缩合产物往往是 (Z)-型、(E)-型异构体的混合物。

$$PhCOPh + \begin{matrix} CH_2CO_2C_2H_5 \\ | \\ CH_2CO_2C_2H_5 \end{matrix} \xrightarrow[t\text{-}C_4H_9OH]{t\text{-}C_4H_9OK} Ph-\underset{Ph}{\underset{|}{C}}=\overset{CH_2CO_2H}{\overset{|}{C}}-CO_2H \quad (90\%\sim94\%)$$

Stobbe 缩合在有机合成上的应用，在于所生成的羧酸酯在强酸中加热水解，可发生脱羧反应，得到较原来醛、酮增加三个碳原子的 β,γ-不饱和羧酸。

$$\begin{matrix} R \\ \quad \backslash \\ \quad C{=}CCH_2CO_2H \\ \quad / \quad\quad | \\ R' \quad\quad CO_2C_2H_5 \end{matrix} \xrightarrow[\triangle]{H_3O^+} \begin{matrix} R \\ \quad \backslash \\ \quad C{=}CHCH_2CO_2H \\ \quad / \\ R' \end{matrix}$$

Stobbe 缩合产物还可以进一步反应,用于制备 γ-酮酸等化合物。

$$n\text{-}C_6H_{13}\text{—}CH{=}\underset{\displaystyle CH_2CO_2H}{\underset{|}{C}}CO_2H \xrightarrow[25℃]{Br_2, CCl_4} n\text{-}C_6H_{13}\text{—}\underset{\displaystyle Br}{\underset{|}{CH}}\text{—}\overset{\displaystyle CH_2CO_2H}{\overset{|}{\underset{\displaystyle Br}{\underset{|}{C}}}}CO_2H \xrightarrow[80\sim90℃]{NaOH, H_2O}$$

$$n\text{-}C_6H_{13}\text{—}\overset{\displaystyle O}{\overset{\|}{C}}\text{—}\overset{\displaystyle CH_2CO_2Na}{\overset{|}{C}}HCO_2Na \xrightarrow[-CO_2]{H_3O^+} n\text{-}C_6H_{13}\text{—}\overset{\displaystyle O}{\overset{\|}{C}}\text{—}CH_2CH_2CO_2H$$

$$C_6H_5\text{—}CH{=}\underset{\displaystyle CH_2CO_2C_2H_5}{\underset{|}{C}}CO_2C_2H_5 \longrightarrow C_6H_5\text{—}CH{=}\underset{\displaystyle CH_2CO_2H}{\underset{|}{C}}CO_2H \xrightarrow{-CO_2}$$

$$C_6H_5CH{=}CHCH_2CO_2H \xrightarrow{[H]} C_6H_5CH_2CH_2CH_2CO_2H \xrightarrow{PPA} \alpha\text{-四氢萘酮}$$

第五节 重排反应

通过光、热、反应试剂或反应介质等因素的诱导,有机物分子中的某一基团从一个原子迁移到另一个原子上,使分子的骨架发生改变的反应,称为重排反应。

重排反应基本是不可逆的,它能否进行主要取决于反应产物的稳定性,若产物的结构比反应物稳定,则重排反应容易发生。

重排反应的分类方法比较多:①按照迁移基团迁移的距离,可分为1,2-重排、1,3-重排、1,5-重排等;②按照反应的机理,可分为亲核重排、亲电重排、自由基重排、σ 键迁移重排等;③按照迁移基团迁移的起点和终点元素种类,可分为碳一碳重排、碳一杂重排(碳一氧重排、碳一氮重排)、杂一碳重排(氮一碳重排、氧一碳重排)等。

一、碳一碳重排反应

(一)Pinacol 重排

邻二醇在酸的作用下失去一分子水,发生一个烃基的1,2-迁移,生成醛或酮的反应,称为 Pinacol(频哪醇)重排。Pinacol 重排在有机合成上最重要的应用，是合成用其他方法难以得到的含季碳原子的醛、酮类化合物。

反应通式：

$$R-\underset{R'}{\overset{OH}{C}}-\underset{R''}{\overset{OH}{C}}-R''' \xrightarrow[-H_2O]{H^+} R-\overset{O}{\overset{\|}{C}}-\underset{R''}{\overset{R'}{C}}-R'''$$

其中，R，R′，R″，R‴可为各种烃基和氢原子。

Pinacol 重排的反应历程为

$$R-\underset{R'}{\overset{OH}{C}}-\underset{R''}{\overset{OH}{C}}-R''' \xrightleftharpoons{H^+} R-\underset{R'}{\overset{OH}{C}}-\underset{R''}{\overset{\overset{+}{O}H_2}{C}}-R''' \xrightleftharpoons[-H_2O]{} R-\underset{R'}{\overset{OH}{C}}-\underset{R''}{\overset{+}{C}}-R'''$$

$$R-\underset{+}{\overset{OH}{C}}-\underset{R''}{\overset{R'}{C}}-R''' \longleftrightarrow R-\overset{\overset{+}{O}H}{\overset{\|}{C}}-\underset{R''}{\overset{R'}{C}}-R''' \xrightarrow{-H^+} R-\overset{O}{\overset{\|}{C}}-\underset{R''}{\overset{R'}{C}}-R'''$$

当频哪醇分子中四个烃基相同时，产物只有一种：

$$H_3C-\underset{CH_3}{\overset{OH}{C}}-\underset{CH_3}{\overset{OH}{C}}-CH_3 \xrightarrow[-H_2O]{H^+} H_3C-\overset{O}{\overset{\|}{C}}-\underset{CH_3}{\overset{CH_3}{C}}-CH_3$$

当四个烃基不同时，能形成更为稳定碳正离子的羟基质子化优先进行反应。碳正离子形成后，亲核性强的基团优先发生迁移。基团迁移相对活性次序一般为

$$C_6H_5- > (CH_3)_3C- > (CH_3)_2CH- > CH_3CH_2- > CH_3- > H-$$

例如：

$$C_6H_5-\overset{OH}{CH}-\overset{OH}{CH}-C_6H_5 \xrightarrow[-H_2O]{H^+} (C_6H_5)_2CH-\overset{O}{\overset{\|}{C}}-H$$

$$(C_6H_5)_2\overset{OH}{C}-\underset{CH_3}{\overset{OH}{C}}-CH_3 \xrightarrow[-H_2O]{H^+} (C_6H_5)_2\overset{CH_3}{C}-\overset{O}{\overset{\|}{C}}-CH_3$$

对于芳基，一般芳环上对位或间位有供电子基，且供电子能力越强，芳基可优先发生迁移；但当邻位有取代基且存在较大空间位阻效应时，芳基则不易发生迁移。芳基的迁移难易次序如下：

对甲氧基苯基 > 对甲基苯基 > 间甲氧基苯基 > 苯基 > 对氯苯基 > 邻甲基间甲氧基苯基

例如：

$$\text{(4-CH}_3\text{C}_6\text{H}_4\text{)C(OH)(Ph)–C(OH)(Ph)(C}_6\text{H}_4\text{-4-CH}_3\text{)} \xrightarrow[-H_2O]{H^+} \text{(4-CH}_3\text{C}_6\text{H}_4\text{)}_2\text{C(Ph)–CO–Ph} + \text{(4-CH}_3\text{C}_6\text{H}_4\text{)C(Ph)}_2\text{–CO–C}_6\text{H}_4\text{-4-CH}_3$$

(94%)　　(6%)

在 Pinacol 重排反应过程中，当迁移基团与离去基团处于反位时，重排速率大；当反应物的两个羟基存在顺反异构时，重排产物不同。例如 1,2-二甲基-1,2-环己二醇在硫酸作用下的重排反应：

$$\text{(反式) 1,2-二甲基-1,2-环己二醇} \xrightarrow[-H_2O]{H^+} \text{2,2-二甲基环己酮}$$

$$\text{(顺式) 1,2-二甲基-1,2-环己二醇} \xrightarrow[-H_2O]{H^+} \text{1-乙酰基-1-甲基环戊烷}$$

脂环上有一个羟基的邻二叔醇在酸的作用下重排为脂环酮：

$$\text{1-[C(OH)(Ph)}_2\text{]环戊醇} \xrightarrow[-H_2O]{H^+} \text{2,2-二苯基环己酮}$$

$$\text{1,1'-二羟基联环戊烷} \xrightarrow[-H_2O]{H^+} \text{螺[4.5]癸-6-酮}$$

邻卤代醇、邻羟基硫醚、邻氨基醇、环氧化合物、β-羟基酯等也可进行类似 Pinacol 重排，这类重排又称为 Semipinacol 重排。

$$H_3C-\underset{CH_3}{\overset{OH}{C}}-\underset{CH_3}{\overset{Br}{C}}-CH_3 \xrightarrow{AgNO_3} H_3C-\overset{O}{\overset{\|}{C}}-\underset{CH_3}{\overset{CH_3}{C}}-CH_3$$

$$\xrightarrow{HBF_4}$$

$$\xrightarrow{HNO_2}$$

$$H_3C-\underset{CH_3}{C}(-O-)\underset{CH_3}{C}-CH_3 \xrightarrow{H^+} H_3C-\underset{CH_3}{\overset{OH}{C}}-\underset{CH_3}{\overset{+}{C}}-CH_3 \xrightarrow{-H^+} H_3C-\overset{O}{\overset{\|}{C}}-\underset{CH_3}{\overset{CH_3}{C}}-CH_3$$

（二）Wagner－Meerwein 重排

凡是通过生成碳正离子而进行的取代、消除和加成等反应，常常伴有碳骨架的亲核重排发生，这样的重排反应总称为 Wagner－Meerwein 重排。

例如：

$$H_3C-\underset{CH_3}{\overset{CH_3}{C}}-CH=CH_2 \xrightarrow{HCl} H_3C-\underset{CH_3}{\overset{CH_3}{C}}-\overset{+}{C}H-CH_3 \longrightarrow$$

$$H_3C-\underset{CH_3}{\overset{+}{C}}-\underset{CH_3}{CH}-CH_3 \xrightarrow{Cl^-} H_3C-\underset{CH_3}{\overset{Cl}{C}}-\underset{CH_3}{CH}-CH_3$$

Wagner－Meerwein 重排反应的推动力是不稳定的碳正离子重排为更为稳定的碳正离子。重排时其碳骨架的改变正好与 Pinacol 重排相反。

当醇羟基的 β-碳是仲碳原子或叔碳原子时，在酸催化脱水时，常常会发生重排反应。

$$\text{(2-四氢呋喃甲醇)}\ \xrightarrow[-H_2O]{H^+}\ \text{(2-四氢呋喃甲基碳正离子，}\overset{+}{C}H_2\text{)} \longrightarrow \text{(四氢吡喃碳正离子)} \xrightarrow{-H^+} \text{(二氢吡喃)}$$

胺的取代反应也存在重排。

$$H_3C-\underset{CH_3}{\overset{CH_3}{C}}-CH_2NH_2 \xrightarrow[-N_2]{HNO_2} H_3C-\underset{CH_3}{\overset{CH_3}{C}}-\overset{+}{C}H_2 \longrightarrow H_3C-\underset{CH_3}{\overset{+}{C}}-CH_2CH_3 \xrightarrow[-H^+]{H_2O} H_3C-\underset{CH_3}{\overset{OH}{C}}-CH_2CH_3$$

(三)Wolff 重排

α -重氮酮在氧化银或银盐、铜、热、光的作用下，消除 N_2 重排为烯酮的反应称为 Wolff 重排。

反应通式：

$$R-\overset{O}{\overset{\|}{C}}-\underset{R'}{C}=N_2 \xrightarrow[-N_2]{Ag_2O} R-\underset{R'}{C}=C=O$$

反应历程为：α -重氮酮在氧化银的作用下放出氮气并生成卡宾中间体，酮羰基碳原子上的烃基与邻近碳原子发生 1,2 -亲核迁移重排。

$$R-\overset{O}{\overset{\|}{C}}-\underset{}{\overset{R'}{C}}=N_2 \xrightarrow[-N_2]{Ag_2O} \left[R-\overset{O}{\overset{\|}{C}}-\overset{R'}{\ddot{C}}:\right] \longrightarrow R-\underset{R'}{C}=C=O$$

Wolff 重排产物烯酮是反应活性很高的化合物，可以发生多种反应，生成羧酸、酯、酰胺及取代酰胺等。

$$R-CH=C=O \begin{cases} \xrightarrow{H_2O} RCH_2CO_2H \\ \xrightarrow{R'OH} RCH_2CO_2R' \\ \xrightarrow{NH_3} RCH_2CONH_2 \\ \xrightarrow{R'NH_2} RCH_2CONHR' \end{cases}$$

Wolff 重排在有机合成上的应用，是将羧酸转化成增加一个或几个碳原子数的羧酸及其衍生物。

$$Ph-\underset{CH_2CH_3}{\overset{CH_3}{C}}-CO_2H \xrightarrow{SOCl_2} Ph-\underset{CH_2CH_3}{\overset{CH_3}{C}}-COCl \xrightarrow{CH_2N_2} Ph-\underset{CH_2CH_3}{\overset{CH_3}{C}}-COCHN_2 \xrightarrow[-N_2]{Ag_2O}$$

$$\text{Ph}-\underset{\underset{\text{CH}_2\text{CH}_3}{|}}{\overset{\overset{\text{CH}_3}{|}}{\text{C}}}-\text{CH}=\text{C}=\text{O} \xrightarrow{H_2O} \text{Ph}-\underset{\underset{\text{CH}_2\text{CH}_3}{|}}{\overset{\overset{\text{CH}_3}{|}}{\text{C}}}-\text{CH}_2\text{CO}_2\text{H}$$

$$p\text{-}O_2N\text{-}C_6H_4\text{-COCl} \xrightarrow{CH_3CHN_2} p\text{-}O_2N\text{-}C_6H_4\text{-}\overset{O}{\overset{\|}{C}}\text{-}\overset{CH_3}{\overset{|}{C}}=N_2 \xrightarrow[-N_2]{Ag_2O} p\text{-}O_2N\text{-}C_6H_4\text{-}C(CH_3)=C=O \xrightarrow{PhNH_2} p\text{-}O_2N\text{-}C_6H_4\text{-}CH(CH_3)\text{-CONHPh}$$

二、碳一杂重排反应

(一)Hofmann 重排

脂肪族、芳香族以及杂环族酰胺(氮原子上无取代基)在碱性条件下用溴(或氯)处理,失去羰基转变为减少一个碳原子的伯胺的反应,称为 Hofmann 重排,也称为 Hofmann 降解反应。Hofmann 重排的产物是异氰酸酯,进而水解可得到伯胺。

反应通式:

$$\text{R}-\overset{O}{\overset{\|}{C}}-\text{NH}_2 \xrightarrow[NaOH]{Br_2} \text{R}-\text{N}=\text{C}=\text{O} \xrightarrow{H_2O} \text{R}-\text{NH}_2$$

反应机理(以与 Br_2 反应为例):首先氮原子上发生溴代反应生成N-溴代酰胺,然后N-溴代酰胺失去质子,重排为异氰酸酯。在碱性条件下,异氰酸酯很易水解脱除 CO_2 得到伯胺。

$$\text{R}-\overset{O}{\overset{\|}{C}}-\text{NH}_2 \xrightarrow{Br_2} \text{R}-\overset{O}{\overset{\|}{C}}-\text{NHBr} \xrightarrow[-H_2O]{OH^-} \text{R}-\overset{O}{\overset{\|}{C}}-\text{N}^{-}-\text{Br} \xrightarrow{-Br^-} \left[\text{R}-\overset{O}{\overset{\|}{C}}-\ddot{\text{N}}:\right] \longrightarrow$$

$$\text{R}-\text{N}=\text{C}=\text{O} \xrightarrow{H_2O} \left[\text{R}-\text{N}=\overset{OH}{\overset{|}{C}}-\text{OH}\right] \rightleftharpoons \text{R}-\text{NH}-\overset{O}{\overset{\|}{C}}-\text{OH} \xrightarrow{-CO_2} \text{R}-\text{NH}_2$$

在 Hofmann 重排中,迁移基团带着它的一对成键电子迁移到缺电子的氮原子上。所以,对于取代苯甲酰胺化合物,当对位或间位有供电子基时反应较易进行;反之,有吸电子基时反应进行较为缓慢。

$$3,4\text{-}(OCH_3)_2C_6H_3CONH_2 \xrightarrow[H_2O]{NaOBr} 3,4\text{-}(OCH_3)_2C_6H_3NH_2$$

$$\text{邻苯二甲酰亚胺} \xrightarrow[\text{②}H^+]{\text{①}NaOCl/NaOH} o\text{-}H_2NC_6H_4CO_2H$$

Hofmann 重排反应可用来合成其他方法不易得到的化合物。如间溴苯胺的合成：

$$C_6H_5CO_2H \xrightarrow{Br_2/Fe^{3+}} m\text{-}BrC_6H_4CO_2H \xrightarrow[NH_3]{SOCl_2} m\text{-}BrC_6H_4CONH_2 \xrightarrow[H_2O]{NaOBr} m\text{-}BrC_6H_4NH_2$$

当酰胺基的 α-碳原子上有羟基、氨基、卤素、烯键时，进行 Hofmann 重排时生成不稳定的胺或烯胺，进一步水解则得到醛或酮：

$$C_2H_5-\underset{C_2H_5}{\overset{Br}{C}}-CONH_2 \xrightarrow{NaOBr} C_2H_5-\underset{C_2H_5}{\overset{Br}{C}}-NH_2 \xrightarrow{H_2O} C_2H_5-\overset{O}{\overset{\|}{C}}-C_2H_5$$

$$RCH=CH-CONH_2 \xrightarrow{NaOBr} RCH=CH-NH_2 \xrightarrow{H_2O} RCH_2CHO$$

当酰胺分子的适当位置上有羟基、氨基存在时，反应后可以成环：

$$\text{2-}F_3C\text{-4-}NH_2\text{-嘧啶-5-}CONH_2 \xrightarrow{NaOBr} \text{2-}F_3C\text{-4-}\ddot{N}H_2\text{-嘧啶-5-}N=C=O \longrightarrow \text{2-}F_3C\text{-8-}OH\text{-}9H\text{-嘌呤}$$

当酰胺基的 α-碳原子上有手性，经 Hofmann 重排后迁移基团手性中心的构型保持不变。

$$C_6H_5CH(CH_3)CONH_2 \xrightarrow{NaOBr/H_2O} C_6H_5CH(CH_3)NH_2$$

(*S*)-苯基丙酰胺　　(*S*)-苯基乙胺

(二)Curtius 重排

Curtius 重排是酰基叠氮化合物在惰性溶剂中,在加热或紫外线的照射下分解放出氮气,发生重排生成异氰酸酯的反应。与 Hofmann 重排类似,酰基叠氮化合物中酰基的 α -碳原子上有羟基、氨基、卤素、烯键进行 Curtius 重排时可得到醛或酮。

反应通式:

$$R-\overset{O}{\overset{\|}{C}}-N_3 \xrightarrow[-N_2]{\triangle} R-N=C=O$$

$$\text{(C}_5\text{H}_9\text{)}_2\text{C(Br)}-\overset{O}{\overset{\|}{C}}-N_3 \xrightarrow[-N_2]{\triangle} \text{(C}_5\text{H}_9\text{)}_2\text{C(Br)}-NCO \xrightarrow{H_2O} \text{C}_5\text{H}_9-\overset{O}{\overset{\|}{C}}-\text{C}_5\text{H}_9$$

反应机理:

$$R-\overset{O}{\overset{\|}{C}}-N=\overset{+}{N}=\overset{-}{N} \xrightarrow[-N_2]{\triangle} \left[R-\overset{O}{\overset{\|}{C}}-\ddot{N}:\right] \longrightarrow R-N=C=O$$

这里所涉及的反应属于分子内的重排,若 α -碳有手性,经 Curtius 重排后迁移基团的构型仍保持不变。

$$\text{(H}_3\text{C)(C}_2\text{H}_5\text{)(Ph)C}-CO_2H \xrightarrow[\text{吡啶}]{SOCl_2} \text{(H}_3\text{C)(C}_2\text{H}_5\text{)(Ph)C}-COCl \xrightarrow[\text{PTC, 甲苯}]{NaN_3}$$

$$\text{(H}_3\text{C)(C}_2\text{H}_5\text{)(Ph)C}-\overset{O}{\overset{\|}{C}}-N_3 \xrightarrow{\triangle, -N_2} \text{(H}_3\text{C)(C}_2\text{H}_5\text{)(Ph)C}-NCO \xrightarrow{H_2O} \text{(H}_3\text{C)(C}_2\text{H}_5\text{)(Ph)C}-NH_2$$

以羧酸、酰卤、酯、酸酐、酰肼等为原料制备酰基叠氮化合物,经 Curtius 重排为异氰酸酯,再与水、醇、胺等亲核试剂反应,可制备伯胺、氨基甲酸酯、脲等化合物。

$$Cl-C_6H_4-CO_2H \xrightarrow[60\sim70℃]{SOCl_2} Cl-C_6H_4-COCl \xrightarrow[\text{PTC, 甲苯}]{NaN_3}$$

$$Cl-C_6H_4-\overset{O}{\overset{\|}{C}}-N_3 \xrightarrow[-N_2]{\triangle} Cl-C_6H_4-NCO \xrightarrow{RNH_2} Cl-C_6H_4-NHCONHR$$

$$(CH_3)_2CHCH_2-\overset{O}{\overset{\|}{C}}-Cl \xrightarrow{NaN_3} (CH_3)_2CHCH_2-\overset{O}{\overset{\|}{C}}-N_3 \xrightarrow[\triangle]{CHCl_3}$$

$$(CH_3)_2CHCH_2-N=C=O \xrightarrow{H_2O} (CH_3)_2CHCH_2-NH_2$$

$$CH_3O-C_6H_4-\overset{O}{\overset{\|}{C}}-NHNH_2 \xrightarrow{HNO_2} CH_3O-C_6H_4-\overset{O}{\overset{\|}{C}}-N_3 \xrightarrow[\text{苯},-N_2]{\triangle}$$

$$CH_3O-C_6H_4-NCO \xrightarrow{ROH} CH_3O-C_6H_4-NHCO_2R$$

Curtius 重排反应条件温和，易于进行，在有机合成中主要用于药物中间体及天然产物的合成。

(三)Beckmann 重排

肟在酸性催化剂作用下发生分子内重排反应，生成相应的酰胺，称为 Beckmann 重排。

反应通式：

$$\underset{R\quad R'}{\overset{HO-N}{\overset{\|}{C}}} \xrightarrow{H^+} R-\overset{O}{\overset{\|}{C}}-NH-R'$$

反应机理：在酸性催化剂的作用下，肟首先发生质子化，然后脱去一分子水，发生重排，迁移基团迁移到缺电子的氮原子上，形成碳正离子中间体，再与水反应得到酰胺。

$$\underset{R\quad R'}{\overset{HO-N}{\overset{\|}{C}}} + H^+ \rightleftharpoons \underset{R\quad R'}{\overset{H_2\overset{+}{O}-N}{\overset{\|}{C}}} \longrightarrow [R'-N=\overset{+}{C}-R \longleftrightarrow R'-\overset{+}{N}\equiv C-R] \xrightarrow{H_2O}$$

$$R'-N=\overset{\overset{+}{O}H_2}{\overset{|}{C}}-R \xrightleftharpoons{-H^+} R'-N=\overset{OH}{\overset{|}{C}}-R \rightleftharpoons R'-NH-\overset{O}{\overset{\|}{C}}-R$$

在 Beckmann 重排反应过程中，迁移基团只能从羟基背面进攻缺电子的氮原子，因此基团是反位迁移。

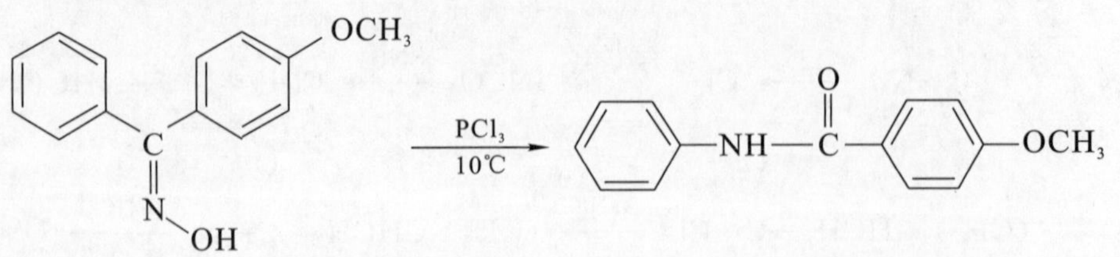

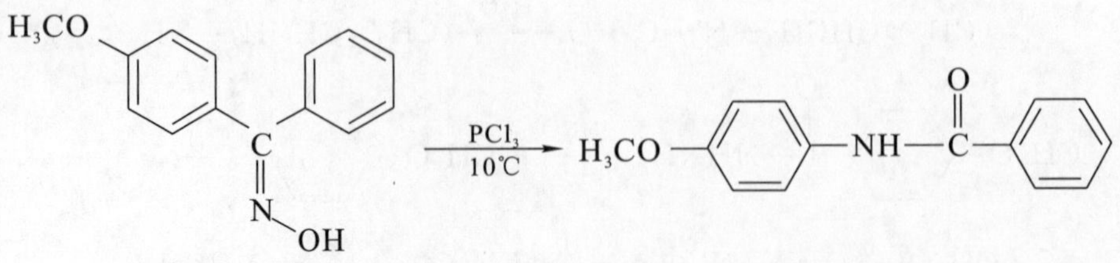

若起始反应物为脂环酮肟，则经过 Beckmann 重排发生扩环反应，生成内酰胺，这也是工业上利用环己酮肟生产己内酰胺的方法。

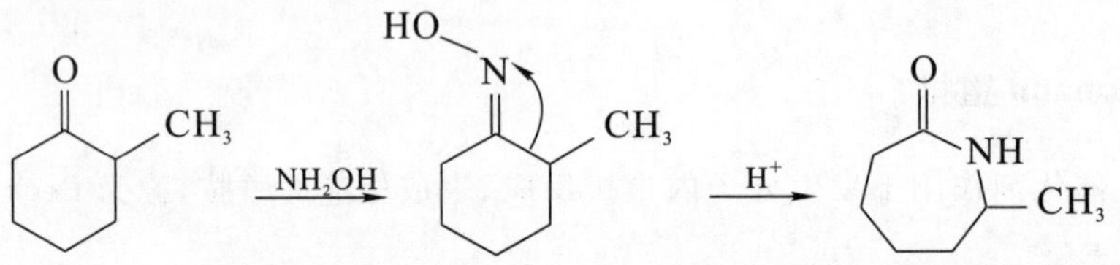

进行 Beckmann 重排时，迁移基团如果是手性碳原子，在迁移前后其构型保持不变。

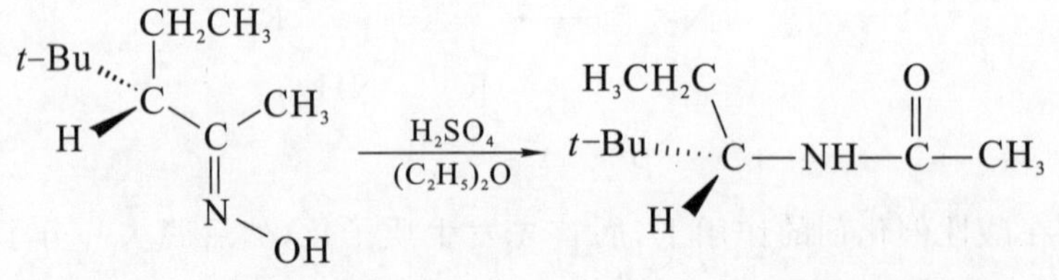

利用 Beckmann 重排来合成酰胺，酰胺水解又可得到羧酸和伯胺。另外，利用羧酸、伯胺的结构还可以推测醛、酮的结构。

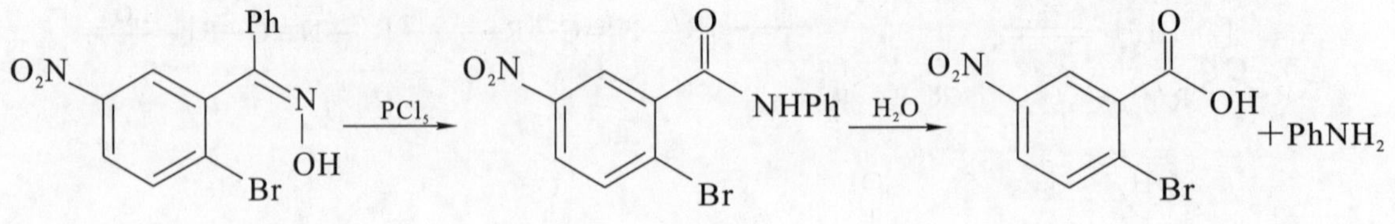

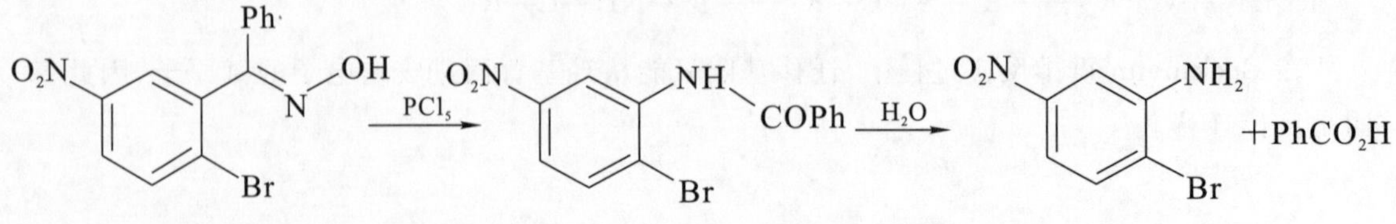

(四)Baeyer－Villiger 重排

链状酮或环酮用过氧酸氧化,在烃基与羰基之间插入氧原子生成酯或内酯,在这个氧化反应中包含一个基团从碳原子向氧原子的迁移,这类反应称为 Baeyer－Villiger 重排。

$$\xrightarrow[H_2SO_4]{Na_2S_2O_8}$$

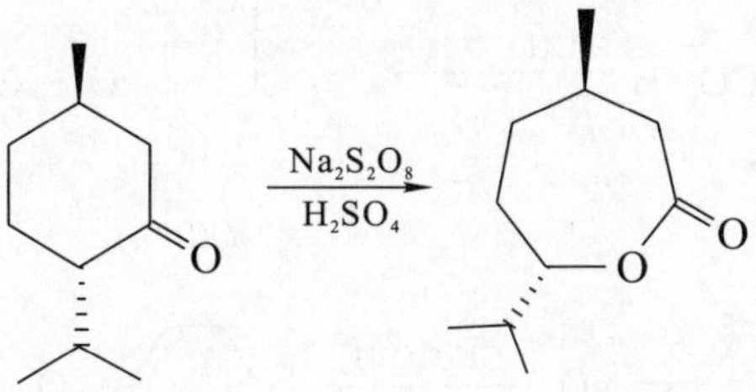

如果迁移基团的中心碳原子是手性原子,经重排后迁移基团的构型保持不变,说明该反应属于分子内重排反应。

反应历程:过氧酸先与酮的羰基进行亲核加成,然后酮羰基上的一个烃基带着一对电子迁移到过氧基团(－O－O－)中与羰基直接相连的氧原子上,同时发生过氧键的异裂。如下所示:

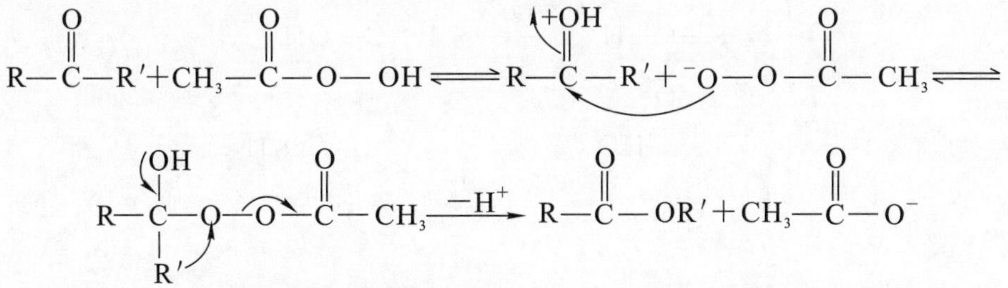

$$R-\overset{O}{\overset{\|}{C}}-R' + CH_3-\overset{O}{\overset{\|}{C}}-O-OH \rightleftharpoons R-\overset{^+OH}{\overset{\|}{C}}-R' + {}^-O-O-\overset{O}{\overset{\|}{C}}-CH_3 \rightleftharpoons$$

$$R-\underset{R'}{\underset{|}{\overset{OH}{\overset{|}{C}}}}-O-O-\overset{O}{\overset{\|}{C}}-CH_3 \xrightarrow{-H^+} R-\overset{O}{\overset{\|}{C}}-OR' + CH_3-\overset{O}{\overset{\|}{C}}-O^-$$

在有机合成中,该反应对官能团的转化和环的扩张有重要意义。

$$R-\overset{O}{\overset{\|}{C}}-R' + CH_3-\overset{O}{\overset{\|}{C}}-O-OH \xrightarrow{H^+} R-\overset{O}{\overset{\|}{C}}-OR'$$

不对称酮发生 Baeyer－Villiger 重排时,两个烃基均可迁移,基团的迁移能力主要取决于电子效应、立体效应和稳定中间体的构象。烃基迁移能力大小的顺序为

叔烷基＞环己基＞仲烷基＞苄基＞苯基＞正烷基＞环戊基＞甲基

对于取代苯基,芳环上有供电子基时,亲核能力强,优先迁移:

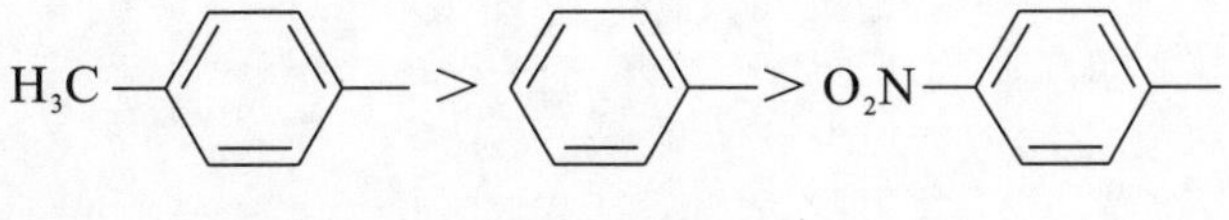

$$H_3C-C_6H_4- \; > \; C_6H_5- \; > \; O_2N-C_6H_4-$$

两个烃基的迁移能力相差越大,得到的产物越单一。

$$\text{环丙基}-\overset{O}{\overset{\|}{C}}-CH_3 \xrightarrow{CF_3CO_3H} \text{环丙基}-O-\overset{O}{\overset{\|}{C}}-CH_3 \quad (53\%)$$

$$\text{(5,6-二氯降冰片基)}-COCH_3 \xrightarrow{CH_3CO_3H} \text{(5,6-二氯降冰片基)}-O-COCH_3 \quad (80\%)$$

$$C_6H_5-\overset{O}{\overset{\|}{C}}-C_6H_4-NO_2 \xrightarrow[HAc]{CH_3CO_3H} C_6H_5-O-\overset{O}{\overset{\|}{C}}-C_6H_4-NO_2 \quad (95\%)$$

醛也可以发生 Baeyer－Villiger 重排。醛在过氧酸的作用下，负氢离子发生迁移重排生成羧酸。对于取代苯甲醛，当苯环上无取代基或有吸电子基时，产物为苯甲酸；当醛基邻位、对位有供电子基时，产物为甲酸苯酯，再经水解得到苯酚。

$$R-\underset{O}{\underset{\|}{C}}-H \xrightarrow{CF_3CO_3H} R-\overset{O}{\overset{\|}{C}}-OH$$

$$C_6H_5CHO \xrightarrow{CH_3CO_3H} C_6H_5CO_2H$$

$$CH_3O-C_6H_4-CHO \xrightarrow[45℃]{H_2O_2,AcOH} CH_3O-C_6H_4-O-\overset{O}{\overset{\|}{C}}-H \xrightarrow{H_2O} CH_3O-C_6H_4-OH$$

当分子中有碳－碳双键、羟基、酯基存在时，氧化只发生在醛酮羰基上，其他基团不受影响。

$$\text{PhCH=CH-CO-CH}_3 \xrightarrow{CH_3CO_2H,\ H_2O_2} \text{PhCH=CH-O-CO-CH}_3$$

$$\text{2-(carboxymethyl)cyclohexanone} \xrightarrow{CH_3CO_2H,\ H_2O_2} \text{3-(carboxymethyl)oxepan-2-one}$$

$$\text{OBz-benzocyclobutenone-}CH_2CH_2OH \xrightarrow[CH_3OH-H_2O,\ 40℃]{[\text{C}_6\text{H}_4(CO_3H)(CO_2^-)]\ Mg\cdot 6H_2O} \text{OBz-lactone-}CH_2CH_2OH$$

三、杂一碳重排反应

(一)Stevens 重排

α-位含有吸电子基的季铵盐在强碱作用下,脱去α-氢生成氮叶立德,然后季氮原子上的一个烃基迁移到与之相连的碳原子上,生成叔胺的反应称为 Stevens 重排。

反应通式:

$$Y-CH_2-\overset{+}{N}R_3 \xrightarrow{NaNH_2} Y-\underset{}{CH}(R)-NR_2$$

其中,Y 为 RCO-、ROOC-、Ph-、CH_2=CH-、CH≡C-等,常见的迁移基团为烯丙基、二苯甲基、3-苯基丙炔基、苯甲酰甲基、烷基等。

反应机理:在 Y 吸电子基作用下,活泼α-氢被碱夺取形成氮叶立德,然后一个基团发生1,2-迁移,从氮原子迁移至碳负离子上,重排为叔胺。

$$Y-CH_2-\overset{+}{N}R_3\,X^- \xrightarrow{NaNH_2} Y-\overset{-}{C}H-\overset{+}{N}R_3 \longrightarrow Y-CH(R)-NR_2$$

各基团迁移顺序为:炔丙基>烯丙基>苄基>烷基。若迁移基团带有吸电子基,则亲电性增强,迁移活性大。

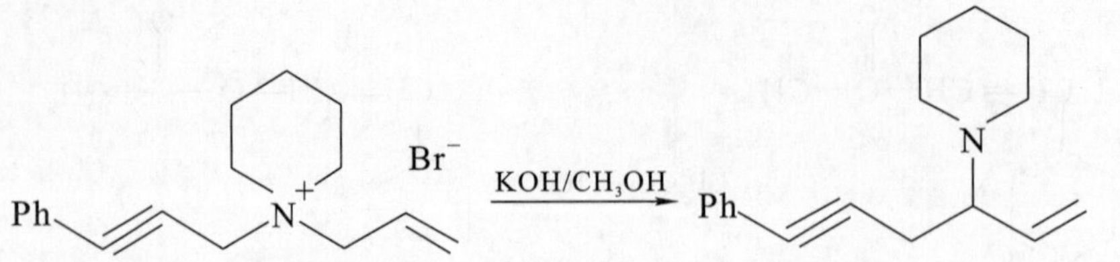

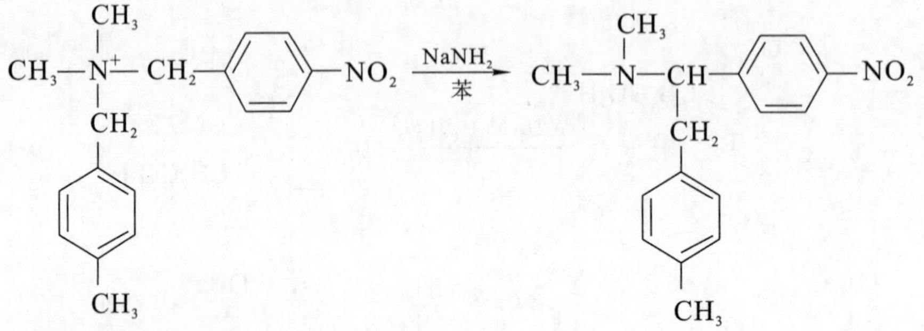

硫叶立德也能发生 Stevens 重排，得到硫醚。

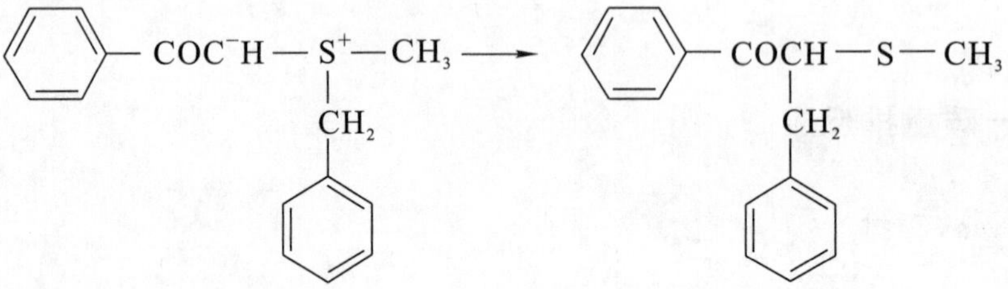

Stevens 重排为立体专一性反应，若迁移基团带有手性中心，则迁移后其构型保持不变。

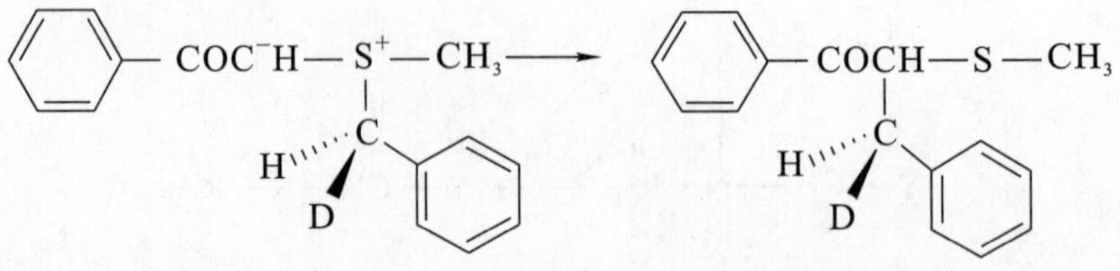

氮叶立德中负碳离子直接与乙烯基相连时，由于负电荷离域，可进行 1,2 -迁移和 1,4 -迁移，得到两种重排产物。

$$R'-\overset{R}{\underset{R''}{N^+}}-C^-H-CH=CH_2 \longleftrightarrow R'-\overset{R}{\underset{R''}{N^+}}-CH=CH-C^-H_2$$

$$\downarrow \qquad\qquad\qquad \downarrow$$

$$R'-\underset{R''}{N}-\overset{R}{CH}-CH=CH_2 \qquad R'-\underset{R''}{N}-CH=CH-CH_2-R$$

(1,2-迁移产物)　(1,4-迁移产物)

在有机合成中，该重排反应常用来制备叔胺、硫醚，也可制备缩环或螺环化合物。

$$H_2C=CH-CH_2-\overset{+}{N}(CH_3)(\text{piperidinium})-CH_2-CH=CH_2 \xrightarrow[CH_3OH]{KOH} H_2C=CH-CH_2-\underset{\text{N-piperidinyl}}{CH}-CH=CH_2 \text{ (with } CH_2 \text{ as written)}$$

$$Ph-\overset{O}{\overset{\|}{C}}-C^-H-\underset{CH_3}{S^+}-CH_2Ph \longrightarrow Ph-\overset{O}{\overset{\|}{C}}-\underset{CH_2Ph}{CH}-S-CH_3$$

$$\text{3-pyrrolinium}(N^+(CH_3)(Ph)) \xrightarrow{NaNH_2/PhH} \text{ylide} \longrightarrow \text{cyclobutene}-N(CH_3)(Ph)$$

$$\text{tetrahydroprotoberberinium}(CH_3O)_4, N^+-CH_3 \xrightarrow[DMSO]{CH_3SOC^-H_2Na^+} \text{spiro compound}(CH_3O)_4, N-CH_3$$

(二) Wittig 重排

Wittig 重排是指醚类化合物在强碱(丁基锂、氨基钠等)的作用下，重排为烷氧基化合物，再经水解生成醇的反应。

反应通式：

$$\mathrm{R{-}\underset{R'}{\overset{H}{C}}{-}O{-}R''} \xrightarrow{R'''Li} \mathrm{R{-}\underset{R'}{\overset{R''}{C}}{-}O{-}Li} \xrightarrow{H_3O^+} \mathrm{R{-}\underset{R'}{\overset{R''}{C}}{-}OH}$$

反应机理：在强碱作用下醚脱去质子，生成碳负离子中间体，醚分子中的一个烃基发生1,2-迁移，由氧原子迁移到碳负离子，重排生成烷氧化合物，再水解得到醇。该反应为亲电重排反应。

$$\mathrm{R{-}\underset{R'}{\overset{H}{C}}{-}O{-}R''} \xrightarrow{R'''Li} \mathrm{R{-}\underset{R'}{\overset{-}{C}}{-}O{-}R''} \longrightarrow \mathrm{R{-}\underset{R'}{\overset{R''}{C}}{-}O^-} \xrightarrow{H_3O^+} \mathrm{R{-}\underset{R'}{\overset{R''}{C}}{-}OH}$$

反应中生成碳负离子中间体，基团的迁移能力取决于形成碳负离子的稳定性，一般基团迁移能力有如下次序：

$CH_2{=}CH{-}CH_2{-} > C_6H_5CH_2{-} > CH_3{-}$，$CH_3CH_2{-} > p\text{-}NO_2C_6H_4{-} > Ph{-}$

Wittig 重排是合成多取代高级醇的一个较好的方法。

$$C_6H_5CH_2{-}O{-}CH(C_2H_5)CH_3 \xrightarrow[\text{②}H_3O^+]{\text{①}C_4H_9Li} C_6H_5{-}CH(OH){-}CH(C_2H_5)CH_3$$

$$\text{9-(OCH}_2\text{CH}{=}\text{CHCH}_3\text{)-芴} \xrightarrow{KOH} \text{9-HO-9-(CH}_2\text{CH}{=}\text{CHCH}_3\text{)-芴}$$

$$\text{9-H-9-OR-芴} \xrightarrow[\text{②}H_3O^+]{\text{①}C_2H_5Li} \text{9-R-9-OH-芴}$$

(三)Fries 重排

酚酯在 Lewis 酸存在的条件下加热，发生酰基重排，生成邻羟基和对羟基芳酮混合物的反应，称为 Fries 重排，也称为酚酯重排。

反应通式：

$$C_6H_5-O-COR \xrightarrow{AlCl_3} o\text{-}HOC_6H_4COR + p\text{-}HOC_6H_4COR$$

反应机理：

$$C_6H_5-O-COR \overset{AlCl_3}{\rightleftharpoons} C_6H_5-\overset{+}{O}(AlCl_3^-)-COR \rightleftharpoons C_6H_5-O-AlCl_3^- + R-\overset{O}{\overset{\|}{C}}{}^+$$

$$R-\overset{O}{\overset{\|}{C}}{}^+ \overset{-H^+}{\rightleftharpoons} R-\overset{O}{\overset{\|}{C}}-C_6H_4-O-AlCl_3^- \xrightarrow[-AlCl_3]{H^+} R-\overset{O}{\overset{\|}{C}}-C_6H_4-OH$$

或

$$\overset{-H^+}{\rightleftharpoons} o\text{-}(R-\overset{O}{\overset{\|}{C}})C_6H_4-O-AlCl_3^- \xrightarrow[-AlCl_3]{H^+} o\text{-}(R-\overset{O}{\overset{\|}{C}})C_6H_4-OH$$

可见，在催化剂的作用下，酚酯分裂成两部分，重排反应发生在分子间。因此，如果将两种酚酯混合在一起进行 Fries 重排，将得到交叉产物。另外，芳环上有供电子基，反应容易进行；反之，则不利于反应进行。

一般情况下，反应可得到邻羟基和对羟基芳酮的混合物，两种异构体的比例取决于酚酯的结构、反应条件和催化剂。比如，当邻位被占据时，重排只得到对位产物，同样，当对位被占据，只能得到邻位重排产物；低温下主要得到对位产物，高温下主要得到邻位产物；当用多磷酸催化时，主要得到对位产物。

$$o\text{-}CH_3C_6H_4-O-\overset{O}{\overset{\|}{C}}-CH_3 \xrightarrow[\text{室温}]{AlCl_3\text{，硝基苯}} \text{4-}COCH_3\text{-2-}CH_3C_6H_3OH$$

$$\text{m-}CH_3C_6H_4O\text{-}\overset{O}{\overset{\|}{C}}\text{-}CH_3 \xrightarrow{AlCl_3} \begin{cases} \xrightarrow{165℃} \text{2-OH-4-}CH_3C_6H_3COCH_3\ (80\%\sim85\%) \\ \xrightarrow{25℃} \text{4-OH-2-}CH_3C_6H_3COCH_3\ (95\%) \end{cases}$$

$$C_6H_5O\text{—}COCH_3 \xrightarrow[\triangle]{\text{多磷酸}} o\text{-}HOC_6H_4COCH_3\ (20\%) + p\text{-}HOC_6H_4COCH_3\ (53\%\sim65\%)$$

Fries重排在制药、制香料等过程的一些中间体的合成中应用较为广泛。例如一种强心剂——肾上腺素的合成：

$$o\text{-}C_6H_4(OH)_2 + ClCH_2\text{—}\overset{O}{\overset{\|}{C}}\text{—}Cl \xrightarrow{Py} o\text{-}HOC_6H_4O\text{—}COCH_2Cl \xrightarrow[\triangle]{AlCl_3/CS_2}$$

$$(HO)_2C_6H_3COCH_2Cl \xrightarrow{CH_3NH_2} (HO)_2C_6H_3COCH_2NHCH_3 \xrightarrow{[H]} (HO)_2C_6H_3\text{—}\underset{HO}{CH}CH_2NHCH_3$$

（肾上腺素）

酚类的磺酸酯也可发生类似的重排反应：

$$3,4\text{-}Cl_2C_6H_3OSO_2C_6H_5 \xrightarrow[150℃]{AlCl_3} \text{2-OH-4,5-}Cl_2C_6H_2SO_2C_6H_5$$

四、σ 键迁移重排

(一)Cope 重排

1,5-二烯烃加热(150～200℃),通过[3,3]σ-迁移、异构化反应,称为 Cope 重排。

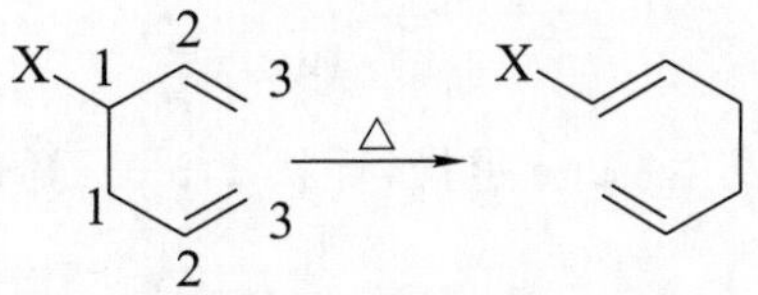

其中,X 为 H、烷基、芳基、CN、COR 等。

该反应是经过六元环过渡状态协同进行的,产物与反应物中的 σ 健与 π 健发生了迁移。重排产物与反应物中单键、双键的数目相等,总键能大致相同,反应可逆,反应的平衡取决于产物与反应物的相对稳定性。

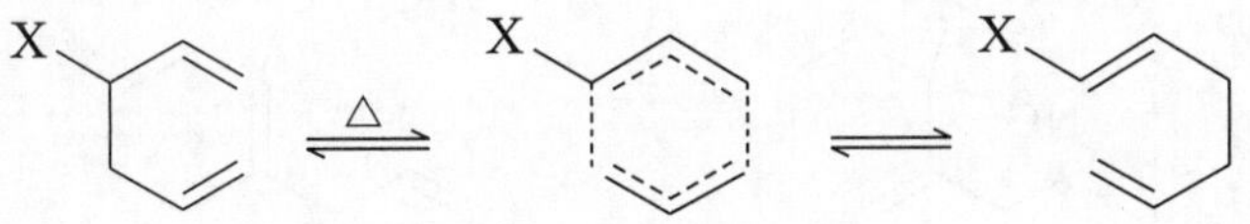

例如:

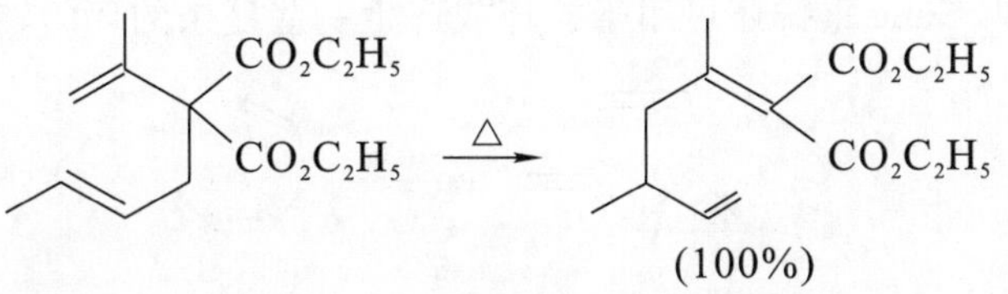

(100%)

Cope 重排具有高度的立体选择性。内消旋的 3,4-二甲基-1,5-己二烯经 Cope 重排后,得到的产物几乎全部是(2*Z*,6*E*)-2,6-二辛烯。

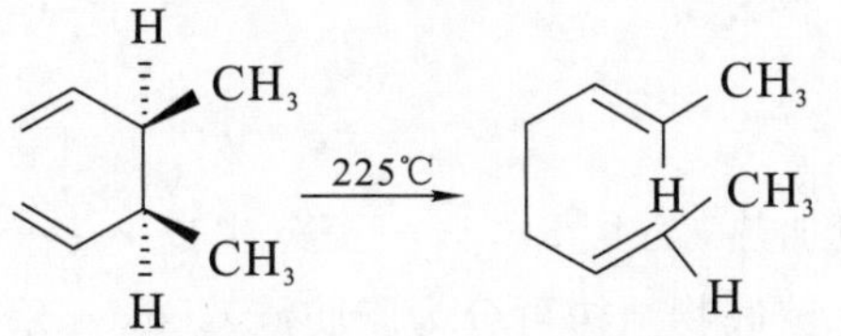

1,5-二烯烃的 C3、C4 上只连有羟基时,经过重排生成的烯醇互变可得醛,如果连有羟基的碳上还另外连有烃基,则得到酮。这使得 Cope 重排反应在制取 δ-不饱和醛酮或 1,6-二羰基化合物时得到广泛应用。

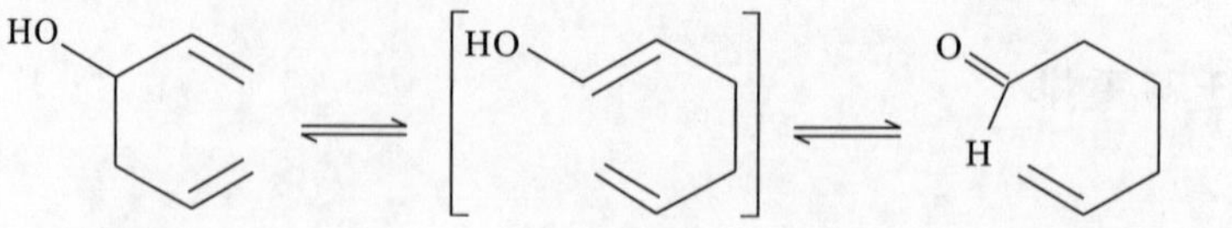

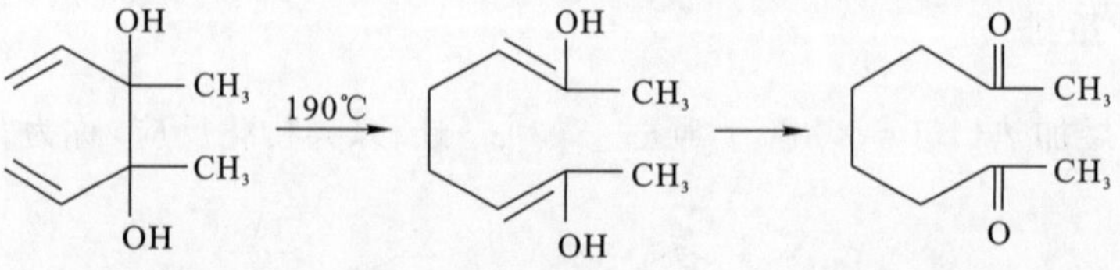

不仅链式 1,5-二烯烃可发生 Cope 重排,环状 1,5-二烯也能发生类似的反应。例如:

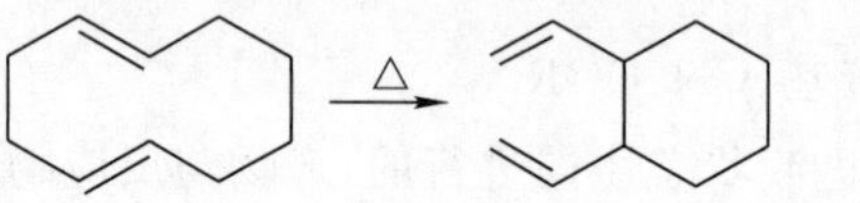

1,5-二烯一个双键在脂环上,Cope 重排反应能够发生,芳环不参与 Cope 重排。

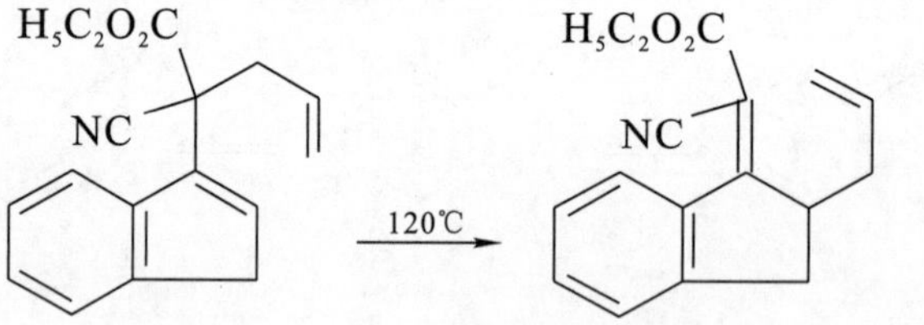

在有机合成中,Cope 重排还可用于扩环或产生一些复杂的环的转变。

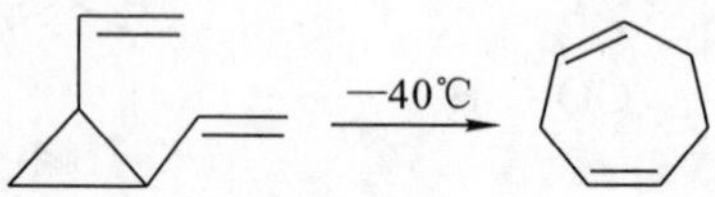

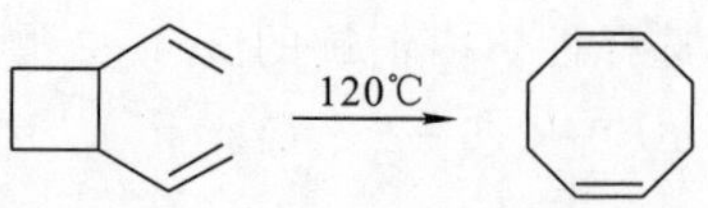

(二)Claisen 重排

烯醇或酚的烯丙基醚加热,发生[3,3]σ-迁移,生成 r,δ-不饱和醛、酮或邻烯丙基酚的反应,称为 Claisen 重排。按底物结构可分为脂肪族 Claisen 重排和芳香族 Claisen 重排。

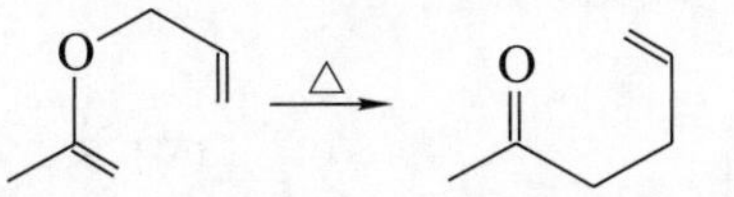

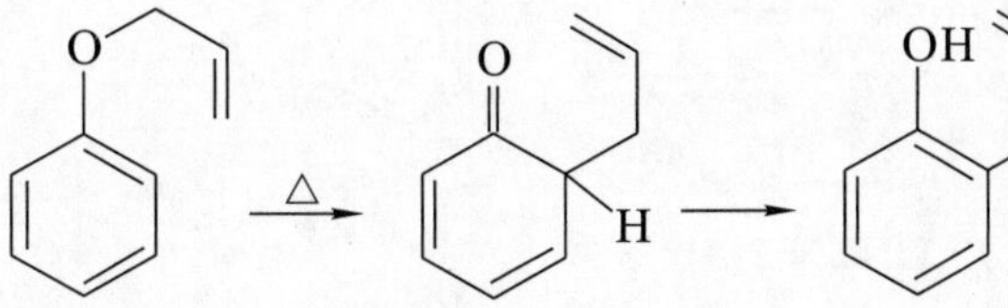

1. 脂肪族 Claisen 重排

脂肪族烯丙基乙烯基醚常由烯丙醇与乙烯基醚在酸催化下形成，制得的醚不需要分离，可直接加热进行 Claisen 重排。

$$H_2C{=}CH{-}CH_2OH + H_2C{=}CH{-}OR \longrightarrow H_3C{-}\underset{\displaystyle OCH_2-CH{=}CH_2}{\underset{|}{CH}}{-}OR \xrightarrow{-ROH}$$

$$H_2C{=}CH{-}O{-}CH_2{-}CH{=}CH_2 \xrightarrow[\triangle]{} H_2C{=}CH{-}CH_2{-}CH_2{-}CHO$$

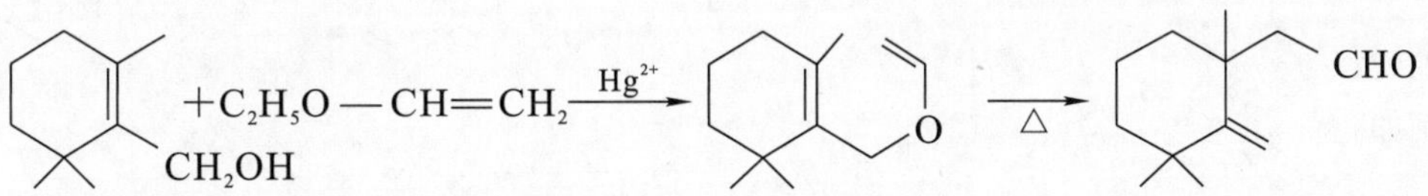

$$+C_2H_5O-CH{=}CH_2 \xrightarrow{Hg^{2+}} \quad \xrightarrow{\triangle} \quad CHO$$

2. 芳香族 Claisen 重排

芳基烯丙基醚进行 Claisen 重排，是协同反应，中间经过环状过渡状态：烯丙基由[3,3]σ-迁移，得到酮式结构，再进行烯醇化生成烯醇式互变异构体——邻烯丙基酚。采用^{14}C标记的烯丙基醚进行重排，重排后标记碳原子与苯环相连，碳碳双键发生位移。

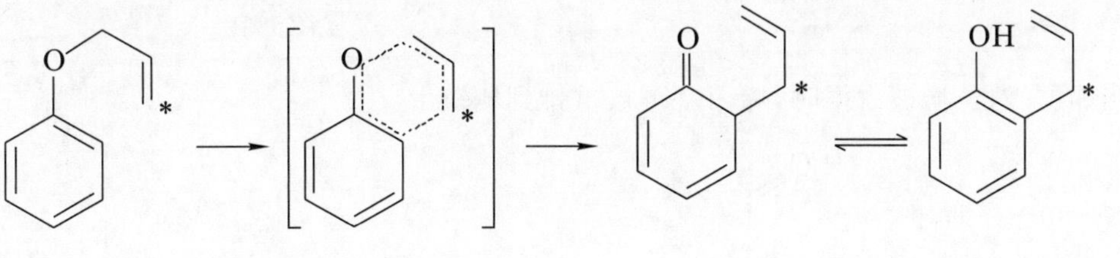

例如：

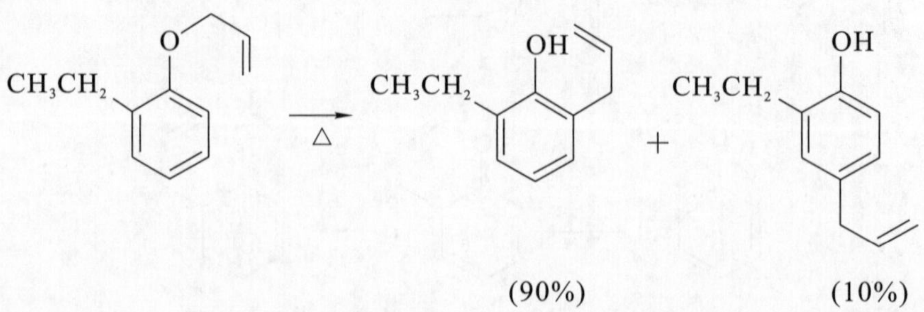

$$\text{邻乙基苯基烯丙基醚} \xrightarrow{\triangle} \text{2-烯丙基-6-乙基苯酚 (90\%)} + \text{4-烯丙基-2-乙基苯酚 (10\%)}$$

(90%)　　(10%)

如果两个邻位都有取代基存在，烯丙基经[3,3]σ-迁移得到的酮式结构不会发生互变异构，但可发生 Cope 重排，烯丙基迁移到对位，然后经互变异构得到对位烯丙基酚。当进行对位重排时，仍是 α-碳原子与苯环相连。

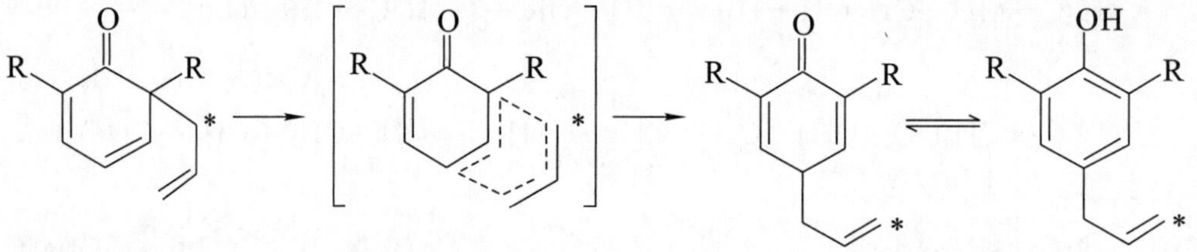

例如：

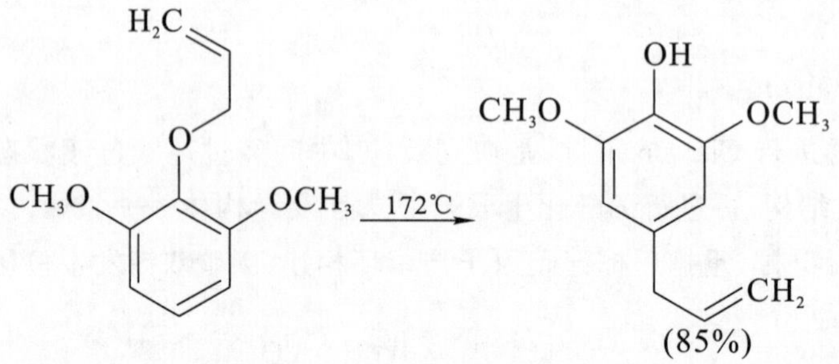

$$\text{2,6-二甲氧基苯基烯丙基醚} \xrightarrow{172℃} \text{4-烯丙基-2,6-二甲氧基苯酚 (85\%)}$$

(85%)

当邻位、对位均被占据时，烯丙基可被重排到侧链上。

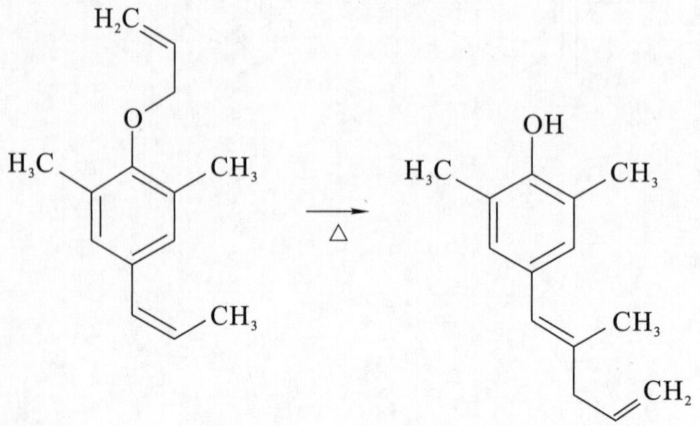

$$\xrightarrow{\triangle}$$

习题

1. 完成下列反应。

(1) 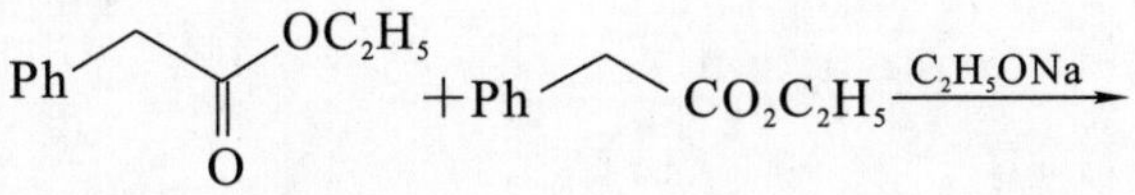 $PhCH_2C(=O)OC_2H_5 + PhCH_2CO_2C_2H_5 \xrightarrow{C_2H_5ONa}$

(2) 邻苯二甲醛（CHO, CHO） $+ CH_3CH_2COCH_2CH_3 \xrightarrow{C_2H_5ONa}$

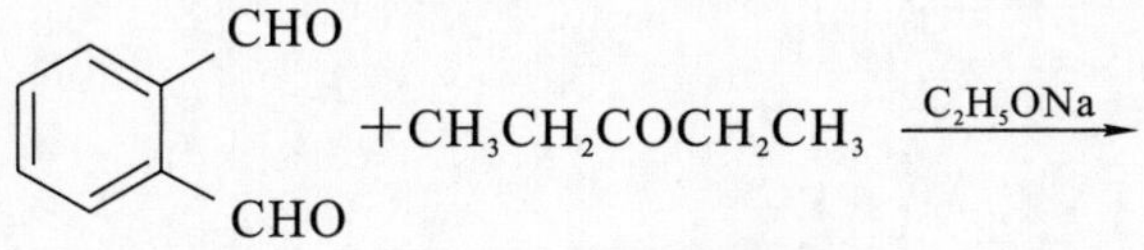

(3) $\xrightarrow[CCl_4]{m\text{-}ClC_6H_4CO_3H}$

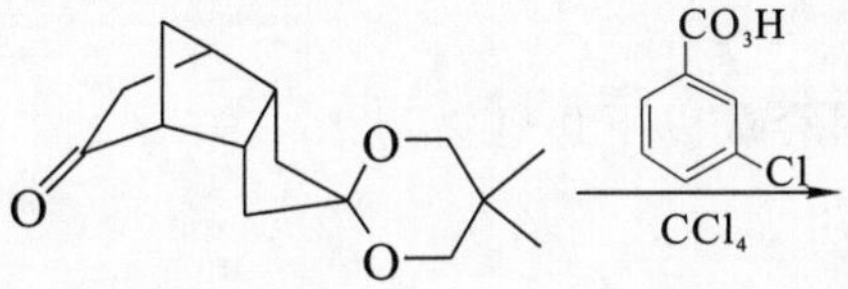

(4) 邻氯苄氯（CH_2Cl, Cl） $+ CH_3CH_2OC(=O)CH_2CN \xrightarrow{C_2H_5ONa}$

(5) 环己酮 $+ CH_3OCH{=}PPh_3 \longrightarrow$

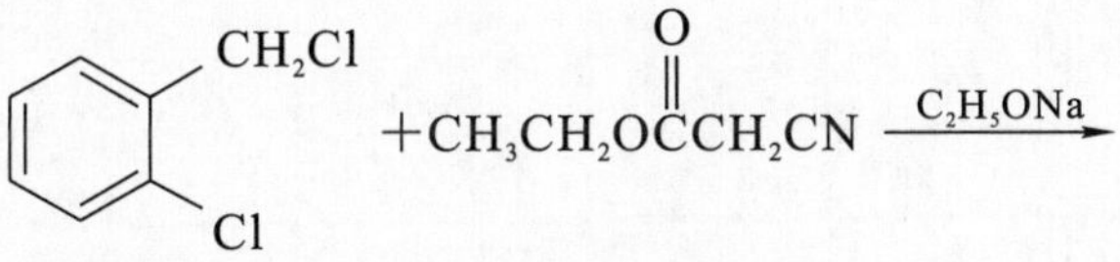

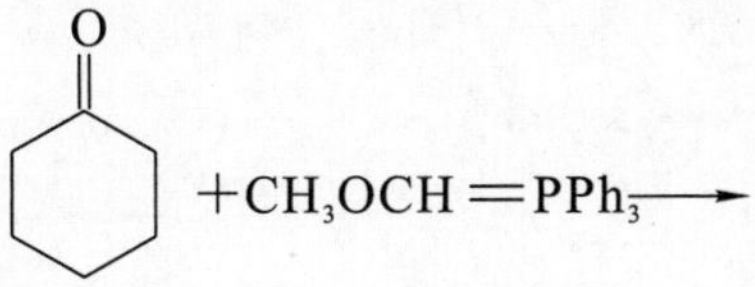

(6) 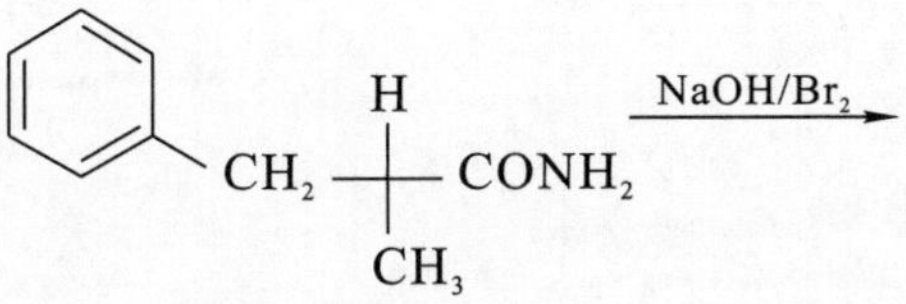 $C_6H_5CH_2C(H)(CH_3)CONH_2 \xrightarrow{NaOH/Br_2}$

(7) 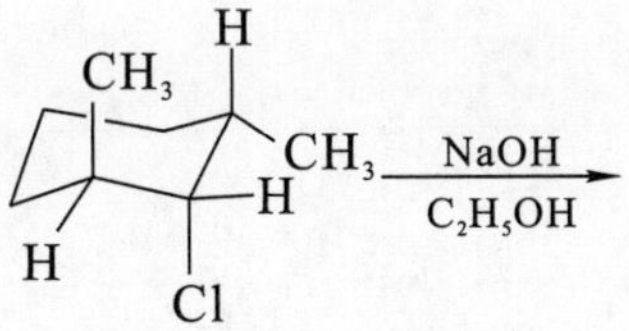 $\xrightarrow[C_2H_5OH]{NaOH}$

(8) 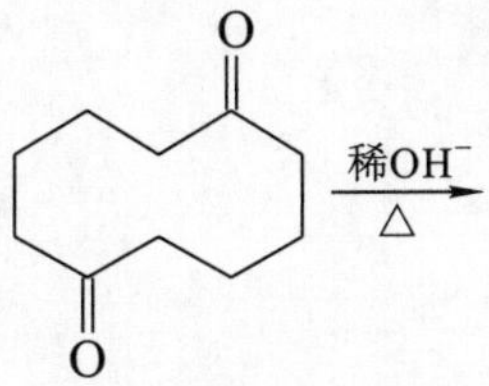 $\xrightarrow[\triangle]{稀OH^-}$

(9) 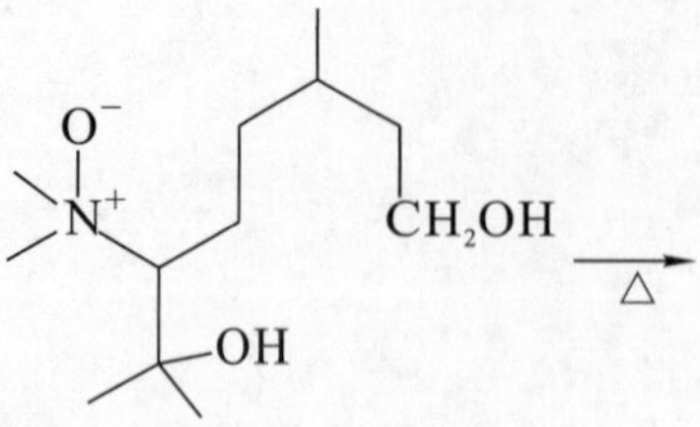

(10) 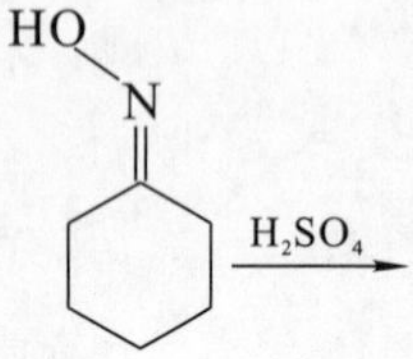

2. 设计合适的合成路线,用价廉易得的原料合成以下化合物。

(1) 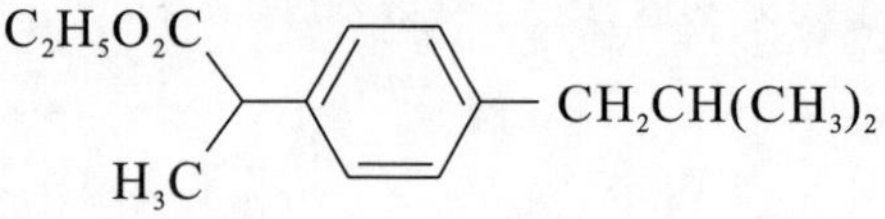

(2) 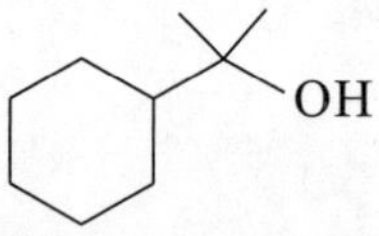

(3) 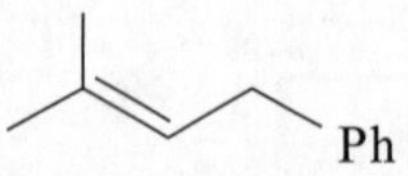

(4) 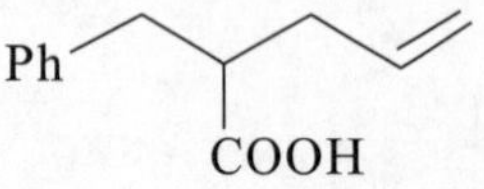

(5) 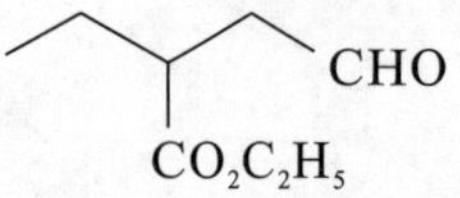

(6) 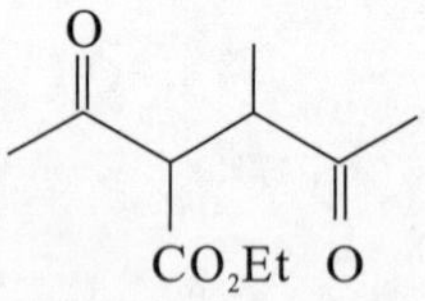

(7) 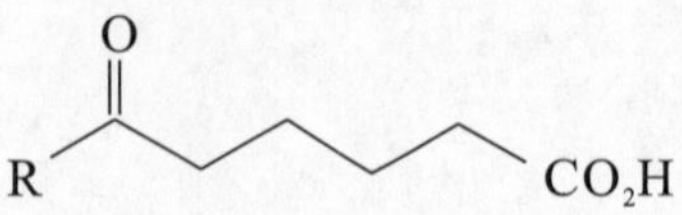

(8) 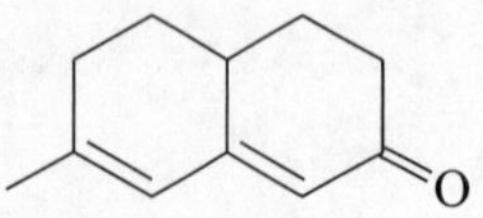

(9) 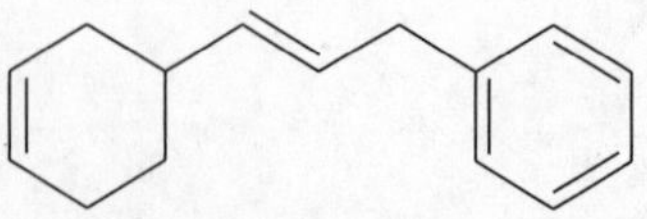

(10) 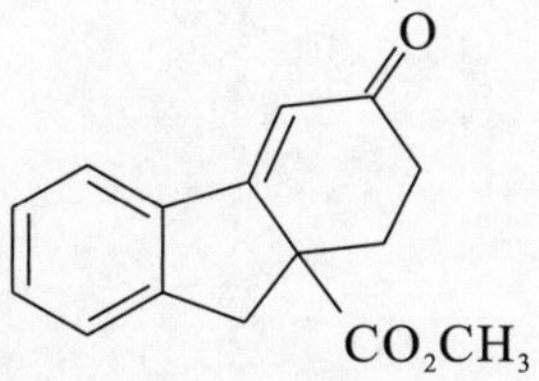 CO_2CH_3 (O)

(11) 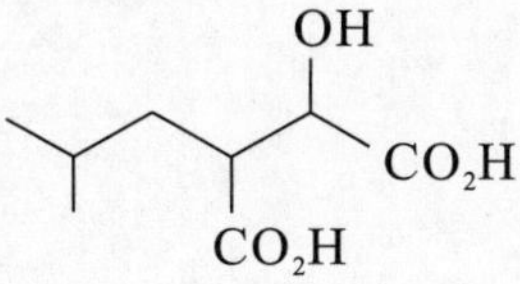 OH CO_2H CO_2H

(12) 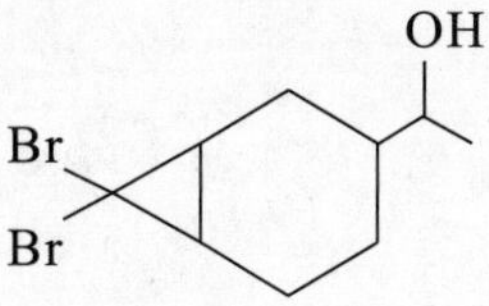 Br Br OH